乡村振兴系列丛书

非洲猪瘟知识手册

（修订版）

黄 律 主编

中国农业出版社
北 京

图书在版编目（CIP）数据

非洲猪瘟知识手册 / 黄律主编. —修订版. —北京：中国农业出版社，2023.7
ISBN 978-7-109-30668-4

Ⅰ.①非… Ⅱ.①黄… Ⅲ.①非洲猪瘟病毒－防治－手册 Ⅳ.①S852.65-62

中国国家版本馆 CIP 数据核字（2023）第 074853 号

中国农业出版社出版

地址：北京市朝阳区麦子店街 18 号楼
邮编：100125
责任编辑：汪子涵　贾　彬　文字编辑：耿增强
版式设计：王　晨　责任校对：周丽芳
印刷：中农印务有限公司
版次：2023 年 7 月第 1 版
印次：2023 年 7 月北京第 1 次印刷
发行：新华书店北京发行所
开本：880mm×1230mm　1/32
印张：16　插页：8
字数：385 千字
定价：118.00 元

非洲猪瘟知识手册（修订版）
编写人员名单

主　　编：黄　律

副 主 编：唐闫利　林亦孝

编　　委（以姓氏笔画为序）：

王　萍　王　衡　王兴龙

王步高　王海伟　韦庆兰

戈胜强　刘　芳　刘　建

孙英峰　苏良科　李　勇

张文波　张永强　周庆新

周宏超　高　飞　黄良宗

主　　审：辛盛鹏

审　　稿（以姓氏笔画为序）：

孙　裴　杨增岐　张桂红

周　斌　周　磊

前｜言

2018年8月，我国突发非洲猪瘟疫情，鉴于我国整个养猪行业对非洲猪瘟的了解还非常少，相关防控措施不够严密、细致的现状，为了帮助生猪养殖单位学习非洲猪瘟知识，做好生物安全防控工作，勃林格殷格翰专业兽医服务团队迅速组织力量，查阅近年发表的大部分有关非洲猪瘟的著作和文献，于2019年编写出版了《非洲猪瘟知识手册》。

在过去的4年中，全国养猪业从了解非洲猪瘟，到实践非洲猪瘟的防控工作，又积累了丰富的经验。为了巩固和提高非洲猪瘟的防控效果，勃林格殷格翰专业兽医服务团队携同中国动物疫病预防控制中心、各大高校和研究所专家老师花了一年多的时间，收集整理非洲猪瘟防控的最新技术、成功案例、系统步骤，撰写出了《非洲猪瘟知识手册（修订版）》。在第一版的基础上，新增加一倍的内容，包括精准清除、疫苗研究、检测方法等都有大幅度的更新。

勃林格殷格翰动物保健猪业专业兽医服务团队相信并时刻坚守"防控有道"的理念，依赖员工队伍的集体力量和专业经验，及其产品和工具，始终致力于为客户创造价值。我们将忠实地践行"植根中国，服务中国"的使命，与客户一路相伴，持续提供优秀的系统疾病防控措施，这次手册的修订工作正是上述理念的真实写照。

在手册修订过程中，中国兽医协会、各大高校和研究所专家老师均给予了极大关心和支持，并提出不少意见和建议，在此一并表示衷心的感谢。

勃林格殷格翰动物保健
中国猪业务负责人   陈镇鸿

目 | 录

第三篇　非洲猪瘟防控

附录 我国关于非洲猪瘟的防控文件

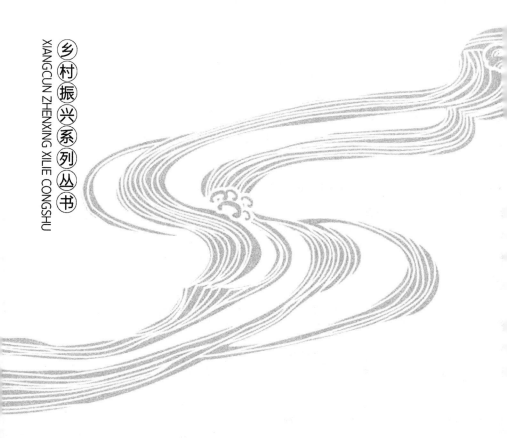

第一篇｜非洲猪瘟基本知识

1 | 概　　述

1.1　非洲猪瘟定义

非洲猪瘟（Africa Swine Fever，ASF）是由非洲猪瘟病毒（Africa Swine Fever Virus，ASFV）引起的一种急性、出血性、烈性、高度接触性传染病，发病后致死率高（可达100％），世界动物卫生组织将其列为必须报告的动物疫病，我国将其列为一类动物疫病。

1.2　非洲猪瘟的流行史

ASF 于 1921 年在非洲东部的肯尼亚地区首次被确认。在整合了 1909—1915 年发生在肯尼亚的 15 起疫情后，病毒学家 Montgomery 在 1921 年发表了第一篇 ASF 报告，7 年中共有 1 366 头家猪感染，死亡 1 352 头，死亡率高达 98.9％；同时他对该病进行了系统性的描述，并初步探究了病毒性质。他认为该病毒是猪霍乱致病因子的另一种血清学类型。尽管随着科学技术的巨大进步，发现了这一认知是错误的，但是他指出了野猪在维持病毒性质方面的可能作用。尽管 ASFV 长期存在于非洲的软蜱和当地的野猪中，但直到该病毒进入家猪群体后，人们才认识到 ASF 的存在。该病由野猪传播给家猪后，引起家猪发病和高死亡率，而作为传染源的野猪携带病毒却不表现临床症状。

在非洲东部的肯尼亚暴发 ASF 后，非洲撒哈拉以南的其他一些地区很快就暴发了 ASF。1933—1934 年，在南非西开普省，该病感染 1.1 万头家猪，其中 8 000 多头猪死亡，2 000 多头猪被扑杀，仅存活 862 头，即 8% 左右。之后，南非通过一项扑杀计划迅速消灭了受影响地区的所有剩余猪。在安哥拉，家猪自由放养，导致暴发 ASF 时迅速扩散，造成生猪产业的严重损失。在该地区，亚急性和慢性 ASF 出现的频率更高，这被认为是病毒通过适应家猪而变异的结果。据 Plowright 等（1969）的研究报道，到 20 世纪 60 年代后期，大量非洲南部和东部国家都发生了 ASF。

从 1958 开始，ASF 开始在非洲中部和西部流行。几内亚比绍共和国虽然没有首次传入的信息，但是根据流行状况推测可能是在 1958 年之后。西非的第一例 ASF 报道是在 1978 年，来自塞内加尔。1982 年，喀麦隆首次报道 ASF 疫情。该疫情造成 50% 猪死亡，严重打击了喀麦隆生猪产业；此后，ASF 在该国流行，每年零星散发。1996 年，科特迪瓦首次确认有 ASF 疫情，这标志着西非大流行的开始，同年 10 月，科特迪瓦将 ASF 扑灭。1997—1999 年，贝宁、多哥、尼日利亚、刚果民主共和国、加纳等地陆续发生 ASF。贝宁的 ASF 可能是通过国际交易传入，主要发生在中部和南部地区。1997—1999 年，贝宁暴发 1 781 起疫情，35 万头猪死亡，扑杀 4.2 万头。1997 年，ASF 从贝宁传入与其接壤的多哥边境，之后在多哥境内扩散，导致 4 000～5 000 头猪死亡，紧急扑杀约 2 500 头。1999 年，ASF 传入加纳，导致 600 头猪死亡，紧急扑杀 6 927 头。

在最初的几十年里，ASF 一直被限制在非洲，直到 1957 年第一次在非洲大陆之外的葡萄牙被发现，从非洲西南部的安哥拉传入葡萄牙的里斯本，表现为超急性型和 100% 的死亡率，当时扑杀了1.7万头猪，疫情很快被扑灭。经过一段沉默期后，ASF于1960年在葡萄牙（1960—1993年，1999年）重新出现，并在亚平宁半岛广泛流行。之后传入欧洲的其他国家，在西班牙（1960—1995年）、法国（1964年）、意大利（1967年，1969年，1993年）、马耳他（1978年）、比利时（1985年）和荷兰（1986年）连续发现。除撒丁岛外，上述欧洲国家均设法根除了ASF。2020年9月10日，世界动物卫生组织通报德国勃兰登堡州发生1起野猪ASF，为该国首次发生。2021年7月16日，首次证实在德国农场饲养的家猪中发现ASF。

2007年6月，ASF进入格鲁吉亚，病原属于起源于非洲东南部的基因Ⅱ型，很有可能是通过废弃食物作为泔水或当作垃圾处理被猪采食传播进入的。因当时未能及时确诊，且养殖模式比较落后及其境内野猪数量庞大等原因，导致该病在格鲁吉亚迅速扩散。此后该病在高加索地区迅速蔓延。2007年8月，亚美尼亚与格鲁吉亚接壤地区发生ASF，到2008年3月亚美尼亚将ASF扑灭。2010—2011年，亚美尼亚再次暴发ASF。2008年1月阿塞拜疆首次报道ASF疫情，也是发生在与格鲁吉亚接壤的地区。由于阿塞拜疆养猪集约化程度高，且养殖数量和密度不大，政府采取了扑杀政策，疫情很快被扑灭。2011年6月阿塞拜疆宣布本国无ASF。

通过紧邻格鲁吉亚边境感染野猪的传播，ASF在2007年11月进入了俄罗斯。在ASF暴发的最初几个月里，疫情通过高加索山脉附近的野猪群扩散到俄罗斯的南部地区。2008年，俄罗斯国内的家猪被感染。2009—2010年，ASF持续在俄罗斯的南部地区存在，并形成了第一个流行区。同期，俄罗斯的中部和北部地区的家猪中检测到ASFV，但是ASF在这些地区得到控制。2011 年，ASFV 进一步扩散到了北部地区形成第二个流行区，给俄罗斯的野猪和家猪带来很大影响。约 30 万头猪因 ASF 死亡或扑杀，造成约 2.4 亿美元的经济损失。2012 年，俄罗斯发生 66 起家猪和野猪疫情，造成约 23 万头家猪死亡或扑杀。2013 年发生 70 多起家猪和野猪疫情。此后，ASF 继续在俄罗斯流行。2008 年至 2014 年 8 月，俄罗斯共报告 300 多起疫情。

　　ASF 持续在俄罗斯扩散，越来越接近其邻国。2012 年 7 月，乌克兰官方公布了第一起 ASF 感染家猪的疫情，紧接着白俄罗斯在 2013 年 6 月也公布了 ASF 暴发。在 2014 年年初，ASF 从俄罗斯扩散到了欧盟国家，特别是立陶宛和波兰。这两个国家的 ASF 都是发生在野猪，而且都靠近白俄罗斯的边境。2014 年 1 月，立陶宛报告靠近白俄罗斯的两个省各有一头野猪感染了 ASF。7 月，立陶宛首次报道家猪疫情，通报靠近白俄罗斯边境的一家大型集约化猪场发生 ASF，约 1.9 万头家猪感染。2014 年 2 月，波兰通报靠近白俄罗斯边境的一个省发生野猪 ASF 疫情，有 2 头野猪死亡；5 月该省又发生 2 起野猪 ASF 疫情，死亡 4 头野猪。截至当年 8 月底，波兰发生 2 起家猪和 12 起野猪 ASF 疫情，6 头家猪和 31 头野猪死亡。2014 年 6 月，ASFV 感染了拉脱维亚的野猪和家猪群，第一个案例也是发生在白俄罗斯边境附近，然后 ASF 扩散到了这个国家的北部和中部。据统计，截至 2014 年 8 月底，拉脱维亚共发生 67 起家猪或野猪的 ASF 疫情。同时，立陶宛和波兰也报道了家猪群 ASF 的暴发。2014 年 9 月，爱沙尼亚在靠近拉脱维亚的边界发现了第一例 ASF，数天后，靠近俄罗斯边界的爱沙尼亚北部地区发生了更多 ASF 感染野猪的案例。

　　2016 年，ASF 开始不断突破新的边界，俄罗斯和乌克兰的 ASF 暴发持续增加。在乌克兰，ASF 不断向西南方向扩散，越过边境到达了摩尔多瓦、匈牙利和罗马尼亚。2016 年 9 月，摩尔多瓦报道了第一例家猪感染 ASFV 的疫情。ASF 持续向欧洲西部国家扩散，主要与野猪传播相关。

2017 年，ASF 进入捷克共和国和罗马尼亚。2017 年 6 月下旬，在捷克东部的野猪群中发现首例 ASF 疫情后，在接下来的 3 个月内确认了 100 多例新的疫情。罗马尼亚在 2017 年夏季也确认了家猪感染 ASFV 的疫情。2021 年 12 月 10 日，罗马尼亚通报阿尔巴县等 6 地发生 22 起野猪和 35 起家猪非洲猪瘟疫情，38 头野猪感染死亡，3 465 头家猪感染，164 头死亡，355 头被扑杀。2022 年 1 月 10 日，北马其顿通报贝罗沃区发生 1 起家猪非洲猪瘟疫情，15 头家猪感染死亡，3 头被扑杀。

对欧盟国家而言，自从俄罗斯发生 ASF 疫情后就一直密切关注 ASF 的最新发展与变化，制定并采取了各项严格措施。然而实际情况是，ASF 如今已在多个欧盟国家扩散，而大量野猪的存在正是欧盟发生 ASF 疫情的最大风险因素。此外，由于庭院式养猪以及泔水饲喂仍然在部分欧盟国家存在，这也加大了 ASF 传播的风险。ASF 将是尚未出现疫情的欧盟国家养猪业必须面对的一个巨大挑战。

在美洲，2021 年 7 月 30 日，世界动物卫生组织公布多米尼加发生 2 起非洲猪瘟疫情，涉及的易感动物有 842 头家猪。多米尼加高级农业官员称，政府可能不得不宰杀 50 多万头猪来遏制 40 年来首次在美洲暴发的非洲猪瘟蔓延。2021 年 12 月 28 日，多米尼加通报阿拉尔塔格拉西省发生 25 起家猪非洲猪瘟疫情，981 头家猪感染。2021 年 9 月 19 日，海地向世界动物卫生组织紧急报告，8 月 26 日该国东南省（Sud-Est）家养动物发生 1 起非洲猪瘟疫情，涉及的易感动物共计 2 500 头后院家猪。继多米尼加共和国报告出现非洲猪瘟病例后，邻国海地时隔 37 年再次暴发非洲猪瘟，加剧了非洲猪瘟病毒可能在美洲国家传播的担忧。

2018 年 8 月 3 日，我国辽宁省沈阳市一养猪户饲养的猪陆续发生不明原因死亡，病死猪剖检发现脾脏异常肿大，疑似非洲猪瘟病毒感染。经中国动物卫生与流行病学中心国家外来动物疫病研究中心检测，确诊为非洲猪瘟病毒核酸阳性，病毒 $B646L/p72$ 基因序列 417 个碱基与俄罗斯毒株 100% 匹配，与俄罗斯和东欧目前流行的格鲁吉亚毒株（Georgia 2007/1）属于同一进化分支，这是我国发现的首例非洲猪瘟。疫情发生后，我国根据《非洲猪瘟疫情应急预案》启动 II 级应急响应。当地按照要求，启动应急响应机制，采取封锁、扑杀、无害化处理、消毒等处置措施，对疫点、疫区内存栏的 8 116 头生猪全部扑杀，禁止所有生猪及易感动物和产品运入或流出封锁区，沈阳市暂停全市范围的生猪向外调运。8 月 14 日，河南省郑州市某食品公司屠宰场的一车生猪发生不明原因死亡，车上生猪共 260 头，其中 30 头发病且死亡。经中国动物卫生与流行病学中心国家外来动物疫病研究中心确诊，该起疫情为 ASF 疫情。8 月 19 日和 8 月 23 日相继公布江苏省连云港市、浙江省乐清市发生 ASF 疫情。随后，安徽、黑龙江、内蒙古、吉林、天津等地区也陆续出现疫情。10 月 15 日，农业农村部公布辽宁省锦州市存栏生猪达 19 938 头的某猪场发生疫情，是我国首例万头存栏猪场发生 ASF 疫情。为应对 ASF 疫情，辽宁省采取了最严厉的防控措施。11 月 16 日，吉林省白山市发现一头野猪病死，经检测结果为 ASFV 核酸阳性，是我国首例野猪 ASF 疫情。虽然不确定野猪感染 ASFV 与家猪 ASF 疫情是否相关，但当地按照要求启动应急响应机制，加强对当地野猪巡查，严格限制附近家猪放养，对周边野猪活动区域进行巡查。

据农业农村部数据统计，全国所有省级行政区均发生过ASF疫情或检测出ASF阳性猪肉制品。2018年当年我国报告发生非洲猪瘟疫情99起，扑杀生猪80万头；2019年发生非洲猪瘟63起，扑杀39万头；2020年发生19起，累计扑杀生猪1.4万头；2021年发生15起。我国报告的非洲猪瘟疫情数在逐年下降，疫情得到了有效控制，经济损失影响也在降低。

2019年1月15日，蒙古国向世界动物卫生组织通报了布尔干省发生ASF疫情，存栏112头后院养殖猪全部死亡，死亡率100%。这是该国首例ASF疫情，也是亚洲第二个发生ASF疫情的国家。此后，在鄂尔浑省、中戈壁省和中央省等多个省份也陆续确认感染了ASF。据联合国粮食及农业组织（FAO）数据统计，截至2019年5月23日，已报告在6个省和乌兰巴托发生11起疫情，涉及105个农场/家庭，超过3 115头猪死亡或被扑杀。

2019年2月19日，越南向世界动物卫生组织报告了3起ASF疫情，2起发生于北部的兴安省，1起发生于北部的太平省。随后向北部海防市、河内市、海阳省、和平省、奠边省以及中部的清化省等地区扩散。5月14日越南向世界动物卫生组织报告了2 121起家猪ASF疫情。据世界动物卫生组织数据统计，截至2019年5月23日，仅3个多月，越南农业和农村发展部（MARD）报告共有38个省/市暴发ASF疫情，累计2 501起，1 555 407头猪死亡或被扑杀，约占越南猪总数的5%。越南政府表示仅在家庭散养模式中发现ASF疫情，也警告ASF可能进一步蔓延到更多地区和更大的农场。越南ASF

疫情发展形势复杂，似乎并没有得到有效控制，2021 年非洲猪瘟疫情波及越南 60 个省市 3 154 个乡，死亡生猪 28.9 万头，约占越南生猪总存栏数的 0.8%，死亡数是 2020 年的 3.2 倍；2022 年 1—2 月又死亡生猪近 2 万头。

2019 年 4 月 3 日，柬埔寨农林渔业部向世界动物卫生组织报告发生 ASF 疫情，是第 4 个发生 ASF 疫情的亚洲国家。首例疫情发生在东部靠近越南的腊塔纳基里省的一处后院养殖的猪场，该场存栏 500 头猪，其中 400 头发病后急性死亡，死亡率高达 80%，未发病的 100 头被扑杀。自首次 ASF 暴发以来，柬埔寨已有 2 400 多头猪死亡或被扑杀。

2019 年 5 月 30 日，朝鲜向世界动物卫生组织上报首例 ASF 疫情，是第 5 个发生 ASF 疫情的亚洲国家。此例疫情发生在中西部的一个省，存栏 99 头的猪场死亡 77 头猪，剩下的猪被全部扑杀。

2019 年 6 月 20 日起，老挝沙拉湾省（Saravane）和沙湾拿吉省（Savannakhet）等 2 地发生 9 起家猪非洲猪瘟疫情，1 047 头家猪感染死亡，2 550 头被扑杀。

2019 年 9 月 11 日，菲律宾在马尼拉附近的两个城镇发现非洲猪瘟病例后，疫情很快蔓延开来。当地政府扑杀了约 7 400 头猪以遏制疫情的发展，但收效甚微。在新冠肺炎疫情和非洲猪瘟疫情的双重影响之下，猪肉价格始终保持高位，并且拉动食品价格也在不断上涨，致使菲律宾的总体通货膨胀率进一步上升至 4.7%。随着事态恶化，2021 年 4 月 15 日，菲律宾参议院再次举行听证会，讨论因非洲猪瘟暴发而引发的安全危机；5 月 11 日，杜特尔特总统签署了第 1143 号公告，宣布菲律宾正式进入为期一年的"国家灾难"状态。但在 2022 年 3 月菲律宾南古岛省（South Cotabato）Banga 镇的三个社区又发现了非洲猪瘟阳性病例，已有 200 头生猪被扑杀。

2019 年 9 月 16 日，韩国京畿道坡州市一家养猪场报告有 5 头母猪死亡，经过防疫部门检测，韩国时间 17 日早上 6 点 30 分，这家养猪场的病猪被确诊感染了非洲猪瘟，这也是韩国发现的首例非洲猪瘟疫情。发生疫情的农场及农场主其他两个农场的 3 950 头猪被全部扑杀。2021 年 10 月 13 日，韩国通报江原道发生 1 起家猪非洲猪瘟疫情，1 头家猪感染，579 头被扑杀。2022 年 4 月，韩国通报了 27 起野猪非洲猪瘟疫情。

2019 年 12 月 17 日，印度尼西亚官方向世界动物卫生组织通报，该国境内发生 392 起非洲猪瘟疫情。

2020 年 5 月 19 日，印度渔业、畜牧业和乳制品部畜牧局紧急通报，东北部的阿萨姆邦（Assam）等地发生家猪非洲猪瘟疫情。

2021 年 12 月 13 日，马来西亚通报霹雳州发生 4 起野猪非洲猪瘟疫情，4 头野猪感染死亡。

2022 年 2 月 11 日，泰国通报春蓬府等 4 地发生 12 起家猪非洲猪瘟疫情，35 头家猪感染，26 头死亡，281 头被扑杀。

目前，ASF 已经成为在世界范围内广泛分布的疾病。从地理空间上看，非洲猪瘟的主要分布区域仍位于非洲（非洲西部的尼日利亚、东南部的南非、莫桑比克与津巴布韦交界处）、东欧地区（罗马尼亚、俄罗斯）以及亚洲东南部（中国、越南、泰国、马来西亚、菲律宾）。

从疫情发展态势看，非洲地区整体疫情得到一定控制，受影响区域较少。欧洲地区在德国、意大利、波兰、匈牙利、拉脱维亚等地主要为野猪疫情，并没有向家猪传播；而乌克兰、罗马尼亚、摩尔多瓦、俄罗斯等国的家猪，尤其是农户散养的家猪，受到严重威胁，情势并没有太大好转。值得注意的是越南非洲猪瘟继续向西北、南部地区蔓延；泰国的非洲猪瘟疫情形势依然严峻。蒙古国整体疫情没有太大扩展。中国的疫情整体上得到控制，猪场的整体生物安全得到提高，并积累了很多控制经验，非洲猪瘟发病数在逐年减少，疫情呈现点状散发。

从疫情的传播途径上看，目前欧洲的非洲猪瘟传播主要通过野猪，而亚洲国家的非洲猪瘟主要通过被污染的肉类、人员、动物、车辆等传入其他未感染的地区。2022年，欧洲疫情相对平稳（罗马尼亚和俄罗斯除外），亚洲疫情依然严峻。

到2022年，已有70多个国家先后发生非洲猪瘟疫情。其中，只有13个国家根除了疫情，根除耗费时间长达5～36年，有些国家消灭后又重新发生。所以绝不能掉以轻心，要做好打持久战的思想准备。

1.3　非洲猪瘟的危害

ASF是一种可以引起家猪、野猪急性、热性、高度接触性的动物传染病，所有种类和年龄的猪均可感染，发病率和死亡率最高可达100%，目前全世界尚无有效疫苗。ASF的暴发和流行会对发病国家造成巨大的经济损失。2014—2017年非洲猪瘟疫情在东欧频发，俄罗斯等东欧国家有近80万头猪死亡或被销毁，按照当时汇率和猪价计算，直接经济损失约1亿美元。2014—2015年，非洲猪瘟在波兰、立陶宛、拉脱维亚和爱沙尼亚暴发期间，猪肉和猪肉产品的出口价值减少了9.61亿美元。罗马尼亚发生非洲猪瘟疫情1年多来，造成数亿至数十亿美元的经济损失。

对于发展中国家来说，ASF疫情造成的影响更为严重。由于政府财政困难或其他原因，很多国家发生疫情后没有及时实施有效的预防和控制措施，导致疫情在当地扩散流行，造成更大的损失。ASF 进入科特迪瓦和马达加斯加后，分别造成当地 30% 和 50% 的猪死亡。有些贫困地区养猪产业不仅是许多家庭的重要经济来源，也是当地的主要经济支柱。坦桑尼亚畜牧和渔业发展部做了一项 ASF 暴发对小型猪场影响的调查，调查对象为乞力马扎罗省某地区的小型猪场。调查显示，小型猪场的生猪销售收入是许多家庭的重要生计来源，特别是对农村地区的经济发展至关重要，2013 年 3—8 月该地区感染 ASF 的猪群死亡率为 84%，严重影响了当地养猪业和经济。

由于 ASF，大量猪死亡或被扑杀，使得 ASF 流行地区生猪供应能力下降，影响居民的正常生活。在牛肉生产比较困难的国家，猪肉及其制品往往是当地居民主要的动物蛋白来源。如越南人口约为 9 500 万人，猪肉占越南肉类总消费量的 75%。据了解，越南生猪产量约为 3 000 万头，其中大部分用于国内消费。ASF 仅在越南流行 3 个月，累计发生 2 501 起，155 万多头猪死亡或被扑杀，约占越南猪总数的 5%。越南政府表示，ASF 可能进一步蔓延到更多地区和更大的农场，造成的损失会更大，这势必会引起当地猪肉供应紧缺，影响国民生活。

ASF 不但影响生猪的供应，也严重影响着猪肉及其制品的贸易。由于 ASF 是世界动物卫生组织规定的法定报告动物疾病，按照世界贸易组织（WTO）规定，一旦非洲猪瘟疫情发生，输入国将停止进口发病国的猪及其相关产品。1960 年 ASF 传入西班牙，当时西班牙养猪业正从落后的农场生产模式转为先进的集约化养殖模式，生产效率大大提高，养猪业对农业总产值的贡献增大。然而，由于 ASF 的影响，西班牙的活猪、鲜猪肉和某些猪肉制品无法出口欧盟成员国家。出口的限制造成养殖户重大的经济损失，也严重影响了西班牙养猪业的发展。

在 ASF 流行的国家或区域，为控制或者根除 ASF，需要投入大量的人力、物力和财力，制定相应方案并严格执行相关措施。在野猪出没和钝缘软蜱较多的国家，野猪和软蜱在 ASF 的传播中起着重要作用，这也加大了 ASF 防控和根除的难度。据统计，为控制 ASF，西班牙仅 1983 年投入的费用就高达 1 290 万美元，用于实施鉴定、诊断、流行病学监测等措施。政府对根除 ASF 的投入和收益做了分析评估，推测实施根除计划获得的收益更大，因而 1985 年西班牙颁布了 ASF 根除计划。该计划获得欧盟的支持，并由欧盟提供了 4 850 万美元的财政支持。而西班牙在根除计划实施的最后 5 年资金投入就高达 9 200 万美元。1980 年 ASF 进入古巴后，该国为了控制和根除 ASF，资金投入亦高达 940 万美元。

我国是生猪养殖和产品消费大国，生猪的养殖量和存栏量均占全球总量一半以上，猪肉消费也占全球消费量的 50%。经济合作与发展组织（OECD）数据显示，2017 年我国人均猪肉消费量为 30 千克，是世界平均水平的 3 倍。2018 年 8 月，ASF 进入我国，养猪业遭受重创。仅一年左右全国生猪存栏量下降了约 40%，也使得全球生猪存栏量减少了近 1/4；猪价暴涨，猪肉达到每千克 40 元的历史最高价，对全国造成约 1 万亿元（约合 1 410 亿美元）的经济损失，其破坏性对国计民生和政治经济的冲击不亚于"一场战争"，迫使我国大量进口肉类填补供应缺口，导致 2019 年全球肉品价格飙涨 18%，涨幅创 8 年来新高。

当时的全国养猪业应对 ASF 的劣势非常明显，第一，生猪饲养量巨大，养殖密度高，疾病防控难度大；第二，生猪养殖规模化程度低，散养猪数量大，缺乏良好的生物安全意识和基础设施；第三，主要养殖区和主力消费区不匹配，生猪调运频次高、数量多，每当各地猪价差异较大时，调运会更加频繁，从而增加了 ASF 传播概率和传播范围，防控难度大。但是 ASF 在我国的流行和定殖，迫使养猪行业发生了巨大变革，猪场的生物安全理念和设施得到了空前关注和提升，同时借鉴国际防控经验，大胆探索，使得非洲猪瘟的精准剔除在各地养猪场获得了空前的成功。

2 │ 病原学

2.1 命名和分型

2.1.1 病毒命名

ASFV 是一种单分子线状双链 DNA 病毒，属于双链 DNA 病毒目、非洲猪瘟病毒科、非洲猪瘟病毒属，该科仅有 ASFV 一个属，也是目前唯一已知核酸为 DNA 的虫媒病毒。

ASFV 与猪瘟病毒是两种完全不同的病毒，亲缘关系差异很大。猪瘟病毒是单链 RNA 病毒，属于黄病毒科、瘟病毒属，其 RNA 为单股正链，同属成员还包括牛病毒性腹泻病毒（BVDV）、羊边界病病毒（BDV）。

2.1.2 病毒分型

通常认为 ASFV 只有一种血清型，但最近的研究报道，基于红细胞吸附抑制试验（HAI）可以将 32 个 ASFV 病毒毒株分成 8 个血清组。然而，ASFV 基因组变异频繁，表现出明显的遗传多样性。根据对 ASFV 高度保守的 *B646L* 基因（编码一个主要的结构蛋白 p72）的序列特点，将已知所有 ASFV 的毒株分为 24 个基因型，即基因Ⅰ～ⅩⅩⅣ型。不同基因型的 ASFV 毒株分布有一定的区域性特点。有些基因型仅在某个国家发生，如Ⅵ、Ⅸ、Ⅺ、ⅩⅢ、ⅩⅣ、ⅩⅤ 和 ⅩⅥ 等，而有些基因型毒株不受国界限制，如Ⅰ、Ⅱ、Ⅷ、Ⅹ和Ⅻ等。

非洲大陆主要有两大流行区域：一是非洲的西部和中部地区，从纳米比亚到刚果民主共和国、塞内加尔，该区域只有基因Ⅰ型流行。二是非洲的东部和南部地区，从乌干达和肯尼亚到南非，这些地区的不同 ASFV 分离株变异较大，东部非洲有 13 个 ASFV 基因型流行，南部非洲有 14 个。其中，赞比亚流行基因型最多，已经鉴定了 7 个基因型；其次为南非 6 个，莫桑比克 4 个。这些地区流行毒株的高度多样性与这些国家中多数存在丛林传播循环模式密切相关，这个循环模式在 ASFV 的流行中具有重要作用。

基因Ⅱ型曾在莫桑比克、赞比亚和马达加斯加的家猪群流行，2007 年传入高加索地区的格鲁吉亚和俄罗斯。当前我国流行的 ASFV 多属于基因Ⅱ型。

2.2　形态结构

2.2.1　病毒形态

ASFV 是一种在细胞质内复制的二十面体对称的 DNA 病毒，六边形外观。病毒直径为 175～215 纳米，细胞外病毒粒子有双层囊膜，中间含有多种蛋白，内有核衣壳。

2.2.2　病毒结构

ASFV 的 DNA 核心位于病毒中央，直径为 70～100 纳米，二十面体衣壳的直径为 172～191 纳米，与含类脂的囊膜一起包裹着病毒外周；衣壳由 1 892～2 172 个壳粒构成，中心有孔，呈六棱镜状，壳粒间的间距为 7.4～8.1 纳米（图 2-1，彩图 1）。

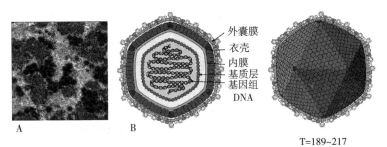

外囊膜
衣壳
内膜
基质层
基因组
DNA

A B

T=189~217

图 2-1 ASFV 的电镜图和粒子图

A. Vero 细胞感染 ASFV 的透射电子显微镜图（来源：英国 Pirbright 研究所）

B. AFSV 病毒粒子图（来源：瑞士生物信息学研究所）

图 2-1A 是猪肺原代细胞感染 ASFV 的透射电子显微镜照片。成熟的病毒粒子、不成熟的病毒粒子和膜中间体是可见的。成熟病毒粒子直径约 200 纳米。

图 2-1B 是 ASFV 的病毒粒子图，T 为病毒二十面体衣壳每个面的等边三角形可分成的小三角形总和，用来计算衣壳的壳粒数，总壳粒数为 10T+2。

成熟病毒粒子的结构包括磷脂层、外膜、衣壳、内膜、核衣壳和类核，见图 2-2（彩图 2）和图 2-3（彩图 3）。

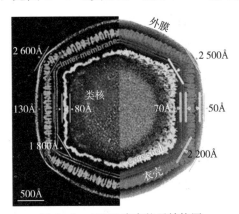

图 2-2 ASFV 病毒粒子结构图

来源：Nan Wang et al.，Science 366，640-644，2019

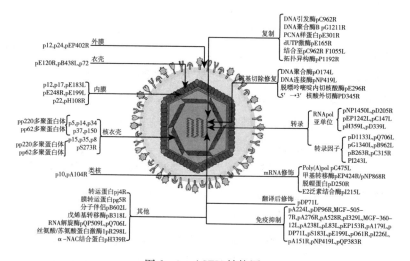

图 2-3　ASFV 结构图

来源：Yue Wang et al.，Frontiers in Immunology，2021

外膜：是 ASFV 的最外层，在出芽期间从宿主细胞膜获得。在出芽病毒粒子的外层检测到部分蛋白 pEP402R（CD2v）。病毒 pEP402R 同系物是病毒外部结构的唯一标记分子。p12 通过结合宿主细胞膜上的特定受体来介导 ASFV 进入，从而促进病毒颗粒作为外膜蛋白在宿主细胞上的吸附。然而，其他研究表明，p12 通过免疫电镜定位在病毒的内包膜上。

衣壳：最大的 ASFV 衣壳直径约为 250 纳米。衣壳组分为 2 760 个假六聚体和 12 个五聚体。每三个采用双卷筒折叠结构的 p72 蛋白形成一个假六聚体，另外 5 个五邻体蛋白形成一个五聚体。蛋白质 pB438L 是衣壳形成顶点所必需的。除了蛋白 p72 和 pB438L，pE120R 也属于病毒衣壳。

内膜：第三层是内膜，是一层 70Å* 厚的脂质双层膜，由

----

* Å 为非法定计量单位，1Å=0.1 纳米。——编者注

内质网（ER）分隔开。之前的一项研究已经指出，pE183R 是参与内囊形成的关键蛋白。最近的一项研究报告了使用免疫电子显微镜发现在内膜中存在 p17、pE183L、p12、pE248R 和 pH108R。p17 和 pE183L 主要帮助组装衣壳层，而 p12、pE248R 和 pE199L 则参与病毒进入。pE248R 和 pE199L 被认为是病毒整合机制的一部分。此外，一些研究人员认为 p22 蛋白也是病毒内膜的组成部分。

核衣壳：第四层是直径为 180 纳米的核壳，是由病毒的两种聚蛋白前体 pp220 和 pp62 通过病毒蛋白酶（pS273R）分解成的许多成熟蛋白形成的。pp220 可被酶切成 p150、p37、p34、p14 和 p5，pp62 可被酶切成 p35、p15 和 p8。

类核：最里面的病毒颗粒是类核。ASFV 基因组为 170～194kbp 线性双链 DNA，编码 150～170 个开放阅读框。病毒基因组的末端由共价交联的发夹环组成。p10 和 pA104R 是在病毒类核中检测到的 DNA 结合蛋白。

组成病毒粒子的结构蛋白有 p72、p49、p54、p220、p62 和 CD2v 等，其中 p72 蛋白位于病毒衣壳的表面，是病毒二十面体的主要成分，表达于 ASFV 感染晚期，具有良好的抗原性和反应原性，在病毒衣壳形成过程中起非常重要的作用。CD2v 是一种糖蛋白，可引起 ASFV 感染细胞周围的红细胞和细胞外病毒颗粒的吸附，参与 ASFV 感染的发病机制，并且在宿主的组织嗜性和免疫逃逸中发挥重要作用。p10、p12、p14.5 和 p17 蛋白参与 ASFV 吸附和病毒体转移。下面重点介绍参与病毒感染的一些结构蛋白。

（1）pp220 和 pp62 蛋白：由 CP2475L 和 CP530R 两个开放阅读框（ORFs）编码 ASFV 多蛋白前体 pp220 和 pp62（或 pp60）。pp220 的相对分子质量为 281 500，属于病毒感染的晚

期蛋白。该蛋白被 SUMO - 1 样蛋白酶（S273R）加工成蛋白 p150、p37、p14 和 p34。pp62 相对分子质量为 60 500，通过 S273R 蛋白酶水解成为成熟的蛋白 p35 和 p15。p150、p37、p14、p34、p35 和 p15 在病毒衣壳的组装过程中起关键作用。它们约占 ASFV 蛋白总量的 30%，是病毒体核衣壳的主要成分。pp220 和 pp62 两种蛋白的形成过程与病毒组装同时发生。病毒颗粒聚集在靠近细胞核的细胞质区域，称为病毒工厂。病毒膜结构的组装就发生在病毒工厂。进一步的研究表明，聚蛋白 pp220 和 pp62 的加工需要主要衣壳蛋白 p72，而 pp220 的表达促进 pp62 加工。正确表达 pp220 和 pp62 是成熟病毒粒子的重要标志。如果阻止 pp220 和 pp62 的表达，病毒颗粒可能会没有核心或缺乏感染力。Gallardo 等（2014）在昆虫细胞中表达 pp62、p32 和 p54，分析这些蛋白在酶联免疫吸附试验（ELISA）和血清学诊断的免疫印迹试验的抗原性。结果表明，这些蛋白在 IB 试验中的反应特异性高于 ELISA，pp62 和 p32 的特异性高于 p54。p37 是主要的核衣壳蛋白之一，通过病毒蛋白酶 S273R 从 pp220 分解下来，其与 SUMO - 1 家族的蛋白酶具有相似序列。p37 位于病毒核心结构域，也是 ASFV 编码的第一个核-细胞质穿梭蛋白。在感染早期，p37 在不同的核区域定位，而在后期其仅定位在细胞质中。p37 蛋白的核转运是由染色体区域稳定蛋白（CRM1）依赖核转运和 CRM1 非依赖核转运两种途径介导的。p37 核转运对 ASFV 复制具有重要作用。与 p37 蛋白一样，p34 蛋白也是主要的结构蛋白之一，仅能在膜中检测到，并且它不受胰蛋白酶影响。错误表达的 p34 可以在细胞质和细胞膜上修复。p34 和 p150 结合到细胞膜上形成病毒基质。大多数错误表达的 p150 可以在细胞质中恢复；而正确表达的 p150 被选择性地聚集到细胞膜上。

p35 和 p15 是聚蛋白 pp62 的成熟产物，这两种蛋白质的相对分子质量分别为 35 000 和 15 000，存在于核衣壳中，而核衣壳是位于核酸和内膜之间的基质结构域。总之，pp220、pp62 及其成熟蛋白在病毒粒子的组装和病毒感染中发挥重要作用。

（2）p54 和 p30 蛋白：p54 和 p30 蛋白是参与病毒进入细胞的结构蛋白，虽然这两个蛋白在病毒感染过程中具有相似的作用，但实质上还是有差异的。由基因 *E183L* 编码的 p54 是非常重要的 ASFV 抗原结构蛋白，相对分子质量为 25 000，位于病毒粒子的脂质外膜。该蛋白含有跨膜结构域和 Gly-Gly-X 基础序列，也是一些 ASFV 结构蛋白的识别序列。为了实时跟踪 ASFV 在受感染细胞中的动态，研究人员制作了一种具有感染性的重组 ASFV，以确定细胞内病毒运动的轨迹和速度，从而观察病毒工厂形成的动态。在适应组织培养的过程中，p54 蛋白的表达量发生变化。靠近蛋白 C - 末端的基础序列直接结合动力蛋白的轻链 8（LC8），p54 通过 LC8 与微管运动复合物相互作用。p54 对于包膜前体聚集到组装位点至关重要，并且在病毒生长和接种减毒病毒株后诱导特异性抗体中起重要作用。因此，在杆状病毒和大肠杆菌系统中表达的 p54 已被用于血清学诊断。p54 的抗体抑制了病毒感染周期的第一步病毒附着。p54 可以在 ASFV 感染的早期阶段激活胱天蛋白酶 3（caspase - 3）的凋亡，这是首次报道 ASFV 蛋白可诱导细胞凋亡。与 p54 一样，p30 是早期病毒蛋白之一。该蛋白质由 *CP204L* 基因编码，相对分子质量为 30 000，是参与 ASFV 进入细胞的最具抗原性的结构蛋白之一。通常在感染后约 2～4 小时观察到蛋白的表达，然后在整个感染周期中持续表达。因此，p30 的表达表明病毒已进入细胞并已脱壳，此时早期病毒基因表达已经开始。嵌合蛋白 p54/30 保留了抗原决定簇，并且该蛋白在昆虫细胞和旋毛虫幼虫中由重组杆状病毒表达。嵌合蛋白与 ASFV 隐性感染的猪的血清具有强烈反应性。在 ELISA 检测抗体过程中，使用重组 p30 比 p54 更有效。因此，p30 可用作 ELISA 抗原，p54 用作免疫印迹法检测 ASFV 抗体的指定抗原。将 p54 和 p30 蛋白联合用于 ASFV 的血清学诊断可以提高该方法的灵敏度。随后，研究人员开发了一种有重组 p30 的双重基质间接 ELISA，可灵活检测血清和口腔液标本中的 ASFV 抗体。抗体介导的免疫机制在 ASF 的免疫中具有重要功能。编码融合 p54 和 p30 的 DNA 疫苗，即编码框架中两个 ASFV 基因的质粒 DNA（pCMV-PQ），在小鼠中诱导了良好的抗体反应。然而，针对 p54 和 p30 的中和抗体反应不足以对猪提供足够保护。将 ASFV 血细胞凝集素（sHA）的细胞外结构域与 p54 和 p30 一起融合，其免疫效果有所提高，可以诱导强烈的体液和细胞免疫反应。p54 和 p30 蛋白在病毒感染中起重要的抗原结构蛋白的作用。

（3）p72 蛋白：p72 蛋白是 ASFV 的主要结构蛋白，相对分子质量为 73 200，它是由 B646L（VP72）基因编码的关键抗原蛋白，具有高度抗原性和免疫原性，是病毒二十面体的主要成分，在病毒感染的晚期表达中对形成病毒衣壳非常重要。p72 均匀分布在可溶性细胞质与内质网（ER）结合的膜中，并在 ER 膜上组装形成大衣壳或基质前体。p72 在 ASFV 进入细胞中有构象依赖性，其表达指示了病毒复制。将 p72 和在杆状病毒系统中表达的其他病毒蛋白制成重组疫苗免疫猪，p72 抗体可以阻止 ASFV 与巨噬细胞结合，但抗体不能在抗体介导的免疫保护中发挥决定性作用。经序列分析发现，p72 在从世界不同地区分离的病毒株中高度保守。p72 的抗原性非常稳定，可用于血清学试验，为 ASFV 血清学试验奠定了有用的分子基础。研究人员开发了双重笔侧测试试验，用于同时检测经典猪瘟病毒（CSFV）和 ASFV 的抗体，该试验使用的是 ASFV 的主要衣壳蛋白 p72 和 CSFV 的结构蛋白 E2。*VP72* 基因序列常用于不同 ASFV 分离株的系统进化树分析和不同 ASFV 毒株的基因型鉴定。在美国国家生物技术信息中心（GenBank）的516 个 ASFV 序列属于 44 种不同的基因型，通过空间遗传变异分析可以将非洲大陆的 ASFV 群体分为 4 个进化分支。根据免疫显性蛋白 p72 分型，显示东非有 13 种不同的基因型。*VP72* 基因高度保守，常被用作聚合酶链式反应（PCR）扩增的对象。通过 PCR 扩增和测序 *VP72* 基因的 280bp 片段，成功鉴定出来自西非的 ASFV 的第一个分离株。迄今为止，已经开发了许多基于 *VP72* 基因检测 ASFV 的方法，例如线性指数 PCR（LATE-PCR），PCR 和实时荧光定量 PCR（q-PCR）。

（4）CD2v 蛋白：CD2v 蛋白，也称为 pEP402R，类似于 T 淋巴细胞表面黏附受体 CD2，相对分子质量为 105 000。它是由信号肽（SP）、跨膜区（TM）和两个免疫球蛋白样结构域（IG）组装而成的糖蛋白。CD2v 的胞质 C 末端结构域（CD2v-Ct）与细胞 CD2 胞质结构域的氨基酸序列差异较大。CD2v 蛋白在 T 细胞和 NK 细胞中表达，大多数表达的 CD2v 蛋白位于细胞内而不是细胞表面。在 ASFV 感染期间，CD2v 位于病毒工厂周围，作用于反式高尔基体网络（TGN）蛋白复合物 AP-1。CD2v 与猪红细胞表面的 CD2v 受体结合，呈现红细胞吸附状态，这种现象可能与病毒在猪体内的传播有关。CD2v 蛋白由 *EP402R* 基因编码，敲除 *EP402R* 基因不会影响 ASFV 体外生长。CD2v 蛋白可能不参与 ASFV 的生长发育，但参与细胞黏附、毒力增强和免疫应答调节。它可能在 ASFV 感染的发病机制中发挥作用，进一步发挥组织嗜性、免疫逃逸和增强宿主病毒复制的作用。CD2v 蛋白从所在的细胞质区域被提出作为一种新的遗传标记，该特征可用于分析不同来源的 ASFV 毒株和跟踪病毒传播，还可用于世界范围毒株的血清群分型。编码 CD2v 蛋白和 C 型凝集素蛋白的基因位点介导 HAI 血清学特异性，对其测序是一种简单的 ASFV 血清型分组方法。因此，CD2v 蛋白通常用于研究 ASFV 毒株的多样性，为最终的疫苗设计奠定了良好的基础。

（5）其他结构蛋白：pp220、pp62、p54、p30、p72 和 CD2v 蛋白已被鉴定为病毒附着、进入宿主细胞、参与免疫应答调节的重要结构蛋白，是病毒体的主要成分。除此之外，一些其他结构蛋白，例如 p10、p12、p14.5 和 p17，它们在病毒感染中也起重要作用。p10 蛋白，相对分子质量为 8 400，由 *K78R* 基因编码。该蛋白是极其亲水的多肽，具有相对高的碱性残基含量（23%），并且在病毒感染期间在细胞核中积累。p10 参与 ASFV 吸附并具有单链或双链 DNA 结合能力。p10 主动进入细胞核，其 71～73 个氨基酸对核输入很重要。p12 蛋白由 *O61R* 基因编码，在 C 末端区域具有富含半胱氨酸的结构域，并在病毒感染的晚期合成。p12 参与病毒与宿主细胞的附着，细胞表面的膜蛋白可作为 ASFV 的受体。p14.5 蛋白，也称为 pE120R，由 *E120R* 基因编码，相对分子质量为 13 600。它是一种 DNA 结合蛋白，在病毒感染的晚期合成，是将病毒体从病毒工厂转移到质膜所必需的蛋白质。p17 是 ASFV 的主要结构蛋白，是位于病毒内部包膜的跨膜蛋白。

2.3 基因组结构与功能

2.3.1 基因组结构

ASFV 基因组是线性双链 DNA 分子,其长度范围为 170~193kbp,其长度取决于不同的分离株(Chapman et al.,2008；Yanez et al.,1995)。ASFV 编码 151~167 个开放阅读框(ORF),并且基因组长度和基因数的差异主要取决于病毒编码的多基因家族(*MGF*)的 ORF 的获得或缺失。由于基因或基因间区域内短串联重复序列数量的变化,出现了一些较小的长度变异(Dixon et al.,1990；Lubisi et al.,2007)。

目前已有至少 183 个 ASFV 分离株的完整序列被确定。第一个完整序列的确定是能够进行组织培养的 *BA71V* 分离株,其命名是根据 EcoR Ⅰ 限制酶消化的片段,用左或右基因(L 或 R)区分和并根据基因片段所编码的氨基酸数命名基因,其他命名法是使用每个限制酶片段左端的位置。因不同多基因家族之间的拷贝数存在巨大差异,常导致命名混乱,因此也提出了基于 *BA71V* 分离株的独特基因命名法,即根据它们的家族和左侧基因组末端位置命名每个多基因家族中的基因(Chapman et al.,2008)。编码的基因家族根据每个家族编码的蛋白质中的平均氨基酸数量,ORF 读码方向以及来自左侧基因组末端的该家族中的位置来命名。这些家族包括 *MGF 100*、*110*、*300*、*360* 和 *505/530*。此外,编码早期膜蛋白 p22 的基因(其靠近基因组左端),在一些分离株中也会发生在基因组右端出现 1 或 2 个拷贝的情况。

由基因组编码的基因间隔紧密并在两条 DNA 链上编码,对整个基因组中任一链上的基因编码没有明显的偏倚。在一些基因组区域中，相邻基因的方向是相同的。例如，这些包括编码 MGF 的区域已经通过基因复制进化。正如预期的那样，在细胞质中转录的病毒，基因不含内含子，并且不会发生转录物的剪接。还没有证据表明病毒编码 micro RNAs。每个基因的上游是含有被病毒 RNA 聚合酶复合物识别的启动子短序列。启动子序列通常较短且富含 A 和 T，并且它们被病毒编码转录因子识别是特异于病毒基因表达的不同阶段；早期、中期和晚期基因种类已被定义。它们以级联的方式表达，早期基因表达依靠酶和病毒粒子中的其他成分（Almazan et al.，1992，1993；Kuznar et al.，1980；Rodriguez et al.，1996；Salas et al.，1981）。一些基因可以参与多个 mRNA 转录，这些转录产物因起始密码子位置不同而有所差异（Rodriguez et al.，1996）。编码主要衣壳蛋白 p72 的 *B646L* 基因的晚期启动子内的关键残基的定位显示，启动子的功能相对于翻译起始密码子在 −56 和 +5 内。鉴定了 −18 至 −14 和 −4 至 +2 的两个基本区域。TATA 序列存在于一些晚期基因的启动子和降低转录活性的突变体中（Garcia-Escudero，Vinuela，2000）。转录终止信号由至少 7 个 T 的序列组成，但强终止需要高达 10 个 T 的序列（Almazan et al.，1992）。这些序列可以在翻译终止密码子下游相当远的距离处发现（长达几 kbp），因此转录物可以通过下游 ORF 延伸。然而，没有证据表明下游 ORFs 是从这些转录物翻译的，并且认为每个 ORF 的翻译起始于紧邻基因上游的启动子区域。图 2 - 4 展示了 ASFV 全基因组的结构组成。

基因组末端是共价交联的，并且以两种形式存在，这两种形式是反向互补的。细胞适应株 *BA71V* 的发夹环序列长达 37 个核苷酸且碱基不完全配对，因而存在外部碱基（Gonzalez et

L.K. Dixon et al./Virus Research 173(2013)3–14

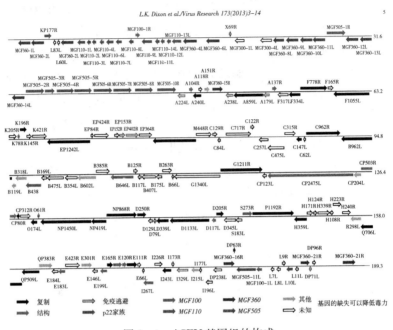

图 2 - 4　ASFV 基因组的构成

来源：Axel Karger，Viruses 2019

该图展示了 ASFV 分离株 Georgia 2007/1 的基因组上的开放阅读框（ORF）的组成。用箭头代表 ORF 的大小和方向。

al.，1986）。这些与末端环相邻的是一些由序列中的串联重复阵列组成的反向重复序列。在 *BA71V* 分离株中，末端反向重复序列（TIR）长约 2.1kbp，由三种不同类型的串联直接重复和两种类型的直接重复组成。这些序列中间穿插着独特的序列（Yanez et al.，1995）。来自不同分离株的基因组的直接重复的序列和数量有差异。尽管序列不同，但基因组末端的结构类似于痘病毒基因组的结构。在痘病毒的基因组中，与发夹环相邻的序列对于多联复制中间体的复制和分解都是必需的（Du，Traktman，1996；Stuart et al.，1991），但这尚未在 ASFV 基因组中进行研究。ASFV 基因组 A 和 T 含量平均为 61%～62%（Yanez et al.，1995）。

2.3.2　基因组复制

早期研究证实，ASFV 的 DNA 复制发生在核周细胞质病毒装配部位。在病毒进入细胞质后立即表达 DNA 复制所需的酶。早期转录利用包装在核中的病毒编码的转录酶和转录物加工酶（Kuznar et al.，1980b；Salas et al.，1983）。在感染后约 6 小时，在细胞质中 DNA 复制开始，病毒基因转录模式发生转变（Salas et al.，1986）。通过脉冲场电泳和限制酶消化后用基因组末端的探针杂交，检测由头对头多联体组成的 DNA 复制中间体，可检测到双链长度的串联基因组（Rojo et al.，1999）。这与可以形成多聚体的痘病毒复制中间体不同。这些串联体被分解成带有末端交联的单位长度基因组，并被打包成病毒颗粒（Enjuanes et al.，1976；Gonzalez et al.，1986）。

通过原位杂交和放射性标记在细胞核中观测到 ASFV 的 DNA 复制早期阶段。这种病毒核阶段的 DNA 复制在感染后约 6 小时达到峰值，并在感染后 12 小时下降至几乎为零（Garci-a-beato，1992；Rojo et al.，1999；Tabares，Sanchez botija，1979）。通过放射性标记分析在细胞核中合成的基因组片段的大小，发现它们相对较短，在更高分子质量片段中不能被示踪。相反，在细胞质合成的 DNA 中检测到短片段，并且能够在更高分子质量的片段中被示踪。在核膜附近检测到细胞核中的病毒 DNA，并且表明该 DNA 通过核膜出芽进入细胞质。最近的报告表明，ASFV 在感染的早期阶段破坏核组织。在感染后 4 小时核纤层蛋白 A/C 的磷酸化增加，然后在病毒复制位点附近拆分核纤层蛋白网络。在感染后期，感染细胞的细胞质中发现了核纤层蛋白和其他核膜标记物。其他核蛋白重新分布，包括 RNA 聚合酶Ⅱ，剪接斑点 SC-35 标记物和感染后 4 小时的 B-23 核仁标记物（Ballester et al.，2010，2011）。

DNA 复制早期核阶段的作用尚不清楚。早期研究表明病毒复制不会在去核细胞中发生（Ortin，Vinuela，1977），然而细胞核在病毒复制过程中发挥的作用仍不清楚。细胞核可能提供病毒复制所需的转录物或其他因子，或者需要在细胞核中复制病毒 DNA 的早期阶段。

ASFV 基因组结构与痘病毒有相似性，以及由头对头基因组多联体组成的复制中间体的存在表明，ASFV 可以与痘病毒共享相似的复制模型。根据该模型，认为复制是通过在一个或两个末端附近的基因组中引入单链切口而开始的。暴露的 3' 端的 OH 基团作为 DNA 聚合酶的引物，向基因组末端进行 DNA 合成。该过程会产生一种中间体，即新合成链和模板链的末端自身互补并且折回从而形成的自引发夹结构。由疫苗毒编码的 DNA 引物酶（D5）可能在 DNA 复制或滞后链 DNA 合成的起始中起作用，并且用于痘病毒 DNA 复制模型的修改模型。由 ASFV 编码的假定的 DNA 引物酶（C962R）可以起到与痘病毒 DNA 引物酶相似的作用。与此一致的是，证明了在细胞质中合成的 ASFV 大 DNA 片段在成熟的交联 DNA 被追踪到，这指示了从头复制起始模型（Rojo et al.，1999）。将成熟的头对头多联中间体解析为单位长度的末端交联基因组，并在细胞质病毒工厂位置包装成成熟的病毒颗粒。对于 ASFV，尚未阐明基因组形成衣壳的机制。来自电子显微镜的数据表明，病毒 DNA 开始先凝聚成前核苷酸，然后在单个顶点插入"空"颗粒，然后病毒颗粒进一步成熟，二十面体中狭窄开口的闭合，产生"中间"颗粒，其中核蛋白核心经历额外的固结以产生特征性的成熟或"完整"病毒体（Brookes et al.，1998）。抑制编码病毒核衣壳主要成分 pp220 多蛋白基因的表达会导致空病毒颗粒的形成和排出（Andres et al.，2002）。

2.3.3 ASFV 编码的基因

表 2-1 显示了 ASFV 编码基因的已知功能，以及涉及病毒形态发生的功能。

表 2-1 ASFV 编码的基因

基因功能	基因名	预计蛋白质大小（相对分子质量）
核苷酸代谢，转录，复制和修复		
胸苷酸激酶	A240L	27 800
胸苷激酶	K196R	22 400
脱氧尿苷焦磷酸酶	E165R	18 300
核糖核苷酸还原酶（小亚基）	F778R	87 500
DNA 聚合酶家族 B	G1211R	139 800
DNA 拓扑异构酶Ⅱ型	P1192R	135 500
类增殖细胞核抗原（PCNA）	E301R	35 300
类 DNA 聚合酶 X*	O174L	20 300
DNA 连接酶*	NP419L	48 200
AP 内切酶Ⅱ*	E296R	33 500
RNA 聚合酶亚基 2	EP1242L	139 900
RNA 聚合酶亚基 6	C147L	16 700
RNA 聚合酶亚基 1	NP1450L	163 700
RNA 聚合酶亚基 3	H359L	41 300
RNA 聚合酶亚基 5	D205R	23 700
RNA 聚合酶亚基 10	CP80R	
类转录调控因子ⅡB	C315R	
解旋酶超家族Ⅱ	A859L	27 800
解旋酶超家族Ⅱ	F1055L	123 900

（续）

基因功能	基因名	预计蛋白质大小 （相对分子质量）
解旋酶超家族Ⅱ	B962L	109 600
解旋酶超家族Ⅱ	D1133L	129 300
解旋酶超家族Ⅱ	Q706L	80 400
解旋酶超家族Ⅱ	QP509L	58 100
转录因子SⅡ	I243L	28 600
尿苷转移酶*	NP868R	29 900
Poly A聚合酶大亚基	C475L	54 800
FTS-J样甲基转移酶结构域	EP424R	49 300
ERCC4核酸酶域	EP364R	40 900
Lambda样核酸外切酶	D345L	39 400
VV A2L样转录因子	B385R	45 300
VV A8L样转录因子	G1340L	155 000
VV VLTF2样晚期转录因子，FCS-类蛋白质	B175L	20 300
DNA引物酶	C962R	111 300
其他酶		
异戊烯化转移酶*	B318L	35 900
丝氨酸蛋白激酶*	R298L	35 100
泛素接合酶*	I215L	24 700
Nudix水解酶*	D250R	29 900
宿主细胞相互作用		
IAP凋亡抑制剂*	A224L	26 600
Bcl 2凋亡抑制剂*	A179L	21 100
宿主基因转录抑制剂*	A238L	28 200
类C型凝集素*	EP153R	18 000
凝集红细胞*	EP402R	45 300
类似于HSV ICP34.5神经毒力因子	DP71L	8 500
类Nif S	QP383R	42 500
磷蛋白与核糖核蛋白-K结合	CP204L	30 000

来源：Linda K. Dixon et al.，Virus Research 173（2013）3-14.

注：基因编码的蛋白质涉及DNA复制、修复、核苷酸代谢、转录和其他酶活性或宿主防御逃逸。基因命名显示在中央栏，预测Benin 97/1毒株中蛋白质分子质量显示在右侧。（*）表示该蛋白的功能有数据报道。

2.3.3.1　参与 DNA 复制和修复的基因

直接参与病毒 DNA 复制的酶和蛋白质包括 DNA 聚合酶 B 型（*G1211R*）和 PCNA 样蛋白质（*E301R*），其可能的功能是将 DNA 聚合酶结合到 DNA 上（Yanez et al.，1995）。*C962R* 基因编码的 NTP 酶类似于痘病毒 D5 蛋白，它是 DNA 复制所必需的，可能在复制叉上起作用。D5 蛋白质属于超家族 III DNA 解旋酶的 AAA 亚家族。D5 还具有与 DNA 引物酶相关的基序。此外，*F1055L* 蛋白与疱疹病毒 UL-9 蛋白在参与复制起点并与假定的 DNA 引物酶结合具有一定的相似性。后面的这些蛋白质可能参与启动 DNA 复制。

已经在 ASFV 基因组中鉴定了编码酶的基因，这些酶参与蛋白质中间体的分解。其中 ERCC4 类核酸酶（*EP364R*），与真核生物的 Holliday 交叉解旋酶 Mus81 的原理有关，ASFV 也编码 λ 型外切核酸酶（*D345L*），可能参与该过程。其他 ASFV 编码蛋白包括假定的 DNA 拓扑异构酶 II 型（*P1192R*）（Baylis et al.，1993；Garciabeato et al.，1992）和 DNA 连接酶，预测其在 DNA 复制或修复途径中起作用（Hammond et al.，1992）。

ASFV 编码的参与 DNA 修复酶，可能代表在巨噬细胞中复制的适应性。巨噬细胞产生的活性氧（ROS）会引发广泛的微生物损伤，包括具有错误编码特性的 DNA 损伤或 DNA 和 RNA 聚合酶的阻断。由 ROS 诱导的大多数损伤通过碱基切除修复途径（BER）进行修复。哺乳动物 BER 途径涉及替换单个核苷酸（短片段）或多达 10 个核苷酸（长片段）两种。DNA 聚合酶 X 型（*O174L*）（已知最小的酶）、ATP 依赖性 DNA 连接酶（*NP419L*）和 II 型脱嘌呤/脱嘧啶（AP）内切核酸酶（*E296R*），一起构成 ASFV 的可能成分及其简化的 DNA

BER 机制。

ASFV DNA 聚合酶 X 的体外特性表明，该酶在受损 DNA 的短片段 BER 期间起作用（Beard，Wilson，2001；Garcia-Escudero et al.，2003；Jezewska et al.，2006；Showalter et al.，2001）。氧化性 DNA 损伤的修复通常是由具有相关裂解酶活性的双功能 DNA 糖基化酶引发的。该糖基化酶除去化学修饰的碱基，产生 5'处切口和 3'阻断基团无碱基位点。由于 ASFV 不编码 DNA 糖基化酶，因此病毒可能使用细胞的酶来启动 BER。当 BER 由双功能糖基化酶启动时，如在氧化损伤的情况下，ASFV AP 通过内核酶的 3'-二酯酶活性来清除 3'阻断基团，从而允许 pol X 填充在间隙中，然后用病毒 DNA 连接酶进行连接。或者，BER 可以由单功能的 DNA 糖基化酶启动。在这种情况下，病毒 AP 内切核酸活性将切断无碱基位点的 DNA 链，留下 5'- dRP 阻断基团，其在细胞 BER 中被 DNA 聚合酶的 dRP 裂解酶 β 消除。由于 pol X 缺乏这种活性，BER 途径应该通过长片段途径进行，参与的酶类包含 pol X 和/或病毒复制 DNA 聚合酶、PCNA 样 pE301R，pD345R 的 5'- 3' 外切核酸酶和 DNA 连接酶。pol X 的 AP 裂解酶活性（Garcia-Escudero et al.，2003），提出了由单功能 DNA 糖基化酶启动的替代 BER 途径，通过 pol X 裂解酶在无碱基位点切开 DNA 链。通过 AP 核酸内切酶 3'-二酯酶活性除去 3' 端，通过 pol X 的聚合酶活性填充间隙并通过 DNA 连接酶封闭切口。E296R 蛋白为具有 3'、5' 核酸外切酶和 3' 修复二酯酶活性的氧化还原敏感酶，并且在单链断裂的 3' 末端容易错配和氧化碱基损伤，因此很好地适应 ROS 诱导的 DNA 链断裂修复（Redrejo-Rodriguez et al.，2009）。AP 核酸内切酶在巨噬细胞中而非组织培养细胞中能够有效复制，支持了这一 BER 修复系统适应巨噬细胞细胞质中病毒复制的假设（Lamarche，Tsai，2006；Redrejo-Rodriguez et al.，2006）。

ASFV DNA 聚合酶 X 是已知的最小 DNA 聚合酶（174 个残基），是由核磁共振方法确定的第一个 DNA 聚合酶结构。这种酶不像其他 DNA 聚合酶那样具有"手"的结构，因为其缺少"手指"和"拇指"，并且"手掌"的拓扑结构是独特的。因此，预测缺乏 DNA 聚合酶 B 的 N-末端裂解酶结构域和双链 DNA 结合亚结构域，但保留参与 dNTP 选择的催化和 C-末端亚结构域（Beard，Wilson，2001；Showalter et al.，2001）。对 ASFV DNA 聚合酶 X 的生物化学分析表明，它表现出低保真度（Showalter et al.，2001），特别是该酶显示出更倾向形成 G-G 错配。对此也有争论的报道（Garcia-Escudero et al.，2003）。pol X 的保真性质取决于其氧化还原状态，其中酶的还原形式比氧化形式更准确（Voehler et al.，2009），为观察到的差异提供了一种可能的解释。有人提出，这种修复聚合酶易出错的性质可能有助于增加病毒基因组中的突变频率，这可能有助于产生抗原变异，从而帮助病毒生存（Showalter et al.，2001）。与这一假设相关的研究包括 ASFV DNA 连接酶应该是低保真的并且能够在 3' 不匹配的碱基对处密封缺口。为了支持这一说法，使用所有可能匹配和错配的碱基对组合，来分析切口密封催化效率，结果表明 ASFV DNA 连接酶是有史以来报道的最低保真的 DNA 连接酶。ASFV DNA 聚合酶 X 的错配特异性与 ASFV DNA 连接酶的错配特异性的比较表明，连接酶可能已经向低保真性进化，以产生最广泛的密封错配（Lamarche et al.，2005）。然而，该模型在体内的相关性仍有待确定。

由于细胞中存在 dNTP 限制池，许多大的 DNA 病毒编码参与核苷酸代谢的酶。这些功能可增加病毒 DNA 复制所需的 dNTP 前体库。这些酶对 ASFV 复制尤其重要，因为 ASFV 的复制主要在具有低水平 dNTP 的非分裂成熟巨噬细胞中进行。这可以通过病毒编码的胸苷激酶（*K196R*）和 dUTPase（*E165R*）基因来证明，现已证明，对于分离组织培养细胞中的病毒复制这两种基因是非需要的，但它们的缺失显著减少了病毒在巨噬细胞中的复制（Moore et al.，1998；Oliveros et al.，1999）。ASFV 还编码胸苷酸激酶（*A240L*）和核糖核苷酸还原酶的两个亚基（*F134L*，*F778R*）（Boursnell et al.，1991），这两种酶都参与核苷酸代谢。

2.3.3.2 编码 mRNA 转录、加工的酶和因子的基因

ASFV 基因转录不需要宿主 RNA 聚合酶Ⅱ，因此可以推测该病毒编码转录和加工 mRNA 所需的所有酶和因子。病毒核心颗粒具有转录活性，因此可能含有早期 mRNA 合成的所有酶和因子（Salas et al.，1981，1986）。编码与宿主 RNA 聚合酶Ⅱ复合物的 6 个亚基相似蛋白质（*EP1242L*，*C147L*，*NP1450L*，*H359L*，*D205R*，*CP80R*）的基因已被鉴定，同时基础真核转录因子 TFIIB（*C315R*）和转录延伸因子的直向同源物 S-II（*I243L*）亦被鉴定。ASFV RNA 聚合酶的其他亚基仍有待鉴定，因为痘苗病毒（VACV）酶具有 9 个亚基。ASFV 被预测编码阶段特异性转录因子以及 4 个假定因子 *G1340L*、*I243L*、*B175L* 和 *B385R*，已经通过分别与痘苗病毒因子 VETF（相对分子质量 82 000）亚基（A8L）、VITF-1（E4L）、VLTF-2（A1L）和 VLTF-3（A2L）的序列进行比较鉴定。VACV G8R 基因编码 VLTF-1 并且最近被鉴定为 PCNA 结构同源物，因此 ASFV PCNA 同源物 *E301R* 也可能在晚期转录中起作用。在由 ASFV 编码的解旋酶超家族的 6 个

成员 （*A859L*，*F105L*，*B92L*，*D1 133L*，*Q706L*，*QP509L*）
中，预计其中三个在转录中起作用是基于它们与 VACV 酶的
相似性。

ASFV 的转录通过添加 5' 帽子和 3'poly A 尾巴。编码
mRNA 加帽酶（*NP868R*）的基因编码该功能所需的三个结构
域、三磷酸酶、鸟苷酸转移酶和甲基转移酶。假定的多腺苷酸
化酶（*C475L*）已通过与 VACV 的比较进行了鉴定（Iyer et
al.，2006）。最近的一项研究表明，VACV 核心多聚腺苷酸化
酶也可以使 mRNA 的 3'-末端（miRNA）腺苷酸化，从而导
致其不稳定。这预示着在痘病毒感染期间有助于下调 miRNA
表达。ASFV 对应的酶类是否具有类似的功能仍有待确定。

ASFV 编码的 NUdix 水解酶（g5R，D250R）与该家族中
的其他酶（包括 D9 和 D10 VACV nudix 水解酶）具有相似的
序列。已显示 VACV D9 酶和 ASFV g5R NUdix 水解酶在拴系
RNA 部分时切割 mRNA 帽，释放出 m（7）GDP。g5R 的脱
帽活性受到过量未封端的 RNA 的抑制，但不受甲基化的 cap
类似物的抑制。通过引起 mRNA 的不稳定和降低翻译起始的
稳定性，该活性被认为对于阶段特异性转换病毒基因表达是重
要的。它还可能参与宿主 mRNA 表达的调节。还显示 ASFV
g5R 酶降解肌醇焦磷酸二磷酸肌醇五羟基磷酸酯，并且该功能
可能在病毒复制周期中是重要的。

2.3.3.3 编码其他酶的基因

由 ASFV 编码，但仍没有定义的其他酶包括预测的 FTS-J
样 RNA 甲基转移酶（*EP424R*）。可能这种基因可以稳定受感
染细胞中的 rRNA 并有助于防止蛋白质合成的关闭。该病毒还
含有丝氨酸/苏氨酸蛋白激酶（*R298L*），其被包装到病毒颗粒
中，这表明它可能在感染早期起作用（Baylis et al.，1993）。

ASFV 编码泛素结合酶（I215L），其在细胞核和细胞质之间穿梭，并且还与包含蛋白质的宿主 ARID DNA 结合域结合。这表明它可能在调节宿主核功能中发挥作用，然而，病毒复制位点含有泛素化蛋白，pI215L 也被证明可泛素化 CP530R 或其分解产物，因此 ASFV 泛素结合酶可能在感染周期中具有多种作用。

ASFV 编码的反式异戊二烯基转移酶（B318L）在体外催化香叶基二磷酸和异戊烯基二磷酸酯的缩合，以合成香叶基二磷酸酯和长链异戊二烯基二磷酸酯。该病毒酶定位于细胞质病毒装配位点，与来自内质网（ER）的前体病毒膜相关，表明它可能在内质网和/或病毒体装配中起作用。

ASFV 病毒还编码参与氧化还原代谢的两种酶，细菌 NifS 蛋白（QP383R）的同源物和 ERV1 同源物（B119L）。后者可能是参与病毒组装的氧化还原链的一部分（Lewis et al., 2000）。

2.3.3.4　编码结构蛋白和组装相关蛋白质的基因

编码结构蛋白和病毒组装相关蛋白质的基因如表 2-2 所示。编码病毒粒子结构蛋白的 17 个基因已被鉴定，并确定了它们在多层病毒颗粒中的位置。对于这些蛋白质，通过构建病毒载体表达可诱导拷贝基因，可以研究它们在病毒粒子形态发生中的作用。聚合蛋白 pp220（CP2475L）被切割以产生成熟的病毒粒子蛋白 p150、p37、p14、p34，聚合蛋白 pp62（CP530R），被病毒编码的 SUMO-1 样蛋白酶（S273R）切割成 p35 和 p15。这些蛋白质构成病毒粒子核衣壳的主要成分。二十面体衣壳围绕核衣壳组装在源自内质网的单个脂质包膜上。主要病毒粒子衣壳蛋白 p72 由 B646L 基因编码，其在病毒粒子中的组装需要由 B602L 编码的病毒编码的伴侣蛋白。

需要表达 *B438L* 编码的蛋白质 p49 以形成二十面体衣壳的顶点，表明蛋白质 p49 本身可以位于这些位置。几种病毒体结构蛋白含有跨膜结构域，可位于病毒粒子膜内部或外部。位于内膜中的蛋白包括包膜蛋白 p17（*D117L*）、p54 或 j13L（*E183L*）和可能的 j18L（*E199L*）、j5R（*H108R*）（Brookes et al.，1998）。CD2v 蛋白（*EP402R*）是红细胞与受感染细胞和细胞外病毒粒子结合所必需的，存在于外膜层（Borca et al.，1998）。p22（*KP177R*）（Camacho，Vinuela，1991）和 p12（pO61R）（Alcami et al.，1992）蛋白质也被认为位于该包膜上。该病毒编码氧化还原途径的组分，包括 pB119L（或 9GL）、pE248R 和 pA151R 蛋白，其中 pA151R 和 pB119L 蛋白是非结构而具有实验 DNA 结合特性的，三种蛋白质存在于病毒粒子中。p10（*K78R*）、p11.6（*A104R*）和 p14.5（*E120R*）蛋白存在于细胞内病毒的表面，是将病毒体从工厂位点转运到质膜所必需的。

表 2-2 编码结构蛋白和参与病毒形态形成的其他蛋白基因

基因功能	基因名	预计蛋白质大小（相对分子质量）
p22	*CP204L*	20 200
组蛋白类似蛋白	*A104R*	11 500
p11.5	*A137R*	21 100
p10	*K78R*	8 400
pA151R 氧化还原途径组分	*A151R*	17 500
p72 主要的衣壳蛋白，参与病毒进入靶细胞	*B646L*	73 200
氧化还原途径的巯基氧化酶组成成分	*B119L*	14 400
P49 病毒二十面体衣壳中形成顶点所必需	*B438L*	49 300
分子伴侣，参与衣壳的折叠，未并入病毒粒子	*B602L*	45 300

（续）

基因功能	基因名	预计蛋白质大小（相对分子质量）
ERV 1 样蛋白 like 参与氧化还原代谢	*B119L*	14 400
SUMO - 1 样蛋白酶，参与多蛋白裂解	*S273R*	31 600
p150、p37、p14 和 p34 的多蛋白前体 pp220 核蛋白质核心折叠所必需	*CP2475L*	281 500
p32（p30）磷酸蛋白，病毒感染早期表达蛋白，参与病毒吸附	*CP204L*	23 600
p35 和 p15 的多蛋白前体 pp62（pp60）	*CP530R*	60 500
p12 附着蛋白	*O61R*	6 700
p17 前体膜转为二十面体中间体所必需	*D117L*	13 100
J5R 跨膜区	*H108R*	12 500
p54（j13L）与动力蛋白 LC8 链结合，参与病毒入侵。募集包膜前体至组装工厂	*E183L*	19 900
J18L 跨膜域	*E199L*	22 000
p14.5 DNA 结合蛋白。病毒粒子向质膜运动所必需	*E120R*	13 600
E248R（k2R）。氧化还原途径可能的成分，需要形成二硫化物键	*E248R*	27 500
多基因家族 110 个成员，包含 KDEL ER 检索序列和跨膜域	*MGF 110 -4L（XP124L）*	14 200
EP402R 类似于宿主 CD2 蛋白 红细胞与受感染细胞和细胞外病毒颗粒吸附所必需 糖蛋白插入病毒外部包膜	*EP402R*	45 300

注：基因名称列在中央列，预测的分子质量列在右列。
来源：Linda K. Dixon et al.，Virus Research 173（2013）3 - 14。

2.3.3.5 编码参与调节宿主防御蛋白质的基因

作为巨噬细胞-嗜性病毒，ASFV 可以通过调节巨噬细胞功能来操纵先天性和适应性免疫应答，而且已经发现了一些干扰宿主防御的蛋白质。其中包括 *A238L* 蛋白，它通过抑制转录共激活因子 p300/CBP 的激活来发挥其抑制宿主免疫调节基因的转录激活作用。所述转录因子包括 NFkB，其与 p300/CBP 的 N 末端相互作用。此外，*A238L* 通过直接结合钙调神经磷酸酶来抑制宿主钙调神经磷酸酶依赖性途径（Granja et al.，2008）。*I329L* 蛋白作为 Toll 样受体 3 信号传导途径的抑制剂，多基因家族 360 和 530 的成员参与抑制 I 型干扰素的诱导和反应（Afonso et al.，2004；de Oliveira et al.，2011）。*DP71L* 蛋白作为宿主蛋白磷酸酶 1（PP1）的调节亚基，募集 PP1 以使翻译起始因子 eIF2a 去磷酸化，从而防止由 PKR 或其他激酶如 PERK 磷酸化诱导的蛋白质合成的全部停滞。

ASFV 调节宿主防御的另一种方式是编码黏附蛋白，从而调节受感染细胞或细胞外病毒颗粒与细胞外环境的相互作用。ASFV 编码的蛋白（*EP402R*/CD2v）在其细胞外结构域与宿主 CD2 蛋白具有相似性，是红细胞与受感染的巨噬细胞和细胞外病毒颗粒结合所必需的蛋白。CD2v 还在 ASFV 对有丝分裂原诱导的淋巴细胞增殖的抑制中发挥作用（Borca et al.，1994，1998）。*EP153R* 蛋白是 II 型跨膜蛋白，其含有 C 型凝集素结构域并且类似于 NK 细胞受体，如 CD69。这种 ASFV 编码的蛋白质已被证明可抑制细胞表面 MHC I 类分子表达的上调；*EP153R* 也抑制细胞凋亡（Hurtado et al.，2004，2011）。ASFV 编码的其他蛋白质，如 Bcl 2 和 IAP 同源物，可抑制细胞凋亡，从而延长感染细胞的存活率，促进病毒复制。

2.3.3.6 多基因家族

大约 30% 的 ASFV 基因组编码一组旁系同源基因，*MGF100*、*110*、*300*、*360*、*505/530* 和 p22，每个基因组存

在多个拷贝；不同分离株之间的旁系同源物的数量不同。通常 *MGFs* 成员位置彼此相邻，并且读取方向相同，表明它们是通过基因复制进化的。类似一些痘病毒基因，大多数 MGF 家族在基因组的每个末端具有拷贝，并且有人提出这些拷贝在基因组复制和读取时被转座。许多 MGF 由多个拷贝编码，意味着它们为病毒提供了选择性优势。单基因之间的大序列差异以及 MGF 蛋白的一些拷贝内存在额外的功能域，表明这些基因中至少有一些具有不同的功能。例如，*MGF110* 成员中有两个基因编码含有 KDEL 内质网（ER）检索序列（*XP124L*，*Y118L*）的蛋白质和几个编码具有预测信号肽和切割位点的蛋白质，表明它们是在感染细胞中分泌。*MGF360* 基因的子集编码锚蛋白相互作用结构域。

2.3.4 ASFV 基因组之间的变异

将从东非野生动物和暴发非洲猪瘟的非洲、欧洲和高加索地区的家猪中收集的分离物进行单基因测序，从而获得了 12 个分离株的完整基因组序列。通过对编码主要亚型蛋白基因的部分序列进行比较分析，确定了 22 个基因型。所有这些基因型都存在于非洲东部和南部非洲，其中参与古老的 ASFV 基因型循环的森林动物涉及鸟类、鱼类、疣猪和软蜱（Boshoff et al.，2007；Lubisi et al.，2005，2007）。来自这一循环分离株的遗传多样性很高，反映了这些宿主的复制、传播所造成的长期进化和选择压力。分析猪体内传播的分离物发现，森林野生动物循环的 ASFV 传播至家猪的案例是相对罕见的，即使是在东非，大多数 ASFV 在家猪的传播都是由猪传染给猪的。对在家猪中传播的分离株进行分析发现，基因Ⅰ型在中部和西部非洲传播，这种基因型在 1957 年和 1960 年从葡萄牙跃入西班牙，并从那里传播到其他欧洲国家、亚洲国家，以及加勒比地区和巴西。直到最近，在非洲中部和西部唯一发现的基因型仍是第一种，但现在刚果共和国已经发现了第九种基因型。据推测，这个基因型是从东非传播的，是在东非的乌干达和肯尼亚流行的主要基因型。基因Ⅱ型是非洲东南部莫桑比克和赞比亚流行的基因型之一，马达加斯加（1998）、毛里求斯（2007）和格鲁吉亚（2007）也被传入。格鲁吉亚 ASF 已蔓延到包括俄罗斯联邦、亚美尼亚、阿塞拜疆和乌克兰在内的邻国（瓦希德）。通过对该基因型与其他个体基因序列的比较表明，在 40 年的时间里，从欧洲和非洲家猪中采集的分离物几乎没有任何变化。大多数基因组变异都是由于基因的得失而导致的。此外，还观察到非编码区内串联的亚单位数的变化。同源序列已在编码亚单位的结构蛋白和编码的亚单位病毒以及其他功能未知蛋白质的基因中确定。

　　MGF 360 的基因拷贝数是最多的，可变性最高，共含有 22 个旁系同源基因。不同毒株该基因的拷贝数从 11～18 个不等，其中葡萄牙的低毒力分离株 *OURT88/3* 和组织培养适应分离株 *BA71V* 的基因拷贝数为 11 个，1965 在肯尼亚分离到的以及 1979 年在祖鲁兰分离到的 Mkuzi 毒株的基因拷贝数为 18 个。*MGF 110* 家族包括 14 个旁系同源基因，其数目在 Benin 97/1 及 *BA71V* 基因组中为 5 个，在分离株 Mkuzi 基因组中为 12 个。其他 *MGF* 家庭成员基因拷贝数较少，在不同基因中的数量变化也较小。例如，*MGF 505/530* 具有 11 个旁系同源基因，其中 8～10 个在所有基因组中存在，*MGF 300* 具有 4 个旁系同源基因，其中 3 个或 4 个出现在不同基因组上，*MGF100* 具有三个旁系同源基因，出现在具有 2～3 个拷贝数的基因组中。对这些蛋白质序列的比较表明，这些蛋白质可能

有很大的差异，但它们有共同的家族相关基序。旁系同源蛋白（同一基因组上的 *MGF* 的不同拷贝）比直系同源蛋白（不同基因组上的同一家族成员蛋白）差异更大。图 2-3 中展示了直系同源基因 Georgia 2007/1 毒株的 *MGF360-8L* 和 Georgia2007/1 毒株的 *MGF360* 系统发生学。在分离株之间，*MGF360-8L* 至少有 86% 的同源性，而在 Georgia 2007/1 基因组中，同源异构体之间的氨基酸同源性可低至 12%（例如在 *MGF360-1L* 和 *18R* 之间）或 15%（在 *MGF360-1L* 和 *15R* 之间）。这些基因被认为是在基因复制之后发生分化的，但是，导致基因扩增的时间尺度和选择压力都是未知的。对 Georgia 2007/1 基因组的 *MGF360* 旁系同源物进行比较发现，在右半基因组末端（*MGF360-15R*、*MGF360-16R*、*MGF360-18R*、*MGF360-21R*）附近与左半基因组末端（图 2-5）附近的 *MGF360* 旁系同源物差异更大（氨基酸同源性介于 12%～37% 之间）。一个值得注意的例外是存在于最左侧的 *MGF360* 基因（*MGF360-1L*）与最右侧（*MGF360-21R*）之间的相似性，其具有 69% 的相似性。这些是 Georgia 2007/1 基因组中最紧密相关的一种，表明它们是从一个基因组端复制到另一个基因组端的基因，并是最近报道基因复制的例子。

使用邻接法推断 *MGF360* 编码的蛋白质的氨基酸序列的进化史，从 1 000 个重复推断出的步长检验合并树（bootstrap consensus tree），被用来代表所分析的分类群的进化史。分支旁边显示了相关分类群在 bootstrap 测试中聚集在一起的复制树的百分比（1 000 个重复）。树按比例绘制，分支长度与用于推断系统发育树的进化距离相同。使用泊松校正方法计算进化距离，并且以每个位点的氨基酸取代数为单位。从数据集中删除包含缺口和缺失数据的所有位置（完全删除选项）。最终数

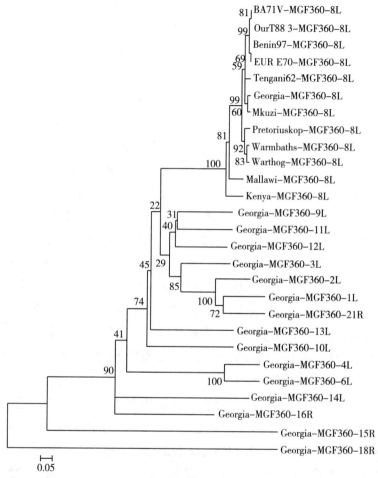

图 2-5　*MGF360* 基因的直系同源物和旁系同源物的系统发育
来源：Linda K. Dixon et al.，Virus Research 173（2013）3-14。

据集中共有 203 个位置。系统发育分析在 MEGA4 中进行。

　　基因进化是大型 DNA 病毒基因家族的一个共同特征。最近的证据表明，在培养过程中，在强烈的选择压力下，通过反复扩增一个关键的抗宿主防御基因，促进了关键氨基酸的突变，该毒株很快获得了适宜性。因此，ASFV 多基因家族可能是在强选择条件下迅速获得的，随后发生了分化。

OURT88/3 和 BA71V 近缘分离物分别有严重缺失，与靠近左基因组末端的其他基因组相比，分别缺失 8kbp 或 10kbp。这些缺失的基因组位置相似，但并不完全相同。OURT 88/3 缺失 5 个 MGF360 和 2 个 MGF505/530 的成员，BA71V 缺失 25 个 MGF360 成员和 2 个 MGF505/530 成员并影响了其临近的 1 个 MGF360 和 1 个 MGF505/530 成员的表达（Chapman et al.，2008）。从 Pr4 分离株的基因组中靶向删除 6 拷贝的 MGF360 和 2 拷贝的 MGF505/530 可导致：（1）Ⅰ型干扰素和干扰素应答基因的表达增加，（2）蜱和巨噬细胞中的复制减少，（3）降低其感染猪的毒力（Afonso et al.，2004；Burrage et al.，2004）。独特的是，BA71V 基因组在右基因组末端附近有第二大的约 3kbp 缺失，编码 5 或 6 个 ORF，包括一个或两个拷贝的基因，类似于编码左侧基因组末端的 p22 早期膜蛋白（KP177L）基因和编码独特的 SH2 结合域基因的两个拷贝（Chapman et al.，2008）。

比较研究表明，109 个独特的基因存在于所有 12 种基因组中，另外 16 种 MGFs 基因也存在于这 12 种基因组中。保守基因编码结构蛋白、参与病毒组装的蛋白、酶和其他因子（参与核苷酸代谢，DNA 复制与修复，mRNA 转录与加工的因子）、参与调节宿主细胞通路的蛋白以及若干未知功能的蛋白。在其余的 26～42 ORFs 中，约有一半是 5 MGFs 的成员，它们在 12 种基因组中并不保守（Chapman et al.，2008）。

比较由 125 个保守 ORF 编码的蛋白质的串联氨基酸序列，包含 40 810 个氨基酸，表明大多数毒株序列主要聚集在两个主要进化树中。第一组包括来自西非和欧洲的分离株，属于基因Ⅰ型，Mkuzi 1979 和 Georgia 2007/1 分离株也属于该组，但与基因Ⅰ型分离株的相关性较远。第二组包括来自东非和南非的其他分离株（Tengani 62，Warthog，Warmbaths，Pretoriskup 96）。两个分离株，Malawi Lil 20/1 和 Kenya1950 偏离该组。利用个别蛋白质的分析中得到的进化树并不总是与分析来自同源蛋白质的同源性得到的进化树相匹配。例如，Georgia 2007/1 毒株与 Malawi Lil 20/1 和 Kenya 1950 毒株 CD2v（*EP402R*）的蛋白序列同源性很高，但是，Georgia 2007/1 毒株的 *EP153R* 蛋白序列更接近于 warthog 分离株（Chapman et al.，2008；de Villiers et al.，2010）。这表明，曾经发生过重组事件，尽管基因组之间没有明显的连续基因组片段的重组。ASFV 长时间持续感染疣猪、钝缘软蜱可能为不同基因型的混合感染以及基因组之间的重组提供了机会。

在基因组水平上对同义和非同义突变进行比较，确定了大约 18 个受到多样化选择压力的基因。这些成员包括 *MGF360*（*8L*，*16R*）和 *505/530*（*4R*，*7R*，*9R*）、*EP402R*（CD2v）、*EP153R*、几种酶和 *B602L* 的分子伴侣。主要的衣壳蛋白在强大的选择压力下没有任何非同义突变位点，几乎所有的突变都是同义的，表明了强大的稳定性（de Villiers et al.，2010）。

新一代测序的出现意味着可以确定更多完整的基因组序列，从而能够更全面地分析不同分离物之间的关系。到 2022 年，6 个毒株的基因组以及用于鉴定基因型的 22 个基因型的主要衣壳蛋白 *B646L* 的序列已知。

2.3.5　与其他家族病毒的关系

ASFV 目前是非洲猪瘟病毒科（代表非洲猪瘟和相关病毒）家族的唯一成员。非洲猪瘟病毒科是核质大 DNA 病毒

（NCLDV）超家族中的一个病毒家族。NCLDV 包含一种明显的单系类病毒，可以广泛感染真核宿主。它们具有在细胞质中完成部分复制周期并且在复制周期内对细胞核具有不同依赖性的特征。NCLDV 与细胞核的相对独立性意味着它们必须编码保守的蛋白质，这些蛋白质参与大多数病毒复制和转录所必需的过程。首先提出的属于 NCLDV 病毒家族的包括非洲猪瘟科、痘病毒科，其中的不同成员感染昆虫、爬行动物、鸟类和哺乳动物；虹膜病毒科，感染昆虫和冷血脊椎动物；藻类去氧核糖核酸病毒科，感染藻类。NCLDV 后来被发现还包括其他新发现的病毒家族，包括拟菌病毒科，可感染棘阿米巴的马赛病毒科和感染昆虫的囊泡病毒科。拟菌病毒科具有已知最大的病毒基因组（1 180kbp），NCLDV 中的其他家族具有 100～400kbp 的基因组。通过比较不同 NCLDV 家族的基因组序列鉴定出存在于所有家族中的 9 个基因的核心组以及存在于多个家族中其他基因。重新定义的图谱将大约 40 个基因绘制成来源于共同祖先。通常，NCLDV 共享其他大型 DNA 病毒家族中不存在的额外标志基因，例如与 DNA 引物融合的超家族 3 解旋酶，包装 ATP 酶和参与形态发生的二硫化物氧化还原酶。此外，单个 NCLDV 病毒家族编码其他独特基因来帮助其在特定的环境中复制。

　　出乎意料的是，通过对来自不同环境的病毒分子进行宏基因组测序鉴定出与多种具有高度序列相似性的基因片段，包括 Asfarviridae 家族的标志基因。这些样品包括来自海洋环境的样品以及来源于人类的样品。此外，感染海洋甲藻类（甲藻纲）的环状异帽藻 DNA 病毒（HcDNAV，基因组 356 kbp）编码与 ASFV 序列相似的 DNA 聚合酶 B，表明它可能与非洲猪瘟病毒科的亲缘性比与最初认为的藻类脱氧核糖核酸病毒科的亲缘性更近。然而,需要额外的基因组测序来证实这一假设。

这些非常有趣的发现表明,非洲猪瘟病毒科家族的其他成员可能很快就会被鉴定出来。

尽管有关 ASFV 复制机制的基本信息已被报道,但该过程的许多细节尚未明确。特别是在复制周期中,细胞核的作用以及被认为在那里发生的 DNA 合成的早期阶段需要进一步研究。最近的工作阐明了 ASFV 编码过程中参与碱基切除修复途径的蛋白酶的许多功能,但是一些细节仍然是未知的。这种与 AS-FV 相关的 BER 途径似乎与其他途径不同,因为病毒编码的 DNA 糖基化酶尚未被鉴定。

ASFV 基因组的一个显著特征是具有大量的多基因家族。至少 *MGF 360* 和 *MGF 505/530* 似乎在病毒嗜性、毒力和抑制干扰素反应中具有重要作用。然而,对于编码的蛋白质如何发挥作用以及导致其增多和缺失的选择压力相关的知识报道甚少。

新一代测序的出现将帮助我们获得越来越多的完整的 AS-FV 基因组。这将被应用于探究以下多个方面:不同病毒株之间的进化关系,疾病暴发的流行病学追踪,在分子水平上定义分离株之间的表型差异,确定导致基因组进化的选择压力。

尽管 ASFV 是目前非洲猪瘟病毒科家族中唯一的成员,但通过宏基因组测序研究已经从不同环境中鉴定出紧密相关的序列,这表明这个病毒家族的新成员即将出现。

2.4 理化特性和生物学特性

ASFV 是一种抗性非常强的病毒,能够耐受高温和较大范围的 pH 波动,加热到 56℃持续 70 分钟或 60℃持续 20 分钟才可使其灭活。但加热 70℃ 处理 10 秒即可使 10^5 HAD*/毫升 ASFV 彻底灭活；紫外强度为 110～120 微瓦/厘米^2 处理 30 分钟可使 10^5 HAD/毫升 ASFV 彻底灭活。

表 2-3 提供了物理和化学因素对 ASFV 的灭活效果，AS-FV 对乙醚及氯仿等脂溶剂敏感，0.05％β-丙内酯和乙酰乙烯亚胺（AEI）可在 37℃ 60 分钟内使其灭活。0.8％氢氧化钠（30 分钟）、含 2.3％有效氯的次氯酸盐（30 分钟）、0.3％福尔马林（30 分钟）、3％邻苯基苯酚（30 分钟）和碘化合物可灭活 ASFV（OIE，2013）。ASFV 对乙醚及氯仿等脂溶剂敏感。带囊膜的 ASFV 病毒粒子能够明显抵抗蛋白酶的作用，但易被胰脂酶灭活。胃蛋白酶可作用于无囊膜病毒粒子的六角形衣壳，而胰蛋白酶则不能。

表 2-3　ASFV 对理化作用的抗性

理化指标	抵抗力
温度	对低温有很强的抵抗力。在 56℃ 需要 70 分钟，60℃ 需要 20 分钟才能将病毒灭活
pH	在无血清的培养基中，pH<3.9 或>11.5 才能灭活病毒。血清可以增加病毒的抵抗力，如在 pH 13.4 条件下，没有血清时病毒可以存活到 21 小时，有血清时病毒可以存活到 7 天
化学成分/消毒剂	对乙醚和氯仿敏感，0.8％氢氧化钠 30 分钟、含 2.3％有效氯的次氯酸盐 30 分钟、0.3％福尔马林 30 分钟、3％邻苯基苯酚 30 分钟和碘化合物都可以灭活病毒
存活力	能在血液、粪便和组织中存活很久，特别是生肉或没有全熟的肉制品；能在载体里繁殖（如钝缘软蜱）

来源：世界动物卫生组织非洲猪瘟技术卡，2009。

---

* HAD 为 hemadsorption 的缩写，红细胞吸附量。

ASFV 在排泄物、尸体、新鲜肉类和某些肉类产品中可存活的时间不等（表 2 - 4）。在死亡野猪尸体中可以存活长达 1 年，在猪粪便中其感染能力可持续 11 天，在冷藏肉类中可能持续感染 110 天（在冻结肉中的时间更长），在未经烧煮或高温烟熏的火腿和香肠中能存活数月。

表 2 - 4　ASFV 在各种环境条件下的抵抗力

材料/产品	ASFV 存活时间（天）
有骨头和没有骨头的肉以及碎肉	105
咸肉	182
熟肉（70℃至少 30 分钟）	0
干肉	300
熏制和剔骨肉	30
冷冻肉	110
内脏	105
皮肤/脂肪（即使干燥）	300
在 4℃储存的血液	540
室温下的粪便	11
腐烂的血液	105
被污染的猪圈	30

注：所给出的时间为已知或估计的最大持续时间，并取决于实际环境温度和湿度。

来源：非洲猪瘟的科学观点，欧洲食品安全署杂志，2010，8（3）：1556。

3 | 流行病学

　　动物传染病的传播必须具备 3 个环节：传染源、传播途径和易感动物，这 3 个环节是构成传染病在动物群中发生和流行的生物学基础。ASFV 主要通过与感染动物或污染物接触、摄入污染的猪肉或猪肉制品，以及软蜱的叮咬来感染并扩散。而气溶胶传输被认为仅在短距离内发生。ASFV 的传播扩散在各个地区并非完全相同，如在非洲撒哈拉以南地区，ASFV 具有地方流行性，而且通过一个涉及家猪、非洲丛林猪、荒漠疣猪和钝缘软蜱的感染链条持续循环；在高加索区域、东欧和波罗的海等地，ASFV 在家猪和欧洲野猪之间循环，并引起相似的临床症状和死亡。另外对一些流行病学具体细节的把握，如病毒通过环境和污染饲料感染时的最低感染剂量，感染野猪与家猪接触时病毒传染的有效性如何，感染后的康复猪能否作为一个病毒携带者或储藏宿主来传播病毒，病毒在野猪群里持续存在的潜力，以及人类作为传播病毒载体扩散病毒的影响等，也是人们优化现有干预措施和出台新的工具和防控策略来减少ASFV 传播的重要依据。

3.1 宿主

3.1.1 野猪

　　非洲疣猪属于猪科疣猪属，广泛分布于非洲撒哈拉以南地区。疣猪（图3-1，彩图4）被认为是ASFV的原始宿主，它与钝缘蜱一起构成了丛林传播循环。在非洲，疣猪的广泛分布，以及易与家猪和钝缘软蜱接触的生态学特征，使疣猪成为最重要的ASFV宿主。在洞穴中，哺乳疣猪通过钝缘软蜱的叮咬而被感染，之后在病毒血症期间通过被叮咬可以感染其他ASFV阴性的蜱虫。病毒血症通常为2～3周，随后病毒持续存在于淋巴结中。幼年疣猪感染后恢复正常，无任何临床症状。

图3-1　非洲猪瘟宿主

A. 家养猪/*Sus scrofa domesticus*（© FAO/DanielBeltrán-Alcrudo）

B. 欧洲野猪/*Sus scrofa ferus*［©瑞典农业科学大学（SVA）/TorstenMörner］

C. 非洲灌丛野猪/*Potamochoerus porcus*［©瑞典农业科学大学（SLU）和SVA/Karl Stahl］

D. 疣猪/*Potamochoerus porcus*（© SLU 和 SVA/Karl Stahl）

E. 巨型森林猪/*Hylochoerus meinertzhageni*（© John Carthy）

F. 钝缘软蜱（雄性和雌性）［©萨拉曼卡自然资源与农业生物学研究所（IR-NASA）、科学调查委员会（CSIC/Ricardo Pérez-Sánchez）］

非洲丛林猪和非洲红河猪属于猪科非洲野猪属，分布于非洲西部和中部。丛林猪和红河野猪在ASF流行过程中所扮演的角色尚未被完全证实。ASFV 可以在丛林猪体内复制，在一些案例中也可以传播给家猪和软蜱，但传播机制尚未确定。丛林猪在非洲的东部、中部、南部和马达加斯加岛生活，但它们并不是 ASFV 的重要宿主，可能与它们夜间活动的习惯、猪群密度低和不使用地穴居住有关。

非洲巨型森林猪属于猪科巨林猪属（*Hylochoerus*），仅分布于非洲中部海拔 3 750 米的高山林地。也有报道称巨林猪可以偶尔感染 ASFV，但它们在 ASF 流行病学中的作用微乎其微。

在欧洲，野猪和家猪对 ASFV 有相似的易感性。在伊比利亚半岛、撒丁岛、古巴、毛里求斯和俄罗斯都有野猪感染的案例。ASF 在野猪群中暴发并消失后，通过直接接触感染的家猪、污染物或摄入被感染的尸体而再次感染，这是维持 ASFV 在野猪群中不断循环的前提。

3.1.2 家猪

家猪对 ASF 高度易感。根据感染毒株的毒力不同，病程从特急性到亚临床感染不等。亚临床感染、慢性感染或者临床康复的猪群在 ASF 的流行过程中扮演着非常重要的角色。虽然目前没有证据表明感染猪能终生带毒，但它们能够把 ASFV 通过直接接触或间接的软蜱叮咬或摄入污染的肉/肉制品传播给易感猪。

当 ASF 到达一个新的区域或猪群时，通常伴随着猪的高死亡率和快速扩散暴发。然而在已经发病的区域，低死亡率和亚临床或慢性感染变得越来越普遍。在非洲和伊比利亚半岛，ASF 的亚临床感染比较常见，这是当地低毒力 ASFV 的流行和减毒活疫苗的使用所导致的，也有研究声称是当地培育出对 ASFV 不易感的猪，然而其抗病毒的生物学特性无法在猪体上实现遗传。

3.1.3　软蜱

蜱属于节肢动物门，分为 3 个科，即硬蜱科、软蜱科和纳蜱科，前两者较为常见且危害较大，在 ASFV 传播中发挥重要作用的蜱属于软蜱科中的钝缘蜱属。蜱虫体卵圆形或长卵圆形，背面稍隆起，未吸血时腹背扁平，成虫体长 2~10 毫米；饱血后胀大如赤豆或蓖麻子状，大者可长达 30 毫米。未吸血前为黄灰色，吸饱血后为灰黑色，表皮革质，成虫在躯体背面没有壳质化盾板（区别于硬蜱）（图 3-2，彩图 5）。软蜱寿命长，一般为 6~7 年，甚至可达 15~25 年，软蜱各活跃期均能长期耐饿，5~7 年不等，有的甚至长达 15 年。

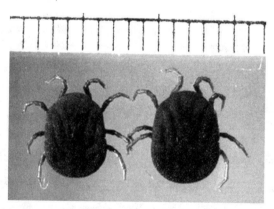

图 3-2　非洲钝缘软蜱（*Ornithodoros moubata*）

一种已知可以感染和传播 ASFV 的软蜱

来源：James Occi.

钝缘软蜱（*Ornithodoros moubata*）是在西班牙首次被证实为 ASFV 的生物学载体和储藏者。在非洲，钝缘软蜱是家猪和野猪感染 ASFV 的一个重要源头。它在吸血的时候，能够将体内的病毒传染给易感宿主。另外，病毒在蜱类种群中可通过交配、卵源等多种途径传播，即使在没有宿主的情况下，感染的蜱依然可以长期携带病毒并保持感染性，长达数年之久。钝缘软蜱广泛分布于南非，也出现在马达加斯加，但并不存在于非洲中部，它们被认为是 ASF 持续存在的一个重要原因。还有几种蜱虫在 ASF 传播过程中发挥作用，如表3-1所示。

表3-1 钝缘蜱属蜱虫地理分布及其在 ASF 传播中的作用

钝缘蜱种类	地理分布	经卵传播	发育期传播	向猪传播	说　　明
O. erraticus (O. marocanus)	伊比利亚半岛和非洲北部	否	是	是	存在于猪圈中，并在家猪中维持循环
O. moubata complex	非洲南部和东部、马达加斯加，塞拉利昂	是	是	是	取决于亚种，可住在疣猪的洞穴里，在疣猪身上维持丛林传播循环，也可以住在猪圈里（在家猪身上维持循环）
O. puertoricensis	加勒比地区	是	是	是	是有效载体，但是在ASF暴发后，海地和多米尼加共和国收集的大量蜱虫中没有发现病毒
O. coriaceus	美国	否	是	是	实验证明是有效的载体
O. turicata	美国			是	实验证明能够将病毒传播给猪
O. savignyi	非洲			是	是与猪或疣猪不相关的沙漠蜱
O. sonrai	非洲北部萨赫勒（向南延伸到南塞内加尔）				在2004年和2005年暴发ASF的养殖场的36个蜱虫中有4个阳性（通过PCR检测到ASFV核酸）

来源：南非比勒陀利亚大学。

3.2 传播循环

ASFV 的传播有丛林传播循环、蜱-猪循环、家猪循环和野猪-栖息地循环 4 种方式（图 3-3，彩图 6）。

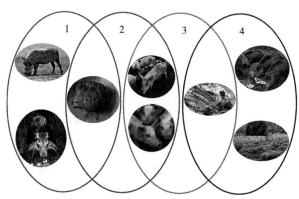

图 3-3 ASF 传播的 4 个循环

来源：Erika Chenais

3.2.1 丛林传播循环

丛林传播循环在非洲的南部和东部都有详细的记载，它涉及 ASFV 的天然宿主疣猪和蜱虫。哺乳疣猪在洞穴中被软蜱感染，在短暂的病毒血症期间，蜱虫通过吸血而感染 ASFV。疣猪在之后的生活中处于 ASFV 的潜伏感染，并不表现任何临床症状，疣猪之间的水平传播和垂直传播能力较弱，主要依靠软蜱来实现病毒的循环。蜱虫一次吸血进食感染 ASFV 后，病毒可在其体内保持感染性长达 15 个月，这就为感染下一批分娩的幼年疣猪提供了条件。

在有疣猪和软蜱的区域，野猪的感染率非常高，但两者的存在并不意味着丛林传播循环就一定存在。例如在非洲西部，野猪和软蜱同时存在，但很少发现两者是携带 ASFV 的。

3.2.2 蜱-猪循环

蜱虫通过吸吮有病毒血症动物的血后所携带的感染性病毒可存活数月或数年之久。在非洲和伊比利亚半岛,经常发现当地一种叫作游走钝缘软蜱的蜱虫(*Ornithodoros erraticus*)在猪舍内存在,这种蜱虫通过吸吮猪血来传播并维持 ASF 的长期存在。在西班牙的某些区域,ASF 的暴发与钝缘软蜱的存在有很强的相关性。在葡萄牙,一个先前被感染的猪群在1999 年再次暴发 ASF,其原因就是携带病毒的蜱虫存在于该场,并持续感染猪群。在马达加斯加一个空栏时间长达 4 年的猪场中,ASFV 仍然可以从场内的蜱虫中分离出来。这就说明,只有蜱虫真正在场内被彻底消灭后才能降低猪群感染ASFV 的风险。

在有蜱虫的区域也并不意味着蜱-猪循环就一定存在。在高加索地区的国家和俄罗斯也报告了钝缘蜱属蜱虫的存在,但没有证据表明蜱在当地 ASF 的流行过程中发挥了主要作用。

螫蝇在实验室条件下也被证明可以有效地将 ASFV 传染给家猪。然而,当在 ASF 感染的猪场收集这些螫蝇后检测发现病毒阴性。

3.2.3 家猪循环

生猪贸易或转运,生物安全措施的缺失,是 ASF 传播扩散的主要原因。一些临床研究也证实了 ASF 在猪场得以暴发的风险因素,包括:自由放养、猪场之前发生过 ASF、有感染的猪或屠宰场在猪场附近、生猪转运和人员拜访。在俄罗斯,空间回归分析发现,路面交通、水源和家猪的密度与

ASF 的暴发具有相关性，而空间扩展模型发现感染动物的转运是 ASF 扩散的最主要风险因素。在怀疑暴发 ASF，而尚未清楚猪群临床症状时，紧急售卖猪的行为会加剧疫病在国内猪群的扩散。

　　一旦 ASFV 进入家猪群，它可以在地方、区域甚至国家的水平上通过直接接触或与污染物接触来传播。ASFV 对外界抵抗力非常强：能够在 pH 4～10 的范围内保持稳定，60℃ 20 分钟才能灭活（表 2 - 3）。烟熏香肠和自然晾干的火腿要求在 32～49℃烟熏 12 小时，并经随后 25～30 天的干燥才能消灭病毒。ASFV 也能在环境中持续存在数天，所以污染的衣物、靴子、设备、车辆都可能成为传播病毒的载体。感染猪的分泌物和排泄物都有可能含有病毒，而且 ASFV 可以在血液和组织中长期保持活力。所以 ASFV 在猪肉制品中，如在熏制的火腿，数月内仍然保持感染性，猪接触处理不当的尸体、冷冻（或没有充分煮熟）的猪肉或熏蒸的猪肉产品都存在感染 ASFV 的风险（表 2 - 4）。

　　另外，最近实验室研究提供了 ASFV 在猪血液、分泌物和排泄物中的病毒滴度。用高毒力或中等毒力的 ASFV 流行毒株感染猪后，血液中最高病毒滴度可达 $10^9 HAD_{50}$/毫升，口腔液、尿液和粪便中最高病毒滴度可达 $10^5 HAD_{50}$/毫升（表 3 - 2）。30％～50％的猪在感染中等毒力 ASFV 后在临床症状上可以恢复，但病毒 DNA 可以在感染后 4～70 天的空气样品中持续检测到。一些实验室的研究也证实了与感染家猪的直接接触是 ASFV 传播的一个有效方式。当将易感猪与感染了 ASFV 的猪放在一起后，易感猪通过直接接触 1～9 天内被感染；但当将易感猪和感染猪之间用固体隔离物分开以阻挡它们之间的直接接触后，易感猪的感染时间推迟到 6～15 天。

表 3-2　猪感染 ASFV 流行毒株后血液、分泌物和排泄物中的病毒载量

样品类型	ASFV 毒株	感染方式	检测到的最高病毒滴度
血液	分离自野猪的立陶宛 LT14/1490	肌内注射 10 HAD_{50}/毫升	6 dpi：$10^{6.4} \sim 10^{8.7}$ HAD_{50}/毫升
		接触感染	14 dpi：$10^{6.4} \sim 10^{8.7}$ HAD_{50}/毫升
	分离自家猪的格鲁吉亚 2007/1	肌内注射 10^{2} HAD_{50}/毫升	5 dpi：$10^{6} \sim 10^{8}$ HAD_{50}/毫升
		接触感染	10 dpi：$10^{6} \sim 10^{8}$ HAD_{50}/毫升
	分离自野猪的俄罗斯 Kashino 04/13	鼻腔感染 5×10^{3} HAD_{50}/毫升	7 dpi：$10^{7.5}$ HAD_{50}/毫升
		鼻腔感染 50 HAD_{50}/毫升	7 dpi：$10^{6.5} \sim 10^{7.5}$ HAD_{50}/毫升
		接触感染	15 dpi：$10^{6.5} \sim 10^{7.5}$ HAD_{50}/毫升
	分离自家猪的俄罗斯 Boguchary 06/13	鼻腔感染 5×10^{3} HAD_{50}/毫升	9 dpi：$10^{6.5} \sim 10^{7.5}$ HAD_{50}/毫升
		鼻腔感染 50 HAD_{50}/毫升	5 dpi：$10^{6.5} \sim 10^{7}$ HAD_{50}/毫升
		接触感染	13 dpi：10^{7} HAD_{50}/毫升
	分离自野猪的俄罗斯 K 08/13	肌内注射 5×10^{3} HAD_{50}/毫升	7 dpi：$10^{6.5} \sim 10^{7}$ HAD_{50}/毫升
		肌内注射 50 HAD_{50}/毫升	9 dpi：$10^{6.5} \sim 10^{7}$ HAD_{50}/毫升
鼻拭子	分离自家猪的格鲁吉亚 2007/1	肌内注射 10^{2} HAD_{50}/毫升	6 dpi：$10^{2} \sim 10^{4}$ HAD_{50}/毫升
		接触感染	7 dpi：$10 \sim 10^{2}$ HAD_{50}/毫升
肛拭子	分离自家猪的格鲁吉亚 2007/1	肌内注射 10^{2} HAD_{50}/毫升	5 dpi：$10 \sim 10^{2}$ HAD_{50}/毫升
		接触感染	12 dpi：$10 \sim 10^{2}$ HAD_{50}/毫升

注：dpi（days post infection），感染后天数；HAD_{50} 为半数红细胞吸附量。

　　不同 ASFV 毒株在田间和实验室条件下的传播动态是不同的。在不同的传播条件下（表 3-3），马耳他 ASFV 毒株的基本繁殖率（R0，即新来猪被一头阳性动物所感染的平均数量）是 18 ［95％置信区间（CI：6.9～46.9］，格鲁吉亚和俄罗斯的 ASFV 毒株分别是 1.4（95％ CI：0.6～2.4）、9.8（95％ CI：3.9～15.6）（表 3 - 3）。

表 3 - 3　在田间和实验室条件下 ASFV 在家猪和野猪中传播的病毒载量

传播情况		ASFV 毒株	潜伏期（天）	感染期（天）	基本繁殖率（95％置信区间）
实验研究					
家猪-家猪	直接	格鲁吉亚 2007/1	4	3～6	2.8（1.3～4.8）
				3～14	5.3（1.7～10.3）
	间接			3～6	1.4（0.6～2.4）
				3～14	2.5（0.8～5.2）
野猪-野猪	直接	亚美尼亚 2008	4	2～9	6.1（0.6～14.5）
	直接				5.0（1.4～10.7）
猪-家猪	间接				0.5（0.1～1.3）
家猪-家猪	直接	马耳他 1978	3～6	4～10	18.0（6.9～46.9）
田间研究					
野猪-野猪	组与组之间	俄罗斯	—	—	1.58（1.1～3.8）
猪-家猪	猪场内部	俄罗斯	15	5	9.8（3.9～15.6）

3.2.4　野猪-栖息地循环

　　野猪-栖息地循环包括野猪与感染野猪之间的直接传播，以及污染的栖息地与野猪之间的间接传播。栖息地的污染包括感染野猪或家猪尸体、以尸体为食动物之间的相互扩散、猪场人员或猎人不合理地丢弃感染动物尸体等多种方式（图 3 - 4，彩图 7），这个污染根据地形、时间、季节和尸体腐化程度不

同而使得高病毒载量和低病毒载量的 ASFV 感染同时存在。在
疫病暴发期间，地理位置、生态环境、气象状态和野猪的数量
都影响着流行情况，而且每一个因素都与野猪-栖息地循环的
存在相关。比如一些 ASF 案例中野猪的死亡发生在受 ASF 影
响的猪场旁边。邻国的边界上有很多野猪的尸体，比如在俄罗
斯和格鲁吉亚的边界，波兰和立陶宛与白俄罗斯的边界，乌克
兰与俄罗斯的边界，可能是由于一个区域的过度狩猎导致野猪
通过逃亡把自己的活动区域扩大，从而有利于 ASFV 向更远的
地方扩散。

图 3-4　野猪尸体在 ASFV 传播循环中的作用

感染传播的方式为：野猪尸体→易感野猪→死亡野猪（尸体）→易感野猪

来源：Grzegorz Woźniakowski

　　虽然有些报道称野猪群密度与 ASF 感染是呈正相关的，
但 ASFV 在环境中优越的生存能力并不适合密度依赖性的传播
模式，也就是说 ASF 能够在不管野猪群大小的情况下持续存
在。然而，ASFV 在野猪群体里持续存在也是不太确定的，如
在俄罗斯的西南地区野猪群体中的 ASF 案例没有空间和时间
的相关性，这说明野猪群体中并没有 ASFV 的持续存在。

　　除了上述 4 个主要流行病学循环外，还有一些潜在风险也
越来越受到重视。如污染物或饲料-家猪的循环。在俄罗斯和

立陶宛，大量 ASF 暴发的原因被归咎于违反生物安全规则，如不合理的衣服和靴子消毒程序，或者是污染的食物带进了猪场里；打猎的猪场人员也增加了 ASFV 进入猪场的风险，特别是通过在处理被病毒感染的野猪尸体过程中的污染。在拉脱维亚和立陶宛的流行病学调查也证实了被 ASFV 阳性野猪分泌物污染的草和草籽是家庭农场猪群被感染的潜在源头。ASFV 可以在俄罗斯和拉脱维亚的猪肉产品中检测到（42 个猪肉产品样本中，6 个是 ASFV 基因组阳性），因此，泔水饲喂这种生产方式是 ASFV 感染家猪的重要传播途径，这也可能解释了为什么在俄罗斯 ASF 暴发时首先发生在家庭农场或自由放养的猪场，最后才在大的商品场暴发。据报道在中国，对 68 起家猪疫情进行了系统的流行病学调查，传播途径主要有三种：一是生猪及其产品跨区域调运，占所调查疫情的 19%；二是餐厨剩余物喂猪，占 34%；三是人员与车辆带毒传播，占 46%。

3.2.5　空气、饲料和饮水传播

ASFV 感染猪，会通过粪便和口腔等排出大量的病毒，这些病毒在空气中形成气溶胶，具有较强的抵抗力，可以通过空气，经过呼吸道被猪吸入体内而导致传播，进而导致环境病毒载量居高不下，给猪场造成巨大的传入风险。在此情况下，深入了解环境病毒污染面，及时进行消毒灭源工作极其重要。

ASFV 可以通过受该病毒污染的饮水和饲料进行有效传播。研究发现，通过饮水引起传染所需的病毒剂量非常低 $[10^{0} \sim 10^{1.0}$ TCID$_{50}$（半数组织培养感染量）]，这说明 ASFV 通过饮水途径进行传播的风险较高。ASFV 通过饲料，尤其是

植物性饲料引发感染则要较高的剂量（$10^4 \sim 10^{6.8}$ TCID$_{50}$）；相反，Colgrove 等人将 50 克感染猪的脾脏和肝脏粉碎物加入固体饲料中，能成功感染家猪。因此，有必要用荧光定量 PCR 的方法检测饮水、饲料以及饮水器具表面等是否有 ASFV 的污染。此外，在饲料和饮水中添加中链脂肪酸和单月桂酸甘油酯能显著降低病毒的感染性，限制病毒的传播。

3.3 易感动物

猪科的所有成员均对 ASFV 易感，而且没有年龄上的差异。包括家猪、野猪、疣猪、丛林猪和巨林猪。其中疣猪和丛林猪感染后无临床症状，通常被认为是病毒的储藏器。

钝缘软蜱在吸食完感染猪血液后形成感染，病毒能够在软蜱体内长期存在，并通过交配或产卵等方式在蜱虫群体内循环；感染的钝缘软蜱则能够在叮咬健康猪后感染后者。

犬、猫、羊、牛、鸽、鼠等动物曾经进行过 ASFV 的感染试验，目前仅能确认 ASFV 能够在兔体内繁殖，而其他物种则没有感染成功。

3.4 病毒的感染动态

ASF 潜伏期根据传播方式的不同而不同，通常在 4～19 天。病毒感染 48 小时后才会出现临床症状，但在这前 48 小时内，血液、分泌物和排泄物中已存在病毒并开始排毒，所以说 ASF 在潜伏期具有较强的传染性。抗体转阳一般发生在感染后的 7～9 天，但某些猪抗体产生会发生滞后，感染猪终生都可以检测到抗体（图 3-5，彩图 8）。

另有研究显示，野猪感染强、弱毒株表现出不同的排毒途径。肌内注射接种强毒株（Armenia07，10HAD$_{50}$）的 6 头野

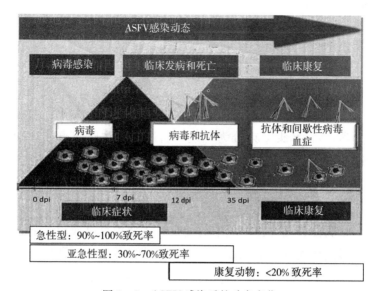

图 3－5　ASFV 感染后的动态变化

图中展示了 ASFV 感染后的病毒血症和抗体变化，急性、亚急性和康
复动物的死亡率变化，以及感染动物终身抗体阳性

注：dpi 为感染后天数

来源：Adras 和 Sánchez-Vizcaina，2015

猪和与其同群饲养的 11 头野猪，均在 13 天内死亡，且强毒株
接种组与同群饲养组临床症状无显著差异。口服接种弱毒株
（LV17/WB/Riel，10^4 TCID$_{50}$）的 9 头野猪和与其同群饲养的
3 头野猪均无任何临床症状。强毒株接种组最早在第 3 天就出
现口腔、肛门排毒和病毒血症，口腔排毒实时定量 PCR 的 Ct
值为 30.08 ± 4.77（SD），粪便排毒实时定量 PCR 的 Ct 值为
32.85 ± 6.19（SD），病毒血症实时定量 PCR 的 Ct 值为 $27.91\pm$
8.70（SD）。而弱毒株在口腔、肛门和血液中最早检出的时间
分别为第 10 天、第 21 天和第 14 天。而且，弱毒株排毒滴度
更低，口腔排毒实时定量 PCR 的 Ct 值为 38.49 ± 3.67（SD），
粪便排毒实时定量 PCR 的 Ct 值为 39.87 ± 0.76（SD），病毒

血症实时定量 PCR 的 Ct 值为 39.32±2.64（SD）。总之，与感染 Armenia07 强毒株的动物相比，感染弱毒株 Lv17/WB/Rie1 后，猪的血液、唾液和粪便检测阳性率较低，排毒时间较晚。

　　为比较在欧洲流行的三株不同毒力的 Ⅱ 型 ASFV 的感染动力学，将 18 头家猪分为三组。通过肌内注射或直接接触传播途径感染来自波兰（Pol16/DP/OUT21）和爱沙尼亚（Est16/WB/Viru8）的两种具有红细胞吸附反应（HAD）的毒株以及拉脱维亚非 HAD 毒株（Lv17/WB/Rie1）。对临床症状、致病性、病毒在组织中的分布、体液免疫反应以及病毒感染后通过血液、口咽和直肠途径传播等参数进行了研究。强毒株 Pol16/DP/OUT21 引起急性死亡，而中等毒力病毒 Est16/WB/Viru8 导致急性至亚急性感染，两头猪存活了下来。相比之下，弱毒 Lv17/WB/Rie1 感染的动物只表现出轻微甚至亚临床症状。在弱毒组中，只有个别猪能口腔和粪便排毒，而在出现急性或亚急性 ASF 的动物中，在血液中检测到 ASFV 的同时就出现了口腔和粪便排毒，个别猪甚至在血液病毒载量的前 3 天通过口腔和粪便开始排毒，并持续 22 天。无论毒力如何，血液是 ASFV 的主要传播途径（图 3-6 到图 3-8）。弱毒感染猪 19 天内均能从猪体内分离出感染性病毒，而在中等毒力感染组，病毒在感染后 44 天内均可分离到。直肠排泄仅限于急性期感染。在接触感染的猪体内，从口咽样本中检测到 ASFV 基因组早于在血液中，这与病毒毒力无关（表 3-4）。

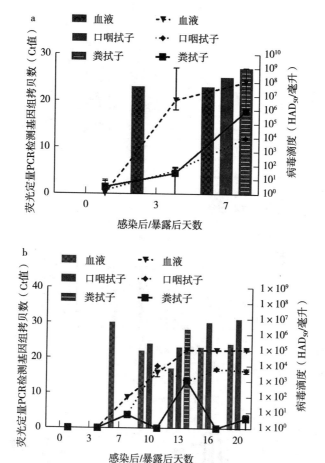

图 3-6　PCR 检测 ASFV 基因组拷贝数（病毒载量）与病毒排毒的关系
a. Pol16/DP/OUT21 强毒株注射组　b. 接触感染猪

来源：Dynamics of African swine fever virus（ASFV）infection in domestic pigs infected with virulent，moderate virulent and attenuated genotype II ASFV European i-solates. Transbound Emerg Dis. 2021，68（5）：2826-2841.

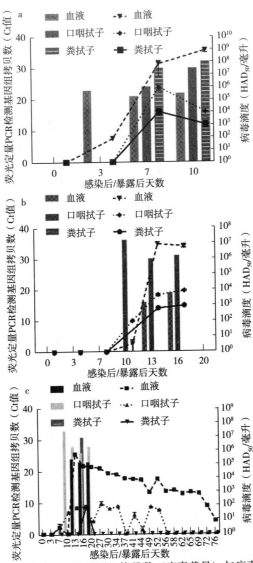

图 3-7 PCR 检测 ASFV 基因组拷贝数（病毒载量）与病毒排毒的关系

a. Est16/WB/Viru8 中等毒力毒株注射组 b. 接触感染猪在 20 天内均死亡 c. 幸存的接触感染猪在 76 天后屠宰

来源：同图 3-6

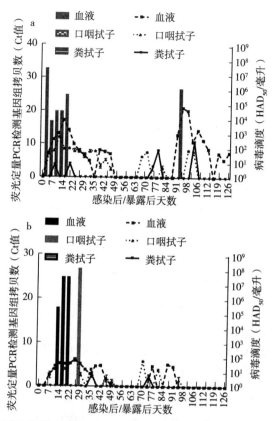

图 3 - 8 PCR 检测 ASFV 基因组拷贝数（病毒载量）与病毒排毒的关系

a. 弱毒株 Lv17/WB/Rie1 注射组 b. 接触感染猪

来源：同图 3 - 6

表 3 - 4 不同毒力 ASFV 感染猪后的核酸检测和病毒分离结果比较分析

毒株	ASFV 核酸检测			病毒分离		
	血液	口咽拭子	粪拭子	血液	口咽拭子	粪拭子
直接注射组						
Pol16/ DP-OUT21	3±0 (100%)	5±1.6 (100%)	5±1.6 (100%)	3±0 (100%)	7±0 (100%)	7±0 (100%)

（续）

毒株	ASFV 核酸检测			病毒分离		
	血液	口咽拭子	粪拭子	血液	口咽拭子	粪拭子
Est16/WB/Viru8	3±0 (100%)	7±0 (100%)	7±0 (100%)	7±0 (100%)	7±0 (100%)	7±0 (50%)
Lv17/WB/Riel	5±1.6 (100%)	5±1.6 (100%)	散发 (100%)	5±1.6 (100%)	阴性	阴性
接触感染组						
Pol16/ DP-OUT21	10±2.1 (100%)	7±0 (100%)	8.5±1.3 (100%)	10±2.1 (100%)	13±2.1 (100%)	13±0 (25%)
Est16/WB/Viru8	10±2.1 (100%)	8.5±1.2 (100%)	14.5±1.2 (75%)	13±0 (100%)	10±0 (75%)	0±2.1 (100%)
Lv17/WB/Riel	18±2.7 (75%)	14.5±4.7 (100%)	散发 (75%)	17.6±4 (50%)	散发 (25%)	阴性

　　在强毒组中，只有一头接触感染的猪（25%）在暴露感染16天后，呈 ELISA 阳性。间接免疫酶检测（IPT）结果表明，83.3%的猪（5/6）在感染后 7～（11.5±1.2）天的血清呈阳性。100%的强毒株感染猪肺中有抗体，83%（6/7）的猪肝、肾、心和脾中有抗体，67%（4/6）的猪腹水中有抗体，50%（3/6）的猪心包液中有抗体。感染中等毒力毒株 20 天内死亡的猪，间接免疫酶检测（IPT）结果显示，50%（2/4）的猪血清呈阳性，4 头猪的肝、肺、脾、腹水和心包积液均为阳性。然而，ELISA 检测抗体均为阴性。在弱毒组中，所有感染猪在感染后 7 天能检测到抗体，接触感染猪在感染后（19.5±3.6）天能检测到抗体。所有组织和体液的抗体检测均呈阳性（表 3-5）。

表 3-5 ELISA 和间接免疫酶（IPT）方法测定
血清样本中 ASFV 抗体的结果

毒株	直接注射组的猪		接触感染组的猪	
	ELISA	IPT	ELISA	IPT
Pol16/DP-OUT21	阴性	7±0 (100%)	16±0 (25%)	11.5±1.2 (75%)
Est16/WB/Viru8	阴性	7±0 (50%)	16±0 (50%)	16±0 (75%)
Lv17/WB/Rie1	10 (100%)	7±0 (100%)	19.5±3.6 (100%)	19.5±3.6 (100%)

　　一些猪场临床上 ASF 的暴发是特别可怕的，成千上万的猪不得不无害化处理。所以，这就有必要分析一下 ASFV 在猪场的感染动态。这里以立陶宛的一次 ASF 暴发为例，这次疾病发生在一个封闭式并且实施了严格生物安全措施的猪场，结果是约 20 000 头猪被无害化处理的灾难性结果。当回顾整个案例的过程时可以发现，在疾病刚刚进入猪场的时候，ASFV 的移动和扩散并没有引起明显的临床症状。第一个症状的出现是在同一栋猪舍内的几头猪突然死亡，这个死亡也可能是与其他病因相关，比如说中毒，所以并未引起重视。在最初感染之后的 12~14 天，病毒扩散导致第二波感染发病，有更多猪死亡。第二波甚至第三波感染主要还是影响同一栋舍内的猪。再过几天后这一栋内的所有猪都发生死亡。

　　这个案例给人们提供的一个重要信息是：ASFV 的传染性并不高，在猪群刚接触到病毒的时候，整体死亡率很低，导致猪场管理人员很难察觉。所以临床上对疾病的识别是早期疾病监测的重要一环，严格的临床管控是必须要建立起来的。在疾病传播的高风险区域，几头猪的突然死亡不应简单地归因于一般原因，而是应该拉响警报，严阵以待。在预防 ASF 时要时刻注意任何一点临床症状，如发烧，即便只有个别猪有轻微的体温上升。周期性的临床检查和严格的生物安全措施的实施是防控 ASF 的必要手段。

3.5 病毒的强弱毒株流行变化

当 ASF 在一个国家流行较长时间后，该病的临床表现将由急性发病转变为缓慢发病或出现新的临床表现。最典型的例子是，1960 年该病传入西班牙时，感染猪死亡率可达 100%，传入 3～4 年后，开始出现亚临床或潜伏感染猪。伴随着该病的持续流行，感染猪死亡率逐渐下降，至 80 年代时降到了 2%～3%，甚至一些病例中出现无临床症状感染猪。葡萄牙的 ASF 流行情况也比较相似，流行初期（1957—1960年）ASF 致死率可达 100%，但 80 年代以后出现了大量亚急性病例（特别在葡萄牙南部的阿伦特霍省）。同时，也发现一些有 ASF 抗体但无任何临床症状的潜伏感染猪。这些临床症状的变化可能与西班牙和葡萄牙大范围使用疫苗株的扩散有关。

西班牙和葡萄牙低死亡率 ASF 疫情的流行，导致了伊比利亚半岛出栏的生猪携带更多 ASFV，由此生产加工出的猪肉制品通过销售渠道将 ASF 传播到法国（1964，1968 和 1974）、古巴（1971 和 1980）、马耳他共和国（1978）、意大利撒丁岛（1978）、巴西（1978）、多米尼加共和国（1978）、海地（1978）、意大利（1967 和 1968）、比利时（1985）和荷兰（1986）等。虽然继西班牙和葡萄牙之后相继发病的国家中，有的首发疫情很难溯源，但巧合的是，后期流行的毒株大部分是低毒力的。例如，法国 1974 年传入的毒株可能为毒力减弱毒株，而且在马耳他共和国、海地、巴西和多米尼亚共和国都出现过低死亡率的 ASF 疫情或监测到 ASF 抗体血清阳性猪，部分地区还分离到中等毒力毒株，如巴西 1978 年分离株（Brazil'78）、马耳他 1978 年分离株（Malta'78）和荷兰 1986 年分离株（Netherlands'86）等。该病的进化趋势使低毒力毒株得以流行，使得控制该病流行过程中面对的问题更加复杂。

　　自 2018 年该病传入我国以来，ASF 报告疫情呈现大幅下降趋势（2018 年 99 起、2019 年 63 起、2020 年 19 起）。但 2021 年的文献显示，该病在我国的流行情况出现新的变化，主要是出现死亡率下降，临床症状不典型，分离到无红细胞吸附活性的"自然变异株"。临床上出现"自然变异株"，特别是无红细胞吸附活性的毒株符合该病的自然发展规律，有文章报道 ASFV 自然变异株 HuB - 20 和 HLJ/HRB1/20 均在 CD2v 功能区发生基因丢失，导致该毒株无红细胞吸附活性。鉴于该类毒株的出现，未来 ASF 流行可能将呈现更加复杂的变化。

　　我国研究人员在 2020 年 6—12 月，对 5 个省份（黑龙江、吉林、辽宁、内蒙古、陕西）的 3 660 个样本进行了非洲猪瘟病毒监测，从中分离并鉴定出 22 株非洲猪瘟病毒。其中 11 株病毒在 *EP402R* 基因（编码 CD2v 蛋白）上有不同形式的变异或缺失。这些变异株至少包括 4 种 CD2v 编码失活突变类型，导致病毒粒子失去吸附红细胞表型；相比典型的强毒株致病力降低，但仍具有明显的残留毒力，较高剂量接种猪可引起亚急性、慢性病程和部分死亡，较低剂量感染则主要引起持续感染和慢性病程，具有很强的水平传播能力。

　　田间流行的 ASFV 弱毒株感染猪后表现的典型特征包括：

体温升高、关节肿胀、皮肤坏死斑和结膜炎等病症。然而，在细菌混合感染存在的情况下，ASFV弱毒株感染的部分猪表现高热和死亡。

3.6 基因Ⅰ型非洲猪瘟病毒的流行概况

自1921年非洲猪瘟首次报道以来，早期发现的毒株因技术、年代久远等原因未进行基因分型，目前可追溯的最早明确的基因Ⅰ型毒株可能是1957年首次传入葡萄牙的里斯本57毒株（Lisbon 57，Genbank-AF 301537），后经序列比对，认为该毒株最可能来源于刚果民主共和国。随后，第二次传入葡萄牙并导致欧洲蔓延的里斯本60毒株（Lisbon 60，AF 301539）、1962年西班牙毒株（Madrid/62，AF 449461）、1964年法国毒株（Fr64，FJ 174374）、1968年葡萄牙自然弱毒株（NH/P68，DQ 028313）、1985年比利时毒株（BEL/85，AF 449466）、1988年葡萄牙软蜱分离弱毒株（OUR T88/3，AM 712240）、在南美洲发现的1979年巴西毒株（Brazil/79，AF 302809）和在加勒比海地区发现的1979年多米尼加共和国毒株（DomRep/79，AF 301810）等均属于基因Ⅰ型。上述国家、地区（除非洲和意大利撒丁岛外）通过多种根除策略，均成功根除了基因Ⅰ型非洲猪瘟病毒流行。

非洲猪瘟病毒的24个基因型在非洲均有分布，其中基因Ⅰ型主要分布在西非。据报道，1959年塞内加尔共和国（西非西部）有非洲猪瘟疫情确诊。1973年，尼日利亚联邦共和国（西非东南部）可能也发现过非洲猪瘟疑似病例（没有官方确认），但直到1997年官方才正式确认本地存在非洲猪瘟。1982年，喀麦隆共和国（非洲中西部）也报道有基因Ⅰ型毒株流行。但西非的基因Ⅰ型毒株流行蔓延主要开始于1996年，由科特迪瓦共和国开始逐步扩散传播至贝宁共和国、佛得角共和国（1996—1999 年）、多哥共和国、尼日利亚联邦共和国（1997 年）、塞内加尔共和国（1996—1999 年，2001 年和 2002 年）、加纳共和国（1999 年）、冈比亚共和国（1997 年和 2000 年）、布基纳法索（2003 年），直至传入马里共和国（2016 年）。此外，基因 I 型毒株在刚果民主共和国（非洲中部，1967 年）、安哥拉共和国（非洲西南部，1972 年）、姆库兹（南非，1979 年）、纳米比亚共和国（非洲西南部，1980 年）、赞比亚（非洲中南部，1983 年）和津巴布韦共和国（非洲东南部，1990 年）等国家也有分离报道。

据报道我国也发现了 I 型非洲猪瘟病毒。用分离的毒株进行动物试验表明，感染猪表现为低致病力，具有高效传播能力，可引起坏死性皮肤损伤和关节肿胀等慢性临床症状。以 $10^6\,TCID_{50}$ 剂量感染 6 头 SPF 猪，感染后第 3 天陆续出现不同程度的间歇性发热；第 11 天 3 头猪颈、耳部皮肤出现丘疹并发展为后腹部和全身性丘疹；第 13 天陆续出现关节炎，其中 2 头猪发展到跛行；感染后第 5 天口拭子检出病毒 DNA，第 7 天肛拭子与血液中均检出病毒 DNA；感染 28 天观察期内所有猪存活。以 $10^3\,TCID_{50}$ 剂量感染 6 头 SPF 猪，感染后第 3 天起陆续出现间歇发热，第 13 天有 3 头猪出现皮肤丘疹，第 14 天陆续有 5 头出现关节炎，第 16 天一头猪发病死亡，其余 28 天观察期内存活；口拭子、肛拭子和血液分别于感染后第 9、第 11 和第 7 天检出病毒 DNA；检测组织中的病毒载量，病死猪显著高于安乐死存活猪；所有存活猪的组织均检出病毒 DNA，其中脾脏、肺脏、肾上腺、骨髓和某些淋巴结中病毒 DNA 载量较高。

I 型非洲猪瘟病毒入侵我国，使得田间非洲猪瘟病毒种群更加复杂。这类病毒尽管致死率低，但可引起猪的慢性感染发病，且具有较强的水平传播能力。由于病程缓慢，临床表现多样，隐蔽性更强，加之排毒及病毒血症规律性较差，给早期诊断带来困难，为非洲猪瘟防控带来新的挑战。

4 | 致病机理

ASFV 感染猪后，能够造成严重的病理损伤，包括多脏器出血、充血性脾肿大、肺脏水肿、白细胞减少症、血小板减少症等。其致病机制是病毒和宿主细胞相互作用，进而产生一系列的病理反应。

天然免疫应答是机体对抗病原体的第一道防线。病毒方面，ASFV 编码了大量颉颃宿主天然免疫反应的蛋白；宿主方面，巨噬细胞是免疫系统中感知和杀灭病原体以及激活适应性免疫反应的多功能细胞。ASFV 具有主要感染单核巨噬细胞的嗜性，其在体内通过调控干扰素（IFN）产生、炎症反应、细胞凋亡、自噬及宿主蛋白合成等建立免疫逃逸并抑制宿主免疫应答，是其致病的关键因素。

4.1 病毒感染规律和细胞嗜性

ASFV 能够通过呼吸道、消化道以及肌肉等多种途径感染猪，并首先在扁桃体、下颌淋巴结或其他局部淋巴结中复制（感染后 8～24 小时，即 8～24 hpi），之后病毒随血液或淋巴液扩散，形成病毒血症，并前往其他二级器官复制（感染后 2～3 天，即 2～3dpi），在肝脏、肺脏、骨髓、肾脏、肠道中都能检出病毒的存在。ASFV 感染初期的主要靶细胞是存在于组织中的单核细胞/巨噬细胞，病毒在其中复制并随之扩散到其他组织器官；随后病毒开始大量感染其他类型的细胞（5～

8dpi)，已确定可以感染的细胞种类包括肝细胞、肝肾毛细血管内皮细胞、扁桃体上皮细胞、成纤维细胞、网状细胞、平滑肌细胞、血管外周细胞、肾小球系膜细胞、巨核细胞、淋巴细胞、中性粒细胞等。虽然 ASFV 能够感染多种类型细胞，但是其感染复制的关键场所是单核/巨噬细胞系统。ASFV 通过巨胞饮（Macropinocytosis）或网格蛋白介导的内吞作用（Clathrin-dependent process）这两种途径入侵巨噬细胞，病毒入侵细胞后利用溶酶系统转运，之后在宿主细胞内完成其复制、转录和翻译过程；同时病毒对于单核细胞和巨噬细胞的调节功能最强，表现为：（1）巨噬细胞增殖，数量增多；（2）吞噬功能激活，内溶酶体和细胞碎片增多；（3）巨噬细胞分泌细胞因子（TNF-α、IL-1β）的能力增强（图 4-1、图 4-2，彩图 9）。巨噬细胞的激活导致随后一系列的病理损伤。感染的中后期，ASFV 开始感染内皮细胞、基质细胞等其他种类细胞，进一步加重组织损伤。

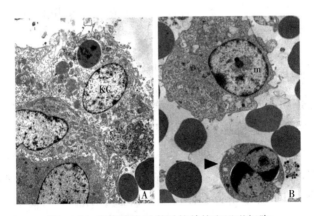

图 4-1　病毒感染后激活的单核和巨噬细胞

A. KC 为激活后的枯否氏细胞　B. m 为单核细胞，箭头所指为凋亡中的淋巴细胞

来源：Gomez-Villamandos et al.，2013

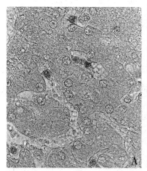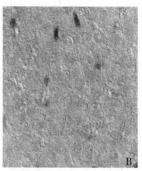

图 4-2　免疫组化（IHC）检测肝脏巨噬细胞
激活后分泌 TNF-α 和 IL-1β

A. 肝脏免疫组化观察到 TNF-α　B. 肝脏免疫组化观察到 IL-1β

来源：Gomez-Villamandos et al.，2013

4.2　病毒造成的病理损伤

ASF 造成的病变以多脏器的出血为典型特征，曾经认为
ASFV 对血管内皮细胞的感染和破坏是造成病变的主要因素，
但是随后的研究表明，典型的出血症状出现在内皮细胞感染
前，因此 ASFV 造成的急性病理损伤主要是由单核/巨噬细胞
导致的。

4.2.1　出血性病变

病毒感染单核细胞和巨噬细胞后，会激活上调细胞功能，
使得巨噬细胞数量增加，吞噬能力增强，分泌细胞因子
（TNF-α、IL-1β 和 IL-6）水平上升。数量增多和功能增强的巨
噬细胞首先出现在淋巴结，进而到达脾脏，随后在全身各个组
织器官出现（1~2 dpi）。单核细胞和巨噬细胞功能的增强，会
导致不同器官或组织血管内皮细胞吞噬功能的激活（表现为内
皮细胞溶酶体增加，积累大量的细胞碎片）（图 4-3），导致内

皮细胞肥大，某些血管腔闭塞，血管内压力增大，进而破坏血
管壁完整性；血液中的红细胞会进入毛细血管外间质，导致出
血；同时当血小板和毛细血管基底膜接触后，会激活凝血系
统，使机体产生弥散性血管内凝血（DIC）的现象。低毒力的
ASFV 毒株对毛细血管内皮细胞的损伤较轻，主要造成毛细血
管的扩张和渗透率增加，使得血细胞大量渗出至毛细血管外，
造成出血、水肿。

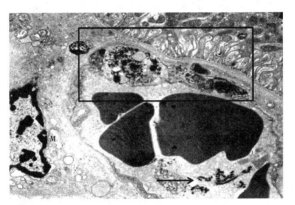

图 4-3　激活的巨噬细胞以及吞噬功能激活的
间质肾脏毛细血管内皮细胞（方框）

来源：Gomez-Villamandos et al.，2013

4.2.2　脾脏充血性肿大

　　ASFV 在淋巴结复制扩散后，首先进入脾脏。脾脏红髓的
边缘区和富含毛细血管的区域是病毒复制的主要区域。脾脏红
髓中存在大量的平滑肌细胞和纤维，外层围绕脾索巨噬细胞。
当 ASFV 在该巨噬细胞中复制后，造成该类细胞脱离、消失，
而平滑肌细胞直接与血液中凝血因子接触，使血小板激活聚
集，激发凝血系统，导致纤维蛋白沉积；红细胞随后在脾脏中
的大量蓄积，影响了血液供氧功能，进而导致大量的淋巴细胞

死亡，表现为淋巴细胞耗竭。脾脏由于大量充血呈现严重的肿大，可达正常大小的 6 倍以上。低毒力毒株感染病变较轻，仅表现为脾脏质地坚实。

4.2.3 肺脏水肿

ASFV 的感染同样导致严重的肺脏水肿。肺脏血管巨噬细胞（PIM）是 ASFV 的主要感染靶细胞。病毒的感染会使 PIM 激活，分泌功能增强，分泌大量的趋化因子和促炎性细胞因子，导致血管压力增大，内皮细胞的通透性增强，肺泡上皮细胞和毛细血管分离，形成肺泡水肿。大体病变体现为肺脏的水肿，并在呼吸道内可见大量的泡沫。

4.2.4 白细胞减少症

ASFV 感染后会导致严重的白细胞减少症。目前研究认为，病毒感染单核/巨噬细胞后，能够产生大量的单核因子，从而诱导淋巴细胞的凋亡导致白细胞减少症；感染的后期，由于血管损伤和弥散性血管内凝血（DIC）导致的缺氧，加重了淋巴细胞减少症。

4.3 病毒控制细胞凋亡

ASFV 能够选择性地对宿主细胞通路进行调节——促进或抑制细胞的凋亡/死亡，满足自身复制的需求，同时抑制宿主自身的抗病毒机制。

当宿主细胞受到病毒感染后，会保护性地启动凋亡机制，使细胞死亡，从而防止病毒的复制，但 ASFV 的感染会抑制这种程序性死亡的发生。目前已知至少有三种蛋白——A179L、A224、EP153R 能够抑制宿主细胞的凋亡，以上三种蛋白广泛作用于细胞，抑制凋亡的信号通路；此外，宿主细胞感知异常信号存在时，会使真核翻译起始因子 eIF2 磷酸化，关闭蛋白合成系统，而 ASFV 表达的 DP71L 则能招募宿主蛋白磷酸酶 PP1 对其进行去磷酸化，使得细胞不能关闭蛋白合成，促进病毒在细胞内大量复制。

当病毒完成复制后，ASFV 则可以通过 E183L 等蛋白，激活细胞的凋亡信号通路，促进细胞裂解，同时能够招募其靶细胞——单核/巨噬细胞，便于进一步感染。

5 | 免疫机制

免疫是一种保护性生理反应，是机体识别和排除抗原异物的过程，主要识别和清除抗原性异物，维持机体功能稳定。

动物机体抵抗病毒的免疫反应主要包括两个部分：先天性免疫和特异性免疫。前者包括机体的物理屏障、非特异的免疫细胞（巨噬细胞、自然杀伤细胞等）、组织和体液中的抗病毒蛋白，以及先天性免疫应答（通过模式识别受体 PRR 识别病原的相关分子模式 PAMPs，引发一系列非特异免疫反应），是病毒感染的第一道防线。后者也称为适应性免疫应答，是个体感染病毒或接种疫苗后获得的免疫力，包括体液免疫和细胞免疫应答，在病毒再次感染时对机体有着良好的保护作用，是机体面对病毒再次感染时的强大免疫防线。

5.1 先天性免疫

先天性免疫是机体早期抵抗病毒感染的重要环节，能够通过相关免疫细胞的模式识别受体 PRRs 识别病原表面的相关分子模式，激活一系列抗感染免疫应答，在控制急性病毒感染和保持低抗原载量过程中发挥着重要作用。由于 ASFV 急性感染的特性，其需要在早期抑制宿主先天性免疫，实现其在感染早期复制扩散的目的。

非特异性免疫应答往往依赖特定免疫细胞，如巨噬细胞、病毒感染细胞、NK 细胞等，主要通过免疫细胞表面的模式识别受体（PRRs），如 RNA 解旋酶 RIG－1 和 MDA5、双链 RNA 依赖的蛋白激酶（PKR）和 Toll 样受体（TLRs）等，这些识别模式最终可活化转录因子，引起 I 型干扰素表达以及促炎性细胞因子产生等，感染细胞及其周围抗病毒状态正是这些活性分子建立的，以给免疫细胞发出危险信号。

在病毒感染早期，包括 Toll 样受体（TLR）在内的多种信号通路能够激活抗病毒反应，抑制病毒的感染复制，其中 I 型干扰素（IFN-α/β）即是细胞分泌的一种重要细胞因子，能够诱导多种相关基因（ISGs）的表达，实现抗病毒免疫。ASFV 感染宿主细胞后，能够通过不同的基因表达抑制宿主抗病毒免疫信号通路。病毒 MGF360、MGF530/505 家族基因能够抑制 IFN-I 表达，同时抑制 IFN 的抗病毒效应，并通过延长感染细胞的存活时间来提高病毒在宿主细胞中的增殖效率和数量，如 MGF360－14L 通过 TRIM21 促进 IRF3 的降解，从而抑制 IFN-I 产生；MGF360 家族成员 A276R 可以抑制 Poly（I:C）刺激的 IFN-I 上调表达；MGF505 家族成员 A528R 可以抑制 Poly（I:C）刺激的 IFN 诱导表达，同时对 IFN-I 和 IFN-II 诱导的 JAK-STAT 途径具有抑制作用。

ASFV 弱毒株 OURT88/3 缺失 MGF360－9L、10L、11L、12L、13L、14L 和 MGF530/505－1R、2R 及部分 MGF530/505－3R 后，与原病毒相比，MGF 基因缺失毒株可以在体内和体外诱导产生较高水平的 IFN，且可提供针对同源基因 I 型和其他基因型的攻毒保护。除此之外，ASFV 编码的 E2 泛素结合酶（pI215L）通过招募 RNF138 并促进 RNF138 降解 RNF128，进而抑制 RNF128 对 TBK1 的 K63 位泛素化修饰，最终抑制 IFN-β 产生；ASFV 的 I329L 基因是宿主 TLR－3 受体的颉颃性配体，能够抑制此条信号通路诱导的 IFN 产生，同时也抑制 TLR - 4 信号通路产生 IFN；*UBCv1*、*I226R*、*DP96R*、*A137R*、*E120R* 和 *pS273R* 基因的表达能够抑制宿主细胞产生 IFN，干扰先天性抗病毒免疫。利用基因操作的方法敲除干扰宿主先天免疫应答的基因后，病毒的繁殖能力和毒力显著降低，表明良好的先天性免疫在早期抗病毒感染中的重要性。

5.1.1　先天性免疫相关细胞

（1）自然杀伤（NK）细胞：NK 细胞的杀伤活性无 MHC 限制，不依赖抗体，活化的 NK 细胞可合成和分泌多种细胞因子，发挥调节免疫和造血功能以及直接杀伤靶细胞，其在抗病毒感染方面发挥着重要作用，一些细胞（如 DC 细胞）可增强 NK 细胞活性，而 NK 细胞也可增强其他细胞的功能，同时也能促进病毒感染 IFN-1 的分泌。Haru 等研究表明，低毒或无毒毒株更能激发 NK 细胞先天性免疫应答，经接种不同毒性毒株发现，中等毒力毒株 Malta78 可使 NK 细胞活性在 3～6 天内被明显抑制；接种 ASFV 弱毒 NH/P68 株后 7 天，出现临床症状的猪体内 NK 细胞毒性增加相对较少，而无临床症状猪体内 NK 细胞毒性增加。动物实验表明，NK 细胞反应与 ASFV 感染后的存活率呈正相关，31 头猪接种了减毒 ASFV NH/P68，一些猪出现了慢性 ASF 型病变，其他猪无症状并显示出 NK 细胞活性升高，在随后的毒力 ASFV L60 攻击中受到保护。

（2）巨噬细胞：巨噬细胞主要是以固定或游离细胞的形式吞噬细胞残片和消化病原体，并激活淋巴细胞或其他免疫细胞，在非特异性防御中发挥重要作用，但猪巨噬细胞可被非洲猪瘟病毒感染，并在其内复制和增殖。当细胞用特异性抗

CD163 抗体孵育时，ASFV 感染和与肺泡巨噬细胞结合的病毒颗粒均减少，伴随 CD163 和 CD203a 的上调，表明 ASFV 感染增加。ASFV 感染后巨噬细胞能够释放一系列细胞因子，如 IL-1a、IL-1b 和 IL-18，并表达 MHC I 以启动适应性免疫反应。Gil 等在研究 ASFV NH/P68 弱毒株体外感染猪血液中的巨噬细胞时发现，IL-6、TNF-α 等细胞因子表达量明显高于 ASFV L60 强毒株。这些研究表明，强毒力的 ASFV 分离株一方面形成了绕过巨噬细胞-细胞因子/趋化因子反应的机制，另一方面具有很强的攻击性，以至在感染的早期阶段，巨噬细胞产生这种反应的能力受到影响。相反，在对毒力降低的 ASFV 株做出反应时，巨噬细胞中关键细胞因子/趋化因子的表达可能有助于增强免疫监测，产生潜在的保护性免疫反应，而不是助力疾病的发展。

（3）NKT 细胞：NKT（natural killer T）细胞是一群细胞表面既有 T 细胞受体 TCR，又有 NK 细胞受体的特殊 T 细胞亚群。NKT 细胞能产生大量细胞因子，一般认为可促进淋巴细胞的增殖和 IFN γ 的产生，在细菌感染过程中发挥免疫作用，而 Diana 等发现 NKT 细胞在抗病毒应答中也发挥着重要作用，其研究表明 NKT 细胞可能与 ASFV 感染后的 IFN-γ 产生有关，但仍需进一步研究其作用机理。

（4）抗原提呈细胞（APC）：γδ-T 细胞是一种非常规抗原提呈细胞（APC），它同时具有 T 细胞和先天免疫系统细胞的特征。猪拥有大量 γδ-T 细胞，它们不仅被 TCR 激动剂激活，还被其他受体如 TLR 和 NK 受体（NKp46，NKG2D）激活。在猪体内，这些细胞可作为细胞毒性细胞，溶解感染病毒的细胞，并产生多种细胞因子（IFN-γ、TNF-α 和 IL-17A）。迄今为止，关于 ASFV 与猪 γδ-T 细胞的相互作用知之甚少，据报道，来自 ASFV 免疫猪的 γδ-T 细胞被证明向 T 细胞呈现病毒抗原，但没有研究进一步探讨 ASFV 与这种细胞类型或其他非常规 APC 的相互作用。

5.1.2　先天性免疫蛋白在对抗 ASFV 中的作用

ASFV 强毒感染病程短且死亡率高，这表明非特异性免疫在 ASFV 强毒感染时并未发挥其应有功能。目前 TLRs 和膜 C 型凝集素受体（CLR）是研究较多的蛋白。TLRs 属于 Ⅰ 型膜糖蛋白，ASFV 的 ORF $I329L$ 基因编码一种与 Ⅰ 型膜糖蛋白 TLR3 结构类似的蛋白，是 ASFV 的晚期蛋白，该蛋白实现免疫逃逸机制在于能抑制 TLR 正常应答途径，能够靶向 TLR 信号通路中的关键蛋白 TRIF，并且颉颃 TLR3 介导的固有免疫激活；CLR 可诱导吞噬细胞应答，刺激 DC 细胞免疫应答，研究发现 ASFV 的 $ER153R$ 基因编码含有 C 型凝集素样功能区，但目前还没有相关文献报道其能像其他 CLR 一样识别、结合 PMP 从而阻断非特异性免疫应答。此外，结核分枝杆菌热休克蛋白 70（mHsp70）和创伤弧菌鞭毛蛋白 FlaB 作为 TLR 的两种配体，主要通过刺激 IL - 4、IL - 10 和 IFN-α 的产生，促进 ASFV 抗原特异性黏膜 IgA 抗体反应。

5.2　体液免疫

体液免疫是在 T 细胞辅助下，B 细胞接受抗原刺激后形成效应 B 细胞和记忆细胞，由效应 B 细胞分泌抗体清除抗原，可通过检测机体内的特异性抗体反映免疫水平。体液免疫应答即抗体免疫应答，病原刺激免疫系统产生特异性抗体，能够与特定的抗原位点结合，阻断病原感染，实现清除功能。ASFV 强毒株感染会导致猪急性发病死亡，免疫系统缺乏足够的时间产生抗体。因此体液免疫应答的规律多基于中低毒力毒株进行研究。

家猪在感染 ASFV 后，能够在 7～10 天后产生特异性抗体，并且维持相当长的时间。但这些抗体并不能对有临床症状的猪产生保护力，因此抗体的作用有较大争议性，尽管如此，这些抗体对补体系统的活化以及细胞介导的 ADCC 效应仍具有一定作用，用 ASFV 感染有核细胞检测 ADCC 时，外周血中仅中性粒细胞可介导，而淋巴结中的细胞则不能，这表明中性粒细胞能介导 ADCC 效应。一些研究表明，中等毒力和弱毒的 ASFV 感染后，可以激发特异性免疫应答，产生特异性抗体，但这些抗体并不能有效保护猪免受强毒二次感染。

长期以来有些研究认为，ASFV 所激发的抗体不具备中和活性，相反更多的研究结果则认为 ASFV 能够激发宿主产生中和抗体。在体外进行的病毒中和试验表明，ASFV（E75CV1－4 毒株）激发的抗体能够中和多个不同 ASFV 分离株，中和能力根据不同的毒株有所差异。之所以出现上述差异性结果，可能的解释是：长期细胞适应传代会使 ASFV 囊膜的形成途径和磷脂组成发生改变，导致抗体对其中和能力出现变化，抗体对高度细胞适应的 ASFV 毒株的中和能力显著降低。因此对 ASFV 抗体中和能力的评估，可能因为毒株的差异而出现了偏差。

由此，ASFV 所激发的抗体具备中和能力。目前已知抗体的中和机制有以下两类：（1）抗体能够阻断病毒对于宿主细胞的黏附；（2）对于已经黏附的病毒，中和抗体能够阻止其进一步内化进入靶细胞。两种机制具有相同的阻断效力。

目前 ASFV 所激发的抗体已经被证明是保护性免疫的重要组成部分。将 ASFV 感染存活动物的血清，被动转移给未感染个体，能够提供部分的免疫保护，动物的临床发病和病毒血症出现时间推后，平均和最大病毒载量明显下降，表明特异性抗体在病毒感染的早期能够发挥有效的保护作用。有研究表明，当 ASFV 抗体作为母源抗体被仔猪获得后，能够为仔猪提供部分保护力。但是，另外的研究也表明，在细胞免疫缺失的情况下（阻断 CD8$^+$ T 细胞的功能），抗体不能提供完全的免疫保护，因此针对 ASFV 的免疫保护同时依赖于细胞免疫和体液免疫。

ASFV 基因组较大，其有 150 个以上的主要 ORF，编码蛋白数量多，细胞被感染后约有 40 个合成多肽参与病毒粒子的包装，研究所有蛋白的体液免疫应答具有挑战性，目前已知 ASFV 表达的 p72、p30、p54 三种蛋白是诱导中和抗体产生的免疫优势蛋白，能够激发宿主产生中和抗体，抑制病毒的细胞黏附或内化。但是不同的研究小组利用以上蛋白进行的免疫保护试验并没有体现出良好的重复性，很可能是由毒株或免疫程序的差异所致。此外，ASFV 的 p54 蛋白激发的抗体也被认为具有优良的病毒中和能力。张鑫宇等研究表明，p54、pB602L、pK205R 抗原性好，激发体液免疫抗体水平高。Kollnberger 等在 2002 年从 14 个 ASFV 蛋白中筛选了 14 个体液免疫应答的抗原决定簇，再用不同毒株感染家猪及野猪，血清学检测显示 p10、p73、p30、pB602L 和 Pcp32R 等抗原性较好。Chen 等将猪免疫球蛋白 IgG1 或 IgA1 的 Fc 片段分别与 ASFV 的 p30 或 p54 基因融合产生 p30-Fcγ 和 p54-Fcα 融合蛋白，结果发现，猪免疫球蛋白 Fc 片段融合的 p30/p54 蛋白可引发 p30/p54 特异性抗体产生，并在猪体内诱导了更强的黏膜免疫。

5.3　细胞免疫

T 细胞免疫是指机体内 T 细胞对抗原进行的特异性免疫应

答过程，一般分为识别、反应和效应阶段。细胞免疫中蛋白类抗原由抗原提呈细胞（APC）处理成多肽，它与主要组织相容性复合体（MHC）结合并移至APC表面，产生活化T细胞受体（TCR）信号，而抗原与T淋巴细胞表面的有关受体结合产生第二膜信号，协同刺激信号。在双信号刺激下，T淋巴细胞才能被激活，T淋巴细胞被激活后转化为淋巴母细胞，并迅速增殖、分化，其中一部分在中途停下不再分化，成为记忆细胞；另一些细胞则成为致敏的淋巴细胞，其中杀伤T细胞（Tc）有杀伤力，可使外源细胞破裂而死亡。

细胞免疫应答在宿主抵抗病毒感染的过程中发挥着非常重要的作用，目前已经证明ASFV感染动物体后，能够激发良好的细胞免疫应答。由于强毒株感染会在短时间内造成家猪的死亡，对于细胞免疫的研究多基于中低毒力毒株或致弱的毒株。ASFV感染宿主后能够在血清和组织中检测到大量TNF-α、IFN-α/β、IL-1β，使用ASFV抗原对病毒感染猪外周血淋巴细胞（PBMC）进行刺激，也能够呈现特异性T淋巴细胞增殖，且能分泌大量IL-2、IFN-γ等细胞介导免疫反应（CMI）相关细胞因子，证明了ASFV感染宿主后能够激发针对病毒的特异性细胞免疫应答；且实验表明病毒感染4周后，PB-MC中T淋巴细胞增殖反应达到顶峰，并被归类于记忆性辅助T细胞。

宿主针对ASFV产生细胞免疫应答的过程中，细胞毒性T细胞（Cytotoxic T Lymphocytes，CTL）和自然杀伤细胞（Natural Killer Cell，NK）发挥着重要作用。两种细胞能识别并杀伤ASFV感染细胞，起到清除感染的作用，同时还能够分泌大量的细胞因子，促进细胞免疫应答。已有研究证明了AS-FV感染宿主后，能够激发良好的CTL和NK细胞应答，但是应答特征因宿主（品种、日龄、个体差异）和毒株不同（基因型、毒力）而有较大差异。

　　细胞毒性 T 细胞在 ASFV（Uganda 株）感染动物 7~8 天后能在 PBMC 中检测到；CD4$^+$CD8$^+$ 双阳性（DP）T 细胞可分泌穿孔素和颗粒酶，这也可能在抵抗 ASFV 感染中发挥作用。随后的动物实验证明，ASFV 感染存活猪再次感染病毒后，能够激发大量的 CD8$^+$T 细胞，通过流式细胞术 FCM 检测证实该类细胞属于 CTLs，且与免疫保护呈明显正相关性；当阻断上述动物 CD8$^+$T 细胞功能时，动物针对 ASFV 的感染保护明显降低，表明该类 CTLs 细胞所发挥的重要作用。目前已有三个针对 ASFV 的 CTLs 表型已经被报道。

　　NK 细胞在 ASFV 感染后的应答特征因毒株不同表现了较大差异。ASFV（NH/P68 株）感染后 7 天能在动物体内检测到 NK 细胞的杀伤活性，而且这种杀伤活性与临床保护呈正相关；而同属基因 Ⅰ 型的另一毒株感染则会造成感染后 3~6 天 NK 细胞活性下降。可能的原因是低毒力的毒株能够激发良好的 NK 细胞，而高毒力毒株则会形成抑制。此外免疫系统中的 NKT 细胞也被认为在细胞免疫应答中发挥作用。由于 ASFV 含有一层磷脂双分子层，NKT 细胞可能识别其脂质抗原，并被激活。当 NKT 细胞和 ASFV 感染细胞共孵育时，其能够明显增殖并参与相应的细胞因子分泌。

　　细胞因子的分泌对 CMI 有十分重要的调节作用。IFN-γ 的产生对于免疫细胞抗病毒功能的上调有非常重要的作用。鉴于 ASFV 的主要靶细胞是巨噬细胞，IFN-γ 的分泌就显得尤为重要。研究表明，同源毒株的再次感染能够很好地激发 IFN-γ 的产生，而异源毒株之间则存在较大差异，与基因型和分离株特性均有关。值得注意的是，异源毒株之间激发 IFN-γ 产生的能力，与彼此交叉保护力呈正相关性。

对于 ASFV 诱导的免疫应答特征目前尚不完全清晰，根据已有文献描述，我们将不同免疫应答产生的时间进行了汇总，见表 5-1。

表 5-1   ASFV 感染后免疫应答产生时间

内　容	产生时间（天）	参考文献
抗体	7～10	Gallardo et al.，2018
中和抗体	9	Gomez-Puertas et al.，1996
中和抗体达到最高点	>14	
特异性 T 细胞	10	Fishbourne et al.，2013
细胞毒性 T 细胞	7～8	Norley and Wardley，1984
NK 细胞	7	Leitao et al.，2001
同源毒株免疫-保护时间*	36	Oura et al.，2005

注：* 为使用 ASFV 接种存活的猪，在 36 天后再次感染同源强毒，获得完全的保护。

5.4　交叉免疫

ASFV 感染存活个体能够对同源或亲缘关系较近的毒株产生免疫保护，但是对于亲缘关系较远的毒株缺乏有效的交叉保护。根据 *B646L* 基因序列，ASFV 被分为 24 个基因型，但是这个基于该基因的亲缘关系的进化关系并不能够预测交叉保护的产生。例如使用Ⅰ型毒株（*OURT88*）免疫的猪，能够对两个Ⅰ型和Ⅹ型毒株产生免疫保护，而对另外两个分属Ⅰ型和Ⅷ型的毒株无法产生保护。BA71ΔCD2（一种缺乏 CD2v 的重组 LAV）对同属于一个进化枝（进化枝 C）的同源（*BA71*）和异源基因型Ⅰ（E75）和基因型Ⅱ（Georgia2007/01）ASFV 毒株具有交叉保护作用，缺失 CD2v 后的 *BA71* 毒株接种家猪后无明显临床感染症状，可以保护接种猪免受母本病毒的攻击，还可以提供针对 E75 和 Georgia2007/01 强毒的攻毒保护。因此对于不同毒株之间的交叉保护有待更加科学的基因分型或交叉保护实验。

6 | 诊断检测

在欧洲（撒丁岛除外）和亚洲流行的 ASFV 毒株属于 p72 基因 Ⅱ 型。通过对小基因组区域的进一步分析，可以在密切相关的 ASFV 基因 Ⅱ 型分离株中鉴定出不同的遗传变异。这些基因分型方法被用来确定病毒的来源，并可以从基因的角度区分密切相关的毒株。然而，目前已建立的 ASFV 基因型与毒力之间的相关性并不完全清楚。

到目前为止，已报道了 17 株 Ⅱ 型毒株的全基因组序列，其中包括 ASFV-China 株。所有 Ⅱ 型分离株的比对结果显示，这些基因组几乎完全一致，同源性超过 99.9%。这些结果表明，在欧洲传播了 10 年后，欧洲 ASFV 基因 Ⅱ 型毒株表现出低突变率和高遗传稳定性，这阻碍了与毒力相关的可靠遗传标记。在这方面，Zani 等（2018）报告，位于 ASFV 基因组 5' 端的 26 个基因属于 *MGF110* 和 *360* 的缺失可能与在 Estonie 2014 株中发现的弱化表型有关。Nurmoja 等（2017）得出结论，使用相同毒株的口鼻接种导致野猪患上一种急性、严重的疾病，只有一头动物在感染中存活下来。因此，描述与 ASFV 分离株毒力相关的基因组标记需要进一步调查。

目前识别毒力变化和致病机制的方法是基于经典的实验感染。从公布的数据来看，目前在东欧和中欧以及现在在亚洲流行的"格鲁吉亚 2007 型"的大多数 Ⅱ 型分离株毒力很强，并导致高达 91%～100% 的死亡率。同样感染的家猪和野猪在潜

伏期 3～14 天（取决于接种途径和剂量）后，会出现急性临床
症状，并在临床症状出现后 4～7 天内死亡。

然而，有 2%～10% 的受感染动物从 ASFV 急性感染中恢
复过来。这些幸存者可能会在某些组织中持续感染，并在某些
自然或诱导条件下（运输、喂养不足、免疫抑制等）可能会重
新激活病毒，从而促进其传播。此外，这些动物对继发性 AS-
FV 感染有保护作用，仍处于亚临床感染状态，对环境和健康
动物来说是潜在的感染源，因为它们可能表现出低水平的病毒
血症（野猪和家猪）。这导致 ASFV 的自然进化，包括随着时
间的推移出现低毒力毒株，就像在 ASF 长期存在的不同地理
区域（非洲、伊比利亚半岛和撒丁岛）发生的那样。

尽管关于Ⅱ型 ASFV 向低毒力毒株的进化存在争议，但从
现场和实验感染中获得的数据显然支持这一发现。研究人员发
现 2011 年在亚美尼亚东北部塔什省的 Dilijan 市存在非典型
ASF 临床形式与急性典型形式共存的情况。同样，在爱沙尼
亚进行的现场流行病学调查显示，在死亡率方面有两种不同的
流行病学模式，这表明不同毒力的毒株在该国共同传播。加拉
多等人证实，2015 年爱沙尼亚野猪种群中存在中等毒力毒株。
2017 年从拉脱维亚一头被猎杀的野猪中分离出首例非红细胞
吸附（非 HAD）ASFV 基因Ⅱ。实验感染非 HAD ASFV 的家
猪出现了一种非典型或亚临床症状。

如今，最新的研究进展为正在中东欧地区流行的基因Ⅱ型
ASFV 的自然进化提供了证据。不同的 ASF 临床形式，从急
性到亚临床感染共存，所占比例取决于受影响的地区。通过对
ASF 的认识以及 ASF 的早期发现，了解临床表现和感染动态，
包括发病机制和免疫反应，是正确使用现有诊断工具、设计有
效的控制和根除计划的关键步骤。

ASF 的准确、快速诊断对于防止 ASF 蔓延、快速扑灭和根除尤其重要。ASFV 自然感染的潜伏期约为 4～19 天，感染后 7～10 天可检测到抗体。一个地区或猪场首次暴发 ASF 时呈最急性、急性感染临床症状，感染猪表现为急性出血、死亡，由于首次暴发时发病猪在抗体出现前就已经死亡，此时首选抗原检测方法。随着病毒循环和扩散，其毒力会下降，感染猪表现为亚急性和慢性感染临床症状，此时抗体检测更适用于疫情的监测和 ASF 根除计划。

6.1 临床诊断

6.1.1 临床症状

ASF 的临床症状和许多其他猪的疫病很相似，特别是经典猪瘟、猪丹毒和猪高致病性蓝耳病等。鉴别诊断依靠病原学或血清学诊断。

感染 ASFV 后，家猪发病率较高，一般在 40%～85%，ASFV 毒株的毒力决定猪的死亡率。高致病性毒株引起的死亡率可高达 90%～100%；中致病性毒株可造成不同日龄阶段的猪死亡率不同，在成年动物能引起 20%～40% 的死亡率，而在幼年动物中造成 70%～80% 的死亡率；低致病性毒株能够引起 10%～30% 的死亡率。

最急性：无临床症状突然死亡。有些病例，死前可见斜卧，高热，扎堆，呼吸急促，腹部和末梢部位暗红。

急性：体温升高至 42℃，沉郁，厌食，耳、四肢、腹部皮肤有出血点，可视黏膜潮红、发绀（图 6-1，彩图 10；图 6-2，彩图 11）。眼、鼻有黏液脓性分泌物，呕吐，便秘，粪便表面有血液和黏液覆盖，或腹泻，粪便带血，共济失调或步态僵直，呼吸困难，病程延长则出现神经症状，妊娠母猪在妊娠的任何阶段均可流产，病死率高达 100%，病程 1～7 天。

亚急性：临床症状同急性型，但症状较轻，病死率较低，持续时间较长（约 3 周）。体温波动无规律，常大于 40.5℃。呼吸窘迫，湿咳。通常继发细菌感染。关节疼痛、肿胀。病程持续数周至数月，有的病例康复或转为慢性病例。小猪病死率相对较高。

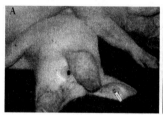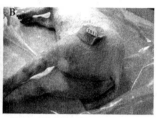

图 6-1　典型非洲猪瘟的临床症状
A. 最初耳部尖端发红　B. 随后全身皮肤发红、出血
来源：Oura et al.，2013

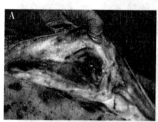

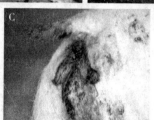

图 6-2　急性和亚急性非洲猪瘟临床症状
A. 急性非洲猪瘟，皮下出血、坏死斑　B. 亚急性非洲猪瘟，腿部皮肤出血点
C. 亚急性非洲猪瘟，肛门周围附着出血性粪便
来源：Gallardo et al.，2015

慢性：波状热，呼吸困难，湿咳。消瘦或发育迟缓，体弱，毛色暗淡。关节肿胀，皮肤溃疡。易继发细菌感染，通常可存活数月，但很难康复。

急性 ASFV 感染猪康复后，一般不再表现症状。亚急性和慢性型 ASF 通常在欧洲和加勒比海地区发生，很少在非洲地区流行。

6.1.2 剖检病变

全身脏器出血、坏死是 ASF 的主要病理变化，具体表现为皮下出血，淋巴结广泛出血和坏死，严重时呈黑色。肺水肿，脾脏肿大、质脆，肾脏、肠系膜和浆膜出血（图 6-3，彩图 12；图 6-4，彩图 13）。

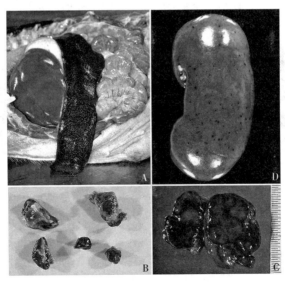

图 6-3 急性非洲猪瘟解剖病变

A. 脾脏肿大，紫黑色 B. 淋巴结严重出血 C. 淋巴结切面，出血、湿润 D. 肾脏肿大、表面有大量出血点

来源：Sanchez-Vizcaino et al.，2015

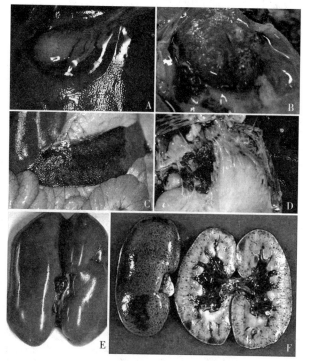

图 6 - 4　亚急性非洲猪瘟解剖病变

A. 胆囊壁严重水肿　B. 肾脏周围水肿　C. 脾脏部分充血、肿大　D. 肝、胃淋巴结出血　E. 肾门淋巴结出血　F. 肾脏皮质、髓质、肾盂严重出血

来源：Sanchez-Vizcaino et al.，2015

6.2　实验室诊断

6.2.1　样品的采集与处理

（1）样品的采集、运输与保存：可采集发病动物或同群动物的血清样品、全血样品、组织样品和口腔液等，组织样品主要包括脾脏、淋巴结、扁桃体、肾脏和骨髓等。

样品的包装和运输应符合《高致病性动物病原微生物菌

（毒）种或者样本运输包装规范》规定，并参考 FAO ASF 诊断手册进行包装（图 6-5）。规范填写采样登记表，采集的样品应在冷藏和密封状态下运输到相关实验室。

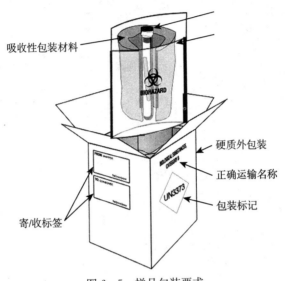

图 6-5 样品包装要求
引自：FAO ASF DIAGNOSE MANUAL

①血清和全血样品：采集发病动物和同群动物血清至少 1 毫升，抗凝全血 3 毫升，冷藏运输。

②组织样品：

样品类型：首选脾脏，其次为扁桃体、淋巴结、肾脏、骨髓等，冷藏运输。

样品要求：脾脏、肾脏采集 3 厘米×3 厘米大小，扁桃体整体采集，淋巴结选取出血严重的整体采集，骨髓可采集 3 厘米长一段。

（2）样品的处理：

①血清样品：对新鲜血液或已凝固血样采用自然析出或离

心方式获得血清。将血清吸至新的样品管并标记编号，立即进行抗体检测或冷冻储存备用。

②全血样品：全血标记样品编号，立即进行 ASFV 和基因组检测或冷冻储存备用。

③组织样品：用灭菌的 $1\times$ 磷酸盐缓冲液（PBS）（pH 7.2）制备 1/10 组织匀浆液。

以 1 050g（或 2 000 转/分）离心处理 10 分钟。

取上清液，标记编号，立即进行 ASFV 和基因组检测或冷冻储存备用。

6.2.2　病原学诊断

病原学诊断依赖于活病毒、抗原、基因组的检测，包括病毒分离、抗原 ELISA、荧光抗体检测（FAT）、PCR 和等温扩增分析等方法。目前实时荧光定量 qPCR（Quantitative real-time PCR，qPCR）使用最为广泛，对 ASFV 诊断具有很高的灵敏性和特异性。

ASFV 主要在网状内皮系统的细胞内复制。可采集的临床样品包括抗凝血（EDTA）、脾脏、肝脏、淋巴结和扁桃体。若需病毒分离，样品运送过程中需保持低温冷藏，最好冷冻。表 6-1 总结了目前经过验证的 ASFV 检测诊断技术。

（1）病毒分离（VI）和红细胞吸附（HAD）试验：从田间获得 ASFV 感染的新鲜样品是诊断的关键步骤。理论上，从自然暴发过程中收集的所有 ASFV 都可以在敏感的猪源原代白细胞培养中分离出来，无论是在血液或肺（肺泡）中的单核细胞还是巨噬细胞。如果猪样本中存在 ASFV，它将在细胞中复制，并会产生细胞病变效应（CPE）和红细胞吸附反应（HAD）（图 6-6，彩图 14），这是 ASFV 感染细胞的特征，广

表6-1 目前经过验证的ASFV检测诊断技术

检测方法		类型、自建/商品化	应用场景	参考文献
病毒分离		病毒分离/血凝吸附 (HAD) (i. h.)	首次暴发确认	Malmquist and Hay (1960)
抗原检测		直接免疫荧光 (DIF) (i. h.)	单体检测	Bool et al. (1969)
		ELISA INgezim PPA DAS, 双抗夹心 (C)	群体监测	INGENASA
PCR	普通	普通PCR (i. h.)	个体和群体检测	Aguero et al. (2003)
		多重 ASF-CSF (i. h.)	ASF和CSF混合感染	Aguero et al. (2004)
	实时荧光定量	Taqman 探针 (i. h.)	个体和群体监测	King et al., 2003; Zsak et al. (2005); Tignon et al., 2011
		UPL探针 (i. h.)	个体和群体监测	Fernandez-Pinero et al. (2013)
		多重 ASF-CSF (i. h.)	ASF和CSF混合感染	Haines et al. (2013)
		Tetracore (C)	个体和群体监测	Tetracore
		INgene q PPA (C)	个体和群体监测	INgene
		Virotype ASFV PCR试剂盒 (C)	个体和群体监测	Indical
		LSI VetMAX ASF (C)	个体和群体监测	Thermo Fisher Scientific
		IDEXX RealPCR ASFV Mix (C)	个体和群体监测	IDEXX
		ID Gene ASF Duplex-IDVet (C)	个体和群体监测	IDvet
		ADIAVET ASFV REAL TIME 100R (C)	个体和群体监测	Bio-X

注: i. h. 自建方法; C 商品化试剂盒。

泛用于诊断目的。其他猪病毒不能够在白细胞培养中吸附红细胞，这使得 HAD 试验成为在原发疫情发生时的确证性试验。然而，试图从现场提取的样本中分离出传染性病毒的结果并不一致。Galardo 等报告，在检测从欧洲受影响地区采集的野猪野外样本时，分离病毒的效率较低（30.7%），尽管样本中存在较高的病毒载量。在 EURL 进行的进一步研究证实了这些发现，在 1 719 份 PCR 阳性田间样本中做病毒分离，只有 404 份（23%）分离到传染性病毒。原因在于收到的样本状态不佳，这影响了病毒的生存能力，特别是考虑到其中最高比例的样本来自死亡或被猎杀的动物（EURL 未公布的数据）。此外，一些野外毒株不产生 HAD，而只产生 CPE；这些非 HAD 病毒不容易分离，需要在细胞培养沉淀物上使用 PCR 或 DIF 测试进行进一步确认。尽管 VI 和 HAD 鉴定试验被推荐作为在发生原发疫情或 ASF 病例时的参考确证试验，但这不是在 NRLS 进行有效 ASF 诊断的最有成效的方法。它比其他技术更昂贵，需要专门的设施和培训，很耗时，而且不能适应大量样品。然而，尽管有这些限制，病毒分离对于获得分子和生物学特性研究的病毒储备至关重要。这些问题最初是通过使用非

洲绿猴肾建立的细胞系来克服的，例如 Vero 或猴子稳定（MS）细胞，其中一些 ASFV 分离物适应细胞系，但这个方法仅适用于已适应的分离物。Hurtado 等在 2010 年将 COS-1 细胞描述为对所有测试的 ASFV 分离株敏感的已建立的细胞系，允许扩增任何用于诊

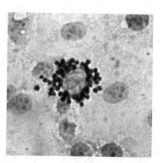

图 6-6　感染 ASFV 的巨噬细胞周围吸附大量红细胞

断、检测和生产的病毒样本。此外，感染来自猪肺泡巨噬细胞的 IPAM 或野猪肺细胞（WSL）等细胞系，有助于开展需要更自然的环境（猪巨噬细胞）来更准确地模拟体内 ASFV 感染过程的研究。然而，这些细胞系的使用并不是没有缺点的。最近有报道指出，猪细胞系 IPAM 和 WSL 没有表现出成熟的巨噬细胞表型，其中只有 WSL 能够持续有效地感染 ASFV，尽管它是依赖于毒株的。

最后，尽管这些细胞系与原代细胞相比具有许多众所周知的优势，但它们并不适合用于现场样本分离 ASFV。因此，需要对已建立的细胞系在 ASF 诊断中的潜在用途进行进一步的评估研究。

（2）抗原检测：过去，抗原检测技术被广泛用于推定诊断。其中，直接免疫荧光（DIF）是一种"内部"技术，用于检测器官涂片或薄冰冻切片中的病毒抗原，并有助于从非 HAD 毒株的 VI 中识别 ASFV。DIF 是一种快速检测方法，对该病的 HAD 株和非 HAD 株 ASFV 具有良好的特异性和敏感性。然而，由于抗原-抗体复合体的原因，当感染后第一周出现抗体反应时，该技术的敏感性显著下降，从而产生高比例的假阴性结果。此外，很难适应大规模检测，结果判定是主观的，因此需要熟练的人员。另一方面，所需的 ASFV 特异性抗体荧光素结合物可能很难在预期的质量标准条件下获得。

此外，过去开发了许多使用单抗和多克隆抗体的抗原 ELISA，包括直接、间接和夹心 ELISA 形式，但目前还没有广泛使用。商业化生产的抗原 ELISA 试剂盒（ELISAINgezim PPA DAS，西班牙 Ingenasa）可允许使用组织和血清样本进行分析。这是一种快速测试，很容易扩大规模。然而，对 277 个来自实验感染猪的样本以及来自野猪和家猪的野外样本的比较测试表明，与 UPL-PCR 相比，商业抗原 ELISA 检测的敏感性（77.2%）较差，尤其是在野外衍生样本的情况下，即使病毒载量很高。

因此，仅推荐使用 DIF 或抗原 ELISA 作为群体筛查，并应与其他病毒学和血清学试验相结合。

（3）分子诊断技术：

①实时荧光定量 PCR：目前实时荧光定量 PCR（qCR）是利用荧光染料或荧光标记的特异性探针标记跟踪 PCR 扩增产物，将 PCR 与光谱结合的核酸定量检测技术，具有灵敏度高、特异性好、闭管操作污染小、可定量与避免电泳污染等优点。King 首次报道 TaqMan 探针荧光定量 PCR 检测方法，该方法为 OIE 推荐方法。引物针对 VP72 保守区域有很高的特异性和灵敏度，针对 25 种 ASFV 毒株和 16 种非洲及欧洲的软蜱 AS-FV 毒株，灵敏度达到 10～100 个核酸分子。血液、血清和组织样本都可用于 qPCR 检测。优点是快速、敏感性和特异性都很高，能够检测出所有 ASFV 毒株（24 个基因型），甚至因保存不当而降解的样本也可用于检测。但容易因交叉污染，出现假阳性的结果，此外，因 PCR 抑制物及核酸降解出现的假阴性也应该注意。

②多重实时荧光定量 PCR：多重 PCR 方法是指在同一 PCR 体系中加入多对引物，同时检测 2 种或 2 种以上的目的 DNA 片段。《养殖场非洲猪瘟病毒变异株防控技术指南》中非洲猪瘟病毒（P72/CD2v/MGF）三重实时荧光定量 PCR 方法，或发明专利 CN112646934B 提供了非洲猪瘟病毒（P72/EGFP/mCherry）三重实时荧光定量 PCR 方法检测病毒核酸的技术指导。

③恒温扩增检测技术：恒温扩增检测技术是近几年发展

起来的基于恒温扩增的新型核酸扩增技术，主要包括重组酶聚合酶扩增（recombinase polymerase amplification，RPA）、环介导等温扩增（loop-mediated isothermal amplification，LAMP）、重组酶介导等温扩增（recombinase aided amplification，RAA），可结合实时荧光 PCR 和层析试纸条等方式呈现检测结果。

赵凯颖建立了针对 ASFV *B646L* 基因的实时荧光 RAA 方法，与 OIE 推荐的 qPCR 灵敏度相当（赵凯颖，2021）。研发人员针对 ASFV *VP72* 基因建立了 LAMP 方法，可在 20 分钟内检测 10 copies 的样本，同时与图像处理与色调饱和度值颜色模型相结合，实现了半定量分析（$10\sim10^8$ copies/反应）。研发人员将 CRISPR-Cas12a 与 RPA 酶连用建立了 RPA 方法，灵敏度比商品化试剂盒或 OIE 推荐的 qPCR 高约 10 倍。

④数字 PCR：数字 PCR（droplet digital PCR，ddPCR）是近几年出现的新一代 PCR 技术，不依赖于标准曲线，定量更加精确。严礼根据 ASFV *VP72* 和 *K205* 基因，合成 3 对引物和探针，检测限均小于 6 copies/反应，在 $10\sim10^6$ copies/反应之间呈良好的线性关系，变异系数均低于 15%（严礼，2020）。原霖建立了针对 ASFV *VP72* 基因的 ddPCR 方法，与 OIE 推荐的 qPCR 的符合率为 100%（原霖，2019）。

⑤纳米孔测序技术：纳米孔测序作为新兴三代测序技术在临床病原检测中展示出了较强的应用前景，由于该技术具有单分子测序、长度长及实时数据分析等优点，在基因组和转录组研究中得到越来越广泛的应用，颠覆了人们对高通量测序和疾病诊断的理解。闫晓敏利用纳米孔快速测序方法，在接到样本后 150 分钟内检测出 213 条 ASFV 序列，迅速锁定疫情是由 ASFV 导致的，从而可以实现疫情的早期监测与防控，对阻击

病毒的流行具有重要意义（闫晓敏，2020）。

⑥纳米粒子辅助PCR：纳米粒子辅助PCR（Nano PCR）是一种快速扩增DNA的方法，在常规PCR反应中加入纳米金粒子进行扩增，可有效减少非特异性扩增，适用于快速检测和排查潜伏感染时低病毒滴度的样品。李智杰针对ASFV中VP72序列建立了Nano PCR方法，与常规PCR相比，灵敏度高出10倍，最低可检测2.86 copies/L（李智杰，2020）。

⑦生物传感器：生物传感器是新型生物分子检测技术，其将生物分子识别过程转换为电信号进行检测。乐莉利用量子点（QDs）和纳米金（AuNPs）构建了一种基于荧光共振能量转移的DNA传感器，可在1.25小时内快速检测ASFV，检测限为0.72摩尔/升，在猪肉、火腿肠和猪肉饺子等食品中的回收率为82%～108%（乐莉，2021）。

6.2.3 抗体诊断

血清学分析是最常用的诊断试验，因为它们简单，成本相对较低，需要少许专门设备或很少的设施。对于ASF的诊断，抗体检测尤其重要，因为没有针对ASFV的疫苗可用，这意味着ASFV抗体的存在即表明存在感染。此外，ASFV抗体在感染后不久就会出现，并持续几个月甚至几年。因此，以抗体为基础的监测对于检测存活动物、阐明流行病的流行病学特征，即病毒进入农场的时间，以及检测涉及低毒力ASFV分离株的入侵至关重要。在过去，抗体检测分析的使用对于成功地根除计划也是至关重要的。

猪感染ASFV后7～10天可出现抗体，抗体可以持续几个月到几年的时间，因此可发现幸存的感染动物。抗体检测可作为感染ASFV的诊断依据，尤其是针对亚急性和慢性ASF，适合大规模抗体筛查。在 ASF 根除计划中有很重要的作用。

ASFV 编码多种蛋白，具有诊断意义的蛋白主要有 p72、p54、p30（p32）和 p62 蛋白。常用抗体检测方法主要有 ELISA、间接免疫荧光实验（IIF）、对流免疫电泳（IEOP）和免疫印迹（IB）等。目前，在非洲猪瘟病毒的 54 个结构蛋白中，有 19 个蛋白的编码基因是已知的，除此之外，非洲猪瘟病毒也有一些非结构蛋白。非洲猪瘟病毒蛋白与其编码基因信息见表 6-2（杨湛森，2021）。

表 6-2　非洲猪瘟病毒蛋白与其编码基因

序号	蛋白	在病毒中的定位	编码基因
1	p24	外囊膜	—
2	CD2v（pE402R）	外囊膜	EP402R
3	p12	外囊膜	O61R
4	p72（pB646L）	核衣壳	B646L
5	p49（pB438L）	核衣壳	B438L
6	p14.5（pE120R）	核衣壳	E120R
7	pM1249L	核衣壳	M1249L
8	pH240R	核衣壳	H240R
9	p17	内囊膜	D117L
10	j18L	内囊膜	E199L
11	p54	内囊膜	E183L
12	pE248R	内囊膜	E248R
13	p22	内囊膜	Kp117R
14	p30（p32）	内囊膜	CP204L
15	j5R	内囊膜	H108L
16	p150，p37，p34，p14	内核芯壳	CP2475L
17	p35，p15	内核芯壳	CP503R
18	p10	内核芯壳	K78R
19	pS273R	内核芯壳	S273R

（续）

序号	蛋白	在病毒中的定位	编码基因
20	pA104L	内核芯壳	*A104L*
21	9GL	—	*B119L*
22	A179L	—	*A179L*
23	A238L	—	*A238L*
24	DP71L	—	*DP71L*
25	DP9GR	—	*DP9GR*
26	Ep152R	—	*Ep152R*
27	L83L	—	*L83L*
28	pE165R	—	*pE165R*
29	pE296R	—	*pE296R*
30	pI215L	—	*pI215L*

按照 OIE 的建议，酶联免疫吸附试验（ELISA）用于筛查，免疫印迹（IB）、间接免疫荧光（IIF）和间接免疫过氧化物酶试验（IPT）等方法用于确诊。IB 是一种快速而灵敏的检测特定抗体的方法，通过抗体对抗原蛋白（IP 12、IP 23、IP 25、IP 25.5、IP 30、IP 31、IP 34 和 IP 35）的特异性反应，可以很好地识别弱阳性血清样本。这些多肽在感染后 7～9 天开始与免疫球蛋白呈阳性反应，并在感染后几个月的血清中维持阳性反应。尽管这种方法高度敏感，但与上面描述的方法类似，只有血清样本可以用于 IB 测试。此外，在 ASF 流行地区，存在亚临床感染的动物，可以看到非特定的特征模式，阻碍了对结果的解释。在这种情况下，应该对结果进行准确评估，同时考虑替代的确诊方法，如 IIF 或 IPT。此两者都基于相同的原理，需要使用感染适应 ASFV 的固定培养的 Vero 或 MS 单层细胞系。这些测试具有高度的特异性和敏感性，尽管

对结果的解释可能是主观的，因此需要训练有素的工作人员。尽管存在这一局限性，但由于其优越的敏感性，IPT 已被证明是 ASF 血清学诊断的最佳检测方法，同时它还可以检测任何类型的猪样本，如血液、渗出组织或体液。这一点对于野猪的 ASF 监测和控制具有特别意义。目前，IPT 技术是欧盟 NRLS 选定的验证性测试。

目前 OIE 批准的基于 ASFV 抗体的检测涉及使用 ELISA 法进行抗体筛选，并以免疫印迹（IB）、间接免疫荧光（IIF）或间接免疫过氧化物酶试验（IPT）作为确证试验（表 6-3）。

表 6-3 已经验证过的 ASFV 抗体检测方法

检测方法	种类（自建/商品化）	应用场景	参考文献
ELISA	OIE 间接 ELISA（i. h.）	群体监测	Sanchez-Vizcamo. et al. (1982)
	重组蛋白 ELISA（i. h.）	群体监测	Gallardo et al. (2006), (2009)；Perez Filgueira et al. (2006)
	INgezim PPA COMPAC 竞争 ELISA（C）	群体监测	INGENASA
	ID-Screen ASF 间接 ELISA（C）ID-Screen ASF 竞争 ELISA（C）	群体监测	IDVET
	SVANOVIR ASF 间接 ELISA（C）	群体监测	SVANOVA
证实的抗体检测	免疫印迹（i. h.）（C）	群体监测	Pastor et al. (1989)
	免疫荧光（i. h.）（C）	群体监测	Lawman, Cale (1979)
	间接免疫荧光（i. h.）	群体监测	Pan et al. (1982)；Gallardo et al. (2015a), (2015b)

注：i. h. 自建方法；C 商品化试剂盒。

（1）检测方法：酶联免疫吸附试验（ELISA）是 OIE 推荐的首选血清学检测方法。该方法具有成本低、特异性好、灵敏度高和检测速度快等优势，能够用于大量样品的自动化检测，是应用最广泛的检测方法。目前可用于检测 ASF 抗体的商品化 ELISA 试剂盒基于迄今描述的最具抗原性的蛋白，如 p72、p32、pp62 和 p54（INGENASA、IDVET 和 SVANOVIR），其中 INGENASA 的 INGEZIM PPA COMPAC、K3 是欧盟水平使用最广泛的。

据报道，与用于确诊的 IPT、IIF 或 IB 等血清学检测方法相比，在检测感染后 7~12 天的抗体时，ELISA 法的敏感性较低，但对于检测感染 12~14 天以后的特异性抗体来说，ELISA 法是一种非常好的检测方法。因此，对于大规模的血清学研究，ELISA 法仍然是最有用的方法；它快速、容易操作且经济。但目前只能对血清进行分析，限制了其应用范围。

（2）免疫层析试纸：胶体金免疫层析技术具有操作简单、检测快速、结果容易判断等优点，而且适用于现场检测，是目前广泛应用的检测方法，但也存在敏感性低的不足。

随着纳米粒子与显色手段的发展，免疫层析试纸已不局限于胶体金试纸。时间分辨免疫发光技术（TRIFA）是指利用具有双功能基团结构的螯合物，将镧系元素标记到抗体（抗原）上，用时间分辨技术测量荧光，同时检测波长和时间两个参数进行信号分辨，可有效排除非特异性荧光的干扰，极大地提高了分析灵敏度。上海斐昇生物开发了一种基于 ASF 病毒 p72 蛋白和含铕荧光微球构建了检测非洲猪瘟抗体的快速检测方法，最佳检测条件下可在 15 分钟内仅需 25 微升血清即可检出靶标，具有高特异性和敏感性，检测结果与 ELISA 试剂盒一致，准确性和可重复性高，成本低，适用于我国非洲猪瘟病毒的检测。

（3）间接免疫荧光试验：间接免疫荧光试验具有快速、敏感、高度特异的优点，利用 ASFV 毒株感染单层绿猴肾细胞（Vero 细胞），再通过抗原抗体反应耦联荧光素进行检测。如果检测样品为阳性，可在细胞质中观察到特异性的免疫荧光。在 ELISA 检测方法不便于建立或判定困难时，可应用该方法进行检测。

（4）免疫印迹法：免疫印迹法是基于高分辨率凝胶电泳和固相免疫测定技术发展起来的一种免疫生化杂交技术，该方法使得检测过程更加可视，提高了检测结果的准确性，可与间接免疫荧光试验共同用于确认 ELISA 法的检测结果。通过原核表达 ASFV CP204L 基因，建立一种新的免疫印迹监测系统（Rec p30 - IB），其特异性达 98.75%，敏感性达 100%，其高灵敏度使得该方法可检出感染非洲猪瘟病毒 6～8 天以后的病猪免疫器官或血清中非洲猪瘟病毒特异性抗体。该方法的缺点是需要购买昂贵的设备，增加了检测成本。

（5）其他免疫学检测方法：研究人员利用抗原抗体结合反应，引起质量敏感的压电晶体共振频率的变化，通过对这种变化的检测实现对非洲猪瘟病毒的检测。这种压电石英晶体微平衡（Quartz crystal microbalance，QCM）生物传感器用于检测非洲猪瘟病毒附着蛋白 p12 的抗体，可在 30 分钟内检出结果，性能优于 ELISA，但没有 ELISA 的高通量优势。Luminex 悬浮芯片技术（SAT）以不同比例荧光标记聚苯乙烯微球和磁性微球耦联蛋白、核酸等分子，与靶标结合后由流式细胞仪检测，研究人员利用 xMAP 技术开发了同时检测非洲猪瘟病毒的特异性蛋白 VP72 的抗体、VP30 的抗体和经

典猪瘟病毒的特异性蛋白 E2 的抗体的检测方法，灵敏度优
于 ELISA。

6.2.4 病理诊断

全身多个脏器淤血、出血、坏死是 ASF 的主要临床表现，
大体病变见本章 6.1 临床诊断部分。

组织病理学表现为出血、淤血，脾脏（图 6-7，彩图
15）、肝脏（图 6-8，彩图 16）、胸腺（图 6-9，彩图 17）、肠
系膜淋巴结（图 6-10，彩图 18）、肺和脑（图 6-11，彩图
19）等组织中的单核细胞、淋巴细胞出现核固缩、核碎裂。鉴
于 ASF 的特殊性，需要依靠病原学和血清学进行确诊和鉴别
诊断。

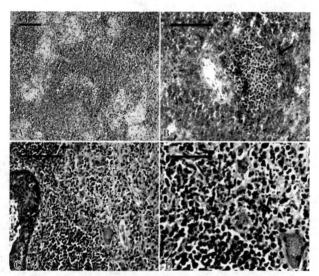

图 6-7 ASFV 感染猪的脾脏（A、B）和扁桃体（C、D）
A. 脾脏红髓和白髓大面积出血、坏死，淋巴细胞减少 B. 残存的淋巴组织（箭
头所指） C、D. 淋巴细胞坏死、核碎裂（长箭头指部分隐窝，短箭头指部分滤泡）
来源：Ganowiak，2012

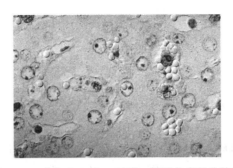

图6-8　感染 ASFV 12 天后，肝脏免疫组化结果

可见枯否氏细胞（棕色）周围吸附多个红细胞（红细胞吸附现象，HAD）

来源：Rodriguez et al.，1996

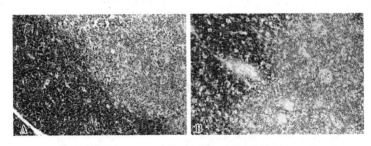

图6-9　感染 ASFV 6 天后胸腺

A. 正常胸腺对照　B. 淋巴细胞严重耗竭，呈现星空样

来源：Salguero et al.，2004

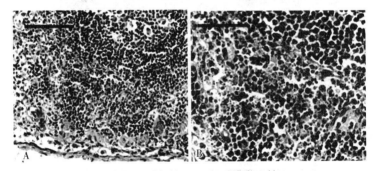

图6-10　急性 ASF 肠系膜淋巴结

A、B. 淋巴细胞坏死、核碎裂

来源：Ganowiak，2012

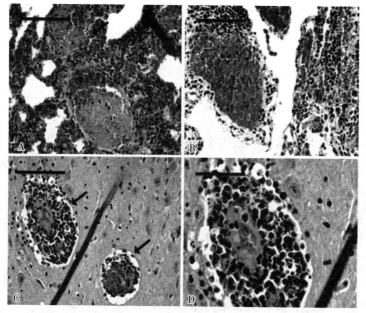

图 6 - 11　感染 ASFV 后肺与脑组织病理变化

A. 肺脏严重充血，血管因血栓堵塞而显著扩大（箭头所指）　B. 脑脉络丛血管严重充血，部分血管周围出现单核细胞浸润　C 和 D. 脑实质血管周围出现大量单核细胞浸润，呈"血管套"现象，浸润的单核细胞出现核碎裂

来源：Ganowiak，2012

7 | 疫苗

传染性疾病控制最主要的手段就是预防，而接种疫苗被认为是最行之有效的措施。但是，由于非洲猪瘟病毒结构复杂、编码毒力蛋白多、能在单核细胞与巨噬细胞内复制以及宿主免疫逃逸等特点，疫苗研发面临巨大困难。几十年来，国内外科研工作者在灭活疫苗、弱毒疫苗、基因缺失疫苗、亚单位疫苗等方面开展了大量研究。特别是非洲猪瘟传入我国以后，非洲猪瘟疫苗的研发引起了广大科研人员的极大兴趣，在基因缺失疫苗和亚单位疫苗方面取得了积极进展。

7.1 灭活疫苗

人们普遍认为，灭活疫苗接种猪后可以产生高效价的抗体，但是不能产生有效的保护。

Walker（1933）、DeKock（1940）、Mendes（1953—1954）、Ribeiro（1958）、Stone（1967）、Forman（1982）、Becker（1987）、Blome（2014）、Cadenas-Fernández（2021）等研究人员分别开展了独立的灭活疫苗研究。从实验室的攻毒保护效果看，灭活疫苗接种后可以产生高效价的抗体，但保护效果差，且免疫保护效果差与制苗毒株、病毒含量、灭活剂、佐剂、免疫程序无关。

7.2 弱毒疫苗

早在 1957 年，科学家即认识到感染了低毒力存活下来的猪可以抵御同基因型强毒株的攻击（Detray DE，1957）。随后，在 20 世纪 60 年代，大量的试验证实 ASFV 经细胞多次传代培养后可以使其毒力下降，接种家猪不再产生致死性感染，这使得人们相信制备 ASF 弱毒疫苗的可能性很大。20 世纪 60 年代，面对 ASF 的快速蔓延，西班牙和葡萄牙曾经进行过弱毒疫苗的临床试验，但因部分猪出现并发症并最终导致免疫计划终止。由于此次失败的临床经验，ASF 自然弱毒疫苗再未进行过大规模临床试验（Dixon LK，2013）。虽然 ASF 弱毒疫苗的临床试验停滞不前，但是关于此方向的研究仍在继续。通过自然筛选或细胞传代致弱技术，Ruiz-Gonzalvo F 等（1981，1986）、Leitao 等（2001）、Boinas 等（2004）和 King 等（2011）均证实 ASF 弱毒疫苗可以抵御强毒株的攻击。

1968 年，葡萄牙从一慢性感染猪体内发现无红细胞吸附活性的自然弱毒株 NH/P68 毒株（也称 NHV），经推测可能就是葡萄牙临床使用的弱毒疫苗候选株演变而来（Portugal R et al.，2015）。1988 年，葡萄牙又从栖居于猪场的游走钝缘蜱中分离到无红细胞吸附活性的弱毒株，命名为 OUR T88/3、OUR T88/4 和 OUR T88/5 等（Boinas FS et al.，2004）。Alexandre（2001）将低毒力的 NH/P68 免疫 31 头猪，其中 12 头出现慢性 ASF 的临床症状，其余 19 头则未出现临床症状。对 19 头未出现临床症状的猪用 ASFV/L60 攻毒后 2～5 天有 15 头出现轻微体温升高，未出现发病和死亡。另一受到关注的弱毒株是 ASFV OUR T88/3，研究发现用该毒株免疫后，对同属基因 I 型的 ASFV 强毒 Benin 97/1 以及基因 X 型的强毒 Ugandal965 均有很好的保护作用。

　　近期文章显示，俄罗斯联邦病毒学和微生物学研究中心（原全俄兽医病毒学与微生物学研究所）对细胞传代致弱株也进行了大量研究，特别是对基因Ⅰ型细胞传代致弱株 FK - 32/135（将法国 1964 年分离株——France - 32，在猪骨髓细胞传代 135 代致弱）进行了深入研究（Sereda AD et al.，2020）。FK32 - 135 大剂量接种或 25 倍/100 倍浓缩剂量接种均能产生较好的攻毒保护效果（保护率 80%～100%）。分析以上所有细胞传代致弱株结果，可以推断，细胞连续传代可以达到致弱非洲猪瘟病毒的目的。但要对其进行科学评价特别是合适传代次数的筛选，需要大量试验验证，工作量巨大且具有一定的盲目和随机性。上述弱毒活疫苗在实验室条件下攻毒保护试验结果，虽然表明试验猪可以获得有效的免疫保护，但是会出现健康带毒或慢性病变，当大规模使用时则会造成病毒的广泛散布，从而导致慢性流行。

7.3　基因缺失疫苗

　　基因缺失减毒活疫苗被认为是非洲猪瘟疫苗较有希望的研发技术策略。目前已经验证的缺失后可以降低毒力的基因，主要包括 CD2v、MGF、9GL、DP148R、A238L、A224L、UK、DP96R、I177L 等，国内外研究人员尝试了将这些基因单个或多个基因缺失后进行免疫和攻毒保护试验（表 7 - 1）。

　　但是，目前的基因缺失减毒活疫苗仍至少存在 6 个问题值得深入研究和分析：（1）毒力是否能完全消失；（2）对猪的安全性和保护效果可能存在差异；（3）免疫保护期相对较短；（4）是否长期带毒；（5）疫苗毒与野毒共存是否会出现基因重组并如何科学证实；（6）对野猪的安全及保护效果评价。

表7-1　ASFV缺失基因及其免疫保护情况

缺失基因	原始毒株	基因型	致弱/免疫保护情况
CD2v	BA71	I	致弱、保护
MGF	Pretoriuskop/96/4	I	致弱，未攻毒
	Benin 97/1	I	致弱、保护
	Georgia 2007	II	致弱、保护
9GL	Georgia 2007	II	致弱、高免疫剂量保护
	Malawi Lil-20/1	I	致弱、保护
DP148R	Benin 97/1	I	致弱、部分保护
A238L	NH/P68	I	致弱、部分保护
A224L	NH/P68	I	致弱、部分保护
UK/DP96R	E70	I	致弱
9GL+UK	Georgia 2007	II	致弱、保护
9GL+MGF	Georgia 2007	II	致弱、不保护
9GL+CD2v	Georgia 2007	II	致弱、不保护
9GL+CD2v+EP153R	Georgia 2007	II	致弱、不保护
I177L	Georgia 2007	II	致弱、保护
MGF505 1R，2R，3R+MGF360 12L，13L，14L+CD2v	HLJ/2018 CN2018 SY18	II	致弱、保护
MGF360 9L，10L，11L，12L，13L，14L+MGF505 1R，2R，3R+I177L	CN/GS/2018	II	致弱、保护
MGF 110-9L	CN/GS/2018	II	致弱、部分保护
MGF 505-7R	HLJ/2018	II	致弱
MGF 360 187R+DP71L+DP96R	CN/GS/2018	II	致弱、保护
L7L+L8L+L9R+L10L+L11L	SY18	II	致弱、保护
I226R	SY18	II	致弱、保护
MGF360 12L，13L，14L+CD2v +I177L	GZ2018	II	致弱、保护

7.4 亚单位、DNA疫苗

鉴于亚单位、DNA疫苗安全性方面的优势，越来越受到研究者的青睐。ASFV p30、p54、p72、p22、p12、p220、CD2v等多个蛋白单独或组合用于亚单位、DNA疫苗研发，其中部分研究开展了攻毒保护试验，其结果见表7-2。

Neilan（2004）用杆状病毒表达了ASFV Pr4毒株的p30、p54、p72和p22蛋白。用重组蛋白免疫猪后可检测到特异性ASFV抗体，用ASFV Pr4攻毒后，免疫组只是延缓了临床症状出现的时间，猪存活率与对照组并没有差异。

Ruiz在研究中发现ASF血凝素重组昆虫杆状病毒与T细胞表面抗原CD2是同源的。应用免疫荧光和Western blot试验，检测重组昆虫杆状病毒感染昆虫细胞中的血凝素基因的表达效果，结果显示，病毒感染巨噬细胞诱导表达的CD2同源蛋白具有血凝和血凝抑制试验的特性。用血凝素重组昆虫杆状病毒免疫猪，可以获得血凝抑制抗体和暂时性的保护性抗体，这些抗体可以识别相对分子质量为75 000的结构蛋白，并可以保护猪抵抗致死性感染。

J. M. Argilaguet等（2011，2012）将p30和p54连入真核表达质粒pCMV-PQ，结果该DNA疫苗免疫猪后无法抵御强毒株的攻击。随后，该实验室又进一步将ASFV血凝素蛋白基因和泛素基因（ubiquitin）连入上述DNA疫苗中，结果仍不能达到完全保护的功效。为进一步研究能刺激CD8[+]T细胞的潜在免疫保护区，Anna Lacasta等通过表达文库（Expression library）构建了4 029个表达质粒（ASFVUblib）并对其进行了免疫攻毒保护试验，结果保护率仍只达到60%（Lacasta A et al.，2014）。虽然目前研制的DNA疫苗还不能抵御强毒攻

表7-2　亚单位疫苗蛋白组分和效果

疫苗类型	蛋白名称	免疫次数、计量和佐剂	是否保护
	CD2v	3×；0.5~1×10^7 HAU+弗氏佐剂	100%保护（3/3）
杆状病毒表达系统	p30, p54	3×；100微克+弗氏佐剂	50%保护（3/6）
	p54, p30	5×；100微克+弗氏佐剂	100%保护（2/2）
	p54, p30, p72, p22	4×；200微克+弗氏佐剂	无保护（0/6）
HEK细胞表达系统	p72, p54, p12	2×；200微克+TS6佐剂	未知
合成肽疫苗	p220, p30, p72, p54, p22	3×；2.5毫升+弗氏佐剂	无保护（0/4）
	p54, p30	3×；600微克	无保护（0/4）
	SLA-II, p54, p30	3×；600微克	无保护（0/4）
DNA疫苗	sHA, p54, p30	3×；4×；600微克	无保护（0/6）
	Ub, sHA, p54, p30	2×and 4×；600微克	2次免疫33%保护（2/6）；4次免疫17%保护（1/6）
DNA文库	80个ORF	2×；600微克	60%保护（6/10）
BacMam	sHA, p30, p54	3×；10^7 PFU	67%保护（4/6）

击，但 ASFV Ublib 免疫攻毒后存活的猪无排毒现象。

7.5 非洲猪瘟葡萄牙弱毒疫苗临床试验案例分析

葡萄牙在 20 世纪 60 年代大范围使用的疫苗株为细胞传代致弱株。因年代久远，现有资料已无法准确找到该疫苗株详细信息。但目前普遍认为，该疫苗株为葡萄牙 1960 年分离的里斯本 60 毒株（Lisbon 60）或 1961 年分离的 1455 株（Portuguese isolate 1455）（Manso Ribeiro J et al.，1963）在骨髓细胞连续传代所得。该弱毒疫苗首先经实验室验证，在健康、无寄生虫并且营养良好的猪身上是安全的，即它不会在接种过该疫苗的猪或与其接触过的猪中引起 ASF。随后，葡萄牙自 1962 年 5 月 18 日开始疫苗的临床试验，至 6 月 15 日，共对大约 4 万头猪进行了第一次临床接种试验。在疫苗接种地区，该病先是呈现下降趋势但又急剧反弹，这促使进一步扩大试验规模，至 8 月时试验数量达到顶峰，伴随着葡萄牙疫情加剧，截至 1962 年 12 月底，葡萄牙南部地区共有 550 541 头猪接种了弱毒疫苗。据统计分析，使用该疫苗后的最终损失不超过 15%，考虑到疫苗接种时葡萄牙部分地区猪群健康状况较差以及该病快速蔓延的恶性进程，这一死亡率似乎并不高。但由于种种原因，葡萄牙不得不终止 ASF 疫苗大范围使用，归根结底仍是该疫苗临床使用时不确定性因素较多，特别是由于葡萄牙疫苗接种是在 ASF 疫情大流行中进行的，接种疫苗的动物被饲养在受污染的环境中，以至（实际）感染病毒的剂量可能超过了"疫苗中和病毒"的能力，这直接导致了部分接种猪在疫苗接种后立刻出现呼吸道症状，且死亡时呈现的肺部病变与现场观察的情况相似。此外，受葡萄牙养殖环境及猪群健康情况影响，接种猪可能在 6 个月或更长时间后开始出现严重的肺部并发症，导致免疫失败。

葡萄牙弱毒疫苗使用后的毒株扩散演化常与伊比利亚半岛 30～40 年的 ASF 流行相关联，如 1968 年分离的自然弱毒株 NH/P68 毒株（又称 NHV）经推测可能是葡萄牙疫苗毒演变而来（Portugal R，Coelho J et al.，2015）。同时期伊比利亚半岛可能存在两个强毒株流行（Lisbon57 和 Lisbon60），这也可能是导致部分免疫失败的原因。

7.6　国外非洲猪瘟弱毒疫苗研究策略

国外研究非洲猪瘟弱毒疫苗的机构主要包括美国农业部外来病研究中心（梅岛）、英国 Pirbright 研究所、西班牙马德里大学分子生物学中心和俄罗斯联邦病毒学和微生物学研究中心（原全俄兽医病毒学与微生物学研究所）等。作为疫苗候选株的毒种包括自然弱毒株（如 NH/P68，Lv17/WB/Rie1）、细胞传代致弱株［FK - 32/135 株（Sereda AD，Balyshev VM，2020）］、以自然弱毒株为骨架敲除毒力基因的基因缺失株［如 NH/P68ΔA238L，NH/P68ΔEP153R 和 NH/P68ΔA224L（Gallardo C，2018）］、以强毒株为骨架敲除单个毒力基因（如 BA71ΔCD2v 和 ASFV-G-ΔI177L）或多个毒力基因（ASFV-G-Δ9GL/ΔUK）的基因缺失株。其中以 ASFV-G-ΔI177L 为代表的基因缺失株已进行了大量的疫苗评估试验，如口鼻接种试验（Borca MV et al.，2021）和传代细胞纯化试验（Borca MV et al.，2021）并在越南等国开展了小规模的临床评估，具备更大规模的临床评估潜质。

7.7　国内非洲猪瘟疫苗研究现状

国内开展非洲猪瘟疫苗研制的机构主要包括中国动物卫生

与流行病学中心、中国农业科学院哈尔滨兽医研究所、中国农业科学院兰州兽医研究所、中国农业科学院上海兽医研究所、中国农业科学院北京畜牧兽医研究所和军事医学科学院军事兽医研究所等。研究的方向主要包括基因缺失弱毒疫苗、亚单位疫苗和活载体疫苗等。2021年度国家重点研发计划"动物疫病综合防控关键技术研发与应用"重点专项揭榜挂帅项目也以这三个方向设置项目,预示着未来国内的非洲猪瘟疫苗研究将以这三个方向为重点。目前国内推进最快的疫苗研究是中国农业科学院哈尔滨兽医研究所研制的7基因缺失株(HLJ/18-7GD株),该疫苗候选株已完成安全评价生产性试验和第二阶段临床试验,有关样品检测、数据分析、总结报告等正在有序推进中。另外,中国农业科学院兰州兽医研究所联合多家单位研制的多种蛋白组合的亚单位疫苗也取得了一定进展,但目前尚无发表的文献可供参考。

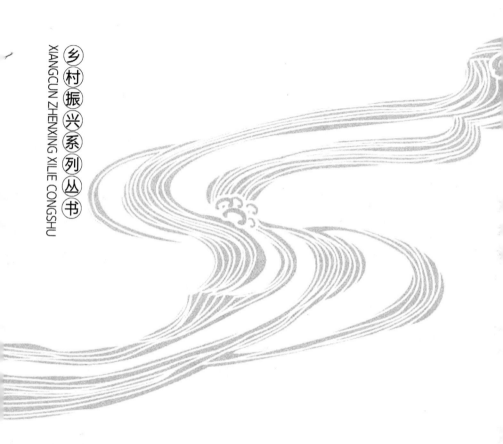

第二篇 | 非洲猪瘟生物安全管理

8 | 生物安全管理原则

8.1 生物安全定义与原则

8.1.1 生物安全基本概念

生物安全是猪场预防和控制疾病的基本理念，以及在这种理念指导下的预防和控制疾病的措施和程序的总和。英国Saunder兽医词典给出的生物安全定义为"阻止病毒、细菌、寄生虫、昆虫等引起传染性疾病的传播"；英国养猪著作《猪的健康生产》中给出的定义为"避免猪群引入传染性的病原（病毒、细菌、真菌或寄生虫）"。

生物安全的概念伴随着现代生物技术的发展诞生，开始用于实验室的生物安全，并随着现代生物技术和畜禽养殖业的发展在深度和广度上不断扩展，相对于世界生猪养殖业，每一次危害严重的疾病暴发，均极大地促进了猪场生物安全的更新和发展。

（1）广义生物安全。动物传染病的发生和传播必须具备三个非常重要的环节：易感动物、传播途径和传染源。任何一种传染性疾病离开上述三个环节中的任何一个环节均无法扩散和传播，因此，凡是可以消灭（减少）易感动物，消灭（减少）传播途径以及消灭（控制）传染源的措施和程序称为广义生物安全。在生产实践中可具象为猪场的猪群治疗、猪群的免疫以及其他健康管理措施等。

（2）狭义生物安全。凡是可以减少或改变病原传播途径的措施和程序称为狭义生物安全，通常讨论的生物安全均是狭义生物安全概念，如猪场的淋浴措施、车辆的清洗消毒干燥等措施、猪场的消毒等。

8.1.2　猪场生物安全含义

（1）场外生物安全：防止场外病原微生物（包括细菌、病毒、寄生虫等），以及有害生物和昆虫侵入猪场，引起猪群发病。

（2）场内生物安全：防止猪场内病原微生物（包括细菌、病毒、寄生虫等），以及有害生物和昆虫在猪场不同阶段交叉感染和传播，引起猪群发病。

（3）整体生物安全：防止猪场内病原微生物（包括细菌、病毒、寄生虫等），以及有害生物和昆虫通过各种途径扩散到场外，进而影响本场猪群健康。

8.1.3　猪场生物安全基本原则

（1）猪场、猪群的健康等级原则：按照以猪为本的原则，根据不同猪场、猪群的经济价值划分猪场、猪群的健康等级，经济价值越高，猪场、猪群的健康等级越高，相对于不同猪场的健康等级，其健康等级依次是：遗传核心场＞生产核心场＞扩繁场＞商品场，相对于同一个猪场不同饲养阶段的健康等级，其健康等级从高到低的顺序是：公猪站（公猪舍）＞配种妊娠舍＞产仔舍＞保育舍＞育肥舍＞场内隔离舍＞场外隔离舍。

（2）猪场净区、脏区原则：根据以猪为本的原则，在养猪体系内有猪的区域称为净区，无猪的区域称为脏区，脏区与净区的划分是相对的，参照物不同，则脏区和净区的大小和范围完全不同；相对区域生物安全，凡是属于本猪场、本养殖体系的猪、车辆、人员等均属于净区范畴，其他均属于脏区范畴。

（3）猪场、猪群、人员单向流动不可逆原则：对于猪场流动系统来说，猪群、人员、车辆只能从净区向脏区流动而不可逆，以及从健康等级高的阶段向健康等级低的阶段流动而不可逆；相对于不同猪场，猪群、人员、车辆只能从健康等级高的猪场向健康等级低的猪场流动而不可逆，如果猪群、人员、车辆违反单向流动不可逆原则，必须采取相应的技术处理措施，称之为生物安全措施。

（4）生物安全程序中转原则：根据非洲猪瘟病毒直接/间接接触传播的特点，在设计猪场内外生物安全程序时，必须设计至少一次以上的中转程序，才能最大限度地降低非洲猪瘟进入猪场感染猪群的可能性。

8.2　生物安全的重要性

目前尚无有效的疫苗和药物用于防治ASF，许多国家也一直在从事疫苗研发工作。1963年葡萄牙开始尝试研制第一个弱毒活疫苗，但没有取得成功，之后，几种弱毒疫苗被证实有一定效果，但在安全性和有效性方面仍存在诸多不足，因此维持ASF无疫区状态显得尤为重要，阻止ASFV侵入家猪和野猪，是降低该病流行的最佳途径。为了采取有效的防控措施，必须清楚ASF在当地是以何种方式传播的。ASFV的主要感染途径为呼吸道和消化道，包括直接接触、采食、叮咬、注射等传播途径，机场和港口中被污染的垃圾，猪和猪产品的流动，软蜱、野猪与家猪的接触等。

研究报道非洲猪瘟病毒（ASFV格鲁吉亚2 007株/1株）

在饮水中的最低感染剂量为 1 半数组织培养感染剂量（$TCID_{50}$），在饲料中为 10^4 $TCID_{50}$；中等感染剂量，水中为 10^1 $TCID_{50}$，在饲料中为 $10^{6.8}$ $TCID_{50}$，这表明较低剂量的 ASFV 可以有效地通过饮水和饲料经口传播，因此采取严格的生物安全措施，阻止 ASFV 病毒进入农场接触猪对防控感染具有重要作用。

9 | 生物安全风险管理

9.1 车辆风险管控

9.1.1 车辆的类型

9.1.1.1 场外车辆

在猪场围墙外执行任务的所有车辆以及猪场有关联的人员的自有车辆，按所有权分为自有和非自有两种类型。

自有车辆：所有权归本体系（场）所有，司机管理、车辆使用停放均在控制之内。

非自有车辆：所有权非本体系（场）所有，本场对车辆进行租赁执行任务，或其他社会单位拥有，和本场发生关联。猪场对该类车辆生物安全风险控制能力较低。

9.1.1.2 场内车辆

必须猪场自有，在猪场内生活区或生产区执行任务，司机为本场内部人员，该类车辆不能和外界有任何直接接触。场内车辆包括场内饲料转运车、场内人员转运车、场内淘汰猪转运车、场内死猪转运车和场内其他车辆等。

9.1.2 车辆管理的基本原则

9.1.2.1 专车专用原则

执行不同任务的车辆，尤其是运输活猪、精液、死猪、饲料等，需配置专门的车辆；仅当生物安全等级相近，且能对车辆充分处理时，才选择共用车辆；禁止同车混装无关人、猪、物。车辆禁止使用木制材料，禁止使用锈蚀严重老旧车辆。

9.1.2.2 单向流动原则

车辆仅能从高健康等级的区域向低健康等级的区域运输猪只、饲料、物品、物资，若逆向流动，必须采取相应的技术处理措施，如彻底清洗、消毒和干燥等。

9.1.2.3 洗消干燥原则

车辆执行任务结束后，应在固定地点（洗消中心或洗消点）进行充分清洗消毒、干燥并在指定地点停放后才能继续使用。

9.1.2.4 多次洗消原则

来自高生物安全风险区域，携带病原风险较高的场外车辆（猪只运输车辆、无害化处理车等）需要经过多次洗消，即离开高风险点后进行预处理，随后在猪场指定车辆洗消点或洗消中心进行彻底清洗、消毒、干燥和停放，如需靠近猪场则在猪场外特定区域进行再次清洗、消毒和干燥。

9.1.2.5 司机管理原则

车辆配置专门的司机，统一食宿、管理，执行任务前淋浴更衣，未经授权禁止进入限制区域，禁止下车操作；司机行为受到各相关标准作业程序（SOP）的严格约束。

场外自有车辆配置专门的司机，统一集中食宿管理，执行任务前淋浴更换衣物鞋帽，未经授权禁止进入限制区域，禁止下车操作；司机行为受到各相关 SOP 的严格约束。

场外租赁车辆司机，在租赁期开始，按照本场员工的生物安全要求进入相关工作区域，统一食宿管理，禁止随意外出或执行其他运输任务，租赁期结束离开相关工作区域。

场内车辆司机（如场内饲料转运车辆司机、场内人员转运车辆司机和场内淘汰猪转运车辆司机）与猪场员工一并实行统一食宿以及相关的生物安全管理，另外部分司机（如场内死猪车辆转运车司机、场内粪污转运车司机）集中安排在猪场死猪粪污人员集中食宿区域管理。

9.1.2.6　车辆洗消车间内部设置

车辆洗消车间内部设置如图9-1所示。

图9-1　车辆洗消中心设置

9.1.3　场外车辆管理

9.1.3.1　本体系车辆管理

对本体系内车辆数量、种类进行统计，明确管理责任；对车辆每日任务执行、洗消、检查进行登记并专人审核；可对车辆安装GPS定位和视频监控设备，监控司机行为和车辆移动路线。

（1）车辆行驶与行驶路线管理。

①根据猪场布局和周边环境规划不同功能车辆的行驶道路，非获得允许不能私自修改运输路线。

②行车路线避开高风险区域（疫区、养殖场、屠宰场、农贸市场、无害化处理中心等），避开风险车辆密集道路（运猪

车、饲料车、无害化处理车等)。

③避免执行不同任务或不同健康等级的车辆行驶路线交叉或在同一停车点交叉。

④不停车或少停车,任务开始前加满油,准备充足食物和饮水。

(2)洗消点(中心)要求。

①位于本场低地势下风口处,距离场区 2～3 公里。

②远离高生物安全风险区域(畜禽养殖场、屠宰场、集贸市场和垃圾处理厂等),远离公共道路。

③建立洗消中心或洗车房,遵循单向流动原则,车辆由一侧门驶入清洗,从另一侧门离开。

④配置专门洗消员、监督员,对每次洗消任务进行登记、审核。

(3)洗消流程。

①预处理:车辆使用完毕,在指定的社会车辆清洗点,用发泡剂充分浸泡,冷水(或热水)高压冲洗,消除车辆残留的粪便、垫料等杂物(仅适用于场外车辆)。

②清扫和拆卸:车辆到达洗消点,清扫残留污物、碎屑,移除所有可拆卸设备(隔板,挡板等);取出驾驶室内地垫等所有物品。

③浸泡:将车辆内外表面、底盘和拆卸物品彻底冲洗;使用发泡机将肥皂液或表面活性剂喷洒全车和相关物品,浸泡 15～20 分钟。

④高压冲洗:从车的顶部到下部,先使用 60～70℃ 热水(冬季)高压清洗(12～15 兆帕,水流量≥15 升/分)车辆的外部表面,然后再冲洗内部,包括隔板、过道、大门、挡猪板、扫帚、铁铲及干净/脏的箱子;冲洗驾驶室内地垫。兽医

或主管对冲洗效果进行现场评估。

⑤车辆清洁度评估：评估人员换穿专用衣物、鞋帽，在车辆不同固定部位采集样本，使用手持式 ATP 仪器进行清洁度检测，若 ATP 值不符合清洁标准，车辆重新进行浸泡及高压冲洗。

⑥常压消毒：沥干车内存水，使用新配置的消毒液常压喷洒车辆内外表面、底盘，保持 20 分钟；驾驶室地垫、其他工具浸泡在消毒液中，保持 10～20 分钟（消毒应注意环境温度，以室温为佳）。

⑦驾驶室使用消毒液浸泡的抹布进行擦拭（方向盘、仪表盘、把手、车窗、玻璃和门内侧），地板使用消毒剂喷洒。

⑧干燥（烘干）：洗消后车辆驶上斜坡，沥干（无滴水），进入烘干房烘干。车辆进入烘干房后，关闭烘干房，调整烘干房温度，确保车辆表面温度达到 65～70℃ 保持 30 分钟以上，方可彻底杀灭包括非洲猪瘟病毒在内的致病病原。

⑨停放：车辆驶入指定地点停放，为了避免气溶胶或空气气流带来的污染，可以建造密闭停车房停放洗消合格的车辆备用。

⑩整理洗车房：车辆离开后，立即高压冲洗地面和墙面，无滴水、积水后，喷洒消毒液；清洗工具，干燥；抹布浸泡于消毒液中，再清洗、烘干；所有洗消工具放入指定位置。

（4）洗消效果评估。

①现场评估：高压冲洗结束后进行。车辆无可见污物，彻底干燥，周围和车厢内部无猪臭味；消毒液浓度正确，洗车房内无可见污物。

②采样检测评估：烘干完成后，评估人员换穿专用衣物、鞋帽，在车辆不同固定区域采集样本，PCR 检测包括 ASFV

或猪繁殖与呼吸综合征（猪蓝耳病）病毒（PRRSV）等病原，病原检测呈阴性表明车辆洗消干燥合格。采样位置和数量如下。

车辆：车辆拖车甲板对角 2 个点，拖车顶板对角 2 个点，驾驶室脚踏板 1 个点，以及驾驶室内方向盘 1 个点，车辆后挡板 1 个点，轮胎 1 个点，共计 8 份。

洗车房：洗车房人员入口处 1 个点，车辆尾部、车头部各 1 个点，中部 1 个点，车辆出口处 1 个点，共计 5 份。

工具：对车辆上的赶猪板等工具采样，1 份。

③采样工具：不含酒精的无纺布湿巾或尼龙无棉采样器材，采样后置于样品保存液常温保存或生理盐水冷藏保存。

④检测内容：根据实际需要对病原进行 PCR 检测或细菌培养检测。

9.1.3.2 非本体系车辆管理

（1）租用车辆：车辆所有权非本体系所有，但由本体系租用后用于场外的转运任务。

①选择合适的车辆和司机，签订车辆租用合同。

②协议期内，车辆使用管理完全受本场外部车辆使用规程约束（见本章 9.1.3.1）。

③车辆使用前须经过充分洗消（见本章 9.1.3.1）并隔离停放 24～48 小时。

④完成任务后，在场外洗消中心进行充分洗消，干燥后临时租赁车辆交还原所有方。长期租赁车辆在本体系（猪场）指定停车区域停放备用。

（2）社会车辆：其他实体拥有的车辆，执行与本体系有接触的任务，如死猪运输、粪污运输、种猪和苗猪运输等，该类车辆不归本体系管理，但需遵守如下要求。

①执行本体系（场）相关任务前，应进行充分清洗消毒，并出具书面证明。

②使用前须在本体系（猪场）指定的地点再次进行二次清洗消毒、干燥并有充分的车辆隔离时间。

③尽可能使该类车辆远离猪场，将对接点设置于场外的中转站。

④和该类车辆的对接应制定合理计划，明确流程，专人对接，减少对接频率。

⑤司机原则上禁止参与装卸活动。

⑥如司机需要参与装卸活动，必须经过必要淋浴、更衣、换鞋、洗手。

⑦如无法设立场外中转站，应将对接点设置在猪场健康等级最低的区域而且该类车辆必须经过场方的充分洗消，方可接近猪场。

注：非洲猪瘟防控压力大时，避免⑥⑦项执行。

⑧对接人员完成任务后，按照外来人员出场流程进行隔离处理。

⑨车辆离开后，对所接触的区域进行充分的清洗消毒。

9.1.4　场内车辆管理

9.1.4.1　管理要求

（1）明确场内车辆数量，用途分类和管理责任。

（2）对车辆每日任务执行、洗消和检查进行登记并专人审核。

（3）根据猪群健康等级配置车辆，等级差异较大区域不能混用（公猪舍＞配妊舍＞产仔舍＞保育舍＞育肥舍＞场内隔离舍）。

（4）专车专用，若同一车辆执行不同任务，必须经过充分洗消。

9.1.4.2　场内净道、污道设置

（1）对场内道路进行分级。第一等级：圈舍内道路，赶猪道，猪转运道；第二等级：人员通道，饲料转运道路；第三等级：淘汰猪转运道路；第四等级：病死猪转运道路，粪污转运道路。根据猪场以猪为本的原则，场内第一等级和第二等级道路称之为场内净道，第三等级和第四等级道路称之为场内污道，猪场在设计和改造时，应当充分考虑净道和污道的不同设置。

（2）原则上要求道路不能交叉，如果交叉，可以设立立体交叉，确保不同道路的车辆、人员不发生直接与间接接触。

（3）严格规定执行不同任务的车辆行车路线，禁止随意变更。

（4）路线交叉时，应对道路进行充分消毒。

9.1.4.3　车辆洗消与停放

（1）消毒点设立在各阶段出猪台、死猪收集处和粪污处理处入口（低等级区域）。

（2）消毒点配备专门的洗消人员和工具（不能混用）以及停车干燥场地。

（3）仅针对场内车辆，禁止对外使用。

（4）洗消流程同前述。

（5）车辆完成洗消后返回指定区域（高等级区域）。

（6）场内车辆洗消流程：场内各种车辆实施二次洗消流程，即完成运输任务后，就地在健康等级最低区洗消点进行彻底冲洗、消毒后，车辆返回指定区域（高健康等级区域）停放备用；车辆下次使用前，在最高健康等级阶段车辆洗消点进行

二次彻底清洗消毒后方准再次使用。

9.1.5　场内司机管理

（1）猪场内所有车辆司机应统一安排食宿，场内死猪转运车辆司机、场内粪污转运车辆司机以及淘汰猪转运车辆司机可以在其他独立区域食宿，禁止在猪场内与生产区员工区域共同食宿；其他场内车辆司机与生产员工共同食宿。

（2）执行任务前应淋浴，更换衣服、鞋帽，任务结束后执行相同操作。

（3）驾驶室内禁止存放任何与工作无关的物品。

（4）原则上禁止开门离开驾驶室，除非经过淋浴、更衣、换鞋、洗手流程。

9.2　猪的生物安全管理

9.2.1　非本场猪管理

9.2.1.1　猪的类型

非本场猪包括：邻近猪场猪、散养猪和区域环境中的野猪。

9.2.1.2　场外隔离带

广义隔离带：半径 2～5 公里，禁止其他猪场或畜禽场存在，无畜禽交易市场、屠宰场、无害化处理中心等高生物安全风险点。

狭义隔离带：在猪场围墙以外 10～50 米的宽度，设立底部 60～80 厘米高的实心墙、上部为栅栏的设施与外界隔离，严格限制外来人、车、物、畜禽、有害生物接近。猪场应根据周边环境特点划定适宜的隔离带。

9.2.1.3　隔离带管理要求

（1）划定的隔离带内应禁止饲养其他畜禽，定期除草，防止鸟类和有害生物滋生繁殖。

（2）未获得允许的前提下，任何人、车、畜禽、物资等禁止进入隔离带。

（3）禁止向隔离带内排放任何形式的污染物。

（4）隔离带边缘可设立篱笆或铁丝网，并做明确的生物安全标识。

（5）定期组织人员进行巡视，及时发现越界行为。

（6）隔离带内可以作为猪场外部部分自有车辆的停放区域，如场外人员、物品或物资转运车辆、场外猪转运车辆和场外饲料转运车辆等。

9.2.1.4　野猪管理

（1）评估野猪风险：与相关部门沟通，确定野猪存在与否和活动范围。

（2）禁止员工接触、狩猎、购买、食用野猪肉及其副产品。

（3）野猪活动频繁的区域，在猪场围墙以外设立下部至少60厘米高的实心墙，上部为栅栏的阻断设施，形成隔离带。

（4）隔离带内清理可能成为野猪食物的植物和垃圾。

9.2.1.5　散养猪管理

（1）清理划定隔离区内的散养猪。

（2）禁止任何与散养猪之间接触的物品和行为。

（3）严禁散养猪粪便、污水及其他物品遗弃至隔离带内。

9.2.2　本场猪管理

9.2.2.1　引种管理

（1）猪的来源。

①引种场为 ASFV 抗原与抗体阴性，并提供权威部门的相应证明。

②购买的种猪出场前，逐头采样检测为 ASFV 抗原与抗体阴性，以及引种场要求的其他疾病检测［如猪繁殖与呼吸综合征（PRRS）、猪伪狂犬病（PRV）、经典猪瘟（CSF）、口蹄疫（FMD）和仔猪流行性腹泻（PED）等疾病］，并出具合法检疫证明。

③供种场的健康等级应高于引种场。

④引种来源单一，供种场数量越少越好。

（2）隔离舍要求。

①场外和场内分别设置隔离舍，外部隔离舍位于距本场 1～2 公里的下风口处，场内隔离舍应位于场内低生物安全区域，远离基础种猪群。

②场外隔离舍和猪场使用完全独立的人员管理、饲料物资供应、水源供应以及废污处理系统。

③场内隔离舍由专人管理，工具设备和其他圈舍不能有任何交叉。

④后备舍最好做到全进全出，在充分洗消后引入新的后备种猪。

（3）引种流程。

①选种结束后，在供种场对猪进行 ASFV 包括 ASFV 弱毒株的抗原与抗体检测，同时兼顾猪繁殖与呼吸综合征（PRRS）、猪伪狂犬病（PRV）、经典猪瘟（CSF）、口蹄疫（FMD）的病原学和抗体检测，检测合格的猪可以运输。

②使用经过充分洗消且经检测 ASFV 包括 ASFV 弱毒株病原阴性的车辆，按照严格规划的路线进行运输。

③引种猪先到达场外隔离舍，隔离 30～90 天，针对 AS-

FV 至少隔离 42 天。

④分别在引种猪到达后 1 周和 6 周进行 ASFV 抗原检测，同时兼顾猪繁殖与呼吸综合征（PRRS）、伪狂犬病（PRV）、经典猪瘟（CSF）、口蹄疫（FMD）和仔猪流行性腹泻（PED）的检测，合格的个体引入场内隔离舍。

⑤隔离期内兽医每天观察猪群，发现疑似 ASF 临床症状的个体立即检测，立即淘汰阳性个体，禁止剖检。

⑥定期对公猪进行 ASFV 抗原和抗体检测，发现阳性个体立即淘汰。

9.2.2.2　精液引入管理

（1）外购精液供应方应为无 ASFV 感染场，并出具检疫合格证明。

（2）定期对可能含有的 ASFV、CSFV、PRRSV、PRV 进行抗原检测。

（3）使用专用车辆运送至本体系（猪场）门卫处，司机下车打开保温箱，门卫取出精液后去除一层包装并擦拭消毒内层包装，然后，每进入猪场一道门，去除一道包装并擦拭消毒内层包装。

9.2.2.3　场内猪流动管理

（1）场内栏舍坚持全进全出管理，避免病原在不同批次猪之间传播。

（2）猪转群遵循单向流动原则，在猪场内猪和赶猪人员按照公猪舍（公猪站）-配种舍-妊娠舍-保育舍-育肥舍单向流动，禁止猪逆向返回原点。

（3）参与转群的人员不能逾越区域间的红线，两侧人员做好交接工作。

（4）转运结束后，对使用的工具、经过的道路进行充分清洗消毒。

（5）有条件的猪场可使用车辆进行转运，避免接触污染环境，运输结束后对车辆进行彻底清洗。

9.2.2.4　出猪台和转猪中心

（1）出猪台设置。

①猪场外围建立两个出猪台，一个用于高健康等级的断奶猪、保育猪和育肥猪或种猪运出，一个用于低健康等级的淘汰猪运出，有条件的猪场在各生产阶段均设出猪台。

②位置要求距离猪群最远，处于低生物安全等级区域。

③不同用途的出猪台不能混用。

④出猪台设计为三个区域（图 9-2，彩图 20），各区域间设有人员不能跨越的红线，禁止猪逆行。

·净区：场内一侧，猪进入的区域，图中绿色区域。

·缓冲区：猪暂时存放的中转区域；图中黄色和红色区域，该区域分为两个区域，中间使用单向门严格分开。

·脏区：场外一侧，猪离开进入拉猪车的区域，图中深红色区域。

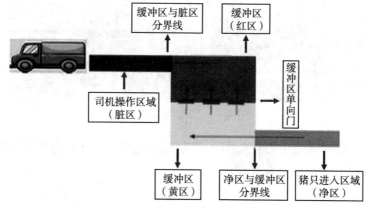

图 9-2　出猪台的净区、缓冲区和脏区设置

⑤赶猪通道沿着净区、缓冲区和脏区方向设置5°～7°的向下坡度，并在两侧和底部设置地漏或排水沟，便于污水向脏区排出。

⑥出猪台设置防鸟网，防止鸟类进入。

（2）场外猪中转台设置：为了最大限度阻断外部风险车辆靠近猪场可能引发的生物安全风险，禁止外部车辆靠近猪场，在猪场外一定范围内建立场外猪中转中心，使用清洗消毒可控的自由车辆将猪转运到场外中转中心，通过中转中心将猪转运到外部车辆上。因此，场外猪中转中心对于降低外部车辆的生物安全风险具有重要意义。

①转猪中心距离猪场1～2公里，和猪场/洗消中心设有专用道路，无社会车辆经过。

②转猪中心可选择以下三种类型，安全等级依次降低。

固定转猪中心：如图9-3，建造猪舍并带有进猪台或出猪台，专人管理；

图9-3　固定装猪中心

临时转猪中心：如图9-4，无固定猪舍，赶猪道连接进猪台和出猪台，无专人管理。

图9-4　场外临时转猪中心

车辆间接对接：场外空地，使用廊桥（图9-5）等设备对接内或外部车辆实现转猪。

图9-5　车辆对接廊桥

（3）出猪台和转猪中心的车辆对接流程管理。

①猪场外部转运猪的车辆（对接猪场出猪台和转猪中心的车辆）提前经过充分清洗、消毒和干燥后方准靠近猪场出猪台。

②通报场方获批后，按照指定路线到达猪场出猪台，并再经过一次底盘和轮胎为重点的冲洗消毒后，进行猪的装载操作。

③下车操作的随行人员必须穿隔离服和鞋套，戴手套和帽子，操作过程中不能逾越红线。

④装猪操作结束后，将隔离服、鞋套包装带走放入特定区

域，离开装猪区域。

⑤中转车辆在猪进入中转台、转运操作结束后，需前往猪场外内部车辆洗消中心彻底冲洗、消毒和干燥后备用。

⑥由场内指定人员对车辆接触的区域进行充分洗消。

中转台操作流程中，脏区（客户车辆）、中转区（中转台）和净区（本场外部转猪车辆）操作人员禁止任何形式的接触、交叉，禁止任何区域相关人员违规进入其他区域操作。

（4）场外中转台装卸猪操作流程。

①场外中转台亦划分为净区、缓冲区、脏区三段，每个区域分别设置操作人员（仅在本区域工作），区域间设置禁止人员跨越的红线。

②三个区的人员在执行任务前淋浴，更换新的工作服和靴子，脏区一侧人员必要时穿隔离服和鞋套。

③净区一侧人员驱赶或运输猪到达后，进入中转缓冲区，人员不能跨越净区、灰区和脏区的红线。

④猪进入缓冲区后，由专门设置的缓冲区人员（提前从净区一侧进入）进行驱赶，并进入脏区，灰区人员不能越过灰区和脏区的红线。

⑤脏区人员将猪赶入车辆或栏舍，完成猪的转移，脏区人员禁止跨越红线与客户车辆或人员接触，客户车辆或人员禁止接触中转台（包括出猪台任何区域或人员）。

⑥整个中转过程中，必须严格执行单向流动的规定，禁止任何猪逆行；人员仅在本区域操作，不能跨越红线。

⑦净区人员负责洗消净区，缓冲区人员洗消灰区，再进入脏区清洗；洗消过程控制粪污和污水不能倒流。

⑧中转缓冲区人员清洗完脏区后，更换并清洗消毒衣物鞋帽，在脏区休息待命，禁止返回猪场。

9.2.2.5　病死猪处理程序

（1）死猪存放点要求。

①场内病死猪存放点应位于健康等级最低的区域，远离基础种猪群。

②最好使用密闭式低温集装箱，安置在猪场和外部的交界处，禁止任何无关人员、其他畜禽、宠物靠近。

③死猪存放设施设计有内外侧两个大门，内侧存放，外侧提取。地板从净区到脏区可设计成 20°～30°斜坡装置，内侧大门仅允许猪场死猪处理人员进入存放死猪，死猪沿着斜坡自动滑入到脏区，存放点外侧大门由猪场外人员进入提取死猪。操作过程中，猪场内外人员禁止跨越脏区和净区分界线，禁止场外人员、车辆以及其他畜禽进入该区域。

④场外病死猪存放点要求尽可能远离猪场，使用可降温集装箱两侧开门密闭低温保存死猪。外侧使用实心围墙/栅栏封闭该区域。设置加锁的两道门，分别用于猪场死猪转运车辆进入放入死猪和社会无害化车辆进入取走死猪。

⑤无论是猪场的死猪暂存点，还是场外的死猪暂存点，在进行死猪存取操作时，均要求错开时间操作，即存入死猪的人员和车辆完成操作离开死猪暂存点后，再电话通知取走死猪的人员和车辆自暂存点进行取走死猪操作。

⑥猪场内的死猪收集人员和车辆仅能在猪场内进行死猪收集、存入暂存点等操作，严禁其离开猪场进行任何操作；同样，场外死猪转运人员和车辆禁止进入猪场围墙以内进行任何操作。

（2）死猪处理流程。

①发现病死猪后禁止现场剖检，应尽快将病死猪运出猪舍。

②个体小的猪装入密封防渗袋中，个体较大的猪用防渗薄膜包裹。

③使用专门运输车辆（各区域各自配置），避免死猪接触地面污染环境。

④如只有一辆死猪运输车，则每天按照生物安全等级由高到低收集病死猪。

⑤车辆经污道前往场内病死猪存放点，随后洗消车辆，人员清洗工作服，淋浴。

⑥由经过清洗的本体系所属车辆将病死猪从场内存放点运往场外病死猪存放点。

⑦随后对外侧对接口、使用车辆进行洗消。

⑧经过充分洗消的社会无害化处理车辆在场外存放点收取病死猪尸体。

⑨清洗外部车辆接触的周边环境。

⑩从猪舍到场内存放点、场内存放点到场外存放点、场外存放点装车人员均严守单向流动原则，不能跨越"脏净区"红线。

9.2.2.6 淘汰猪处理程序

（1）根据生产要求确定被淘汰的猪，或者 ASFV 病原检测可疑与阳性猪，标记并转移至待淘汰猪舍。

（2）淘汰猪从圈舍临时出猪台出场，由本体系场外淘汰猪中转车辆运往场外淘汰猪中转台。

（3）在场外淘汰猪中转台转运到场外淘汰猪运输车辆后运往屠宰场处理，对于 ASFV 检测阳性或可疑猪，运送至病死畜禽无害化处理场无害化处理。

（4）淘汰猪可集中向场外运输，降低淘汰猪转运频率。

（5）所有操作符合猪场出猪台和场外猪中转台操作规程。

9.3　饲料生物安全管理

9.3.1　原料的生物安全管理

9.3.1.1　原料采购

（1）饲料原料最好购自非 ASF 疫区，并定期对供应商进行审核。

（2）购自疫区的玉米原料进行高温脱水处理。

（3）玉米和豆粕按照一定比例混合，高温膨化处理，作为饲料的基础原料。

（4）所有原料采购需登记在案，可供追溯。

（5）禁止使用任何猪源成分，如骨粉、肉粉、肉骨粉、血浆蛋白粉、血球蛋白粉，对其他动物源原料如国产鱼粉等进行严格审查。

9.3.1.2　运输车辆及其司机要求

（1）使用专用车辆，本体系（猪场）专门人员管理车辆的停放、清洗、消毒、干燥和隔离。

（2）租用非专用车辆时，其清洗、消毒、干燥程序以及司机均需接受本体系（猪场）管理。

（3）非专用车辆使用前，应进行充分清洗、消毒和干燥以及车辆充分的隔离时间。

（4）车辆采用密闭措施，运输饲料原料或成品饲料时，敞篷车辆需加装顶棚或使用帆布覆盖。

（5）司机在运输前彻底淋浴，换穿专用衣物、鞋帽后进入驾驶室，装卸、运输饲料时禁止下车。

（6）司机在本体系（猪场）以外专门区域休息、住宿，禁止在猪场内生活区食宿。

9.3.1.3　原料运输

（1）运输路线首选非疫区路线，应尽量避开生猪养殖密集区和各类猪源性风险点（如屠宰场、集贸市场、垃圾处理厂）等。

（2）饲料原料禁止和其他材料混装（如人员、猪、动物、货物等任何无关人员或产品）。

（3）饲料原料装卸由专人操作，并需提前淋浴并更换专用衣服、鞋帽。

9.3.2　饲料厂处理程序

9.3.2.1　原料及饲料贮存

（1）原料及成品饲料密封贮存，做好场地防鼠、防鸟、防蝇措施。

（2）及时清理周边、室内散落饲料，清理周边杂草、积水。

（3）饲料原料分类储存，禁止与动物源蛋白原料（如血浆蛋白）混合存放。

（4）对每批次饲料原料和成品进行 ASFV-PCR 检测。

9.3.2.2　人员管理

（1）禁止无关人员进入饲料厂和仓库，工作期间禁止接触其他可能污染病毒的物质。

（2）饲料厂入口处设置人员专用通道，相关人员操作前必须经过淋浴，更换专用衣物、鞋帽方准进出饲料厂。

9.3.2.3　加工处理程序

（1）仅供生产猪场的猪用饲料，饲料生产过程中禁止添加任何风险性猪源性饲料原料。

（2）理想状态下饲料厂仅为本体系（猪场）提供饲料。

（3）若饲料厂生产其他动物源饲料（如禽料、牛羊饲料等），在生产猪用饲料之前，需使用专用原料如麸皮对加工设备进行两次定期洗仓操作。

（4）若饲料厂同时为不同猪场供应饲料，要求饲料厂每天优先为本体系（猪场）加工生产，并按照本体系（猪场）的健康等级高低顺序转运，然后再生产运输其他猪场饲料。

（5）加工饲料需使用高温制粒，延长蒸汽调制时间，建议调至温度 85℃至少持续 180 秒。

9.3.3　饲料运输管理

9.3.3.1　车辆要求

（1）优先使用本体系自有车辆，在场外内部车辆洗消中心统一进行洗消、干燥、隔离和停放管理。

（2）应急情况下租用社会车辆，车辆的使用、清洗、消毒和干燥、隔离时间应严格遵从本体系（猪场）管理要求。

（3）饲料转运车辆必须遵守二次洗消原则：装运前彻底清洗、消毒和干燥一次，运输饲料靠近猪场前必须再彻底清洗、消毒和干燥一次。

（4）如执行连续运输任务，两次运输之间必须进行轮胎、底盘的彻底清洗、消毒处理。

（5）场外饲料运输车辆禁止进入本体系（猪场）内，场内饲料转运车禁止驶出场外运输、装载饲料。

9.3.3.2　袋装饲料运输和装卸流程

（1）包括一次性袋装料或重复使用袋装料（吨包料）。

（2）场外饲料转运车在场外内部车辆洗消中心进行彻底清洗、消毒和干燥后，司机淋浴后更换专用衣物、鞋帽进入驾驶室前往饲料厂；专用装卸工人淋浴并更换衣物、鞋帽后装载袋装料，装载期间禁止从事其他装载任务；装载完毕，使用专用篷布或顶棚完全密闭覆盖饲料。

（3）场外饲料转运车靠近猪场时，禁止进入猪场，在猪场外使用猪场自有小型车辆中转到猪场内饲料库，存放于镂空金属底座上，和墙壁保持一定距离，使用过硫酸氢钾类消毒剂按 1：50 稀释，再按 10 毫升/米^3 使用雾化和熏蒸消毒 12 小时以上。

（4）饲料熏蒸结束后由场内专门车辆或机械料线转入生产区内，原饲料包装袋禁止进入生产区域。

（5）饲料包装袋由专人收集并运送出场外处理。

9.3.3.3　散装饲料运输程序

（1）散装料车在场外向料塔内加料，再由料线输送至猪舍内。

（2）料塔距离猪场围墙位置较远的可建立若干中转料塔，场外饲料转运车隔墙打料至中转料塔后，再由场内饲料转运车经中转料塔转运至场内猪舍附近料塔。

9.3.3.4　司机及随车人员管理

（1）司机在运输前需淋浴，换穿专用衣物、鞋帽后进入驾驶室，装卸、运输饲料过程中禁止下车。

（2）司机在本体系（猪场）以外专门区域休息与住宿，禁止在猪场内食宿。

（3）如需随车人员在灰区操作，应在车辆洗消同时进行淋浴，更换衣服和鞋帽（最好有明显标识，指明身份）。

（4）司机和随车人员全程禁止直接接触饲料。

（5）人员食宿可控，最好在猪场的管理范围之内，禁止接近任何生物安全风险点（猪场、屠宰场、无害化处理中心、农贸市场等），禁止接触任何风险物质（活猪、猪肉制品、含有猪源物质的材料等）。

（6）非本体系人员应提前隔离 24 小时，执行任务前淋浴、更换衣服、靴子。

9.3.3.5　场内饲料管理

（1）仓库和料塔均做好防潮、防有害生物管理，有条件时可安装驱鸟器和防鸟网。

（2）及时清理散落的饲料。

（3）由专人负责饲料的运输、拆封和料线运行，操作前淋浴、更衣。

9.3.3.6　定期生物安全培训

所有员工定期进行生物安全培训，尤其是生物安全规程做出调整时。

9.3.3.7　饲料厂生物安全评估

（1）猪场主管兽医每 2～4 个月定期对猪场饲料供应商及饲料厂进行系统的生物安全评估。

（2）评估内容：饲料原料来源、贮存，饲料生产、贮存、运输前后过程中的生物安全风险控制。

9.3.3.8　饲料厂生物安全程序（图 9-6）

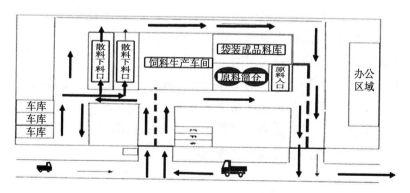

图 9-6　饲料厂生物安全设置

（1）饲料厂门卫入口处设置两个独立的清洗消毒间，同时场内道路中间设置物理隔断，将场内道路分成两条无交叉的脏区和净区道路。

（2）饲料厂人员进出饲料厂时，在门卫处更换衣物、鞋帽并双手消毒后，签到，无关人员禁止进入饲料厂。

（3）厂外饲料原料运输车辆在饲料厂外门卫处彻底清洗消毒后进入饲料厂，卸载相关原料后沿着脏区道路出厂。

（4）厂外饲料转运车在门卫处彻底清洗消毒后进入饲料厂成品区域（散装饲料口或倒装饲料库），装载饲料后沿着净区道路出饲料厂。

9.4 猪场人员生物安全管理

9.4.1 人员管理原则

（1）禁止或减少拜访（进场）原则：非本体系（猪场）人员禁止入场，尤其是频繁接触风险点的高风险人员。

（2）禁止高风险人员进场原则：包括来自疫区和发病猪场人员，死猪和淘汰猪收集人员，运猪人员，司机，诊断实验室人员，以及其他健康状况未知人员。

（3）进场前隔离原则：在场外隔离点和场内隔离区或生活区进行两次隔离，隔离时间 24～48 小时。

（4）个人物品带入消毒和最小化原则：尽量减少个人物品带入，必须带入的物品严格消毒处理。

（5）授权进入原则：对进场人员进行评估审核。

（6）合理的员工集中休假制度。

9.4.2　人员进场

9.4.2.1　猪场门卫处生物安全设置（图9-7）

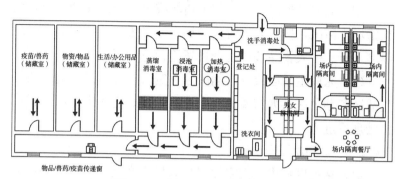

图9-7　猪场门卫处生物安全设置

场外人员进场条件。

（1）至少一周内没有进入或接触过高生物安全风险点或区域（猪场、屠宰场、畜禽诊断实验室和饲料场等）。

（2）至少一周内没有接触过高风险人群（其他猪场人员，其他畜禽养殖场、实验室、屠宰场和集贸市场等高风险区域工作人员）或物品（任何可能被病原污染的猪源制品、饲料、工具等）。

（3）禁止接触其他猪场死猪、活猪，禁止接触畜禽生鲜肉制品，腌制、熏制、腊制畜禽肉产品以及内脏制品。

（4）禁止任何可能携带包括非洲猪瘟病毒在内多种病原体的风险物品（未经彻底消毒处理的工具、食品、饮料、猪源制品等）。

（5）进场前提交进场书面申请并得到相关负责人的批准。

9.4.2.2　场内隔离

（1）获得允许的进场人员携带必要行李物品（无携带病毒

风险）到指定场外隔离点（旅店，宿舍）进行 24～48 小时的隔离，隔离期间，人员仅在场外隔离区域内活动，禁止进入其他区域，伙食由专人通过中转方式送到隔离区域。

（2）完成场外隔离后，乘坐猪场或体系指定交通工具，前往猪场生活区，按照入场流程进场，并在生活区按照规定时间隔离，所有个人物品按照物资进场流程进行消毒处理。

（3）完成生活区或场内隔离区一定时间隔离后，进入猪场生活区和办公区，如需要进入生产区，按照进入生产区流程严格处理后进入。

9.4.2.3　进场淋浴间设计

（1）猪场区域内，浴室设置在猪场生产区、生产区圈舍的入口或出口处，在猪场以外区域，在粪污处理区域/场内死猪处理区域/场外人员、物品、物资预处理区域/车辆洗消中心/场外猪中转中心出入口一般设置浴室。

（2）浴室作为特定区域的脏区和净区分界处，按照单向流动的原则，浴室划分为三个区域：脏区、淋浴处理区（缓冲区）和净区；在浴室的出入口悬挂醒目的警示标志"非经淋浴禁止入内或 No showering no Entering"以及浴室淋浴操作流程；浴室出入口和缓冲区出入口分别设置隔离凳装置，并悬挂醒目的警示标语"换鞋进出浴室"。

（3）浴室的三个区域（脏区、缓冲区和净区）按照健康等级，分别铺设红色、橘黄色和绿色防滑地垫，以及分别安装空调/地暖或其他加温装置；浴室的脏区和净区安装衣柜或衣物、鞋帽悬挂装置，同时放置"净桶"（用于放置严格消毒后的浴巾或毛巾）和"脏桶"（用于收集使用过的浴巾或毛巾以及员工换下的衣物、鞋帽）；缓冲区常规放置洗发香波、沐浴露或杀菌香皂。

（4）部分猪场在淋浴区域（缓冲区）的出入口安装 AI 控制单向门，用于监控淋浴人员淋浴时间是否达标；如果淋浴时间不达标，浴室缓冲区单向门无法打开。

（5）浴室的三个区域设置紫外线或喷雾消毒装置用于浴室的消毒。

（6）为了保障进出人员的身体健康，在脏区和净区分别设置快速干发装置和非油性润肤露或甘油，用于淋浴人员干燥头发和保养皮肤。

9.4.2.4　进入猪场隔离区、生活区流程

（1）专门车辆到达猪场门卫处，进场人员下车前双脚套好猪场门卫提供的鞋套（鞋套不接触车内地面）后下车。

（2）在门卫入口处，设置2‰～5‰火碱脚浴盆，进场人员双脚连同鞋套踏入脚浴盆至少 30 秒后，进入门卫室。

（3）门卫检查进场人员随身物品（排查是否携带猪场禁止入场的违禁品），将物品使用消毒剂（75％酒精、聚维酮碘或1∶100 卫可等）擦拭消毒后，并以最小包装放入消毒间。

（4）进场人员进入缓冲间，换鞋，剪指甲，洗手（先使用20～35℃ 1∶100 过硫酸氢钾溶液消毒液浸泡手部至少 5 分钟，使用一次性纸巾擦干手部，然后再用室温清水清洗手部后一次纸巾擦干手部）。

（5）门卫处登记，核实进场人员信息和授权。

（6）进场人员在门卫处浴室脏区更衣间外，连同鞋套一起脱去鞋子，使用备用塑封袋包裹，放置在更衣间外特定鞋架，进入浴室更衣间穿上脏区拖鞋，然后脱下内外衣物（装入塑料袋包裹，贮存在更衣间特定区域），进入淋浴区域彻底淋浴至少 5～10 分钟，淋浴重点：使用洗发香波或灭菌皂对可能与猪接触的重点部位如头部、手部、手臂部和腿部等部位彻底清

洗；然后进入净区更衣室，更换净区工作服。

（7）各类人员由生活区进入生产区同样重复上述流程。

9.4.2.5　进入生产区流程

（1）外部人员需在场内隔离区内完成隔离，并得到负责人员批准后方可进入猪场生活区和办公区。

（2）个人物品（仅携带必要物品）需经过有效消毒剂如1：100过硫酸氢钾溶液消毒液擦拭消毒后才能带入猪场生活区和办公区。

（3）人员经淋浴间彻底淋浴更换生产区专用衣物、鞋帽后进入生产区，具体流程详见门卫处淋浴流程。

9.4.3　人员场内流动原则

9.4.3.1　本场人员

（1）所有员工根据需求固定工作区域，未经允许不得随意跨区或跨舍。

（2）人员流动遵守单向流动原则，从"净区"向"脏区"流动，未经淋浴或未经过其他技术处理措施不得逆行。

（3）跨越不同区域（根据场内需求）前需经过主管兽医批准，经过彻底淋浴、更衣、换鞋、洗手等技术处理措施，同时对必须携带的器具进行相应彻底消毒。

（4）进出猪舍、连廊、实验室、仓库等房间时，应当踩踏脚踏盆（先清理污物，再浸泡）或更换衣物、鞋帽等技术处理。

（5）根据工作内容，正确选择"净道"或"污道"，不得随意跨越。

9.4.3.2　外部人员

（1）外部人员进场需有本场人员陪同，不得单独行动。

（2）提前固定移动路线，不得随意变更。

（3）根据场内要求，不得进入限制进入的区域。

（4）车辆司机无授权禁止下车操作。

（5）在出猪台操作的外部人员禁止跨越红线，进入出猪台内侧区域或与内部人员进行直接或间接接触。

9.4.4 人员出场程序

（1）本场员工遵循集中休假程序，场长出具出场同意书。

（2）对场内工作服进行消毒处理，除个人物品外，禁止将场内衣物、鞋帽、物资、物品带出猪场。

（3）经门卫核查后离开猪场至场外物品预处理中心，取回私人物品后离开。

9.4.5 人员衣物鞋帽管理

9.4.5.1 颜色管理原则

（1）区域管理原则：在猪场生物安全体系中，依据猪场生物安全原则划分为脏区和净区，猪场内外不同区域人员的衣物鞋帽的款式、颜色和标识不同。

（2）等级管理原则：根据猪场内外的生物安全风险等级高低，结合猪对色彩的敏感性，生物安全风险越高，相应人员衣物鞋帽的颜色警戒色度越高。

9.4.5.2 生物安全管理

（1）六色管理：根据猪场的生物安全风险从低到高，依次划分如下。

①生产区低风险区域：圈舍内部和赶猪道有猪区域。

②生产区中风险区域：圈舍和赶猪道外的区域，包括生产区内的道路、场内饲料、猪和人员车辆洗消点、停车区域、内

部出猪台，不包括场内粪污处理和死猪处理区域。

③生产区高风险区域：场内死猪无害化处理区域，场内死猪、活猪病理剖检区域和场内粪污无害化处理区域。

④生活区中风险区域：生活区和办公区、场内人员隔离区、场内厨房和库房等。

⑤场外中风险区域：场外内部车辆洗消中心以及停放区域，场外种猪、育肥猪、苗猪中转中心，场外物品、物资预处理区域，场外厨房和场外人员隔离区域。

⑥场外高风险区域：场外外部车辆洗消中心以及停放区域、场外死猪处理区域、场外淘汰猪中转区域、场外粪污无害化处理区域。

上述六区域人员的衣物鞋帽依次设置成绿色、蓝色、红色、黄色、橙色、深红色。

（2）四色管理：根据猪场的生物安全风险从低到高，依次划分如下。

①场内低风险区域：生产区有猪区域和无猪区域，场内道路、场内饲料、猪和人员转运车辆洗消点和停放处，不包括场内粪污处理、死猪、活猪病理剖检区域和死猪处理区域。

②场内中风险区域：猪场各出入口处，场内人员隔离区，生活区和办公区以及与高一等级区域的交界处。

③场外中风险区域：场外车辆洗消中心，场外猪中转中心，场外物品、物资预处理区域，场外厨房和场外人员隔离区域。

④场外高风险区域：场内和场外死猪处理区域、场外淘汰猪中转区域、场内和场外粪污处理区域。

上述四区域人员的衣物鞋帽分别设置成蓝色、黄色、橙色和红色。

（3）三色管理：根据猪场内外的生物安全风险从低到高，依次划分如下。

①低风险区域：主要是猪场生产区内的有猪区域和无猪区域，场内道路、场内饲料、猪和人员转运车辆洗消点和停放处，不包括场内粪污处理、死猪、活猪病理剖检区域和死猪无害化处理区域。

②中风险区域：主要是猪场生活区内的各出入口交界处、场内人员隔离区、生活区和办公区以及与高一等级区域的交界处，场内死猪处理区域，场内死猪、活猪病理剖检区域、场内粪污无害化处理区域。

③高风险区域：所有猪场外区域，包括场外内部、外部车辆洗消中心及停放区域，场外猪中转中心，场外物品、物资预处理区域，场外厨房和场外人员隔离区域等。

上述三区域人员的衣物鞋帽分别设置成蓝色、黄色和红色的。

（4）对于处于两个不同区域交界处的工作人员的衣物鞋帽，如生产区与生活区之间、猪场门卫处与场内隔离区域之间、猪场内外出猪台之间，可以设置成高风险等级的颜色，并标注显著的警示标识，提醒处于交界区域的工作人员禁止进入低风险等级区域。

（5）如果猪场使用同一颜色的衣物鞋帽，可以在衣物鞋帽的显著位置使用不同颜色进行警戒色标识后进行统一的衣物鞋帽颜色管理。

（6）在猪场及其附属不同生物安全设施中，根据生物安全风险等级划分为脏区和净区，因此可以在不同区域使用不同颜色的衣物鞋帽或者不同颜色的记号笔在统一颜色衣物鞋帽标识不同的生物安全风险等级。

9.5 物资生物安全管理

9.5.1 物品的分类

外源性物品：包括饲料、工具、药品、疫苗、生产材料、食材、建材、钱币和私人物品等一切从场外带入猪场的物品。

猪场废弃物：包括生产垃圾、生活垃圾、厨房垃圾、粪污等一切猪场产生的废弃物品。

9.5.2 场外物品、物资的处理原则

（1）猪源性产品禁止带入原则：包括但不限于鲜肉、内脏、腌制肉类、含肉调料及含肉调料的方便食品，以及可能接触猪源性污染物的物品、物资。

（2）进场消毒原则：所有允许进场的物品都必须经过充分的消毒。

（3）最少带入原则：与生产无关的私人用品尽量少带入生活区，禁止带入生产区。

（4）充分裸露原则：对所有物资在进场消毒前去除所有外包装，仅保留最小包装进行彻底消毒处理，确保消毒效果。

9.5.3 物资进场流程

（1）最好建立场外物资（人员）预处理中心（如图9-8）。

场外预处理中心包含三大功能区域：进场人员的场外隔离区域、进场物资的场外预处理区域和进场人员的撤离停放区域，三大区域相对独立，遵循单向流动原则。

进场人员携带的行李经采样检测合格后，门卫使用消毒后的塑封包装密闭保存在行李贮存室；场外隔离完毕，进场人员

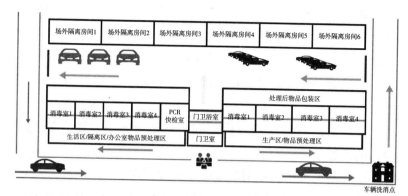

图9-8　场外物资（人员）预处理中心

再次彻底淋浴后，换穿进场专用衣物鞋帽，由猪场专用的场外人员转运车辆运送到猪场门卫处，履行相关入场程序后进场。

与猪场有关的其他车辆（包括员工私家车辆、电动车、摩托车、外界访问人员车辆、采购物品/物资车辆等）禁止靠近猪场，需要在场外预处理中心附近的临时车辆清洗消毒点进行彻底洗消后，进入场外预处理中心集中停放。

物资采购车辆与物资供应商送货车辆禁止靠近猪场，先交付预处理中心，经过场外物资预处理分类消毒，再由本场外部专用物资转运车辆转运至猪场门卫处进行二次消毒处理。

（2）有条件的体系（猪场）建立物品、物资供应商评估认证体系，使所有采购的进场物品、物资均来自认证的合格供应商，任何物品、物资均应保证处于全新状态，且运送至场外预处理中心的物品、物资要求使用本体系（猪场）提供的专用包装袋密闭保存，禁止购买其他猪场退回的物品、物资。

（3）物品、物资到达场外预处理中心门卫处登记，确认数量和种类，去除物品、物资的外包装，然后由预处理中心的物品、物资处理人员对物品进行分类，经不同消毒（浸泡、加

163

热、臭氧＋熏蒸、擦拭和静置消毒）措施处理后，重新使用在预处理中心消毒后的塑封包装密闭包装后，使用场外专用的车辆运送至猪场门卫处进行二次处理。

（4）将所有物品拆至可保存最小包装，用消毒液进行擦拭。

（5）消毒后物品放入熏蒸间，支架应镂空，物品禁止堆叠，消毒过夜。

（6）进场兽药和疫苗生物安全处理程序。

①购买的兽药和疫苗运送至处理车间进口处，使用喷雾消毒装置喷洒1：200过硫酸氢钾消毒液进行外包装消毒20分钟后，脏区人员去除所有包装后使用专门的手推车进入车间脏区，按照兽药和疫苗的种类，分别放入消毒液桶A和消毒液桶B进行浸泡消毒，通常使用1：100过硫酸氢钾消毒液浸泡15～20分钟，过后取出并放置在沥干镂空货架上充分沥干后，净区工作人员检查是否有消毒液渗入兽药、疫苗瓶（袋）中，然后使用消毒好的透明包装袋分类包装各种兽药、疫苗，贴上相应标签，过后使用贴有标签的自封袋分别再次包装，使用镂空筐运送到臭氧消毒室进行二次消毒至少60分钟后，再用专门车辆运送至猪场门卫处进行二次消毒处理。

②使用场外预处理中心至猪场门卫处专用物品转运车辆运送场外预处理的兽药和疫苗至门卫处，猪场门卫处专门人员（非门卫）去除自封袋包装后，使用1：100过硫酸氢钾消毒液擦拭消毒内层包装袋并装入猪场门卫处专用镂空筐内，疫苗转移至专用的低温臭氧消毒柜中再次消毒60分钟以上，兽药转移至门卫处臭氧消毒室进行至少60分钟以上的消毒。

③人员将消毒处理完毕的兽药和疫苗转移至猪场生产区与生活区交接的仓库内保存备用。

（7）进场人员私人物品生物安全处理程序。

①私人物品种类。

生活用品：包括衣物鞋帽、餐具寝具、箱包以及钱包、钥匙、证件等。

电子产品：包括手机、台式电脑、手提电脑、平板电脑、U 盘、MP3、MP4、游戏机及其充电装置等。

私人消费品：包括香烟/电子烟、打火机、口香糖、槟榔等。

食品与饮料：生熟菜品、咸菜与酱菜、饮料、瓶装酒/散装酒等。

饰品与化妆品：手表、项链、手链、戒指和各种化妆品等。

药品：口服药、外用药、中药等。

个人私密用品：包括计生用品等。

活体动物/植物：包括不同大小宠物、花鸟虫鱼等。

私人必需物品：近视/远视眼镜、助听器等。

②私人物品生物安全管理：根据猪场健康等级和生物安全防控要求，严格控制私人物品进场的品种和数量。

猪场的健康等级：根据猪场饲养猪的经济价值高低不同，将目前所有猪场分为不同的健康等级，从高等级到低等级分别是：生产核心猪场、扩繁猪场、商品猪场（包括育肥猪场）。

生产核心场和扩繁场：禁止前 8 类私人物品进入猪场任何区域，部分猪场允许个人手机卡经过严格消毒后进入猪场生活区配合猪场备用手机使用，允许私人必需物品经过严格消毒处理后进入猪场。

商品猪场：不同猪场根据各自猪场生物安全防控要求，除了私人必需品经过严格消毒后允许入场外，确定可以入场的私人物品种类。部分猪场允许手机、手提电脑经过严格消毒后可以进入猪场生活区使用，允许私人必需品经过严格消毒后进入猪场，其他私人物品禁止入场。

禁止进场人员购买携带除上述私人物品以外的其他物品入场，除非得到本体系（猪场）最高管理者书面许可。

猪场管理团队定时收集员工需求的合理私人物品，统一采购，统一消毒处理后入场。

进场人员携带的禁止入场物品，一律暂时密闭存放在场外物品预处理中心。

允许进场的私人物品消毒程序。

眼镜：使用 1∶100 过硫酸氢钾消毒液（20～30℃）浸泡15～30 分钟；一次性纸巾或擦镜布擦拭干净后，使用消毒好的密封袋包装后进场。

助听器、手机、手提电脑：去除所有外包装，使用 1∶100 过硫酸氢钾消毒液擦拭消毒后，在 50℃温箱中加热消毒 60～120 分钟，使用消毒好的密封袋包装后进场。

猪场统一采购的员工私人物品按照进场物资与物品统一严格消毒处理后进场。

（8）猪场发放工资、售猪结算等禁止使用现金的形式进行，而应通过网络（如微信、支付宝等）或银行转账。

（9）猪场采购食品生物安全管理。

①进场非猪肉类蛋白食品加热预处理程序。

A. 非猪肉类蛋白食品种类：包括河鱼、河虾、小龙虾、海鲜、鸡肉、鸭肉、鹅肉等，不包括牛肉、羊肉及其内脏和制品。

B. 禁止采购的蛋白肉类种类。

同源性（猪源）蛋白食品：包括鲜肉、内脏及其制品；腌肉，熏肉；火腿，风干肉；香肠，腊肉；含肉调料（酱）；方便面，粽子以及其他含有猪源蛋白的其他快递食品等。

异源性（牛羊、野生动物、其他动物源）蛋白食品：鲜肉和内脏及其制品，包括腌肉，熏肉；火腿，风干肉；香肠，腊肉；含肉调料（酱）；含肉方便面，粽子；奶制品以及其他含有异源蛋白的其他快递食品等。

可能被猪场、活猪、猪肉制品污染的肉食品。

可能被检测或诊断实验室污染的肉食品。

C. 非猪肉类蛋白食品消毒场外设施的设置：通常在猪场外物品/物资预处理中心设置非猪肉类蛋白食品加热预处理车间，要求在专门密闭空间内划分成脏区和净区，脏区内按照顺序依次摆放肉类清洗盆、沥干镂空货架 A、双向门加热柜、冷却镂空货架 B。冷却镂空货架 B 作为脏区和净区的分界线，净区内设置肉类包装平台和臭氧熏蒸消毒室。

D. 非猪肉类蛋白食品场外消毒流程：卸载非蛋白肉类至场外预处理车间入口处，喷雾消毒外包装后去除所有外包装；用专用手推车运送至车间脏区内，脏区内工作人员按照不同种类肉品清洗干净后放置沥干货架 A 沥干水分；充分沥干水分后，脏区内工作人员打开加热柜门 A，放入不同肉品，注意肉品之间不能堆叠挤压，防止受热不均匀，加热柜温度设置在 80℃以上，连续加热 30～60 分钟；加热完毕，净区工作人员打开加热柜 B 门，取出加热的肉品，放置在镂空货架 B 进行冷却后，使用消毒好的透明包装袋按照种类进行密闭包装；运送密闭包装好的肉品至净区臭氧消毒室进行至少 60 分钟消毒后，使用专用车辆运送至猪场门卫处进行二次消毒处理。

②猪场购买瓜果蔬菜进场生物安全管理。

设置场外瓜果蔬菜消毒处理车间：通常在猪场外物品、物资预处理中心设置瓜果蔬菜消毒预处理车间，要求在专门密闭空间内划分成脏区和净区，脏区内按照顺序依次摆放清洗菜盆、沥干镂空货架 A、消毒液盆、清水盆和镂空货架 B。镂空货架 B 作为脏区和净区的分界线，净区内设置瓜果蔬菜包装平台和臭氧熏蒸消毒室。

瓜果蔬菜消毒处理流程：购买的瓜果蔬菜运送至处理车间进口处，去除所有包装后使用专门的手推车进入车间脏区，按照瓜果蔬菜的种类，依次清洗每一种瓜果蔬菜后，放置在沥干镂空货架 A 沥水，然后将沥水后的瓜果蔬菜放入消毒液盆进行浸泡消毒，通常使用 0.2%～2%、pH<3.6 的柠檬酸消毒液，浸泡至少 20～30 分钟或者 1∶100 过硫酸氢钾消毒液浸泡15～20 分钟后，取出瓜果蔬菜放入清水盆中清洗 5～10 分钟后，放置在沥干镂空货架 B 上沥干水分；充分沥干水分后，净区人员使用消毒好的透明包装袋分类包装各种瓜果蔬菜，使用镂空筐运送到臭氧消毒室进行二次消毒至少 60 分钟后，使用专门的车辆运送至猪场门卫处进行二次消毒处理或场外厨房备用。

③猪场购买米面油生物安全处理程序：由于米面油无法使用传统浸泡消毒方式进行消毒，根据非洲猪瘟病毒的特性，提前采购足够数量的米面油放置在 20～25℃恒温密闭的仓库中进行至少 28～35 天的静置后入场使用。

（10）不便熏蒸的建筑材料，如水泥、沙子应在场内空地曝晒 5～7 天；如天气不允许，应在干燥环境中静置 30 天以上。

（11）从生活区进入生产区的物品同样需要经过上述流程消毒处理。

9.5.4　场内物品处理程序

（1）场内物品、物资分类存放于不同的固定存放区域，注意不同物品、物资对温度等不同环境的要求，不能混杂存放。

（2）场内物品和物资在仓库、储藏间摆放整洁，定期打扫，防止有害生物出现。

（3）专人管理各类物品，遵循申报、登记、领取的流程。

（4）各猪舍计算所需的物品、物资数量，在猪进入前一次性领取，减少领取次数。

（5）各猪舍物品由专人领取并分发，禁止员工随意进入储藏区域。

（6）仓库、储藏室定期使用臭氧等消毒剂进行消毒。

（7）各猪舍的物品、物资禁止交叉使用。

（8）物品、物资做到专舍专用，如需公用，圈舍内的物品、物资、工具应经两次消毒（带出猪舍前、后）后再次使用。

9.5.5　废弃物管理

（1）粪污：按照国家法律法规要求处理，禁止将未经处理的粪便、污水排出场外；运输过程中粪污转运车辆严格密闭，避免粪污污染场内外道路、圈舍和环境。

（2）生产垃圾：每栋猪舍结束生产后，将所有无用物品集中收集，密封包装运往猪场处理中心焚烧处理，防止在运输过程中造成环境的污染；所有一次性物品禁止重复使用。

（3）废弃饲料：每栏猪剩余的饲料及时清理至舍外密闭包装，禁止饲喂其他猪，造成交叉污染；定期清理中转料塔和圈舍外料塔外撒漏的饲料。

（4）生活垃圾：对生活垃圾实行源头减量控制，场内设置垃圾固定收集点，明确标识，分类存放，收集、贮存、运输及处置等过程应防止流失和渗漏，按照国家法律法规及技术规范进行焚烧、深埋或由有关部门统一回收处理。

（5）厨余垃圾：在固定地点设立厨余垃圾收集装置，集中密闭收集，通过特定通道专车专人运往猪场外无害化处理，禁止饲喂猪和其他动物。

9.6 有害生物处理程序

9.6.1 有害生物定义

在猪场生物安全体系中，除了猪场饲养的猪以外的其他生物统称为有害生物，包括以下五类。

（1）鸟类和所有飞禽类。

（2）蚊子和苍蝇等昆虫类。

（3）老鼠等啮齿类动物。

（4）其他畜禽类动物和宠物。

（5）非猪场员工等其他人员。

9.6.2 场区外围有害生物管理

（1）猪场围墙周边设置 10～50 米宽的隔离带，隔离带以下部 60～100 厘米高的实心墙为界，限制猪场外其他人员、野生动物接近场区。

（2）猪场建立完整实心围墙（高 2 米以上），防止野生动物进入场内。

（3）采用无镂空厂区大门，距地面间隙不超过 1 厘米，日常保持锁闭状态。

（4）定期清理猪场内外树木上的鸟窝，鸟类密度大的地区可安装驱鸟器。

（5）及时清理围墙周围杂草，防止蚊虫等有害生物的滋生繁殖。

9.6.3 猪舍外围管理

（1）场区内清理杂草和污水坑，防止蚊蝇滋生。

（2）巡查猪舍、仓库、料塔，及时封堵孔洞和缝隙，防止有害生物侵入。

（3）猪舍外围使用碎石子（粒径 2～3 厘米）铺设 1～2 米宽的隔离带。

（4）每月在场内科学投放灭鼠药（沿猪舍间隔 6～8 米设立投饵站，使用慢性高效的接触性或摄入性药物；鼠洞和鼠道附近同样投放药物），定期评估灭鼠效果。

（5）员工在固定地点用餐，厨余垃圾每天定期处理，并对厨房环境进行清洁，防止吸引有害生物。

（6）定期在环境中喷洒杀虫剂（菊酯类、有机磷类等，5—9 月每月 1 次，其他时间 2～3 个月 1 次）。

（7）猪场禁止饲养其他畜禽和宠物。

（8）诱捕场内出现的猫、狗等动物，根据相应法规处理。

9.6.4 猪舍内部管理

（1）猪场、猪场生活区、生产区、仓库大门日常保持锁闭状态，禁止猪场人员随意出入。

（2）房间门口设置防鼠挡板（使用铁皮等光滑耐啃咬的材料，至少 50 厘米高，紧密贴合地面）。

（3）猪舍、仓库、赶猪道安装防鸟网、防蚊网、防蝇网（或者三网合一）防止鸟类、蚊蝇等有害生物飞入舍内。

（4）保持卫生清洁状态，及时清理散落饲料、粪污和生产垃圾，防止吸引有害生物。

（5）猪舍吊顶，防止老鼠、鸟类进入圈舍。

（6）使用黏蝇板、杀虫剂抑制蚊蝇等节肢动物的滋生。

（7）饲养员注意观察猪皮肤表面和环境中是否有蜱虫存在。

（8）栋舍内发现孔洞、缝隙，投放杀虫剂后，使用水泥或填充剂及时封堵，并用新鲜石灰乳粉刷。

（9）定期对猪舍内使用低毒杀虫剂做滞留喷洒，保持舍内干燥。

（10）猪群定期使用伊维菌素类抗寄生虫药物驱杀猪体内外寄生虫。

9.7 水源生物安全管理

9.7.1 水源的选择

（1）尽量使用深井水（深度一般超过 20 米）或经含氯消毒剂处理的自来水，避免直接使用地表水，如河水、湖水、水库水、池塘水和浅井水（深度小于 20 米的水井）。

（2）了解附近畜禽场和粪污处理场分布情况，避免使用畜禽场、粪污处理区域周边 1 公里范围内的地下水。

（3）如果只能选择地表水，注意将取水口设置在排污设施的上游，并远离排污区域。

（4）了解水源地周边野生动物分布情况，尤其是野猪的活动情况，防止包括野猪在内的其他动物污染水源。

（5）取水口、水井设置围墙或栅栏并保持锁闭状态，安装视频监控设施，定期专人进行水源风险检查评估。

9.7.2　猪场用水的处理

（1）猪场储水设备密封设计，位于猪场围墙之内，远离地下污水处理系统，设置防护网等设施，防止有害生物和粪便污染水源。

（2）根据储水体积和消毒药工作浓度，使用脉冲式加药器从进水端管道内添加水质消毒剂，保证消毒药的作用时间。

（3）在每个栏舍的饮水终端检测消毒剂浓度（如次氯酸钠：0.03%有效氯），一般次氯酸钠含有效氯浓度为 10% ～ 12%（或酸制剂：pH<3.9），确保达标；或购买手持式余氯仪器和 pH 试纸条，定期或不定期抽检出水口饮水余氯含量或 pH 是否达标。

（4）每 2～3 个月在进水口、出水口分别采集水样送检当地自来水检测中心，检测猪场用水的理化性质和生化指标（如病毒及细菌含量、硬度等指标）。

（5）妊娠舍定位栏最好使用独立饮水嘴、饮水碗，减少水料通槽可能造成的病原扩散污染。

（6）猪舍清空时，定期使用碱性和酸性消毒剂对水线进行浸泡消毒，清除内部生物膜成分。

（7）猪舍设置自动加药器，根据生产和健康管理需要进行饮水加药和添加消毒剂。

（8）场内若有死猪掩埋点，掩埋时底部应铺设防渗膜，以避免尸体分解污染地下水。

9.8 空气生物安全管理

9.8.1 病原的气溶胶传播

近期欧洲研究表明：非洲猪瘟病毒可以通过直接接触或短距离气溶胶进行传播（Ann et al., 2017），包括非洲猪瘟病毒在内的多种病原能够在空气中形成气溶胶进行传播，传播距离和能力因不同病原的特性以及环境因素的差异而存在不同，猪繁殖与呼吸综合征病毒、肺炎支原体能够随空气作长距离传播，而伪狂犬病病毒则传播能力较弱；ASFV 的空气传播研究尚不完善，但在短距离内仍可能存在传播风险。

9.8.2 场外病原气溶胶风险控制

（1）封闭猪场外 10～50 米范围内的道路，禁止风险车辆（猪运输车、粪污转运车、无害化处理车等）经过。

（2）定期巡视猪场周围隔离带，禁止掩埋病死猪，堆放垃圾，倾倒粪污。

（3）场外车辆清洗先使用发泡剂浸泡，再使用高压水枪冲洗。

（4）道路、出猪台的清洗同样先浸泡再冲洗。

（5）生物安全严格的种猪场考虑使用加药空气过滤系统。

9.8.3 场内病原气溶胶风险控制

（1）栏舍冲洗过程中先用发泡剂浸泡，再进行高压冲洗。

（2）冲洗过程中注意封闭猪舍，关闭风机和通风口。

（3）在赶猪、洗栏、粪污运输等过程中，关闭附近圈舍的风机。

10 | 猪场生物安全风险评估

10.1 项目反应理论的概念

项目反应理论（Item Response Theory，IRT）是一系列心理统计学模型的总称，是针对经典测量理论（Classical Test Theory，简称 CTT）的局限性提出来的。IRT 是用来分析考试成绩或者问卷调查数据的数学模型，这些模型的目标是确定潜在心理特征（latent trait）是否可以通过测试题反映出来，以及测试题和被测试者之间的互动关系。

IRT 广泛应用在心理和教育测量领域，基于 IRT 理论的计算机自适应测试（CAT）是计算机辅助评估（CAA）常用的测试方法。潜在特质模型（latent trait model）认为，在被试样本可观察到的测试成绩和基于该成绩不可观察的特质或能力之间存在着联系。

IRT 通过项目反应曲线综合各种项目分析的资料，使人们能够综合直观地看出项目难度、鉴别度等项目分析的特征，从而起到指导项目筛选和编制测验比较分数等作用。

10.2 IRT 的理论体系（三条基本假设）

假设一：潜在特质空间单维性假设——指组成某个测试的所有项目都是测量同一潜在特质。潜在特质空间是指由心理学中的潜在特质组成的抽象空间，如果被测试者的测试项目是由 K 种潜在特质所决定的，那么这些潜在特质就组成了一个 K

维潜在特质空间，被测试者的各个潜在特质分数综合起来，就决定了该被测试者在潜在空间的位置，如果影响被测试者测试分数的所有潜在特质都被确定下来，那么该潜在空间就被称为完全潜在特质空间。

假设二：测试项目间的局部独立性假设——指对某个被测试者而言，项目间无相关存在；所谓局部独立性假设是指某个被测试者对于某个项目的正确性概率不会受到他对于该测试中其他项目反应的影响，也就是说只有被测试者的特质水平和项目的特性会影响到该项目的反应，在实际的教育和心理测试中，如果前一个项目的内容为后一个项目的正确反应提供暗示或其他有效信息，局部独立性假设就会遭到破坏。局部独立性假设是建立在统计学意义上的，用统计学的语言，局部独立性是指对每一个被测试者来说，对整个测试题做出某种反应的概率等于组成测试题库的所有项目反应的概率的乘积。

假设三：项目特征曲线假设——指对被试某项目的正确反应概率与其能力之间的函数关系所做的模型。IRT 一个关键就是在被测试者对项目做出的反应或做出反应的概率与被测试者的潜在特质之间建立某种函数关系，所谓的项目特征曲线，就是相应函数关系的图像。IRT 之所以要做出项目特征曲线形式假设，是因为 IRT 的建立不是从理论上推导出函数关系的存在，而是先假定有某种形式的项目特征曲线，然后找出满足相应曲线的函数形式，所以关于项目特征曲线的特征形式的假设实际上就是对未来函数关系的假设。项目特征曲线的假设主要有三点：

第一，曲线的下端渐近线，如果一个项目的猜测参数值为 $C0$，也就是说这个项目凭猜测就可以做出正确反应的概率是 $C0$，那么项目特征曲线的下端渐近线为 $Y＝C0$，如果假设在测试中不存在猜测因素的作用或我们不去考虑猜测因素的作用，

则取 $C0=0$，即项目特征曲线以 $Y=0$ 作为其下端渐近线。

　　第二，曲线的上端渐近线，通常假定曲线的上端渐近线为 $Y=1$，即假定对 θ 足够大，也就是说，被测试者对项目或测试题做出正确反应的概率趋向于 1。

　　第三，曲线的升降性，IRT 假定项目曲线严格单调上升，即仅存在一个曲变点（亦称拐点，曲线在该点的一阶导数等于 0）。

　　IRT 最大的优点是题目参数的不变性，即题目参数的估计独立于被测试组。它假定，被测试者在某一测试题上的分数不受他在测试中其他测试题上的分数影响；同时，在测试题上各个被测试者的作答也是彼此独立的，仅由各被测试者的潜在特质水平所决定，一个被测试者的分数不影响另一被测试者的分数，这就叫作局部独立性假设。IRT 理论所做出的一切推论都必须以局部独立性假设为前提。

10.3　IRT 项目特征曲线

　　项目特征曲线可用来描述项目（问题）难度与区分度，即项目的难度与区分度是项目的两个维度。图 10-1 展示了一个典型的项目（问题）特征曲线。

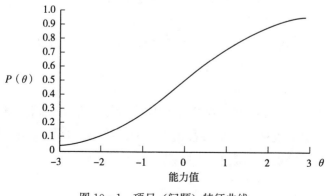

图 10-1　项目（问题）特征曲线

图中横坐标表示能力值，纵坐标表示做出该题的概率。显然，能力值越低做出该题的概率越小，能力值越高做出该题的概率越大。

一个项目的难度可以分为（很容易，容易，中等，难，很难）五个层次，同时一个项目的区分度可以分为（很低，低，中等，高，很高）五个层次，因此，每一个项目都有 25 种可能的曲线。

10.4 IRT 常用的模型

IRT 根据被测试者回答问题的情况，通过对测试题的特征函数的运算，来推测被测实者的能力。IRT 的题目参数有：难度（difficulty index）——b、区分度（discriminative power index）——a 和猜测系数（guessing index）——c。根据参数的不同，特征函数可分为单参数模型（难度）、双参数模型（难度、区分度）和三参数模型（难度、区分度、猜测参数）等。

（1）Logistic 模型（单参数模型）：

$$P(\theta) = \frac{1}{1 + e^{-a(\theta - b)}}$$

· b：代表项目难度系数，理论上可以取 $(-\infty, +\infty)$，典型值在 $[-3, 3]$；

· a：代表项目区分度系数，理论上可以取 $(-\infty, +\infty)$，典型值在 $[-2.8, 2.8]$；

· θ：代表能力值。

（2）Rasch 模型（双参数模型）：Rasch 是 Logistic 模型的一种情况，也称为一个参数的 Logistic 模型。当 Logistic 模型中项目区分度 a 的值为 1 时，即为 Rasch 模型。

$$P(\theta) = \frac{1}{1 + e^{-1(\theta - b)}}$$

·b：代表项目难度系数，理论上可以取（－∞，＋∞），典型值在 [－3，3]；

·θ：代表能力值。

（3）三参数模型：

$$P(\theta)=c+\frac{1}{1+\mathrm{e}^{-a(\theta-b)}}$$

·b：代表项目难度系数，理论上可以取（－∞，＋∞），典型值在 [－3，3]；

·a：代表项目区分度系数，理论上可以取（－∞，＋∞），典型值在 [－2.8，2.8]；

·c：代表猜测参数，取值范围是 [0，1]，典型值通常超过 0.35；

·θ：代表能力值。

猜测系数与个人能力值无关，也就是高能力与低能力的被测试者有相同的概率通过猜测答对题目。

IRT 是属于心理学中认知诊断常用的一种理论，即根据被测试者针对某个问题的答案来对被测试者的认知状况进行估计。"项目"实质就是测试题，"反应"就是被测者的答案，即根据被测者对测试题的反应来判定被测者所属的类别。

IRT 为我们提供了一套评估农场生物安全体系的可靠方法，通常使用单参数或双参数模型，不仅可以评估农场潜在特质（猪场的不可移动硬件设施），而且可以独立评估调查表中的每一个项目（生物安全体系中的软件执行）。IRT 的优点在于不需要其他无效的额外变量以数据形式评估农场的生物安全等级，同时通过评估，可以确认在农场的生物安全体系中，哪些是重要的生物安全措施。IRT 之所以能够评估农场的生物安全体系，其原因在于农场的生物安全体系中，不同的生物安措施是相互联系和依赖的，可以通过减少调查表的问题数量，而不需要收集其他多余的无效的信息。例如，评估猪场员工和访问者进入农场前的淋浴相关程序时，随机抽取一个员工或者访问者即可得到相关的信息（G. S. Silva et al.，2019）。

10.5　生物安全风险评估原理

风险是指在将来特定时间段内发生不利于事件的概率或可能性，是各种风险因素综合作用的结果，包括直接风险和间接风险。研究表明传染病的发生与感染群体之间、个体病例之间的扩散都具有较强的时间连续性和空间聚集性。图 10-2 将依照世界动物卫生组织框架内的风险评估程序，并结合食品行业常用的 HACCP 原理对特定危害及其控制措施进行确定和评价。HACCP 全称为"Hazard Analysis Critical Control Point"，主要包括危害分析、关键控制点、关键限值、关键控制点监测、纠偏行动、验证、程序和记录等七大步骤，其中危害分析包括危害识别、可接受水平的确定、危害和控制措施的选择评估，农场可利用危害评估原理对农场各个不同风险因素进行评估，以确定其风险等级，继而采取相应措施予以控制。

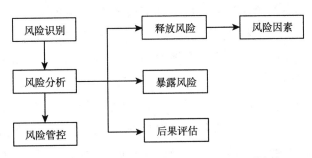

图 10-2　世界动物卫生组织风险分析和评估框架

风险因素分析：农场病原体主要通过直接或间接接触传

播，包括接触带毒病猪、采食被病毒污染的饲料或饮水以及被带毒的吸血昆虫如软蜱叮咬等。此外，直接接触被致病病原污染的血液、粪便、尿液、体液等，以及被非洲猪瘟病毒污染的车辆、设备、衣服、鞋子、垫草等物品等都可以导致传播。在间接接触方面，病原储存宿主可通过间接接触的方式传播相关病原，另据研究显示（Mellor et al.，1987），吸食和携带ASFV 的厩螫蝇可在 48 小时内有效传播 ASFV 到新的宿主；有文献显示（Wilkinson et al.，1997），ASFV、PRRSV 等可以在短距离内通过空气传播。

10.6 生物安全风险评估等级确定

农场在运用 HACCP 危害分析原理开展评估时，应根据自身实际情况设定参数值，风险评估的目的是为了明确农场生物安全风险的优先控制顺序，以及根据风险高低采取不同的控制措施。评估首先需要确定危害评估依据，包括建立风险评估表和风险等级表，并定义危害发生的可能性、严重程度以及风险等级，我们可以按照表 10 - 1、表 10 - 2、表 10 - 3 进行定义。

表 10 - 1　可能性和严重程度定义示例

	可能性	频繁	经常	偶尔	基本不发生
可能性	定义	每周发生	每月发生	每半年发生	每 2 年发生
	分值	4	3	2	1
	严重程度	灾难性	严重	一般	可忽略
严重程度	定义	病毒可与猪接触导致猪感染	有带入病毒风险，无法确定病毒是否有感染力	有带入病毒风险，但确定病毒被灭活无感染力	没有带入病毒风险
	分值	4	3	2	1

表 10 - 2　风险评估表

危害的严重性	频繁	经常	偶尔	基本不发生
灾难性	极高风险		高风险	中等风险
严重				低风险
一般	高风险		中等风险	
可忽略	中等风险		低风险	

表 10 - 3　风险等级表

危害的严重性	频繁	经常	偶尔	基本不发生
灾难性	16	12	8	4
严重	12	9	6	3
一般	8	6	4	2
可忽略	4	3	2	1

10.7　生物安全评估程序建立

　　确定危害发生的可能性、严重程度以及风险等级标准后，接下来需要根据农场实际情况识别风险因素。目前农场生物安全风险因素包括：引进猪与精液，外来与农场有关的车辆，出入农场的物资与物品，出入农场的人员，饲料成品或饲料原料，农场有害生物，农场用水和空气等因素。根据每一项生物安全风险因素，细分出与之相关的所有生物安全处理流程，评估与生物安全流程相关的五大组成部分：硬件设施、生物安全程序 SOP、执行人员、执行过程和监督机制。规模化猪场生物安全评估细则见表 10 - 4。

表 10-4　规模化猪场生物安全评估表

规模化猪场生物安全评估表（通用版）

序号	评估内容	Yes	No	N/A	备注
一	场外预处理中心				
（一）	进场人员场外隔离				
1	进入预处理中心前人体采样，ASFV 快速检测阳性者禁止进入				
2	人员携带物品开包检查，违禁物品禁入				
3	彻底淋浴，换穿场外隔离区衣物、鞋帽，进入场外隔离房间进行有效隔离				
4	隔离期间，限制在隔离区域内活动，禁止外出				
5	隔离完毕，淋浴后换穿猪场衣物、鞋帽，专用车辆送至猪场门卫处				
（二）	进场物品/物资预处理				
1	进场物资/物品处理前采样作 ASFV-PCR 检测，阳性者禁入				
2	物品/物资去除所有外包装，仅保留最小包装				
3	物品/物资分类进行彻底消毒处理				
4	所有消毒室脏区与净区严格分开，由专人管理，并有书面记录				
5	物品/物资消毒前分类，消毒处理后重新包装，使用专用车辆送至猪场门卫处				
（三）	猪场员工/访客/送货的车辆♯@				
1	猪场员工/访客的所有车辆均有序停在预处理中心				
2	进入预处理中心前，必须在指定车辆洗消中心进行彻底清洗消毒				
3	预处理中心人员/物品/物资转运车辆执行任务前必须彻底清理消毒				
4	车辆清洗消毒、停放、使用严格遵循单向流动原则并书面记录				

（续）

序号	评估内容	Yes	No	N/A	备注
5	送货车辆禁止进入场外预处理中心				
（四）	厨房（场外）♯@				
1	厨房区域与其他区域分开，悬挂警示标识"厨房区域 禁止进入"				
2	厨房区域专人操作，禁止其他人员进出厨房区域				
3	厨房使用食材均来自于场外预处理中心消毒后的食材				
4	特定固定区域使用密闭容器盛放泔水剩菜，禁止撒漏				
5	场外厨房饭菜通过无接触传递装置进入猪场				
二	门卫处♯@				
1	门卫检查访问者的入场书面许可，未经书面许可的人员禁止入场				
2	门卫提供鞋套，下车前须穿鞋套后下车进入门卫区域				
3	门卫处设置醒目脏区、净区分界线，进场人员脱去包括鞋套在内的鞋子进入门卫的净区				
4	入场人员必须接受人体采样作 ASF-PCR 检测，阳性者禁入				
5	入场人员在门卫监督下进行双手清洗消毒并用一次性纸巾擦干				
6	门卫开包检查入场人员携带物品并登记，违禁品禁入				
7	门卫处设置物品、物资二次消毒处理室，进场物资、物品须经二次消毒处理后进入				
8	门卫处设置脏区与净区严格分开的淋浴室，进场人员须经彻底淋浴后进入场区				
9	门卫设置监控视频，监控人员、物资/物品入场程序执行情况				

（续）

序号	评估内容	Yes	No	N/A	备注
三	场内进场人员隔离区♯@				
1	场内隔离区与其他区域界限分明，限定人员进出				
2	设置物品/物资/食品紫外线/臭氧消毒传递窗				
3	入场人员须经过 24～48 小时最低隔离时间方准进入生活区				
4	设置场内隔离区人员隔离 SOP 并悬挂于隔离区域内，专职场长负责监督并记录				
5	场内隔离区域设置监控摄像头监控被隔离人员行为				
四	厨房（场内）♯@				
1	场内厨房区域独立，与其他区域明显分开				
2	场内厨房人员专用，其他人员禁止进出厨房区域				
3	场内厨房使用经门卫处二次消毒处理后的食材				
4	厨房泔水/剩饭菜有专门密闭容器盛放，厨房人员经专门路径运送出场处理				
5	场内厨房饭菜通过无接触传递装置进入生活区或生产区				
五	饲料/饲料库/饲料中转塔				
1	饲料库、中转塔脏区和净区分别由专人装卸饲料				
2	饲料库设置防鸟网，饲料塔/中转塔设置防鸟驱鸟装置				
3	饲料库设置临时消毒装置，用于袋装饲料的熏蒸消毒				
4	饲料转运车司机禁止进入饲料库房，禁止接触饲料				
5	饲料库与中转塔撒漏饲料由专人定时清理				

（续）

序号	评估内容	Yes	No	N/A	备注
六	兽药/疫苗库房				
1	兽药、疫苗室设置消毒装置，进场兽药、疫苗分类消毒处理后进入生活区库房				
2	兽药、疫苗室脏区/净区专人分别管理，禁止混用				
3	消毒后的兽药、疫苗仅仅保留最小包装，禁止任何兽药、疫苗包装袋（盒）进入生产区				
4	兽药、疫苗室消毒/领用书面记录，脏区和净区分别专人管理				
5	疫苗库房全程冷链管理，设置温度监控装置				
七	进入生产区物品/物资消毒室♯@				
1	设置消毒室脏区与净区，单向流动，专人管理				
2	加热消毒室空间密闭，安全运行				
3	浸泡消毒室分区操作，专人执行				
4	脏区、净区专门人员管理并有详细书面记录				
5	熏蒸消毒室空间密闭，设置单层镂空物架				
八	淋浴通道♯@				
1	悬挂明显的警示标识"非经淋浴，禁止进入"				
2	脏区、净区、淋浴区使用隔离凳分开，严格单向流动				
3	淋浴室脏区、淋浴区、净区分别设置消毒装置				
4	浴室设置加温装置，并放置淋浴用品				
5	脏区与净区专门人员管理并有书面记录				
九	赶猪道				
1	赶猪道密闭，窗户和通风口设置防鸟网				
2	赶猪道设置照明装置以及去除不必要设施，防止猪受伤				
3	赶猪道墙面或地面平整，无漏洞与缝隙，便于冲洗消毒				

（续）

序号	评估内容	Yes	No	N/A	备注
4	赶猪道通往外界进出口设置脚浴消毒盆，进出人员脚浴消毒				
5	圈舍之间不设置赶猪道，使用车辆转运猪				
十	公猪舍♯@				
1	公猪舍进出口设置双向淋浴设施，人员必须淋浴后进出				
2	公猪舍窗户/通风口设置防鸟网/防蚊网/防蝇网或三网合一装置				
3	公猪舍内设置防鼠灭鼠装置，定期检查、评估效果				
4	包装好的精液由实验室通往外界的传递窗送出，内外人员与设施不发生交叉				
5	进出精液处理实验室需要更换衣物、鞋帽				
十一	配种妊娠舍				
1	进出口设置淋浴/换衣间，人员进出必须彻底淋浴，更换衣物、鞋帽				
2	圈舍窗户、通风口设置防鸟网				
3	圈舍内设置防鼠/灭鼠措施与设施				
4	配种妊娠舍设施有利于冲洗和消毒操作，禁止使用任何木质材料				
5	配种妊娠舍设置死猪出猪口，悬挂明显警示标识，脏区、净区设置警戒线				
十二	产仔舍♯@				
1	进出口设置换衣间，人员进出更换衣物、鞋帽				
2	进出口设置脚浴消毒盆，脚浴消毒后进出				
3	圈舍窗户、通风口设置防鸟网				
4	圈舍内设置防鼠/灭鼠措施与设施				
5	产仔舍内人员流动，仔猪寄养符合最小化交叉感染原则				

（续）

序号	评估内容	Yes	No	N/A	备注
十三	场内隔离舍♯@				
1	进出口设置换衣间，人员进出更换衣物、鞋帽				
2	进出口设置脚浴消毒盆，脚浴消毒后进出				
3	圈舍窗户、通风口、料塔设置防鸟网				
4	圈舍内设置防鼠/灭鼠措施与设施				
5	场内隔离舍专人专舍，禁止串舍				
十四	猪场水源/管线管理评估				
1	猪场水源是符合饮用水要求的自来水/深井水				
2	猪场水井/水源地远离生产区/生活区/死猪处理区/粪污处理区				
3	猪场生活区/隔离区/办公区污水管线与生产区污水管线独立运行，防止交叉污染				
4	猪场水源每天按照饮水量投放漂白粉/二氧化氯/卫可等消毒剂进行饮水消毒				
5	生产区饮水管线/中转水塔/加药桶/加药器每3个月使用酸/碱性消毒剂进行消毒				
十五	场内出猪台♯@				
1	设置严格的脏区、净区、缓冲区，严格实施猪单向流动				
2	出猪台设置防倒流装置，防止缓冲区、脏区污水倒流到净区				
3	出猪台密闭设置，窗户和通风口设置防鸟网				
4	出猪台每次使用完毕由各区人员彻底清洗消毒并有书面记录				
5	出猪台设置视频监控装置，定期检查监控装置正常运行状态				
十六	场内死猪剖检♯@				
1	死猪运输有专门车辆和人员操作				
2	死猪处理区域设置防鸟装置且密闭				

（续）

序号	评估内容	Yes	No	N/A	备注
3	死猪处理区域设置防鼠/灭鼠装置				
4	死猪处理区域工具专用，禁止公用				
5	死猪剖检区域设置临时清洗消毒点，每次解剖完毕，彻底清洗消毒				
十七	场内死猪处理♯@				
1	猪场每个阶段设置从净区自动滑向脏区的死猪出口				
2	猪场内专设收集死猪车辆和人员，专人专车专用				
3	死猪处理区域设置防鸟装置				
4	死猪处理区域设置防鼠/灭鼠装置				
5	死猪处理设置专门的死猪处理SOP，每次处理保存书面记录				
十八	场内粪污处理♯@				
1	设置猪场圈舍内采用干清粪处理程序（如果有）				
2	圈舍内的粪污转移到圈舍外过程中，内外人员及器具不发生直接交叉与接触				
3	粪污处理设备人员/设施专用，禁止与其他猪场公用				
4	运送粪污车辆仅在污道内运行，禁止穿行净道				
5	猪场采用堆肥/生物发酵等方式处理粪污				
十九	场内车辆/道路管理				
1	猪场内严格区分净道和污道，净道与污道不交叉				
2	饲料运输车辆按照场内健康等级高低顺序运送饲料，工作完毕在最低等级处彻底清洗消毒后返回原停车点				

（续）

序号	评估内容	Yes	No	N/A	备注
3	淘汰猪或死猪转运车辆出发前消毒1次，按照场内健康等级高低顺序收集淘汰猪或死猪，卸猪后就地清洗消毒返回原停车点				
4	各阶段粪污运输车辆专用，禁止公用，使用专用污道				
5	场内各种车辆设置操作SOP，操作完毕书面记录				
二十	场外出猪台♯@				
1	场外出猪台区域设置栅栏或围墙并保持锁闭状态，防止无关人员与畜禽靠近				
2	场外出猪台设置防鸟网，定期检查防鸟网				
3	场外出猪台与车辆交界处设置脏区、净区交界警示标志，禁止脏区与净区人员跨越或交叉				
4	进出猪操作时，由专人负责赶猪，司机负责拖车部分猪只，禁止进入场外出猪台区域				
5	进出猪完毕，及时清洗消毒场外出猪台并有书面记录				
二十一	场外公猪站♯@				
1	进口设置脏区、净区分开的淋浴室，人员进出须彻底淋浴后进出				
2	公猪站圈舍内外、围墙内外设置防鼠/灭鼠装置				
3	公猪舍人员专用，禁止其他人员进出公猪舍				
4	公猪舍成品精液使用最小保温包装通过传递窗出场，无人员/设备直接接触				
5	精液运送车辆专用，禁止运送其他物品				
二十二	场外隔离舍♯@				
1	场外隔离舍进口设置脏区净区分开的淋浴室，人员须彻底淋浴后进出				
2	场外隔离舍围墙内外设置防鼠/灭鼠装置				

（续）

序号	评估内容	Yes	No	N/A	备注
3	场外隔离舍设置独立厨房和宿舍，员工在此食宿				
4	场外隔离舍污水系统独立运行，禁止与其他猪场公用				
5	场外隔离舍由专人管理，不得进入本体系其他猪场				
二十三	饲料厂/饲料风险评估♯@				
1	饲料厂外设置临时清洗消毒点，对所有进场车辆进行底盘、轮胎清洗消毒后入场				
2	饲料厂入口处设置门卫室，进出场人员签到、开包检查、淋浴/穿鞋套/防护服入场				
3	饲料厂车间/原料库/成品库门窗设置防鸟网				
4	饲料厂车间/原料库/成品库内外设置防鼠灭鼠装置				
5	饲料厂采购饲料原料/物品/物料来自ASF非疫区，均经过ASF等疾病监测及证明				
二十四	场外猪中转中心♯@				
1	中转中心使用移动式升降中转设备				
2	中转中心脏区净区分界线设置单向门，猪仅能从净区向脏区流动				
3	中转中心脏区和净区分别由专人负责赶猪/清洗/消毒，且禁止交叉或接触				
4	转猪设施/圈舍门窗设置防鸟网				
5	猪中转操作时，社会车辆及人员禁止进入转猪台，仅许可在社会车辆区域操作				
二十五	内部车辆洗消中心				
1	设置车辆清洗消毒车间、污水收集装置、浴室、宿舍、干燥车间、车辆停放区域等功能区域				
2	设置车辆洗消/干燥SOP，专门人员执行且有书面记录				

（续）

序号	评估内容	Yes	No	N/A	备注
3	车辆冲洗后，在车厢/驾驶室/轮胎等处取样作 ATP 快速清洁度检测，不合格者重新冲洗				
4	冲洗后的车辆进入干燥车间，施用加速干燥/自然干燥措施彻底干燥				
5	车辆彻底清洗/消毒/干燥后须定期/不定期采样作 ASF-PCR 监测，阴性车辆可再次使用				
二十六	外部车辆清洗消毒中心♯@				
1	设置车辆清洗消毒车间、污水收集装置、浴室、宿舍、干燥车间、车辆停放区域等功能区域				
2	洗消车间和污水收集装置位于脏区，干燥车间和停车区域位于净区，车辆和人员严格单向流动				
3	设置车辆清洗/消毒/干燥/隔离 SOP，由兽医团队执行监督且书面记录				
4	冲洗后的车辆进入干燥车间，施用加速干燥/自然干燥措施彻底干燥				
5	车辆彻底清洗/消毒/干燥后须定期/不定期采样作 ASF-PCR 监测，阴性车辆可再次使用				
二十七	场外车辆/司机/运输风险♯@				
1	没有健康管理团队书面批准，任何车辆禁止靠近/进入猪场				
2	仅允许猪场体系控制的猪转运、饲料转运、物品/物资转运车辆/司机靠近猪场				
3	允许使用社会雇佣车辆，除非车辆及其司机的使用、停放、洗消、干燥需要猪场完全控制				
4	司机禁止与猪场饲养人员/接触猪源性产品人员共同居住				
5	司机进入车厢内部装猪或卸猪时必须换上干净衣物或一次性防护服，穿上鞋套				

（续）

序号	评估内容	Yes	No	N/A	备注
二十八	猪/精液风险♯@				
1	引进精液来自无 ASFV 感染猪场，引进的精液使用前作 ASFV 和 PRRSV 病原检测，二者阴性才可使用				
2	引进精液所用专用车辆，要求有保温设施，运输过程中密闭上锁保存				
3	引进精液送到场外预处理中心，禁止直接运送至猪场				
4	精液转运车辆卸载精液完毕，在指定洗消中心进行彻底冲洗消毒干燥隔离备用				
5	专用车辆运送精液至猪场门卫处，逐步去除外包装，同时消毒擦拭内层包装后进入猪场				
二十九	场外死猪处理♯@				
1	在猪场生产区与猪场外部交界处设置脏区净区界限分明且有降温装置的场内死猪暂存点				
2	距离猪场至少 2 公里处设置脏区与净区界限分明且设置有降温装置的有围墙/栅栏场外死猪暂存点				
3	暂存点设置固定清洗消毒点，场外转运车卸载完毕，须经彻底冲洗消毒后放回原停放点				
4	场内与场外死猪转运车及其司机专用，禁止场内车辆司机驶出场外使用				
5	场内死猪转运车辆司机完成工作任务后，通过专用淋浴通道淋浴后进入生活区专用区域住宿				
三十	场外粪污处理♯@				
1	生产区设置专用出粪装置，从场内向场外出粪过程中，保证生产区内外人员/设施不接触和交叉				
2	场外粪污处理设备专用，禁止与其他猪场公用				
3	场外粪污处理区域原则上距离猪场至少 1 公里以上，设置围墙/栅栏防止人畜靠近/进入				

（续）

序号	评估内容	Yes	No	N/A	备注
4	该区域出入口设置固定清洗消毒点，场外粪污车辆卸载后立即彻底清洗消毒后返回原停放点				
5	场外粪污转运车辆/司机专用，禁止驶入生产区装载粪污				
三十一	保育单元				
1	保育单元围墙/栅栏内外设置防鼠/灭鼠装置以及防止人畜进入装置				
2	保育单元赶猪道/圈舍门窗/通风口设置防鸟网				
3	保育单元圈舍内外设置防鼠灭鼠装置				
4	设置脏区、净区界限分明的出猪台，出猪台设置防鸟网及四周设置围墙/栅栏防止人畜靠近/进入				
5	死猪处理方式符合国家法律法规规定，采用许可的方式（如焚烧/堆肥/深埋/无害化等）处理死猪				
三十二	育肥/断奶育肥单元				
1	育肥或断奶育肥单元设置脏区/净区界限分明的生活区和生产区				
2	入口处设置脏区、净区界限分明的淋浴设施，所有人员必须彻底淋浴、换衣后方准进出				
3	育肥/断奶育肥单元赶猪道/圈舍门窗/通风口设置防鸟网				
4	育肥/断奶育肥单元圈舍内外设置防鼠灭鼠装置				
5	设置脏区/净区界限分明的出猪台，出猪台设置防鸟网及围墙/栅栏防止人畜靠近/进入				
三十三	其他固定风险				
1	猪场所有出口处时刻保持上锁状态				
2	猪场具有完整的实心围墙以及各个区域以围墙/栅栏严格分开				
3	猪场围墙以外10～50米，修建有猪场隔离带				

（续）

序号	评估内容	Yes	No	N/A	备注
4	猪场围墙以外设置灭鼠/防鼠装置				
5	猪场方圆2公里范围内无猪场、村庄、其他畜禽养殖场				

评分标准：

1. 评估总分300分，评估合格分值是270分，适用于300～5 000头母猪场及其配套猪场使用，其具体评估要求如下：

对于存栏超过300头的母猪场体系，评估表格标注♯@的评估部分分值至少达到6分，且<4个标注♯@评估部分评估分值低于6～8分，总分值达到或超过270分，视为评估合格，否则，即使总分值超过270分，评估视为不合格。

对于少于300头的母猪场体系，总评估分值达到或超过270视为合格。

2. 标注@♯项目评估总分是10分，未标注@♯项目评估总分是5分。

3. 标注@♯项目下每条子项目评估分值是2分，未标注@♯项目下每条子项目评估分值是1分。

4. "yes"表示该评估项目相应的设施、操作SOP、人员操作严格完成，评分为"1"或"2"分。

5. "No"表示该项评估存在相应的设施/操作SOP/操作人员/程序完成度至少缺少一项，评分为"0"分。

6. N/A表示该评估项目相应的设施/操作SOP/操作人员/程序完成度至少缺失三项，评分为"0"分。

7. 场外厨房和场内厨房评分根据猪场情况确定，评估时仅仅计算实际存在的分值。

11 | 国家生物安全战略

11.1 国家生物安全概念

从国家安全观角度总体来看，生物安全是指人民的生命健康、生物的正常生存、生态系统的平衡状态不受内外威胁，以及防范化解相关威胁的能力。

《中华人民共和国生物安全法》由第十三届全国人民代表大会常务委员会第二十二次会议于 2020 年 10 月 17 日通过，自 2021 年 4 月 15 日起施行。

11.2 国家生物安全防控体制

国家安全领导机构负责国家生物安全工作的决策和议事协调，研究制定、指导实施国家生物安全战略和有关重大方针政策，统筹协调国家生物安全的重大事项和重要工作，建立国家生物安全工作协调机制；省、自治区、直辖市建立生物安全工作协调机制，组织协调、督促推进本行政区域内生物安全相关工作。

国家生物安全工作协调机制由国务院卫生健康、农业农村、科学技术、外交等主管部门和有关军事机关组成，分析研判国家生物安全形势，组织协调、督促推进国家生物安全相关工作。国家生物安全工作协调机制设立办公室，负责协调生物安全相关工作。

国家生物安全工作协调机制设立专家委员会，为国家生物安全战略研究、政策制定及实施提供决策咨询；国务院有关部门组织建立相关领域、行业的生物安全技术咨询专家委员会，为生物安全工作提供咨询、评估、论证等技术支撑；地方各级人民政府对本行政区域内生物安全工作负责；县级以上地方人民政府有关部门根据职责分工，负责生物安全相关工作；基层群众性自治组织应当协助地方人民政府以及有关部门做好生物安全风险防控、应急处置和宣传教育等工作。单位和个人应当配合做好生物安全风险防控和应急处置等工作。

国家生物安全工作协调机制组织建立国家生物安全风险监测预警体系，提高生物安全风险识别和分析能力。

国家生物安全工作协调机制应当根据风险监测的数据、资料等信息，定期组织开展生物安全风险调查评估。有下列情形之一的，有关部门应当及时开展生物安全风险调查评估，依法采取必要的风险防控措施：

（1）通过风险监测或者接到举报发现可能存在生物安全风险；

（2）为确定监督管理的重点领域、重点项目，制定、调整生物安全相关名录或者清单；

（3）发生重大新发突发传染病、动植物疫情等危害生物安全的事件；

（4）需要调查评估的其他情形。

11.3　国家生物安全体系包含的内容

11.3.1　防控重大新发突发传染病、动植物疫情

国家有关主管部门应当建立新发突发传染病、动植物疫情、进出境检疫、生物技术环境安全监测网络；组织监测站点

布局、建设，完善监测信息报告系统，开展主动监测和病原检测，并纳入国家生物安全风险监测预警体系。

疾病预防控制机构、动物疫病预防控制机构、植物病虫害预防控制机构（统称专业机构）应当对传染病、动植物疫病和列入监测范围的不明原因疾病开展主动监测，收集、分析、报告监测信息，预测新发突发传染病、动植物疫病的发生、流行趋势；国务院有关部门、县级以上地方人民政府及其有关部门应当根据预测和职责权限及时发布预警，并采取相应的防控措施。

任何单位和个人发现传染病、动植物疫病的，应当及时向医疗机构、有关专业机构或者部门报告；医疗机构、专业机构及其工作人员发现传染病、动植物疫病或者不明原因的聚集性疾病的，应当及时报告，并采取保护性措施；依法应当报告的，任何单位和个人不得瞒报、谎报、缓报、漏报，不得授意他人瞒报、谎报、缓报，不得阻碍他人报告。

国家建立重大新发突发传染病、动植物疫情联防联控机制；发生重大新发突发传染病、动植物疫情，应当依照有关法律法规和应急预案的规定及时采取控制措施；国务院卫生健康、农业农村、林业草原主管部门应当立即组织疫情会商研判，将会商研判结论向中央国家安全领导机构和国务院报告，并通报国家生物安全工作协调机制其他成员单位和国务院其他有关部门；发生重大新发突发传染病、动植物疫情，地方各级人民政府统一履行本行政区域内疫情防控职责，加强组织领导，开展群防群控、医疗救治，动员和鼓励社会力量依法有序参与疫情防控工作。

国家加强国境、口岸传染病和动植物疫情联合防控能力建设；建立传染病、动植物疫情防控国际合作网络，尽早发现、控制重大新发突发传染病、动植物疫情；国家保护野生动物，加强动物防疫，防止动物源性传染病传播。

11.3.2　生物技术研究、开发与应用

国家加强对生物技术研究、开发与应用活动的安全管理，禁止从事危及公众健康、损害生物资源、破坏生态系统和生物多样性等危害生物安全的生物技术研究、开发与应用活动。

从事生物技术研究、开发与应用活动，应当符合伦理原则；从事生物技术研究、开发与应用活动的单位应当对本单位生物技术研究、开发与应用的安全负责，采取生物安全风险防控措施，制定生物安全培训、跟踪检查、定期报告等工作制度，强化过程管理。

国家对生物技术研究、开发活动实行分类管理。根据对公众健康、工业农业、生态环境等造成危害的风险程度，将生物技术研究、开发活动分为高风险、中风险、低风险三类；生物技术研究、开发活动风险分类标准及名录由国务院科学技术、卫生健康、农业农村等主管部门根据职责分工，会同国务院其他有关部门制定、调整并公布；从事生物技术研究、开发活动，应当遵守国家生物技术研究开发安全管理规范；从事生物技术研究、开发活动，应当进行风险类别判断，密切关注风险变化，及时采取应对措施；从事高风险、中风险生物技术研究、开发活动，应当由在我国境内依法成立的法人组织进行，并依法取得批准或者进行备案；从事高风险、中风险生物技术研究、开发活动，应当进行风险评估，制定风险防控计划和生物安全事件应急预案，降低研究、开发活动实施的风险。

国家对涉及生物安全的重要设备和特殊生物因子实行追溯管理；购买或者引进列入管控清单的重要设备和特殊生物因

子，应当进行登记，确保可追溯，并报国务院有关部门备案；个人不得购买或者持有列入管控清单的重要设备和特殊生物因子；从事生物医学新技术临床研究，应当通过伦理审查，并在具备相应条件的医疗机构内进行；进行人体临床研究操作的，应当由符合相应条件的卫生专业技术人员执行；有关部门依法对生物技术应用活动进行跟踪评估，发现存在生物安全风险的，应当及时采取有效补救和管控措施。

11.3.3　病原微生物实验室生物安全管理

国家加强对病原微生物实验室生物安全的管理，制定统一的实验室生物安全标准。病原微生物实验室应当符合生物安全国家标准和要求；从事病原微生物实验活动，应当严格遵守有关国家标准和实验室技术规范、操作规程，采取安全防范措施。

国家根据病原微生物的传染性、感染后对人和动物的个体或者群体的危害程度，对病原微生物实行分类管理；从事高致病性或者疑似高致病性病原微生物样本采集、保藏、运输活动，应当具备相应条件，符合生物安全管理规范。具体办法由国务院卫生健康、农业农村主管部门制定。

设立病原微生物实验室，应当依法取得批准或者进行备案；个人不得设立病原微生物实验室或者从事病原微生物实验活动。

国家根据对病原微生物的生物安全防护水平，对病原微生物实验室实行分等级管理；从事病原微生物实验活动应当在相应等级的实验室进行。低等级病原微生物实验室不得从事国家病原微生物目录规定应当在高等级病原微生物实验室进行的病原微生物实验活动；高等级病原微生物实验室从事高致病性或者疑似高致病性病原微生物实验活动，应当经省级以上人民政府卫生健康或者农业农村主管部门批准，并将实验活动情况向批准部门报告；对我国尚未发现或者已经宣布消灭的病原微生物，未经批准不得从事相关实验活动；病原微生物实验室应当采取措施，加强对实验动物的管理，防止实验动物逃逸，对使用后的实验动物按照国家规定进行无害化处理，实现实验动物可追溯。禁止将使用后的实验动物流入市场；病原微生物实验室应当加强对实验活动废弃物的管理，依法对废水、废气以及其他废弃物进行处置，采取措施防止污染。

病原微生物实验室的设立单位负责实验室的生物安全管理，制定科学、严格的管理制度；定期对有关生物安全规定的落实情况进行检查，对实验室设施、设备、材料等进行检查、维护和更新，确保其符合国家标准；病原微生物实验室设立单位的法定代表人和实验室负责人对实验室的生物安全负责。

病原微生物实验室的设立单位应当建立和完善安全保卫制度；采取安全保卫措施，保障实验室及其病原微生物的安全；国家加强对高等级病原微生物实验室的安全保卫。高等级病原微生物实验室应当接受公安机关等部门有关实验室安全保卫工作的监督指导，严防高致病性病原微生物泄漏、丢失和被盗、被抢；国家建立高等级病原微生物实验室人员进入审核制度。进入高等级病原微生物实验室的人员应当经实验室负责人批准。对可能影响实验室生物安全的，不予批准；对批准进入的，应当采取安全保障措施。

病原微生物实验室的设立单位应当制定生物安全事件应急预案；定期组织开展人员培训和应急演练。发生高致病性病原微生物泄漏、丢失和被盗、被抢或者其他生物安全风险的，应当按照应急预案的规定及时采取控制措施，并按照国家规定报告；病原微生物实验室所在地省级人民政府及其卫生健康主管部门应当加强实验室所在地感染性疾病医疗资源配置，提高感染性疾病医疗救治能力；企业对涉及病原微生物操作的生产车间的生物安全管理，依照有关病原微生物实验室的规定和其他生物安全管理规范进行；涉及生物毒素、植物有害生物及其他生物因子操作的生物安全实验室的建设和管理，参照有关病原微生物实验室的规定执行。

11.3.4 人类遗传资源与生物资源安全管理

国家加强对我国人类遗传资源和生物资源采集、保藏、利用、对外提供等活动的管理和监督；保障人类遗传资源和生物资源安全；国家对我国人类遗传资源和生物资源享有主权。

国家开展人类遗传资源和生物资源调查；国家科学技术主管部门组织开展我国人类遗传资源调查，制定重要遗传家系和特定地区人类遗传资源申报登记办法；国家科学技术、自然资源、生态环境、卫生健康、农业农村、林业草原、中医药主管部门根据职责分工，组织开展生物资源调查，制定重要生物资源申报登记办法；采集、保藏、利用、对外提供我国人类遗传资源，应当符合伦理原则，不得危害公众健康、国家安全和社会公共利益。

从事下列活动，应当经国务院科学技术主管部门批准。

（1）采集我国重要遗传家系、特定地区人类遗传资源或者采集国务院科学技术主管部门规定的种类、数量的人类遗传资源。

（2）保藏我国人类遗传资源。

（3）利用我国人类遗传资源开展国际科学研究合作。

（4）将我国人类遗传资源材料运送、邮寄、携带出境。

为了取得相关药品和医疗器械在我国上市许可，在临床试验机构利用我国人类遗传资源开展国际合作临床试验、不涉及人类遗传资源出境的，不需要批准；但是，在开展临床试验前应当将拟使用的人类遗传资源种类、数量及用途向国务院科学技术主管部门备案。

境外组织、个人及其设立或者实际控制的机构不得在我国境内采集、保藏我国人类遗传资源，不得向境外提供我国人类遗传资源。

将我国人类遗传资源信息向境外组织、个人及其设立或者实际控制的机构提供或者开放使用的，应当向国务院科学技术主管部门事先报告并提交信息备份；采集、保藏、利用、运输出境我国珍贵、濒危、特有物种及其可用于再生或者繁殖传代的个体、器官、组织、细胞、基因等遗传资源，应当遵守有关法律法规；境外组织、个人及其设立或者实际控制的机构获取和利用我国生物资源，应当依法取得批准。

利用我国生物资源开展国际科学研究合作，应当依法取得批准；应当保证中方单位及其研究人员全过程、实质性地参与研究，依法分享相关权益。

11.3.5　防范外来物种入侵与保护生物多样性

国家加强对外来物种入侵的防范和应对，保护生物多样性。国家农业农村主管部门会同国务院其他有关部门制定外来入侵物种名录和管理办法；国务院有关部门根据职责分工，加强对外来入侵物种的调查、监测、预警、控制、评估、清除以及生态修复等工作；任何单位和个人未经批准，不得擅自引进、释放或者丢弃外来物种。

11.3.6 应对微生物耐药

国家加强对抗生素药物等抗微生物药物使用和残留的管理，支持应对微生物耐药的基础研究和科技攻关。

国家有关主管部门和药品监督管理部门应当根据职责分工，建立抗微生物药物污染物指标评价体系。评估抗微生物药物残留对人体健康、环境的危害；县级以上人民政府卫生健康主管部门应当加强对医疗机构合理用药的指导和监督，采取措施防止抗微生物药物的不合理使用；应当加强对农业生产中合理用药的指导和监督，采取措施防止抗微生物药物的不合理使用，降低在农业生产环境中的残留。

11.3.7 防范生物恐怖袭击与防御生物武器威胁

国家采取一切必要措施防范生物恐怖与生物武器威胁。禁止开发、制造或者以其他方式获取、储存、持有和使用生物武器；禁止以任何方式唆使、资助、协助他人开发、制造或者以其他方式获取生物武器。

国家有关部门制定、修改、公布可被用于生物恐怖活动、制造生物武器的生物体、生物毒素、设备或者技术清单，加强监管，防止其被用于制造生物武器或者恐怖目的；国家有关部门和有关军事机关根据职责分工，加强对可被用于生物恐怖活动、制造生物武器的生物体、生物毒素、设备或者技术进出境、进出口、获取、制造、转移和投放等活动的监测、调查，采取必要的防范和处置措施。

国家有关部门、省级人民政府及其有关部门负责组织遭受生物恐怖袭击、生物武器攻击后的人员救治与安置、环境消毒、生态修复、安全监测和社会秩序恢复等工作；应当有效引导社会舆论科学、准确报道生物恐怖袭击和生物武器攻击事件，及时发布疏散、转移和紧急避难等信息，对应急处置与恢复过程中遭受污染的区域和人员进行长期环境监测和健康监测。

国家组织开展对我国境内战争遗留生物武器及其危害结果、潜在影响的调查；组织建设存放和处理战争遗留生物武器设施，保障对战争遗留生物武器的安全处置。

11.3.8　其他与生物安全相关的活动

国家制定生物安全事业发展规划，加强生物安全能力建设，提高应对生物安全事件的能力和水平；国家采取措施支持生物安全科技研究，加强生物安全风险防御与管控技术研究；整合优势力量和资源，建立多学科、多部门协同创新的联合攻关机制，推动生物安全核心关键技术和重大防御产品的成果产出与转化应用，提高生物安全的科技保障能力。

国家统筹布局全国生物安全基础设施建设；国务院有关部门根据职责分工，加快建设生物信息、人类遗传资源保藏、菌（毒）种保藏、动植物遗传资源保藏、高等级病原微生物实验室等方面的生物安全国家战略资源平台，建立共享利用机制，为生物安全科技创新提供战略保障和支撑；加强生物基础科学研究人才和生物领域专业技术人才培养，推动生物基础科学学科建设和科学研究；生物安全基础设施重要岗位的从业人员应当具备符合要求的资格，相关信息应当向国务院有关部门备案，并接受岗位培训。

国家加强重大新发突发传染病、动植物疫情等生物安全风险防控的物资储备；国家加强生物安全应急药品、装备等物资的研究、开发和技术储备。国务院有关部门根据职责分工，落实生物安全应急药品、装备等物资研究、开发和技术储备的相关措施；国家有关部门应当保障生物安全事件应急处置所需的医疗救护设备、救治药品、医疗器械等物资的生产、供应和调配；交通运输主管部门应当及时组织协调运输经营单位优先运送；对从事高致病性病原微生物实验活动、生物安全事件现场处置等高风险生物安全工作的人员，提供有效的防护措施和医疗保障。

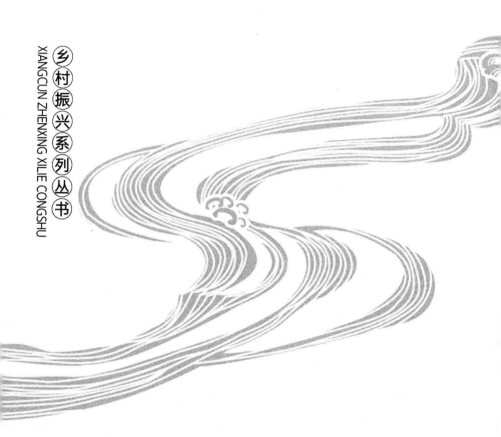

第三篇｜非洲猪瘟防控

12 | 国外防控经验

12.1　整体防控原则

　　鉴于非洲猪瘟的严重危害，国际社会一直对其予以高度重视，FAO、世界动物卫生组织等均对非洲猪瘟防控提供了重要建议。

　　对于无 ASF 疫情的国家和地区，海关应依据国际动物检疫法规对进口猪的相关产品进行严格检疫，尤其是对来自发病国家和地区的相关物资和产品。其中《世界动物卫生组织陆生动物卫生法典》指出，最为重要的检测对象包括种猪、商品猪、精液、胚胎、受精卵、猪肉，以及相关的猪源制品等（同样包括野猪源产品）。对于问题产品，应当使用深埋、焚烧等方式进行无害化处理，防止病原扩散。

　　由于 ASFV 具有高度环境抵抗力，且多起国际间 ASF 传播都与跨国运输有关。未发生 ASF 国家和地区应对国际的交通工具，如飞机、轮船等产生的废弃物、垃圾、剩余食物等进行无害化处理，禁止用来养猪，以防止病毒传入。对于已经发生 ASF 的国家或地区，应当及时向世界动物卫生组织汇报，并开启疫病的净化工作。政府应当迅速对发病地区进行封锁，并确认疫点、疫区和受威胁区，依照相关法规对动物进行扑杀，并对所有尸体和被污染的物资进行无害化处理（深埋、焚烧、化制等），对整体环境进行彻底消毒。同时对于划定的区域进行严格的管理监控，限制猪、猪肉及相关产品物资的运输，同时开展钝缘软蜱的调查和清理工作。

12.2 国外成功防控经验

20 世纪 60 年代，ASF 由非洲传入欧洲，并在伊比利亚半岛、撒丁岛、比利时、东欧等国家和地区反复出现，使得 ASF 受到了更深层次的重视。欧盟法规（92/119/EEC 和 2002/60/EC）是对各国 ASF 控制的指导性指令，包括了监测、诊断、通报和处置的主要原则。

（1）一旦怀疑为 ASF，应立即向成员国的主管部门通报。

（2）对可疑病猪强制限制运输。

（3）在征得兽医的许可后方能进入可疑或感染猪场。

（4）在确诊疫病暴发的地方，应在感染地周围强制划定疫区（半径不小于 3 公里）和受威胁区（最小半径 10 公里）。

（5）通过淘汰阳性猪群以根除 ASF。

（6）对猪舍及其周围环境、运输车辆和其他所有可能受到污染的物品进行清洁和消毒。

（7）在特殊的情况下，欧盟委员会可能同意进行紧急免疫接种计划。

（8）对野猪进行监测。

12.2.1 西班牙防控经验

西班牙在 1960 年发生了 ASF 疫情，并在此后的 30 年间广泛传播，带来了极大的危害。西班牙政府、兽医人员与 ASF 进行了长期艰苦的斗争，虽然中间有反复，但是最终在 1995 年实现了国内的 ASF 净化。在此过程中，为其他国家 ASF 净化提供了丰富的经验。

（1）开展 ASF 基础研究与诊断技术研究：在 ASF 发病初期，西班牙就全力打造了优秀的病毒学科研团队，开展 ASF

基础研究及诊断技术研发，加强科研合作并培训人才，创建病毒学实验室，开发快速诊断技术及实验性疫苗研制接种计划等，这为防控 ASF 所采取的卫生措施积累了技术与知识储备。

（2）确定国家层面 ASF 的净化方针：开展抗击非洲猪瘟五年强化计划，将 ASF 预防与早期诊断纳入国家层面议事日程，对检测到的病猪一律实施扑杀，并建立政府对受影响养猪场的补偿机制。1985 年，政府颁布《非洲猪瘟根除协同计划》，以疫点为核心逐渐根除非洲猪瘟，具体措施包括：建立移动的兽医田间检测队伍，检测生猪血清和运输设施的 ASFV，实行严格的防疫措施，同时，以疫点为中心划分疫区（3 公里半径，立刻检测所有猪的血清、30 天内禁止调运）和受威胁区（10 公里半径，30 天后开展血清检测、30 天内禁止调运）。

（3）重视临床兽医团队作用：ASF 流行阶段，正是西班牙养猪业大发展时期，国内官方兽医无法应对 ASF 的发生，临床诊断和控制方案无法满足疫病净化需求。在政府决定净化该病后，西班牙成立了大量的兽医协会，对猪场进行健康管理支持，参与生物安全建设、临床诊断、样品检测、流行病学调查等诸多任务，协助猪场临床兽医开展 ASF 的预防和清除工作，有效抑制了病毒的传播，并提供了正确的净化方案。官方兽医、兽医协会和临床兽医的通力合作积极推动了 ASF 的净化工作，保障了一系列国家政策能够有效地实施和执行。

（4）不断提升临床诊断技术：ASF 在西班牙经历了不同的临床表现形式。最初表现为急性型和高死亡率，但是随着病毒的扩散和流行，临床表现逐渐温和，并出现了大量隐性感染病例，死亡率由原来的接近 100％，降低到 5％以下。因此临床和实验室检测的方法出现了改变，从最初的临床剖检结合抗原检测转变为血清学检测。国家参考实验室、官方兽医和临床兽医团队不断对 ASF 的诊断知识进行更新，并进行现场普及实施，帮助农户对临床改变的 ASF 进行有效识别。同时国家各级实验室应用血清学检测方法进行了广泛的实验室样品检测，帮助农场实现快速精准的实验室检测，从而尽快发现 ASFV 的感染。

（5）普遍提升猪场饲养管理和生物安全水平：做好生物安全升级是猪场预防 ASF 的最重要手段。西班牙各个猪场在净化期间普遍提升了生物安全水平，包括外部车辆、人员、物资进出场管理，并对基础设施进行升级，进行良好的尸体、粪便、废弃物无害化处理等。据统计有超过 2 000 个猪场在全国 ASF 净化工作开始后进行了猪场的升级改造。良好的生物安全管理限制了 ASF 在国内的蔓延趋势。

（6）坚决清除 ASF 疫点：感染了 ASFV 的猪场会成为巨大的传染源和风险点，因此西班牙国家法律规定，一旦经过授权实验室确诊，疫点的所有猪都必须进行扑杀，并且周边 5～10 公里范围之内的猪群都必须经过样品的采集和检测。在扑杀过程中，国家实施的补偿政策非常重要，能够保证猪场有效进行感染猪群的清除。

（7）限制猪群的移动：疫区、受威胁区和风险区进行严格的猪移动限制，生猪、精液、胚胎、其他猪源产品，以及与养殖系统相关的物资在封锁解除前禁止运输、调动；随后官方兽医需要对所有运输产品进行检疫，标明源头产地和检疫情况，保证运输合法和可溯源；同时在屠宰场也要对猪进行二次检测，及时发现 ASFV 的感染。所有检测记录都必须进行一年以上的保存，保证检测溯源。

《非洲猪瘟根除协同计划》实施后，2 年内 96％的地区已经无 ASF 临床报道。1989 年，国内通过立法划分为 2 个区域，包括 ASF 无疫血清监测区（2 年内无 ASF 暴发）和 ASF 疫区，前者的猪肉制品可以进行国家贸易，后者则继续封锁跨区猪肉贸易。1991 年再将疫区细分为已经 1 年无临床病例，但还有少量血清学阳性样品的地区以及疫区，进一步落实根除计划，最终在 1995 年根除了 ASF 疫情。

12.2.2　比利时防控经验

2018 年 9 月，比利时南部地区野猪发生 ASF，但仅用 1 年时间就宣布成功根除野猪 ASF，于 2020 年 12 月就恢复了 ASF 所有猪无疫状态，除了国家层面的相关法律法规及兽医体系和相关机构积极合作外，还对 ASF 进行了区域化管理，实施有针对性的家猪野猪防控措施，成功扑灭了非洲猪瘟疫情，这为其他国家 ASF 防控和区域化建设提供了借鉴和宝贵经验。

（1）加强猪的标识和追溯管理：在做好农场注册登记的基础上，强化猪的过程管理，即所有猪在断奶后都进行单独耳标标识并将信息输入国家数据库。当猪从一个猪场运往另外一个猪场时，又会获得一个新耳标；运往屠宰场时，也会再打一个特定耳标（屠宰标记）；每个农场都对猪进行"出入登记"，注明其来源和目的地；在 ASF 感染溯源时，通过核查该头猪所有的耳标，就可以获得该猪的所有信息。

（2）动态划定 ASF 疫区：根据野猪群中 ASF 的流行和扩散趋势，定期进行疫区和受威胁区动态调整。比利时两年内共调整了 4 次，由最初的 630 公里^2 扩大至最后的 1 000 公里^2。界定 ASF 区后，在疫区内停止狩猎、伐木、旅游，防止疫情传入传出；加强野猪尸体搜索并将 ASF 区内所有死亡和猎杀的野猪全部采样送国家参考实验室进行 ASF 检测，野猪尸体运送至专业处理中心销毁。

（3）强化主动监测与被动监测：疫情发生后，积极开展主动监测，特别是那些 ASF 病毒容易传入的猪场，如要求 72 小时内完成对感染区内养猪场的养殖情况调查等；强化被动监测，如猪出现临床症状或死亡，兽医须在 24 小时内对猪群进行 ASF 检测，排除后才能对病猪进行治疗。

（4）全面开展生物安全检查：检查感染区内所有养猪场的生物安全措施，着重检查家猪与野猪的隔离措施；严禁猪进出疫区，包括活猪、精液、胚胎和卵子等；检查疫区内所有病猪和死猪，2 周内预防性扑杀疫区内的所有猪，且禁止复群；强化生物安全第三方检查力度，主要措施为额外聘请兽医检查员，一年进行一次强制性评估。

（5）广泛宣传 ASFV 防控知识：比利时恢复所有猪 ASF 无疫后，在实施严格生物安全措施的情况下，继续强化对家猪和野猪的 ASF 主动监测和被动监测；同时在农户、兽医、猎人和森林工人中开展 ASF 防控宣传活动，提高警惕，增强防控意识，使疫情扑灭后得到了及时巩固。

12.2.3　捷克防控经验

2017 年 6 月在捷克兹林区首次发现并证实两头野猪感染 ASF，经过多方努力，到 2019 年 3 月，在捷克境内就没有暴发任何 ASF 病例，除了欧盟法规（92/119/EEC 和 2002/60/EC）外，捷克还根据流行情况发展采取了额外的兽医措施，具体做法如下。

（1）禁止在疫区的所有狩猎活动以及禁止饲养野猪，禁止用厨房和餐饮废弃物饲养家猪。

（2）在严密的生物安全措施下积极搜索、运输野猪尸体，官方兽医在尸体化制厂进行取样，并为搜索到的每头死野猪支付费用。

（3）在 ASF 的疫点外围安装了电气围栏，并禁止未经当地市政办公室许可进入 ASF 疫点。

（4）官方兽医检测人员定期走访和检查猪场（检测猪场的病/死猪）有助于最大限度地降低传播 ASF 风险。

（5）通过官方媒体、宣传单、培训猎人及兽医等形式进行密集的 ASF 宣传活动。

（6）对野猪的被动监测调整为主动监测，对家猪继续执行主动监测计划及预防措施。

12.2.4　美国预防非洲猪瘟的国家举措和响应机制

美国政府和相关行业协会对预防非洲猪瘟开展的主要工作是将 ASF 阻挡在美国之外，第一目标是阻止 ASF 进入美国，阻止 ASF 进入美国农场；第二目标是如果 ASF 进入美国，及早发现并控制它。非洲猪瘟进入美国有 3 个主要风险因素：一是旅客携带受 ASFV 污染的猪肉制品进入美国；二是航班或船舶上有受 ASFV 污染的垃圾或废弃物；三是猪饲料中含有 ASFV 污染的原料或添加剂。

（1）美国农业部为防止 ASF 进入美国，采取如下 7 项措施。

①政府与行业协会合作成立猪病应对委员会并制定新发疾病响应计划，同时双方对计划不断进行修订，确保内容与方法保持一致。行业协会任命一个由行业领袖组成的猪病应对委员会，就新发疾病潜在威胁和应对措施提供指导。

②美国农业部与美国海关及边境保护局（CBP）合作，为在美国主要商埠、海港和空港工作的 179 个团队培训及增加 60

个比格犬小组；与美国海关及边境保护局协调进一步扩大美国主要商业海港和航空港的入境安检范围，包括检查货物是否存在非法猪肉或猪肉产品，并确保有 ASF 风险的旅客接受二次农业检查。重点排查来自 ASF 疫区的航班或在阳性区域中转的航班，国际航班或船舶的所有废弃物密封焚烧。

③加强对餐厨垃圾饲喂设施的检查，确保餐厨垃圾被适当煮熟，防止潜在的疾病传播。

④提高农场主的意识，鼓励农场主对猪场生物安全程序进行自我评估升级。

⑤制定准确可靠的检测程序，以筛查谷物、饲料、添加剂以及猪口腔液样本中有无 ASFV。

⑥与加拿大和墨西哥官方密切合作，以北美协调的方式进行 ASF 防御、反应和贸易维护。

⑦继续与美国行业领军企业进行高层协调，共同努力防范 ASF 的传入。

（2）美国农业部应对 ASF 的诊断准备。

①持续针对 ASF 建立农场预警。每天检查猪群，重点关注临床发热、流产、皮肤潮红发紫和死亡猪，以及剖检可见脾脏肿大、淋巴结出血和肾脏出血的猪。高度警示死亡率增加，及时将病死猪认可的组织样本（全血、淋巴结、扁桃体和脾）送到认证兽医诊断实验室检测。每个农场必须有直接与认证兽医诊断实验室合作的猪兽医。

②建立国家兽医实验室网络。40 个经过认证的兽医实验室用于例行检测来自农场或屠宰场的可疑 ASF 组织样本。只有 PLUM 岛（梅岛）实验室可以确诊美国的 ASFV。

③开展持续监测。每个经认证的实验室每周进行 40 多项 ASF 的测试，每周开展 1 600 次检测，可疑样品来源包括农场

提供的病死猪、屠宰场的败血症猪以及美国农业部野生动物管理局提供的野猪组织。

（3）非洲猪瘟进入时美国的响应机制。

①停止所有的贸易，第一时间向世界动物卫生组织报告并及时联系贸易伙伴。

②实施猪流控制，全美农场都必须停止猪的运输流动，封锁 72 小时。

③及早诊断，确定非洲猪瘟病毒在哪里以及动物和动物制品在哪里，在受污染的地点周边建立隔离区。

④及时将感染和受暴露威胁的猪群全面扑杀，并做好消毒工作。

⑤仅允许恢复许可猪的流动。

⑥尽快恢复猪产业业务的连续性。

12.2.5　其他地区防控经验

巴西是南美地区 ASF 成功控制和净化的典型代表，其成功经验和西班牙相似。在 1978 年首次暴发后，为彻底根除非洲猪瘟疫情，巴西政府于 1980 年 11 月颁布了《非洲猪瘟控制计划（PCPS）》。该计划旨在通过设定明确目标，并采取具体措施，在全国范围内开展大规模非洲猪瘟根除行动，利用 7 年根除了非洲猪瘟疫情，主要措施可以总结为以下 10 条。

（1）立刻将 ASF 疫情信息通报周边国家，以及世界动物卫生组织、FAO 等组织。

（2）强化对港口、机场和邮政设施的检查，对来自风险国家的猪肉制品一律销毁处理。

（3）禁止疫区和受威胁区内猪的自由移动，对疫区内的所有猪进行扑杀和焚化，并对污染的交通工具、建筑和物品进行彻底清洗和消毒。

（4）禁止使用泔水喂猪，停止展览、牲畜市场或一切动物会发生相互接触的活动。

（5）强化经典猪瘟疫苗接种和防控措施，做好 ASF 和 CSF 的鉴别诊断。

（6）跨区域育肥用生猪运输在出发地和目的地隔离饲养并进行血清学检测合格后才能入栏。

（7）实施猪病害监测，对有出血症状和繁殖障碍的猪进行检测，对生猪屠宰场进行抽样检测，对育种猪场进行全群检测。

（8）完善疫情监测体系，该系统接收所有兽医的疫情报告，负责的兽医每月至少 2 次去养殖场，并参与受感染动物的追溯调查。

（9）进行动物卫生教育和培训，以提高公众对紧急动物卫生活动的认识。

（10）对猪场的动物卫生援助给予奖励，对观察到的所有猪病进行通告。

ASF 进入东欧地区后，开始大面积流行，并且控制形势严峻，给防控工作带来了巨大阻力，主要有以下 8 点原因。

（1）重视力度不够，忽略了疑似疫情早期上报的重要性，发病到确诊时间间隔长，导致 ASF 最终确诊时出现了病原扩散。

（2）野猪密度较大，活动范围广，且经常跨国界运动，扑杀控制困难。

（3）猪肉制品的非法运输，用未处理的残羹喂猪。

（4）饲养模式落后，农户散养较多，普遍没有足够的生物安全管理，增加了疫情传播风险。

（5）国内农场主的不配合（如隐瞒疫情及处置情况）且农户兽医知识薄弱，加剧了疫病在家猪及野猪群体内扩散。

（6）官方兽医体系及地方农户兽医合作较少，且存在低效率的执行力度，也增加了 ASF 根除难度。

（7）部分地区扑杀补偿政策不到位，导致发病猪违法屠宰流通。

（8）国家没有制定完善的根除策略，未能系统开展净化工作。

13 | 非洲猪瘟的临床检测

ASF 发生后的有效防控，依赖于正确使用检测手段及时发现疫病的感染。因此想做好田间 ASF 的防控，必须正确执行实验室检测流程，科学分析检测结果。

13.1 检测的意义

实验室诊断检测是防控动物疾病非常重要的一环，通过流行病学调查、临床症状、剖检变化等指标怀疑疫病感染的，都需要借助实验室检测才能最终确诊。对于 ASF 的早期防控，根据《非洲猪瘟疫情应急实施方案（第五版）》中所采取的科学评估风险、精准确定扑杀范围等措施也依赖于实验室的诊断检测。科研人员通过对一个基因Ⅱ型 ASFV 分离毒株（田间野毒）的攻毒试验发现，猪在自然感染 ASFV 的情况下，第 6 天的时候最早在口腔拭子中发现病毒，此时 ASFV 阳性猪所携带的病毒载量较低，还没有大量向外界排毒；在第 9 天和第 10 天的时候分别在血液和粪便中发现病毒，这个时候临床症状已出现，而且往往病毒载量较高，感染环境和其他猪群的风险大大增加，如图 13-1 所示。因此，如果可以通过对猪群口腔液进行早期监测，在最早的时间点内识别 ASFV 感染猪群，精准确定扑杀范围，则可以最大限度地减少 ASF 造成的损失。

2020 年国内科研机构首次分离到田间变异毒株，这些变异毒株与以往强毒相比较存在基因的突变或缺失，缺失红细胞

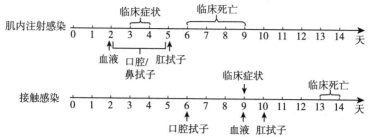

图 13 - 1　ASFV 肌内注射感染和接触感染猪后的临床症状及病毒学变化

吸附表型，在临床上表现间歇性排毒，毒力降低并隐蔽流行，早期的核酸检测不易检测到病原，生产中第一头变异毒株感染猪不一定表现明显的预警症状，只有核酸检测与抗体检测相结合才能减少漏检。无症状感染猪往往口腔液和血液核酸检测为阴性，而腹股沟淋巴结穿刺核酸检测为阳性。这种变异毒株核酸检测阳性的异常猪说明，该病可能已经在场内传播了一定时间，为了更早地筛查异常猪，应将个体口鼻拭子和尾部血拭子核酸检测与抗体检测相结合，确定扑杀范围。

在 ASF 的精准防控过程中，切断病毒的传播途径也很关键。一般情况下，ASFV 经口鼻传播，如被污染的粪便、饲料和水等；也可以通过其他途径感染，如肌内注射、接触污染的车辆和物资等。通过对车辆、饲料、水源、物资和环境样品等进行定期 ASFV 监测，可以用来评估猪场生物安全措施并发现防控中的漏洞，切断 ASFV 的传播途径，提高猪场整体的防控水平。

在发生 ASF 疫情之后，猪场都要经过严格的清洗、消毒和干燥，并进行至少 42 天的空栏后才能评估该场有没有达到复养的条件。而评估措施中最重要的一点就是实验室检测猪场内还有没有 ASFV 核酸的存在。通过对猪场和猪场周边各个重点部位进行采样检测来验证每次的洗消效果，并以最终一次检测 ASFV 核酸阴性为终极目标。只有猪场内外所有重点部位 ASFV 核酸检测阴性后才可进行哨兵猪试验及随后的复养。

因此实验室检测在 ASF 的疫情确诊、精准检测、生物安全查漏补缺以及复养工作过程中都起着关键性的作用，对防控 ASF 有着重要的意义。

13.2　场景与应用

根据检测目的不同，需采集的样品类型、采集的时间点、样品数量等都是不同的。在做任何检测之前，我们需要先了解猪感染 ASFV 后，病毒在各个器官的动态学变化，这能够更好地帮助我们做出正确选择。比如，在猪感染 ASFV 后，最早可在扁桃体中检出 ASFV，在 4 天左右可在口鼻拭子中检出 AS-FV，而在血液中检出 ASFV 的时间与出现临床症状的时间相近。

13.2.1　样品的选择

检测目的不同，采集的样品也不同。根据研究，经口感染时，ASFV 首先在扁桃体和下颌淋巴结的单核细胞和巨噬细胞中进行复制；qPCR 检测也发现扁桃体比口鼻拭子和血液能更早检测到病毒核酸，但是扁桃体采集困难，工作强度大，采集效率低，因此不适合做早期监测。疾病监测中，血液也是最常用的样品，然而在 ASFV 的早期监测中，血液并不是理想的样品。猪感染 ASFV 后，血液中能检测到病毒有较长的滞后性，而且血液中病毒载量偏高，在采样过程中很容易造成环境的污染，不利于后续的防控工作。口腔液在感染后能较早地检测到，容易采集且不易污染，目前是 ASFV 早期监测的理想样品。实践表明，口鼻拭子联合尾根血混样，或口鼻拭子联合腹股沟淋巴结穿刺混样的检测采样方法，可提高病原检出率。同时采集临床异常猪的前腔静脉血或尾静脉血，分离血清后可进行 ASFV 抗体检测。对于疾病的确认来说，一般动物都已表现临床症状，血液和组织中的病毒载量较高，这个时候采集血液或组织可以用于检测确认是否是相应病原的感染。

　　如果是为了评估生物安全，发现防控中的漏洞或者复养前的关键点检测，可采集猪场内部、外部的环境样品，如饲料、水源、人员、地面和卡车等。

13.2.2　样品的采集

　　（1）环境样品：环境样品采集点尽量选取避光、湿润、有利于病毒存在的地方。通常随机选取几栋猪舍采集样品，可视场内发病情况和位置选择增加采集的数量或所有猪舍均采集。环境样品采集步骤如下。

　　①采样员需穿戴好防护服，佩戴一次性乳胶手套。

　　②使用浸润样品保存液的环境拭子进行以 20 厘米×20 厘米为单位的擦拭。

　　③推荐使用聚丙烯材质拭子，避免使用棉拭子、含海藻酸钙拭子以及木柄拭子，以防止棉花纤维对蛋白质的吸附影响病毒洗脱效果及抑制 PCR 反应的物质影响检测结果。

　　④将环境拭子放入含有样品保存液的采集管中。

　　⑤可采取同一个环境拭子多点采样。例如，同一个环境拭子湿润后，分别在多个不同的取样点擦拭，之后再将环境拭子放入含有样品保存液的采集管，这样一个环境拭子含有多个采样点的样品。

　　⑥将放进保护液的环境拭子头折断，盖上盖子保存，标记

清楚。

⑦填写样品寄送表，随样品一起冷藏或常温运输。

（2）口腔液样品：主要针对在大栏内饲养的猪，1条采样绳采集一个栏位内的猪群，猪群大小以不超过20头为宜。采集步骤如下。

①在猪场首先决定需要采集样本的栏位，并找一个牢固地方绑住棉绳，使末端与猪的肩膀平行。

②棉绳绑的地方应只能被同一栏内的猪咬到。

③当采样绳完全浸润后，用塑料袋将浸润端的采样绳包裹，向下拉动采样绳将口腔液挤到袋子里面。

④对于大猪来说，采样绳悬挂后5分钟就可以被口腔液浸润，而刚断奶的猪则需要30分钟。

⑤将袋子里面的口腔液用移液管取2毫升到样品保存液中，盖好盖子并做好标记。

（3）口腔（鼻）拭子样品：针对单头猪来说，主要以口腔（鼻）拭子为主。样品采集步骤如下。

①在猪场配怀舍限位栏里的猪休息时进行样品采集。

②用口腔拭子在猪口腔内侧两颊进行刮拭10次。

③用同一个拭子在同一头猪的两个鼻腔内各进行5次刮拭。

④将拭子放入含有样品保存液的采集管中，并折断拭子头，盖上盖子保存，标记清楚。

（4）深咽拭子样品：这类样品主要采集口咽部的黏膜细胞和分泌物。样品采集步骤如下。

①用灭菌的咽拭子（长度约50厘米）斜向上插入口腔深部近咽喉处擦拭两侧腭弓和咽后壁、扁桃体分泌物，反复擦拭2~3次，轻轻取出拭子。

②将拭子放入含有样品保存液的采集管中，并折断拭子头，盖紧盖子，做好标记，密封保存。

（5）尾血拭子样品：针对变异毒株，需要增加尾血拭子采样。样品采集步骤如下。

①在猪场配怀舍限位栏里的猪休息时进行样品的采集。

②先用酒精棉球擦洗干净尾部。

③再用针头快速刺破尾根毛血管，使用拭子收集后放入含有样品保存液的采集管中用于核酸检测，使用小滴管收集用于时间分辨荧光抗体检测。

13.2.3　日常监测的采样

在猪场生产过程中，定期监测 ASF 必不可少。可借此了解猪场周边 ASF 感染情况，根据猪场的感染压力和猪群情况制定监测方案。包括猪群监测和环境监测。

猪群监测：密切关注各个阶段猪的精神状态、采食情况、体温变化、体表状况等方面，一旦发现猪出现精神沉郁、食欲减退或废绝、发热、皮下出血（皮下出现淤斑）、血便、呕吐、鼻腔带血泡沫、母猪流产等临床表现中的一种或几种，及时采样送检或猪场自检 ASFV。有条件的养殖场可使用红外线热成像仪对所有猪群进行每日一次的体温监测。随机抽检表现正常的各阶段猪群，猪场感染压力大时，适当提高监测频率和扩大采样比例。在采样过程中严格遵守生物安全规范，必须换衣、换鞋，更换手套，避免交叉感染。

环境监测：重点监测入场的车流、人流、物流，定期监测生产区、生活区和猪场外围的环境样品。入场前采样检测每一辆车、每一位人员和每一批物资。定期监测环境样品包括生产区的猪舍内（过道、栏杆、门把手、料槽、生产工具等）与猪舍外（淋浴间、场内道路、赶猪道、场内车辆、出猪台等），生活区（门卫室、贮物室、淋浴间、消毒间、食堂、办公室等）和猪场外围（洗消中心、场外道路、停车场等）。采样关键点可参考第15章表15-8。

13.2.4 应急监测的采样

一旦猪场确诊出现 ASF 阳性猪后，应立即启动应急预案，第一时间对疫情单元进行全面连续筛查，并对关键环节（如场内人员、猪场环境、车辆、物资等）加大监测力度，及时发现阳性猪和确定感染面，以便采取下一步措施。

检测模式可以采用"123-7-14-21"原则。即首次筛查时对全场猪采样，个体栏猪采集口鼻拭子样本，三合一或者五合一混样监测，混样不宜超过5个样本；大栏猪，采集栏内水嘴、料槽、地面环境样本。对场内所有人员衣物进行采样，此时不宜混样，并对猪场环境进行全面筛查，重点关注确诊阳性猪栋舍，采样关键点可参考第15章表15-8。首次筛查后的第2天和第3天再次进行全面筛查，其后在第7、14、21天各全面筛查一次。连续3周全面筛查未监测到阳性样本，可调回日常监测模式。由于每个猪场情况不同，可根据本场实际情况以及检测的阳性检出率调整筛查间隔时间。

13.2.5 样品的保存与运输

样品保存管应使用无菌、对核酸无吸附作用的螺旋盖塑料管。每个样品管应再套一个样品袋以防样品泄露和污染。新鲜采集的临床样品应在 2~8℃ 下，在采集后 2~4 小时内送至实验室。用于病毒分离和核酸检测的样品应当尽快进行检测，能在 24 小时内检测的样品可置于 4℃ 保存；24 小时内无法检测的样品则应当置于－70℃或以下保存（如无－70℃保存条件，则于－20℃冰箱暂存）。采集过程中要保持盛装容器表面洁净干燥，标记清晰可见。

在送检前应完整清晰填写检测送样单（表13-1）并留底一份，以便猪场和实验室检测单位能够清楚明白样品类型和数量，特别是样品的检测项目和背景信息，有助于实验室工作人员结合检测结果和临床症状进行综合分析。

表13-1　实验室检测送样单

送样人信息：					
送检单位			送检地址		
送 样 人			联系方式		
送样人邮箱			送样日期		
样品及检测信息：					
畜禽种类	样品名称	编号	数量	检测项目	备注
样品总数					
收样信息：					
收样总数			样品状态		
收 样 人			日　期		
备注：					

13.3　实验室检测方法与应用

13.3.1　实验室检测方法

实验室主要通过病原学和血清学手段检测ASFV。病原学诊断依赖于活病毒、抗原、基因组的检测，包括病毒分离、血细胞吸附试验、抗原 ELISA、直接免疫荧光检测抗原（FAT）、PCR 和等温扩增分析等方法。ASF 血清学检测方法主要有 ELISA、间接免疫荧光试验（IIF）、免疫印迹试验（IB）和对流免疫电泳试验（CIE）。在疫情流行的早期，我国发生的 ASF 多表现为最急性或急性型，病猪往往在特异抗体出现前已经死亡，因此病原学检测尤为重要。快速实时荧光定量 qPCR、重组酶聚合酶（RPA）/重组酶介导（RAA）等温核酸扩增、环介导（LAMP）等温核酸扩增等技术实现了在猪场、屠宰场等场所建立小型实验室，大大缩短了从采样到出结果的时间，为开展防控工作争取了更多时间。qPCR 具有很高的灵敏性和特异性，在 ASFV 检测中使用最为广泛。常用核酸检测方法的比较见表 13-2。

表 13-2　常用核酸检测方法的比较

方法	核酸提取	扩增	结果观察	耗时	特异性	敏感性
普通 PCR	≈25 分钟	≈60 分钟	≈30 分钟	≈115 分钟	★★★	★★
qPCR	≈25 分钟	≈60 分钟	/	≈85 分钟	★★★	★★★
免提取快速实时定量 PCR	≈5 分钟	≈30 分钟	/	≈35 分钟	★★★	★★
需提取快速实时定量 PCR	≈25 分钟	≈30 分钟	/	≈55 分钟	★★★	★★★
RPA/RAA	≈25 分钟	≈15 分钟	/	≈40 分钟	★★	★★★
LAMP	≈25 分钟	≈20 分钟	/	≈45 分钟	★★	★★★
普通 PCR＋胶体金	≈25 分钟	≈35 分钟	≈5 分钟	≈60 分钟	★★	★★

注：引自吴晓东。

13.3.2　猪场实验室的应用

与专业实验室相比，在猪场使用快检技术，更需要注意的是检测结果的准确性。影响准确性的因素很多，包括试剂盒、设备、人员操作、检测结果的解读、实验室环境等。

（1）试剂盒的选择：常规 qPCR 检测方法一般有 2 个步骤，首先是基因组 DNA 的提取，其次是 PCR 扩增。对于提取试剂盒来说，针对不同的样品所需的提取试剂盒特征也不一样，如口腔液中成分复杂，其提取难点在于核酸的充分释放及样本中抑制物的去除；环境样品中病原基因组含量低且易降解，这个时候则需要选取能够极限回收核酸并且能去除样品中抑制物的基因组提取试剂盒。所以针对不同的临床样品，病原基因组提取试剂盒的选择非常重要。PCR 试剂盒的选择则需要关注敏感性、特异性及检测下限等特点，通过反复比较不同试剂盒在相同条件下检测同一份样品的方法，选择 2～3 种最优试剂盒。

（2）设备的选择：通过反复比较使用不同设备在相同条件下检测同一份样品的方法，选择敏感性高、稳定性好的核酸提取和扩增设备。设备在高频状态下使用半年或一年时，需由设备生产公司或专业公司对仪器进行校对。

（3）人员操作：检测人员需要经过专业培训，包括实验室技术和自身安全防护。在检测过程中监测每次试验阴阳性对照和内参的循环阈值（Ct 值）的检测结果，以此来衡量每次检测结果的有效性。

（4）检测结果的解读：在读取 qPCR 检测结果 Ct 值之前，保证以下条件成立。

①阳性和阴性对照成立。

②扩增曲线的形态标准。

③阈值线合理。

④基线平整。

⑤如果采用内标，保证内标成立。

（5）扩增曲线判读指标。

①曲线拐点清楚，扩增曲线呈现 S 型，整体平行性好，低浓度样本扩增曲线指数期明显。

②曲线指数期斜率与扩增效率成正比，斜率越大扩增效率越高。

③标准的基线平直或略微下降，无明显的上扬趋势。

④各管的扩增曲线平行性好。

完整的扩增曲线线性图谱如图 13-2，由基线期、指数期、线性期和平台期构成。

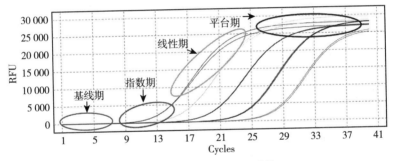

图 13-2　扩增曲线线性图谱
来源：Azure Cielo qPCR 系统

一些 ASFV qPCR 检测试剂中使用内标，内标的作用是对单个待测样品本身的检测过程进行监测，是体现核酸检测质量的重要指标之一，可作为质控品的有力补充。内标是指在同一反应管中与靶序列共同扩增的一段非靶序列分子，如果内标无扩增曲线，则提示实验过程存在问题，该样品实验无效。内标一般分为外源性内标和内源性内标。外源性内标是人工添加的一段序列，在提取核酸之前加入，与样品中的靶核酸一起经历核酸提取过程，可以较全面地监测从核酸提取到产物分析全过程的有效性。外源性内标不但可以监测标本中 PCR 抑制物及核酸提取中试剂的混入所致的假阴性，而且可以监测因为 PCR 扩增仪孔位间温度的不准确及核酸的提取效率太低所致的假阴性。即如果内参结果为阳性且扩增曲线恒定，则提示核酸提取和扩增等环节是没问题的。而内源性内标是使用天然样品中含有的内参基因作为内标，对于 ASFV 的检测是以猪源基因作为内源性内标。由于内源性内标与样品中的靶基因经历完全相同的处理程序，可以监测核酸检测的全流程，可以监测是否采集到足够数量的样本细胞，又可以监测提取和扩增检测过程。内源性内标多适用于猪源样品，因此如果检测的是环境样品则内参基因可能失效。

　　PCR 检测的是病毒核酸，所以不能够用来区分是死的还是活的病毒，因此不能简单通过检测结果去做全局的判断。对可疑结果需要进行回溯性重新检测：即重新检测同一份核酸，在同一个检测体系内做 3 个重复；如果 3 个重复中仍有可疑阳性结果，则需要重复同一份样品从提取基因组到 PCR 检测整个流程；如果经过第二步后的检测结果仍然可疑，则需要对这份样品所对应的动物或位置进行重新采样并检测。

　　（6）实验室环境：需要有空调或者保持温度恒定的设备。需要做空间利用管理和气压管理。空间利用管理即实验室分区，需要分出样品接收处理区、试剂配制区、核酸抽提区和核酸扩增区等，保持实验室干净整洁，减少交叉污染。气压管理即需要合理的气压通风系统，最好实验室配备生物安全柜或超净台，减少气溶胶污染。定期检测实验室环境拭子，监测实验室污染情况。

13.4　实验室检测标准操作规范

13.4.1　试验前的准备

（1）根据送检计划，提前准备好检测所需要的试剂（盒）和耗材。

（2）准备好个人防护设备（PPE），包括防护服、眼镜、口罩、无菌手套等。

（3）检测工作开始前 30 分钟，开启核酸提取仪、通风橱、生物安全柜的紫外灯进行照射；实验室的墙面、地面用浸泡了 5% 84 消毒液（浓度为 3 克/升）的抹布或拖把擦拭清洁，实验室的台面用 75% 的酒精擦拭清洁。

13.4.2　试验过程

（1）操作前佩戴 PPE，移液器、枪头盒等要放入通风橱中的物品连同通风橱仪器用核酸祛除剂喷洒去除 DNA 和脱氧核糖核酸酶（DNases）。

（2）样品和需要冷藏的试剂尽量保持冷藏状态。

（3）枪头盒保持关闭状态，避免吸完样品（特别是阳性对照）的枪头经过打开的枪头盒。

（4）根据说明书进行试验操作。试验过程中最先加阴性对照，盖上盖子后再加 PCR 待检核酸，最后加阳性对照；推荐在核酸提取的过程中也设置阴阳性对照来监控核酸提取过程中的交叉污染。

（5）整个操作过程都要戴手套进行，当有污染风险的时候必须更换。

（6）操作过程中的废吸头、废弃物品、被污染物品集中放于盛有 10% 84 消毒液的废液缸内，且物品要浸泡于液体中。

13.4.3　试验结束后的处理

（1）试验结束后，将所有用 10% 84 消毒液处理过的废吸头、废弃物品、被污染物品等集中装于密封塑料袋内密封，外表喷洒 10% 84 消毒液，传出实验室。实验室外将废物和废液分别处理。

（2）扩增结束的 PCR 管不可高压灭菌处理。

（3）生物安全柜操作结束后使用核酸祛除剂进行擦拭，然后柜内开启紫外灯照射 30 分钟，每次实验结束后清洁一次。

（4）实验室内墙面、地面使用 10% 84 消毒液进行擦拭，每天工作结束后清洁一次。

（5）实验室内耗材和仪器未经处理不得移出。

（6）专用工作服不得随便穿出实验室，且每周将工作服浸泡于 2% 84 消毒液并清洗一次。

13.5　实验室出现 qPCR 污染的对策

13.5.1　污染的原因分析及处理

（1）只是阴性对照污染，标本中仍有阴性，可考虑样品交叉污染或操作不当所致，可以通过规范仔细的重复操作予以避免。

（2）如果所有的曲线都呈阳性，而且阴性对照的污染和许多标本的线性相似，则考虑是系统污染，如检测试剂污染或气溶胶污染。

13.5.2　系统污染的应对措施

（1）如果是试剂污染，则更换其他批号的所有试剂、所用耗材等全部更换就可以解决。如果问题持续存在，则可能是气溶胶污染。

（2）如果是气溶胶污染，有如下几种防止措施：

①减少做 PCR 的频率，做得越频繁，越容易污染。能一次做 50 个，不要分开 5 次每次做 10 个。

②使用一次性带滤芯移液器枪头，不使用枪头吹打液体进行混匀，禁止在 PCR 结束后打开 PCR 管盖。

（3）气溶胶污染处理方式。

①通风，将污染物稀释掉，并用次氯酸钠/核酸祛除剂等擦拭、紫外线长时间照射，需要大于 2 个月。

②实验室进行分区，将核酸提取室、PCR 扩增室完全分开，所有操作都在通风橱或生物安全柜中进行。

13.6　检测注意事项

13.6.1　样品采集注意事项

（1）采集口腔液时，应选择棉绳，要求棉绳质量好并经过灭菌处理。

（2）在猪舍内采样，完成一个区域的采样后，更换防护服、手套再进行下一个区域的采样。

（3）采集猪舍外环境拭子时，手套接触到拭子，需更换手套，再进行下一个采样。

（4）环境拭子采样时，确保环境拭子是湿润的，如果已干燥，需浸入保护液后再进行下一个采样。

（5）禁止在猪场内解剖猪、采集组织样品。如果猪感染了 ASFV，在猪场内剖检，会造成大面积污染，非常不利于猪场控制。

13.6.2　实验室检测注意事项

（1）在样品处理过程中，要注意样品混合检测。当判断样品含毒量较高，Ct 值较低时，可以多个样品混合检测。若为早期监测采集的样品或者是环境拭子等含毒量较低的样品，需适当混合检测，不建议多个样品混合检测。

（2）PCR 实验必须在阳性对照和阴性对照结果成立，并且符合检测说明书要求的 Ct 值范围时，待检样品的结果才有意义，才可以读取待检样品的检测结果。

（3）样品出现典型的 S 型曲线方可视为阳性。

（4）定期检查和校准实验室仪器及用具，做好实验室记录并妥善保存。

13.7　变异毒株监测方案

针对变异株的病原特点，优化监测方案。每日开展猪场场内巡栏，监测猪群临床症状。定期开展场外环境样品采样检测。每周对猪群进行病原和抗体监测。监测采样时可对全群进行 30% 抽样检测。在猪群进行疫苗接种、转群、去势，或母猪分娩后，抽样检测。一旦猪出现疑似临床症状，立即采样检测。

育肥猪群：猪场发现临床异常猪后，立即对育肥猪群进行大栏棉绳口腔液采样，及时送检进行病原检测。

产房：在母猪分娩后，采集脐带血、胎衣或胎衣液等样品以及母猪口鼻拭子联合尾根血混样样品进行病原检测。

病死猪：在确保猪场内生物安全的情况下，及时采集病死猪淋巴结、肺脏等样品在当天送检。有研究报道非洲猪瘟病毒变异株在猪淋巴结、肺脏病毒载量最高，对相应组织样品的检测可提高检出率。

环境：定期对猪场内料槽、风机等进行环境样品检测。

当猪场多点同时出现疫情，或复产后再次出现疫情时，可采用高通量检测方法确定上述多点疫情及复产前后疫情是否为同一毒株，旨在为查找生物安全管理漏洞提供科学的参考。

14 │ 非洲猪瘟发生后的精准剔除

　　猪场出现异常猪时，第一时间启动网格化管理，第一时间采集口鼻拭子和尾根血拭子进行抗体抗原双检测，根据临床及实验室检测判定是田间强毒株还是弱毒株（变异毒株）。同时在出猪台对死淘猪采血进行抗体抗原双检测，如果在转群、免疫、重胎猪、分娩过程中出现异常猪，需对"密接猪"采集口鼻拭子和尾根血也进行抗体抗原检测，判断是田间强毒株还是变异毒株，并评估在猪场的流行情况。根据国家相关法律法规制定可行精准剔除技术路线，该操作应该在一个专业的、有经验的团队指导下来完成。

14.1　制定剔除日程表（表14-1）

表14-1　剔除日程表

时间	D-D行动（重点工作）	责任人
发病前	完成剔除物资准备和升级改造工作	场长，兽医、采购
	所有一线员工学会口鼻拭子采样和环境采样	兽医、生物安全队长
	全场应急预案制定，采样、剔除、消杀工作分工到人	场长、兽医、生物安全队长
发病前1天	监测生产区环境采样，发现阳性点	场内生物安全员
	监测生活区、办公区环境采样，发现阳性点	场外生物安全员
	监测异常猪，检测发现阳性猪	各栋饲养员
	出现上述阳性样品，复检确诊后启动精准剔除程序	总经理、技术总监、场长

（续）

时间	D-D行动（重点工作）	责任人
发病当天	隔离封栋，产房每间1～2人，大栋2～3人	场长
	专用剔除物资分配到舍栋（至少够用1周）	场长、生物安全队长
	发病栋舍及相邻栋舍全群口腔采样和环境采样	场长、生物安全队长
	1∶（50～100）过硫酸氢钾带猪消毒两次	各栋饲养员
	样品保存与送检	各栋饲养员
	餐食配送到栋舍	场内生物安全员
第1天	根据检测结果，列出网格筛查图，制定淘汰路线	场长、兽医、生物安全队长
	淘汰阳性猪	生物安全队剔除小组
	阳性猪和剔除路线栏位消杀（5％火碱）-移除粪便（生石灰1∶2）-火烧-清洗-5％84消毒，通体水槽消杀，全群3％柠檬酸饮水	栋舍饲养员
	舍外连廊消杀2次，生活区到生产区洗澡间消杀，给栋舍配餐	场内外生物安全员
	场外道路采样，5％火碱消杀	场外生物安全员
	补充剔除物资	所有人员
第2～5天	不接触猪巡栏，带猪消毒2次，淘汰异常猪（左右各两头及前后各1～2头）	栋舍饲养员
	淘汰猪处置，相邻猪和周边环境采样	生物安全队剔除小组、栋舍饲养员
	记录更新每天网格筛查分布图	兽医、生物安全队长
	场内舍外道路5％火碱消杀，生活区到生产区洗浴间5％84消毒	场内生物安全员
	场外道路5％火碱消杀（冬季需添加5％～10％丙二醇）	场外生物安全员
	栋舍配餐	场内外生物安全员

14.2　列出剔除物资准备清单（以 1 000 头规模为例，见表 14 - 2）

表 14 - 2　剔除物资准备清单

目录	数量（规格）	备注
防护服	2 500 套	
乳胶手套	3 000 双	配合长臂手套使用
长臂手套	3 000 双	配合乳胶手套使用
14 号薄膜袋	100 卷	封闭死亡猪
彩条布	10 卷	规格 4×100
黑毛毡	10 卷	规格 2×100
棉绳	1 000 套	含有保存液
口鼻采样拭子	3 000 套	含有保存液
样品记录表	50 张	每单元至少 2 张
记录笔	20 支	每单元 2 支
记号笔	20 支	每单元 2 支
垃圾袋	200 个	分别装耗材、垃圾、样品
小喷壶	50 个	每单元 2~3 个
手电筒	20 个	每单元 2 个
7 号自封袋	500 个	
5 号自封袋	500 个	
火碱	100 袋	每单元至少 5 袋
生石灰	200 袋	每单元至少 10 袋
过硫酸氢钾	20 千克	
12.5%次氯酸钠	100 桶	
戊二醛	10 桶	
敌敌畏	10 瓶	每单元 1 瓶
全封闭大力车	5 辆	定位栏、产房转运病死猪

14.3 网格化管理风险区域等级的划分

猪群出现异常猪时第一时间启动猪场内部网格化管理，划分不同的风险等级，区域精准到栏位，开展颜色管理生产和采样工作。

14.3.1 高风险区域

如果检测结果为变异毒株且阳性率＞20%，建议单元内清群。如果检测结果为田间强毒株或变异毒株阳性率＜10%，全场迅速实施风险等级管理和网格化筛查，分级阻断病毒在猪群间的扩散。将阳性猪所在栋舍标记为红色，定义为高风险区域（彩图21，红色方框内），该区域实施最严格的隔离措施，停止配种、疫苗免疫等生产作业，让猪群处于静默状态，全面排查异常猪，全群快速进行口腔液和环境采样核酸检测，及时集中处置阳性猪和异常猪，实施全方位无死角消杀，阻断病毒的扩散。实施"14＋7"管控措施，即临床无异常猪出现，且连续经过2轮全群口腔液和环境采样（猪周边地面及过道）核酸检测（隔离第1～14天）和1轮全群核酸抗体双检（隔离第21天），全部为阴性时全场解除隔离。

14.3.2 中风险区域

将与发病相邻栋舍标记为黄色，定义为中风险区域（彩图22，黄色方框内），该区域既要严防病毒进入，又要阻断可疑猪可能的感染及造成病毒扩散。实施"7＋7"管控措施，即临床无异常猪出现，且连续经过1轮全群核酸检测（隔离第1～7天）和1轮全群核酸抗体双检（隔离第14天），均为阴性时，防控重点由"阻断病毒扩散"转为"严防病毒进入"。

14.3.3　低风险区域

将与发病栋舍不相邻且无异常猪、无阳性猪的栋舍标记为绿色，定义为低风险区域（彩图23，绿色方框内）。该区域实施最严格的消杀措施和环境核酸检测，严防病毒进入。饲料、工具、生活物资、兽药、疫苗等集中采购、批批消杀处理且进行采样核酸检测。淋浴间、操作间、连廊、栏位、过道、门把手等每天消杀，环境、人员每周采样核酸检测。

14.4　田间强毒株的精准剔除

当现代集约化猪场发生疫情，出现异常猪时，第一时间采集口鼻拭子和尾根血拭子进行抗体抗原双检测，根据临床及实验室检测结果判定是田间强毒株还是变异毒株。如果为田间强毒株，应遵守国家相关法律法规，按照"早、快、严、小"的原则进行处置，可以分九步进行精准剔除，确保24小时内阳性猪发病栏位环境检测为阴性。

第一步：快速找到阳性猪只。

做到"三早"即早发现、早隔离、早剔除。第一时间发现异常猪（不吃料、流产、死亡、发烧、精神不振），如果异常猪核酸检测为阳性（彩图24，红色标记猪），当天全场全群采样检测，精准定位到所有阳性猪。定位栏、产房、母猪及试情公猪个体采样（样品五合一），大栏母猪、保育猪、育肥猪大栏采样，检测必须当天出结果，必要时进行抗原抗体双检。

第二步：确定最佳剔除路线。

确诊阳性猪4小时内处理离场（从尾部移除），剔除路线遵循经过最短路程、最少猪舍的原则，必要时应该就近破墙而出，如图14-1（彩图25）所示。剔除道路及两边使用彩条布

图 14-1　确诊阳性猪剔除顺序和路线示意

和地毯全程围起铺设为封闭通道
（图 14-2），死亡猪密封好，避免
天然孔有液体溢出造成病毒的污
染扩散。剔除完毕后，就近在安
全的地方将条布和地毯烧毁，剔
除前后的过道及环境必须进行彻
底消毒。同时全群猪饮用 3% 的柠
檬酸水。

　　第三步：移动相邻可疑猪。

　　将发病猪相邻的可疑猪移动
到空栏，检测观察，3～5 天核酸
检测一次（口腔、环境样品），经

图 14-2　彩条布和地毯
全程围起铺设

过 2～3 轮检测，阴性猪保留，阳性猪剔除。如果出现高烧、
死亡等严重的临床症状或肛拭子检测为阳性，直接剔除发病和
相邻猪；如果通体水槽及猪口腔拭子检测为阳性，建议剔除整
槽猪；如果单元内多点（猪）检测为阳性，建议剔除单元内所
有猪，如图 14-3（彩图 26）所示。

　　第四步：封闭污染区。

　　使用彩钢板封闭隔离发病栏位、过道，启动第 1 次消毒，

图 14-3　剔除单元内所有猪

使用5%火碱水喷洒污染区域，2小时后再将石灰和粪便按1：2比例包装好移除出猪舍。

第五步：烘烤污染区域。

针对污染区域启动第2次消毒，使用烘干机或火焰对污染区域进行高温烘烤（图14-4），注意安全。

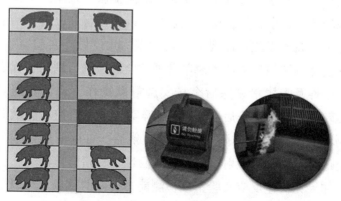

图 14-4　对污染区域进行高温烘烤

第六步：清洗污染区。

使用钢丝球、小喷壶和清洁剂清洗污染区域，禁用高压水枪，避免污染扩散。

第七步：降解核酸。

使用5％次氯酸钠溶液对污染区进行第3次消毒，降解环境中的病毒核酸。

第八步：环境检测。

通过技术隔离、消毒和其他生物安全措施处理，确保24小时内阳性猪发病栏位环境核酸检测为阴性。24小时后启动非生产区域环境消毒净化。

第九步：监测与效果评价。

如果领导决策正确、员工执行力强，物质储备又充分，可以做到精准剔除。

如果实体大栏出现异常猪，通过检测确诊，只需要剔除本栏猪，其他操作流程同上。如果镂空大栏出现异常猪，通过检测确诊剔除发病及相邻栏位猪，其他操作流程同上。精准剔除过程中避免采样交叉污染、剔除猪过程污染和其他污染。操作人员在采样和剔除过程中必须穿双层防护服，戴双层手套，场长现场监督，全程配备记录仪录像，以便监督和改善。精准剔除是一项系统工程，需要从项目管理的角度做好实验室建设、日常监测预警与物资储备清单管理和全群检测与剔除日程表管理。阳性及密接猪剔除后全场实施静默操作6周，其间对分娩、转群、疫苗免疫后2～3天猪群实施重点监控，静默期间检测不到抗原、抗体阳性或无异常猪后，可以使用白油、疫苗、地塞米松全群注射，应激刺激隐性带毒猪群排毒。

如果无快速反应实验室或检测能力有限的猪场，可以采用直接剔除法，即先剔除后检测，具体操作如下。

（1）直接淘汰预警阳性的通槽猪和对侧 5 头猪。

（2）对阳性栏位区域立即进行消毒处置并采样确保阴性。

（3）全群不做普检，之后 7 天出现疑似临床症状的猪直接淘汰，淘汰后在舍外采样送检。

（4）淘汰猪舍外检测为阴性者暂不增加淘汰数量，若为阳性者则继续淘汰通槽和对面 5 头猪。

（5）直接剔除法执行 7 天后，异常猪再原地检测后决定是否重复以上操作。

14.5 弱毒株（变异毒株）剔除的探讨

弱毒株感染后，猪排毒量很低，部分群体感染后临床无症状，排毒无规律，不建议短时间全场实施普检。关键是监控异常猪如剩料猪，当出现异常猪时，本单元内进行 4～5 次静脉血抗原和抗体检测（母猪群首选尾静脉，公猪可选用股静脉），间隔 7 天普采一次，出现 2 次抗原抗体普检双阴后，延长下次普检间隔至 14 天。当根据临床及实验室检测结果判定是弱毒株（变异毒株）时启动剔除程序。

14.5.1 异常猪识别

14.5.1.1 母猪异常识别

（1）体温升高发烧的，如热成像仪异常体温 39℃以上的，天天采样检测。

（2）母猪喂料 1 小时后，不吃或少吃饲料的，天天检测。

（3）嗜睡躺卧，轻触不起的。

（4）关节、下颌、眼睑肿胀的。

（5）耳尖、体表紫绀，体表出现坏死斑。

（6）流产。

(7) 口鼻流血，便血。

(8) 死亡母猪。

重点筛查减料、嗜睡、躺卧或膝关节轻度肿胀，伴有轻度发烧的猪。异常母猪监控采样以采集口鼻拭子和尾根血为主，死亡母猪采集腹股沟淋巴结。

14.5.1.2　育肥猪异常识别

(1) 不吃或少吃饲料的。

(2) 嗜睡躺卧，轻触不起的。

(3) 热成像仪测得体温在 39～40.5℃的。

(4) 轻度腹泻的。

重点筛查减料、嗜睡躺卧或膝关节轻度肿胀，伴有轻度发烧的猪。采样监测：每天悬挂棉绳，采集口腔液，以免遗漏。

14.5.2　精准剔除

当异常猪确诊为弱毒株感染时，立即启动网格化管理，按单元、区域采血 40 头（母猪群首选尾静脉，公猪可选用股静脉）和出猪台病死猪淋巴结穿刺采样，进行抗体抗原双检测，如果抗体抗原阳性率小于 10% 时，迅速启动全群检测，根据检测结果，划定高风险区域、中风险区域和低风险区域，根据不同的风险等级进行网格化剔除，可以参考强毒株的剔除技术路线。

(1) 单元清群：当异常猪确诊为弱毒株时，如果抗体抗原阳性率大于 20% 时，或在大栏中检测到弱毒株时，建议迅速进行风险等级管控，启动按单元、按区域清群，分单元分区域进行洗消，尽早实现全场净化。实施精准清除的猪场，阳性及密接猪剔除后全场实施静默操作 6 周，其间对分娩、转群、疫苗免疫后 2～3 天猪群实施重点监控，静默期间检测不到抗原、抗体阳性猪后，可以使用白油、疫苗、地塞米松全群注射，应激刺激隐性带毒猪群排毒，过后采集口腔液、咽拭子、尾根血、围产期母猪恶露等进行 2～4 次检测，抗原抗体全为阴性后可认为清除成功，转入正常生产。

（2）精准清群：变异毒株或弱毒株排毒量很低，当异常猪确诊感染弱毒株时，猪场能够第一时间发现，且猪群抗体抗原阳性率小于 10％时，猪场建有快速反应实验室并且检测能力非常强时是可以实施精准清群。制定变异毒株的精准剔除技术路线要比野毒剔除的要求更高更复杂，母猪群的具体剔除技术路线如下：

①预警机制建立。发病前做好了充足的物资保障工作，制定了周详的预案，做好了人员分工，开展了多次弱毒株精准剔除培训和演练，一线员工具备及时发现异常猪的能力，技术骨干或兽医主管中有经历弱毒株精准剔除实操，猪舍的建设布局已经按照弱毒株精准剔除操作的要求进行了升级改造。

②第 0 天，第一时间发现异常猪后，立即采集异常猪的口鼻拭子和尾根血进行抗体抗原筛查，对减料和热成像仪异常体温 39℃以上猪需要天天检测，阳性猪复检立即鉴别是弱毒株还是野毒株感染。

③第 1 天，启动网格化管理，划定风险等级区域，全群采集尾根血，抗体及核酸双筛查，检测抗体可以使用高敏感的时间分辨荧光仪（POCT）。如果双筛查为阴性，对减料和热成像仪异常体温 39℃以上的猪需要天天检测，至少连续检测 4～5 次。对阳性猪要加大剔除力度，直接剔除通槽和对面 3 头母猪，同时进行阳性猪周边环境采样检测，如果核酸检测为阳性，相邻通槽猪全部剔除。弱毒株的排毒量较低，如果是第一时间筛查异常猪发现阳性，全群普采间隔可以为 7 天。全群饮

水添加复合酸 15 天左右，做好消毒工作特别要注意风机采样消毒，做好前 3 天发病栏舍的彻底消毒灭源工作，避免采样交叉污染和淘汰猪过程中的污染。

④第 8 天，全群普采尾根血，抗体和核酸双检，淘汰阳性猪，淘汰的力度可以适当降低。阳性猪周边环境采样检测，如果核酸检测为阳性，相邻通槽猪全部剔除。做好消毒工作，避免采样交叉污染和淘汰猪污染。

⑤第 15 天，全群普采尾根血，抗体和核酸双检。做好消毒工作。

⑥第 22 天，全群普采尾根血，抗体和核酸双检。做好消毒工作。

⑦第 36 天，全群普采尾根血，抗体和核酸双检，双检出现两次双阴时采样间隔时间可以延长至 14 天。

⑧第 65 天，全场持续静默 30 天，感染压力大可以延长至 42 天，全群普采尾根血，抗体和核酸双检无阳性，环境采样重点是风机检测，无阳性可以恢复生产。

异常猪的监测，及早发现是变异毒株精准剔除成败的关键，全群采样避免人为交叉污染，剔除过程中尽可能减少对周边猪群和环境的污染，做好前 3 天发病栏舍的彻底消毒灭源工作，静默期间发病栏舍所在的单元所有工作（饲养管理，剔除猪、消毒净化等）由专人负责，与其他单元的人员和工具不交叉，杜绝一切接触的机会。

针对育肥猪群，建议以栏为单位，或者以单元为单位开展精准剔除工作。

15 | 非洲猪瘟发生后的复养

    猪场发生 ASF 清群后，复养是养猪业必须面对且极具挑战性的工作，从 2018 年 8 月第一例疫情发生至今，很多不同规模的猪场在复养，积累了很多成功的经验。

    简单来说，复养成功必须满足两个前提条件：一是猪场已存在的 ASFV 彻底被清除和灭活；二是能够防止 ASFV 的再次传入并在场内扩散。对于前者是一项烦琐、严格的工作，不仅包括猪场彻底清洗、消毒过程，并且还需对猪场各区域特别是高风险区域，结合实验室检测进行严格的现场评估；对于后者则必须先在疫情发生原因回溯分析的基础上，进一步完善猪场的外部及内部生物安全体系，在引入哨兵猪或正式引种之前，必须对猪场所在地区非洲猪瘟发病情况进行详细调查，只有在疫情稳定，没有新的案例发生的区域才能引入哨兵猪或正式引种。总之，复养是一项系统性工作，上述每一项工作特别是现场评估和实验室评估等，涉及许多技术性细节，需要在一个专业的、有经验的团队指导下完成。

15.1 国外猪场复养经验介绍

    复养在国外养猪业并不是一个新名词。在 ASF 流行之前，就有一些疾病的根除项目、部分疾病（ASF、CSF、PED 等）暴发后重新饲养。复养最关键的是识别、分析和消除之前疾病防控和生物安全体系中的不足之处。

复养的猪场一切都是重新开始，确保猪场及猪场生产相关的各个环节（如猪场、饲料厂、卡车、屠宰场等）严格遵循生物安全规则，同时保证所有相关人员均接受非洲猪瘟防控及生物安全体系的严格培训。由于每个猪场的情况不同，没有统一的复养方法，不同的猪场应结合自己猪场的实际情况，以一场一策的原则来制订适合的方案和行动计划。

15.1.1　复养前系统评估

不同病毒的特性影响复养成功的概率。在欧洲一些国家，曾因 PRRS、APP、支原体和猪痢疾进行了部分清群和复养，这些疾病可以通过疫苗或抗生素切断猪场的垂直传播，对于 ASF 而言，欧洲一些国家和俄罗斯在近两年也进行过少量复养。复养是一个复杂的过程，在复养之前，需要考虑以下几个关键点。

（1）是进行部分清群还是全部清群？根据欧盟官方规定，非洲猪瘟病毒感染农场需要全部清群。

（2）严格进行溯源工作，明确 ASFV 侵入猪场的途径，消除该侵入途径。

（3）评估农场的位置及类型、猪舍的设计和状态等风险因素，比如猪场周围有大量家庭养猪的存在，将大大降低复养成功的概率，波兰政府在过去几年关闭了大量不符合生物安全标准要求的散养户，并给予一些补偿，他们可以饲养除了家猪以外的其他家养动物。

（4）复养是一项高成本的投入，应先评估猪场的财务状况。

15.1.2　复养前准备工作

15.1.2.1　猪场、卡车等清理、清洗、消毒

（1）清除猪场所有死猪，用电设备做好防护，工人需要佩戴安全防护用具，确保人身安全。

（2）清除所有粪污，拆卸漏缝地板和产床，销毁所有木质结构（如产床垫板）和所有舍内衣物、橡胶垫、记录表等，拆卸所有料线、饮水器等。

（3）用高压水枪彻底清洗，清除粪块、污物等，清洁剂浸泡（图 15-1），再用水清洗。泡沫清洁剂可以软化坚固的粪便等有机物或去除生物膜，将包裹的病毒释放出来，便于彻底清洗。

（4）高压水枪冲洗，清洗干净（图 15-2）。

图 15-1　将清洁剂打成泡沫清洗卡车

来源：Tomasz Trela

图 15-2　清洗干净的漏缝地板

来源：Tomasz Trela

（5）干燥，可通过辅助加热等措施加快干燥速度。

（6）环境干燥后才可进行消毒。使用经批准的消毒剂，遵守推荐浓度、接触时间和合适的温度要求，消毒剂也需用相关设备进行表面均匀喷洒。例如，研究发现，浓度为 1% 的氢氧化钙溶液在 4℃ 条件下和 0.5% 的氢氧化钙在 22℃ 条

件下，均可在 30 分钟内杀死 ASFV，但 0.2% 的氢氧化钠溶液在 4℃时没有效果，在实际操作中通常使用 2% 的氢氧化钠溶液消毒房间，成本较低的氢氧化钙用于杀死猪粪便中的 ASFV。

（7）干燥并保持空置数周，只有在农场保持最少 80 天的"空置时间"后，才有可能达到全面的清洁和消毒。

（8）洗消过后，可以使用检测 ATP 法评估洗消洁净度，也可采集环境样品进行实验室 PCR 检测，检验是否仍有病毒及其核酸的残留。

15.1.2.2 空舍期改造

利用空舍期对猪场设备升级改造，更换利于改进生物安全水平的设施，如周围设施、卫生设施、防鼠防鸟设施、卡车清洗站等，目前东欧一些国家使用双围墙模式，将猪场划分场外区、灰区和生产区（图 15-3，彩图 27），管理车辆和人员的流动，提升整体生物安全水平，在防控非洲猪瘟及其他猪病方面有很突出的效果。

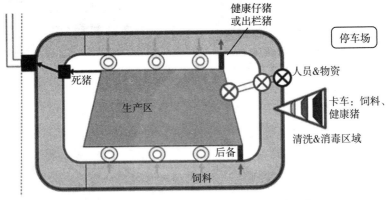

图 15-3　农场区域划分以及车辆和人员通路

来源：Tomasz Trela

15.1.2.3　空舍时间

清洗消毒结束后，空场 6～8 周的时间可以消除一些重要病原，而对于 CSF、ASF、沙门氏菌等病原则需要更长的空置时间。

目前，在东欧的一些猪场，空场后满足以下两种做法之中的一种，则假设可以进行复养，一是空置 40 天后，引入哨兵动物饲养 45 天，检测血清学（PCR/ELISA）均为阴性；二是若空场时间达到 6 个月，则可以不饲养哨兵动物，经过政府的特殊许可后复养。国内一般以经过彻底洗消处理及生物安全改造，检测不到非洲猪瘟病毒核酸后进行复养。

15.1.2.4　引种和隔离

确保新引进的猪非洲猪瘟抗原抗体双阴性，使用经过彻底洗消高温烘干的卡车运输，到场前场外隔离至少 3 周，60 天最佳。隔离期间保证严格的生物安全，专人管理，使用专用工具，并进行两次非洲猪瘟抗原抗体检测，采血时间点为抵达当日和 3 周后，结果为非洲猪瘟抗原抗体双阴性，方可进场。选择精准清除的猪场以及有保种需求的猪场，可以在隔离饲养的条件下从场内按照抗原抗体双阴的原则选留后备猪，检测确认阴性后留种。

15.2　复养流程

发生非洲猪瘟疫情的猪场，应严格按照国家法律法规要求采取封锁、扑杀、消毒、移动控制措施，彻底清场后还需发病溯源，进行风险评估并确定是否适合复养，只有通过评估的猪场才可进行生物安全升级改造、清洗消毒、环境检测评估和引进哨兵猪饲养，具体流程参照表 15-1。

表 15 - 1　复养流程

阶段	项目	时间
清场	封闭农场，全场消毒，集中灭鼠，全场实施网格化管理，对全场进行采样评估，根据病毒种类和受威胁程度确定进行精准清除、部分清群还是全场清群处理	20～30 天
	拆卸所有设备设施到指定区域统一浸泡消毒，清空料线料塔，移出废料销毁	
	销毁或淘汰低价值生活物资和生产物资，如剩余饲料、药品、木质纸质布质品（如粪刷，扫把，布风管，挡风帘），留用物资全部浸泡消毒干燥	
	彻底清理打扫所有区域，用扫把、铲子等清洁工具彻底清理刮除	
	清空粪沟和储粪池	
	清除猪舍周边杂草、杂物	
生物安全改造	主要包括划区管理，围墙改造，人员洗消通道改造，车辆洗消点改造，饲料中转塔改造，猪中转站改造，鸟虫鼠防控设施改造和其他改造	根据实际情况而定
洗消	切断舍内电源，接头、插板等设备应提前做好防水保护	
	低压水冲洗，自上而下，房顶-墙壁-管线-布风管-料槽-网床/漏缝地板；由内到外，料线先清水冲洗，再用消毒液冲洗，水线使用过氧乙酸等消毒剂浸泡过夜，或用脉冲式高压清洗机冲洗	1 天
	喷洒洗涤剂浸泡，浸泡时间依据说明而定，充分软化污渍	2～3 天
	高压水冲洗，顺序同上，自上而下全面冲洗	
	干燥，至完全无水，采样做清洁度和非洲猪瘟病毒定量 PCR 检测	2～3 天
	设备安装，安装清洁浸泡消毒后的设备	1～2 天
	消毒，可选择消毒剂包括戊二醛、季铵盐、火碱、柠檬酸、氯制剂如 84 消毒剂、过硫酸氢钾复合粉消毒剂等，消毒前知晓消毒剂的有效成分、有效浓度及作用 pH、接触时间和适宜温度范围，从而达到对病毒的最佳灭活效果，消毒前应保证消毒区域彻底清洗干净并处于干燥状态	3～5 天
	密闭门窗，使用暖风机对地沟和房间加热（达到 70℃维持两小时）	
	熏蒸消毒，37%～40%的甲醛饱和溶液或高锰酸钾＋甲醛，确保温度达到 24℃，湿度 60%～80%，封闭熏蒸 24 小时以上	5～7 天
	空栏	7～10 天
	重复上述清洗消毒操作 1～2 次	17～56 天
	开启生物安全高等级状态	无

（续）

阶段	项目	时间
培训	制订培训计划和考核方案，让员工明白清理、清洗、消毒、干燥和空舍等工作对复养成功的重要性，同时应培训其操作方法和合格标准要求	无
评估	猪场每轮清洗消毒和干燥后，可用荧光定量 PCR 对猪场内外各点进行采样检测来验证每次的洗消效果，以最终一次检测 ASFV 核酸阴性为终极目标，只有猪场内外所有重点部位 ASFV 核酸检测阴性后才可进行哨兵猪的引入	2～3 天
哨兵猪饲养	包括引种前检测，隔离饲养，转生产区饲养和日常检测等	60～70 天
引种复产	包括种源调查，引种评估，引种计划，引种运输，隔离舍饲养观察，精液引入管理等	无
合计		>120 天

15.2.1　清场

15.2.1.1　猪的处理

对场内划分脏区和净区，做好预案，准备好所需物资。定期进行场内环境监测和猪群拭子、口腔液、尾根血等混样监测，对体温、精神、采食异常个体和死亡猪进行口鼻拭子、肛拭子、尾根血、淋巴结穿刺、分娩母猪的恶露及仔猪脐带血等采样，荧光 PCR 检测；采集血清进行 ASFV 抗体监测。避免死亡猪污染净区，一旦出现疫情，本着"早、快、严、小"原则，采用减少流血的方法安乐死剩余猪，如使用电击或 CO_2 安乐死等方式，并对污染区域进行彻底清理清洗消毒。

猪的掩埋要求：选择地势高燥区域，填埋坑底部铺设防渗塑料薄膜后，再铺设 2～5 厘米厚生石灰层，死猪掩埋时最上层猪距地面深度应大于 2 米，有条件的农场应在确保死猪已充分发酵后对掩埋地表层进行水泥硬化和设立围墙。

15.2.1.2 对运输车辆进行彻底清洗消毒

对清场运输的车辆等工具进行消毒，避免污染面扩大，如图 15-4 所示。

图 15-4 处理车辆消毒

15.2.1.3 评估更新设备的可行性

若计划 2 年内更新的，可直接提前更新，如更换水帘及幕布，若经评估仍要使用的，按本节 15.2.3 清洗消毒要求操作。

15.2.2 生物安全改造

15.2.2.1 发病溯源

根据农业农村部早期公布的 68 起非洲猪瘟发生原因分析，47% 的案例是由车辆或人员携带病毒传入，34% 是由于饲喂了泔水等含有猪源性物质导致，19% 是由于接触被感染活猪引起。

农场应全员参与，针对发病原因采用根本原因分析方法（如鱼骨图法等）进行系统性分析，主要包括车辆、人员、饲料、物资、猪、媒介生物等，如图 15-5 所示，同时结合采样检测，找到发病原因，避免复养时发生类似错误。

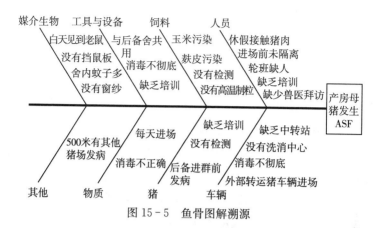

图 15-5　鱼骨图解溯源

15.2.2.2　风险评估

利用风险管家软件等评估工具对农场地理位置、内外部生物安全、管理等方面予以评估，分析该场面临的风险因素（图 15-6）。

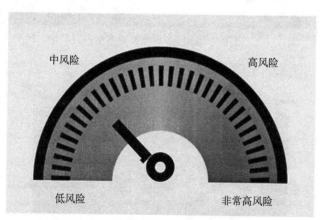

图 15-6　勃林格殷格翰生物安全评估工具

（ASF COMBAT 风险评估）

15.2.2.3 生物安全升级改造

对风险评估通过的猪场进行生物安全升级改造，如重新划定脏区和净区，重新设计丹麦式人员入口，设计建立中转站和洗消中心，设置中转料塔，饲料厂安装高温制粒设备，购置散装饲料转运车，加防鸟网，加防蚊蝇窗纱，设置毒饵站等。

（1）划区管理：对农场各区域进行严格划区，并科学设置人流、物流、车流、猪流等路径，以避免交叉污染或引入外部病毒风险。

（2）围墙改造：设立双层围墙，猪场外围设实心固体墙（图 15-7），围墙地上高度大于 2 米，地下深度大于 0.5 米；生活区与生产区之间再设一道栅栏予以隔离，以保证人员可受控进入生产区，饲料车可在栅栏外将饲料打入料塔（图 15-8）。

图 15-7　外围实心围墙，用栅栏隔离生活区与生产区
来源：Tomasz Trela

图 15-8　饲料车在栅栏外将饲料打入料塔
来源：Tomasz Trela

（3）人员洗消通道改造（图 15 - 9）：人员从场外进入隔离区，从隔离区进入生活区，从生活区进入生产区都应建立丹麦式入口，为防止可能的交叉污染，至少应有 3 条通道，包括场内通道 1（男）、场内通道 2（女）和外部人员通道。

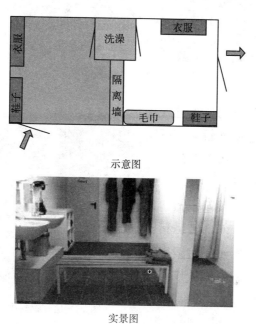

示意图

实景图

图 15 - 9　丹麦式入场示意图和实景图

来源：Tomasz Trela

（4）车辆洗消点改造（图 15 - 10）：设立独立密封的车辆洗消点，若条件允许，内部车辆和外部车辆设置不同洗消点，洗消点内配有加热干燥设备，具体参见第 9 章内车辆风险管控一节。

（5）饲料中转塔改造（图 15 - 11）：有条件的农场可建立饲料中转塔，以限制饲料车入场带来的高风险，不具备改造条件的，可将料塔设立在围墙周边，饲料车可在场外将饲料打入

图 15-10　车辆洗消中心

料塔内，避免饲料车进入场
内，若改造难度较大，可购
置散装饲料转运车专门用于
场内转运饲料。

（6）猪中转站改造：建
立猪中转站，外部转运猪车
辆禁止进入养殖场，猪出售
前由自有专用车辆运输到中
转站进猪口一侧，外部车辆
自中转站出猪口一侧运走，

图 15-11　饲料中转料塔

确保内外部车辆无交叉污染风险，车辆进出农场和转运中心均
应予以清洗消毒。

（7）鸟虫鼠防控设施改造（图 15-12）：实行全封闭式管
理，猪舍加防鸟网，加防蚊蝇窗纱。猪舍外围使用碎石子
（2~3 厘米）铺设 3~5 米宽的隔离带，防止老鼠接近；或每月
在场内科学投放慢性高效接触性或摄入性灭鼠药，沿猪舍间隔
6~8 米设立投饵站，鼠洞和鼠道附近同样投放药物。如有需
要也可向专业服务公司寻求防控技术支持。做好胎衣、死猪、
餐厨垃圾等处理工作，减少流浪猫狗及野生动物出没。

图 15 - 12　安装防鸟网和投放毒饵站

来源：Zygmunt Pejsak

（8）其他改造：经评估其他需要改造的项目，如地面、墙壁缝隙的修补，可清理干净缝隙后用填缝胶填补，再粉刷。

15.2.3　清洗消毒

猪场空栏清洗消毒可分为 9 个步骤：清理—初洗—起泡—高压冲洗—洁净度检测—完全干燥—消毒—环境评估—封闭熏蒸，以达到洗净和消毒的目的，见图 15 - 13。

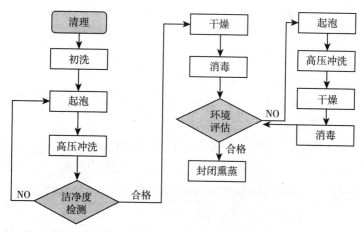

图 15 - 13　猪场空栏清洗消毒流程

15.2.3.1　清理

（1）应彻底清除所有粪污（包括粪沟和储粪池），拆卸漏缝地板、产床和可移动设备等，用2%～4%的氢氧化钠处理粪污。

（2）拆卸所有料线，饮水器集中清洗并浸泡消毒（图15-14），并完成设备检修。

图15-14　拆卸所有料线并浸泡消毒

（3）销毁剩余饲料、药品、木质纸质等低价值物品。

（4）清除猪舍周边杂草、杂物。

15.2.3.2　初洗

（1）用电设备做好防电保护；三相插座放在舍外，冲洗消毒时猪舍内不通电，机器放在舍外。大型猪场可使用固定式高压热水清洗设备。

（2）做好工作人员的防护，戴绝缘手套，夏季可穿雨衣，冬季可戴头盔。

（3）喷洒消毒剂时注意佩戴口罩和护目镜。

（4）用低压水枪由上到下、由里到外彻底清洗一遍，冲掉大粪块、垃圾及残余饲料和灰尘等，充分湿润栏舍表面。

15.2.3.3　起泡

（1）使用专业泡沫配枪，按照先上后下、先里后外顺序喷洒清洁剂，浸泡时间参照说明书，以破坏物体表面的生物

膜，如图 15-15 所示。好的清洁剂可以清除环境中 90%
细菌。

图 15-15　起泡

（2）一般含有氢氧化钠等成分的碱性清洁剂更容易去污；
应避免阴离子清洁剂（如肥皂、洗衣粉）与阳离子化学消毒剂
（如季铵盐类消毒剂）同时使用；避免酸碱度不同的清洁剂与
化学消毒剂同时使用；全铝制品应禁止使用含有氢氧化钠的碱
性清洁剂。

15.2.3.4　高压热水清洗

使用高压热水清洗机（推荐压力为 12~15 兆帕，水温 65℃
左右）按照先里后外、先上后下顺序分层彻底冲洗（图 15-16）。
尤其注意将旋转喷嘴对准水料管线、设备栏杆缝隙等死角位置

图 15-16　高压清洗

进行冲洗。高压热水能更好地去除表面的污物，减少污水量，降低病原散播。

15.2.3.5 洁净度检测

通过洁净度检测确保清洗干净彻底无死角（图15-17），化学消毒剂只有在洁净和完全干燥的环境下才能发挥最佳效果。检测合格后才能干燥消毒，否则需要重新起泡清洗，详见本节15.2.5评估。

图 15-17 洁净度采样

15.2.3.6 完全干燥

彻底清洗后必须进行干燥（图15-18），春夏秋季可自然通风干燥，冬季等温度低时则使用干燥机效果更好。高温干燥对于病毒和细菌都有一定的杀灭作用。

图 15-18 完全干燥

15.2.3.7 消毒

一般消毒剂必须在干燥环境下才能达到最佳消毒效果。通常要求封闭猪舍雾化实施，分层实施，喷头向上喷雾形成雾滴自由落体，中层消毒设备，下层消毒地面等，要求全部打湿表面。可选择世界动物卫生组织/FAO/美国环境保护署（EPA）认证对 ASFV 有效的化学消毒剂，同时还需要考虑对环境友好，广谱，对人和设备腐蚀较小等因素，也可使用便于指示的泡沫消毒剂型，如图 15-19 所示。

此外还需使用火焰（气体）设备对难以接近的金属和混凝土区域进行消毒。

图 15-19　泡沫消毒

15.2.3.8　封闭熏蒸

（1）消毒评估合格后还需对猪舍封闭熏蒸（或热雾消毒）24 小时以上。使用熏蒸后的猪舍时需注意提前通风。

（2）熏蒸消毒剂常以甲醛＋高锰酸钾按照 2∶1 比例配合使用，熏蒸时相对湿度 60%～80%，温度 24℃时效果最佳；冬季气温低时可提前在高锰酸钾内加入等量温水，猪舍空间太大可以进行分隔，如表 15-2 所示。熏蒸操作时注意将福尔马林倒入高锰酸钾（溶液），切勿反之。甲醛熏蒸时会产生大量烟雾和热量，需注意人员防护和人身安全。亦可按说明使用二氯异氰尿酸钠烟熏消毒剂。

表 15 - 2　猪舍空间熏蒸消毒剂每立方米用量

配比倍数	甲醛（毫升）	高锰酸钾（克）	时间（分钟）	用　途
5 倍	72	36	30	大的密闭空间
3 倍	42	21	30	较小密闭空间
2 倍	28	14	30	

15.2.3.9　消毒剂选择

常用消毒剂的主要成分和杀灭效果见表 15 - 3，表 15 - 4 为波兰农业部防控非洲猪瘟消毒剂使用推荐表，可作为参考。

表 15 - 3　各消毒剂的主要成分和杀灭效果

序号	消毒剂	主要成分	杀灭效果	注意事项
1	福尔马林	37％的甲醛水溶液	杀菌，杀孢，杀病毒，但起效时间比戊二醛慢	需要使用熏蒸设备，产生刺激性烟雾和潜在致癌作用，15℃以下效果差
2	次氯酸盐	5.25％ ～ 6.15％次氯酸钠（液体）	水溶液可以快速灭活有机物	广谱，残留毒性较低，保存要求高，有效期较短，使用前应检查其活性
3	烧碱（氢氧化钠）	2％氢氧化钠溶液	抗 ASFV 最强化合物（30 分钟），在有机物质存在的情况下，仍具有杀灭效果	
4	氢氧化钙	1％~3％氢氧化钙溶液	可降低泥污和废水处理过程中的病原体水平	由生石灰（氧化钙）加水形成
5	戊二醛	戊二醛溶液	在低温环境中仍具有消毒效果，但存在有机质时效果较差	没有腐蚀性，不损坏仪器设备、橡胶或塑料，具有潜在致癌作用

（续）

序号	消毒剂	主要成分	杀灭效果	注意事项
6	酚类/酚类衍生物	苯酚、甲酚、来苏儿	对有机物有良好的穿透力，可用于待销毁的设备或有机物料消毒 甲酚：为苯酚甲酯衍生物（羟基甲苯），消毒活性比苯酚强 10 倍 来苏儿：甲酚和钠皂的混合物，用于消毒仪器和医疗设备（浓度为 3%～5%）、手部（浓度为 1%～2%）、地板、墙壁和家具（浓度为 5%～10%）、浴室（10%）	碱性环境、脂质、皂液和低温可降低效果
7	过硫酸氢钾类	如过硫酸氢钾复合物	具有较好杀灭效果	刺激性较小，可用于人员喷雾消毒等
8	加速过氧化氢	4.25%过氧化氢、表面活性剂	可快速杀灭 ASFV（5 分钟），有机质存在情况下依然有效	安全性高，可用于果蔬等安全性要求高的场景消毒；无腐蚀性，可适用农场常见物品消毒

表 15－4　波兰农业部防控非洲猪瘟消毒剂使用推荐表

消毒项目	消毒剂	使用方法
饲养舍/设备	氧化剂 次氯酸钠 次氯酸钙 过硫酸氢钾复合物	10～30 分钟 2%～3% 2% 按照使用说明
污水，粪便	掩埋或焚烧 碱：烧碱 酸：盐酸 柠檬酸	不能用于金属消毒 2%～4% 按说明
电器设备	福尔马林气体熏蒸	按照使用说明

（续）

消毒项目	消毒剂	使用方法
饲料	掩埋或焚烧	
环境	杀虫剂（控制扁虱等） 有机磷杀虫剂 拟除虫菊酯	按照使用说明
人员	肥皂，清洁剂 柠檬酸	按照使用说明
办公室、宿舍等	泡沫清洁剂 氧化性消毒剂 次氯酸钠 次氯酸钙 过硫酸氢钾复合物	10～30 分钟 2%～3% 2%
机器和车辆	泡沫清洁剂 碱：烧碱	2%～4%
衣物	氧化剂 碱	按照使用说明

  2021 年，中国动物卫生与流行病学中心和扬州大学科研团队完成七类消毒剂对非洲猪瘟病毒荧光定量 PCR 检测结果影响的研究，将七类常用消毒剂分别与不同滴度的非洲猪瘟病毒培养物于 20℃条件下作用 30 分钟后，采用荧光定量 PCR 方法检测作用后产物。结果显示，与对应的阳性对照组相比，含氯类（二氯异氰尿酸钠）、过硫酸氢钾类、二氧化氯类消毒剂，消毒后对荧光定量 PCR 检测结果影响最显著，检测 Ct 值显著上升或检测不到；戊二醛类、含碘类（主要成分聚维酮碘）消毒剂，核酸降解能力相对较弱，检测 Ct 值稍有上升；酚类、季铵盐类、含碘类（主要成分碘、磷酸、硫酸）类消毒剂，检测 Ct 值基本无变化（见表 15-5），这为客观评价分析消毒效果提供了技术参考。

表 15 - 5　七类消毒剂对不同滴度非洲猪瘟病毒作用后荧光定量 PCR 检测结果

产品代号	消毒剂稀释度	荧光定量 PCR 检测平均 Ct 值			
		$10^{5.2}$ HAD$_{50}$/毫升	$10^{4.2}$ HAD$_{50}$/毫升	$10^{3.2}$ HAD$_{50}$/毫升	$10^{2.2}$ HAD$_{50}$/毫升
A1	1∶80	25.51*	28.73*	32.01*	N/A
	1∶130	25.46*	28.81*	31.87*	N/A
	1∶200	25.58*	28.89*	31.70*	N/A
A2	1∶80	25.37*	28.61*	30.49*	35.04*
	1∶150	25.76*	27.64*	30.11*	33.84
	1∶200	25.41*	27.04*	29.72*	35.23
B	1∶100	21.42	25.57	28.67	34.21*
	1∶400	21.08	24.45*	28.32	31.71
	1∶1 000	21.33	24.60*	27.83*	31.33
C1	1∶2	21.13	26.53	31.96*	37.9*
C2	2.00%	22.49*	26.00*	29.36*	34.60*
	0.66%	21.91*	25.86*	28.97*	33.32*
	0.33%	21.91*	25.49*	29.10*	31.78
D	1∶200	21.77	25.17	28.98*	32.73
	1∶286	21.79*	24.93	28.35	32.05
	1∶667	21.73	25.07	28.42	31.70
E	1∶200	N/A	N/A	N/A	N/A
F	1∶200	23.11*	N/A	N/A	N/A
G	1∶500	26.60*	32.70*	N/A	N/A
阳性对照		21.43	25.18	28.51	32.14
阴性对照		N/A	N/A	N/A	N/A

注："N/A"表示未检测到 Ct 值，"＊"表示与相同病毒滴度阳性对照组测试 Ct 值差异显著（$P < 0.05$）。

资料来源：吴晓东、陈义平。

A1：20%戊二醛，A2：100 毫升含戊二醛 15 克，苯扎氯铵 10 克；B：酚类（醋酸 22%～26%，高沸点煤焦油酚 41%～49%，十二烷基苯磺酸）；C1：10%聚维酮碘，C2：酸碘（1.5%碘，15%磷酸，硫酸）；D：季铵盐（溴化二甲，10%二癸基羟铵）；E：二氯异氰尿酸钠（有效氯不少于 10%）；F：过硫酸氢钾类（过硫酸氢钾，氯化钠，有效氯不少于 10%）；G：二氧化氯（有效二氧化氯＞4.5%）。

15.2.4 培训

15.2.4.1 制订培训计划

纸面方案的落实需要员工去执行，猪场人员首先必须了解猪场的生产体系并清楚疾病以及疾病的传播途径等知识，理解所制定的方案后，才能正确、严格实施。猪场应设置生物安全专职经理，制定猪场内部详细的生物安全培训学习计划，系统地培训所有员工。

生物安全培训时间可选在例行的工作早会，在实际工作中，各主管均应及时纠正员工的不当生物安全行为，并给予正确的示范。

具体到复养准备工作时，应通过培训，让员工认识到清理、清洗、消毒、干燥和空舍等工作对复养成功的重要性，同时应大力提升其操作技能。

15.2.4.2 定期对培训效果和实施效果进行评估

猪场生物安全经理负责建立有效的培训学习评估体系，包括集中培训的效果评估和现场评估，通过严格的内部审核和评估确保所有员工操作符合要求。

15.2.5 评估

效果评估关键有两点：洁净度检测和环境评估。

15.2.5.1 洁净度检测

冲洗后 30 分钟使用专用一体化拭子取样（10 厘米×10 厘米），固定 15 个采样点（猪栏，食槽，水嘴或水槽，墙壁，进舍换鞋处，风机等）。放入 ATP 荧光检测仪 30 秒内完成洁净度检测，如图 15-20、图 15-21 所示。ATP 是一种存在于地球上所有活的生物体（动物、植物和微生物）细胞中的能量供体，荧光素与 ATP 结合后在荧光素酶催化作用下释放荧光（相对光单位，RLU），荧光强弱与 ATP 成正比。检测 ATP 可间接证明活生物体（如细菌等）存在，从而间接反应待测表面的洁净度，用于评价清洗消毒效果。只有通过环境洁净度限值才认定合格，否则需重新清洗。不同环境的洁净度限值如表 15 - 6、表 15 - 7 所示。

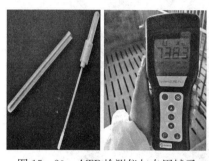
图 15 - 20　ATP 检测仪与专用拭子

图 15 - 21　ATP 现场操作

表 15 - 6　不同环境洁净度限值（进口 H 品牌 ATP 荧光检测仪与拭子）

项　目	类　型	指　标（RLU）	
		良好	通过
洁净度（飞摩尔/100 厘米²）	不锈钢食槽与水槽、塑料产床	≤10	≤30
	水泥地面（光滑）	≤50	≤100

表 15 - 7　不同环境洁净度限值（国产 F 品牌 ATP 荧光检测仪与拭子）

项　目	类　型	指　标（RLU）	
		良好	通过
洁净度（飞摩尔/100 厘米²）	不锈钢食槽与水槽、塑料产床	≤22	≤65
	水泥地面（光滑）	≤110	≤220

15.2.5.2　环境评估

　　猪场每轮清洗消毒和干燥后，可用荧光定量 PCR 对猪场内外各点进行采样（图 15 - 22）检测来验证每次的洗消效果，以最终一次检测 ASFV 核酸阴性为终极目标，只有猪场内外所有重点部位 ASFV 核酸检测阴性后才可进行哨兵猪的引入。

图 15 - 22　环境采样

　　环境采样的关键点见表 15 - 8。

表 15 - 8　环境采样点

功能区	区域	采样点	采集方式和内容
场内	猪舍内	走（过）道	猪舍入口处＋过道中不易清洗处＋凹凸不平处，环境拭子多点采样
		猪栏地面	栏内四角和中央位置共 5 个点（包括采样点的地板缝隙）做环境拭子多点采样
		猪栏栏杆	栏杆底部不易清洁处，环境拭子多点采样
		料槽、水槽	环境拭子多点采样，包括底部凹处不易清洁点，饲料下料口处
		水嘴	多个水嘴环境拭子采样
		风机	环境拭子做多个出风口风机样品采集

（续）

功能区	区域	采样点	采集方式和内容
场内	猪舍内	水帘	选取靠近猪或赶猪通道较近的水帘做环境拭子多点采样
		墙壁	选取靠近猪或赶猪通道较近的，以及有破损处、清洗死角的多个点做环境拭子采样检测
		生产工具	铁锹、扫把、赶猪挡板等做多点环境拭子采样检测
		走廊温控器	表面及内部人员可碰触到的点做多点环境拭子采样
		粪沟	粪沟四角和中央位置共 5 个点做环境拭子多点采样
	猪舍外	赶猪道/猪道	采集赶猪道地面及两侧墙壁不易清洁处，环境拭子多点采样
		赶猪道/人道	采集人走过道地面及两侧墙壁不易清洁处，环境拭子多点采样
		道路	选取场内净道污道交叉处做环境拭子多点采样
		场内卡车、铲车	卡车：固定采集 9 个点：驾驶室脚踏板、上车脚踏板、轮胎、底盘、车厢上层左上角、车厢上层右上角、车厢下层右上角、车厢下层左下角、车厢后挡板 铲车：驾驶室脚踏板、上车脚踏板、轮胎、铲斗正面及背面
		猪处死点	周边地面、墙壁及设备做环境拭子多点采样
		场内掩埋点	掩埋点及周边多点采集少量没有沾到生石灰的土壤运到实验室后加样品保存液离心取上清液做检测
	出猪台	脏净区交界处	环境拭子多点采样
		脏区侧壁、地面	环境拭子多点采样
		净区侧壁、地面	环境拭子多点采样
		赶猪工具、挡板	环境拭子多点采样
	药房、仓库	地面	环境拭子多点采样
		药品架表面	环境拭子多点采样

（续）

功能区	区域	采样点	采集方式和内容
场内	饲料塔	下料口纱布	多个下料口处的纱布用 10～20 毫升生理盐水蘸取洗涤后，取 1 毫升加入样品保存液中；或用环境拭子在多个下料口纱布上做样品采集
		饲料堆放点	饲料堆放处做环境拭子多点采样
	水源	水源储藏处	水井、河水或其他水源处分别取 1 毫升样品加到样品保存液中
	淋浴间（猪舍、生产区、门卫）	脏区	淋浴间入口地面、衣橱柜、换鞋处，环境拭子多点采样
		净区	淋浴间出口地面、衣橱柜、换鞋处，环境拭子多点采样
		灰区	地面环境拭子多点采集
	工作人员	手、头发	拭子刮取采样
		衣服	还没有清洗或清洗不干净的衣物做环境拭子多点采样
		靴子	靴底部环境拭子多点采样
	办公室	地面、桌面	环境拭子多点采样
	停车场	地面	采集与轮胎接触的地面，环境拭子多点采样
	门卫	消毒脚垫	环境拭子多点采样
		换鞋处	
		人员登记处	
		物品消毒间	堆叠物品处、架子、地板环境拭子多点采样
场外	大门口	路面	在车辆入场处做环境拭子多点采样
	公路	路面	在猪场门口车辆（特别是运猪车）频繁来往的路面上做环境拭子多点采样
	洗消点	路面	净区、污区以及交叉处分别做环境拭子多点采样
		洗消人员	参照场内人员
		洗消工具	高压水枪等做环境拭子多点采样

15.2.6　哨兵猪饲养

在完成猪场外部生物安全、内部生物安全体系现场评估并合格，在猪场经过多轮洗消和场内外所有重点部位 ASFV 核酸经 qPCR 检测阴性后，可引入哨兵猪。任何年龄段内的猪对 ASFV 都易感，哨兵猪的数量建议为整个猪场正常猪群数量的 10% 左右，一般选择 2~3 月龄大于 40 千克的仔猪作为哨兵猪饲养，也可直接引进适龄后备母猪作为哨兵猪。

在引入之前，所有的哨兵猪应采集口鼻拭子和血清分别做 ASFV 病原 qPCR 和抗体 ELISA 检测，抗原抗体双阴性的哨兵猪才可引入场外隔离舍。运输哨兵猪到隔离舍的过程中需采用全封闭车辆，避免运输过程中的交叉感染风险，运输过程中也要注意生物安全，尽量晚上运猪、不停车、不进服务区、司机不下车。引种场和购买农场应充分沟通，提前做好运输计划，包括车辆消毒、交接、装猪、驾驶员要求、行驶路线、到场前消毒、接猪和猪分配等事项。隔离饲养的时间为 21 天，且在结束隔离前抗原抗体检测全部阴性的猪群才能引入生产区内。

按比例将一定数量的哨兵猪分别置于隔离舍、配怀舍、产房、保育舍、育肥舍等不同区域饲养，哨兵猪可在各个区域内自由活动，范围以能覆盖到生产区的各个角落为佳，饲料可扬撒在猪舍地面，让猪自行寻觅。哨兵猪在生产区的饲养周期不少于 45 天，其间观察猪群的临床症状和健康情况，若哨兵猪未出现临床症状或者异常死亡，饲养 45 天后采集猪群的口腔液、鼻拭子及尾根血进行 ASF 的实验室检测，ASF 的抗原抗体检测全部为阴性证明哨兵猪试验通过，可以考虑进行复养。如果在此期间有检测不合格的，则需严格按照疾病发生场进行重新评估。

哨兵猪试验通过后，安排引种（引猪）计划恢复正常生产。

这里值得注意的是哨兵猪试验只是类似检测 ASFV 病毒是否在猪场内存在的一个评估措施和方法而已，但整个复养流程不可以完全依赖哨兵猪，更值得关注的是猪场及其周围环境中 ASFV 的流行情况和检测结果。如果猪场还处于一个周边病毒载量较高或正在流行的区域内，需慎重考虑进行复养的可能性。

15.2.7　引种复产

15.2.7.1　种源调查

在规划哨兵猪试验的时候就要做好复产引种计划。引种场尽量选择本地区、本省引种，不跨省引种，坚决不从 ASF 阳性场引种。最好集中于一个种猪企业或一个种猪场，引种来源越单一越好，种源越多相应的风险就会越高。

关注引种场及引种场周边非洲猪瘟、猪瘟、伪狂犬病、口蹄疫、高致病性蓝耳病等重大疫病的检测和调查。除了要求引种场提供该场免疫程序及猪场重大疾病监测情况外，也可派本场人员到引种场对准备要引种回场的种猪参与采取口腔液或血液并送至第三方进行抗原和抗体检测。

15.2.7.2　引种

（1）引种评估：对于种猪，供种场具备种畜禽生产经营许可证，所引后备猪具备种畜禽合格证、动物检疫合格证明及种猪系谱证。

供种场猪群健康度应高于引种场，购买的种猪出场前每头检测为 ASFV 抗原与抗体阴性，同时兼顾口蹄疫、猪瘟、猪繁殖与呼吸综合征、猪伪狂犬病等病原学和血清学检测，检测合格的猪方可出场，并提供免疫程序和保健程序。

种源最好来于一个种猪企业或一个种猪场，引种来源越单一越好。

复产引进后备种猪或育肥仔猪禁止来自疫点、疫区、受威胁区的所谓非洲猪瘟阴性猪。

（2）空栏场引种计划：根据隔离舍的容量、猪场规模和生产节律，至少提前一个月制定引种计划，确保在计划时间内满负荷生产，并至少提前 7 天完成清洗、消毒和干燥。

每月龄的后备母猪引进数＝基础母猪数÷〔（114 天＋平均哺乳天龄）÷30〕÷后备母猪利用率；根据猪场的具体情况，按 1∶（60～100）的比例，配套至少不小于对应的后备母猪月龄的公猪或根据需要外购优质精液进行人工授精。

（3）引种运输：所有参与赶猪和装猪的人员应洗澡换衣或更换一次性防护服和一次性鞋套。

原则推荐就近引种，减少运输距离。使用经过检测洗消合格的专业全密闭运猪车辆。提前做好规划，避免雨雪天气运输；行车路线应避开高风险区域（疫区、养殖场、屠宰场、农贸市场、无害化处理中心等），避开风险车辆密集道路（运猪车、饲料车、无害化处理车等）；运输途中不停车或少停车，任务开始前为运猪车辆加满燃油和水，准备充足的食物、饮水和猪用饲料；由专业兽医负责押运。运猪车辆抵达隔离舍前，运猪车辆的外围包括车辆的底盘和车轮至少进行 2 次充分清洗和消毒。

15.2.8　隔离舍饲养观察

隔离舍要求及准备：隔离舍一般要求位于距本场 1～2 公

里的下风口处，猪场使用完全独立的人员管理、饲料物资供应以及废物处理系统，隔离舍工具设备和其他圈舍不能有任何交叉。做到全进全出，充分清洗、消毒、干燥栏舍环境。完成药物、器械、饲料、用具等物资的消毒及储备，经评估合格才能引入新的后备种猪。

车辆到达场外隔离舍时，先对车轮和底盘进行冲洗消毒，检查猪异常或死亡情况。

针对 ASFV 至少隔离 42 天，分别在引种猪到达后 1 周进行 ASFV 抗原抗体检测和 6 周进行抗原与抗体检测，同时兼顾 PRRSV、PRV、CSFV、FMDV 抗原抗体的检测，检测结果全部阴性合格的猪由场内中转车引入场内。

对无症状猪群进行 ASFV 抗原检测时，建议使用口腔液或鼻拭子及尾根血混样作为检测对象，使用荧光定量 PCR 检测方法，随着弱毒株在猪场的逐渐流行，采集尾根血进行抗体检测尤为必要。

在隔离期间，兽医每日观察猪群，发现异常及疑似 ASF 临床症状的个体立即采样检测，禁止剖检。

15.2.9　精液引入管理

（1）外购精液供应方应为无 ASFV 感染场，病原学检测经典猪瘟、非洲猪瘟、猪繁殖与呼吸综合征、猪伪狂犬病等为阴性，抗体检测非洲猪瘟、猪繁殖与呼吸综合征、猪伪狂犬病野毒等为阴性，并出具检疫合格证明。

（2）公猪站（或供精站）视周边疫情状况，或每月或每季度开展精液的病原学检测，检测项目包括经典猪瘟、非洲猪瘟、猪繁殖与呼吸综合征、猪伪狂犬病等，结果为阴性才可供应使用。

（3）由场内车辆提前接运，精液到达后，先拆除外包装，彻底消毒精袋外表面，再将猪精装入预先准备好的经消毒的包装袋，密封后放入仓库恒温冰箱备用，经 qPCR 检测非洲猪瘟抗原阴性方可使用。

参 考 文 献

戈胜强，韩乃君，吕艳，等，2021. 葡萄牙使用非洲猪瘟弱毒疫苗的历史案例分析 [J]. 中国动物检疫，38：57-62.

乐莉，张亚青，宋尔群，等，2021. 一种荧光 DNA 生物传感器用于食品中非洲猪瘟病毒的检测 [J]. 食品与发酵工业，47（9）：268-274.

李智杰，孙飞雁，刘占悝，等，2020. 非洲猪瘟病毒 NanoPCR 检测方法的建立 [J]. 中国兽医科学，50（11）：1348-1352.

南文龙，巩明霞，吴晓东，等，2020. 四类常用消毒剂对非洲猪瘟病毒灭活效果的评价 [J]. 中国动物检疫，37（12）：135-140.

闫晓敏，任照文，涂长春，等，2020. Nanopore 快速测序诊断饲养野猪非洲猪瘟疫情 [J]. 中国动物传染病学报，28（4）：79-84.

严礼，宋晟，张继红，等，2020. 非洲猪瘟病毒微滴式数字 PCR 检测方法的建立与应用 [J]. 激光生物学报，29（4）：344-351.

杨湛森，蒋雅楠，程楠，等，2021. 非洲猪瘟病毒检测方法的研究进展 [J]. 分析测试学报，40（5）：628-638.

原霖，董浩，倪建强，等，2019. 非洲猪瘟病毒微滴数字 PCR 检测方法的建立 [J]. 畜牧与兽医，51（7）：81-84.

赵凯颖，曾德新，胡永新，等，2021. 非洲猪瘟病毒实时荧光 RAA 检测方法的建立 [J]. 中国兽医科学，51（1）：1-8.

ACHENBACH J E，GALLARDO C，NIETO P E，et al.，2016. Identification of a new genotype of African swine fever virus in domestic pigs from Ethiopia [J]. Transboundary and Emerging Diseases，6：1393-1404.

AFONSO C L，PICCONE M E，ZAFFUTO K M，et al.，2004. African swine fever virus multigene family 360 and 530 genes affect host interferon response [J]. Journal of virology, 78 (4): 1858 - 1864.

AFONSO C L, ZSAK L, CARRILLO C, et al. , 1998. African swine fever virus NL gene is not required for virus virulence [J]. The Journal of general virology, 79 (Pt 10): 2543 - 2547.

ALCAMI A, CARRASCOSA A L, VINUELA E, 1989. Saturable binding sites mediate the entry of African swine fever virus into Vero cells [J]. Virology, 168 (2): 393 - 398.

ALCARAZ C, DE DIEGO M, PASTOR M J, et al. , 1990. Comparison of a radioimmunoprecipitation assay to immunoblotting and ELISA for detection of antibody to African swine fever virus [J]. Journal of veterinary diagnostic investigation: official publication of the American Association of Veterinary Laboratory Diagnosticians, Inc 2 (3): 191 - 196.

ALLAWAY E C, CHINOMBO D O , EDELSTEN R M, et al. , 1995. Serological study of pigs for antibody against African swine fever virus in two areas of southern Malawi [J]. Revue scientifique et technique, 14 (3): 667 - 676.

ALMAZ N F, RODRÍGUEZ J M, ANDRÉS G, et al. Transcriptional analysis of multigene family 110 of African swine fever virus [J]. J Virol, 66 (11): 6655 - 6667.

ALMAZ N F, RODRÍGUEZ JM, ANGULO A, et al. 1993. Transcriptional mapping of a late gene coding for the p12 attachment protein of African swine fever virus [J]. J Virol, 67 (1): 553 - 556.

ALONSO F, DOMINGUEZ J, VINUELA E, et al. , 1997. African swine fever virus-specific cytotoxic T lymphocytes recognize the 32 kDa immediate early protein (vp32) [J]. Virus research, 49 (2): 123 - 130.

ANDERSON E C, HUTCHINGS G H, MUKARATI N, et al. , 1998. African swine fever virus infection of the bushpig (Potamochoerus porcus) and its significance in the epidemiology of the disease [J]. Veterinary microbiology, 62 (1): 1 - 15.

ANDRÉS G，ALEJO A，SALAS J，et al.，2002. African swine fever virus polyproteins pp220 and pp62 assemble into the core shell [J]. J Virol，76 (24)：12473 - 12482.

ARGILAGUET J M，PEREZ M E，GALLARDO C，et al.，2011. Enhancing DNA immunization by targeting ASFV antigens to SLA-II bearing cells [J]. Vaccine，29：5379 - 5385.

ARGILAGUET J M，PEREZ M E，NOFRARIAS M，et al.，2012. DNA vaccination partially protects against African swine fever virus lethal challenge in the absence of antibodies [J]. PloS one，7 (9)：e40942.

ARIAS M，DE LA TORRE A，DIXON L，et al.，2017. Approaches and Perspectives for Development of African Swine Fever Virus Vaccines [J]. Vaccines，5 (4) .

BALDACCHINO F，MUENWORN V，DESQUESNES M，et al.，2013. Transmission of pathogens by Stomoxys flies (Diptera，Muscidae)：a review [J]. Parasite，20：26.

BALLESTER M，GALINDO C I，GALLARDO C，et al.，2010. Intranuclear detection of African swine fever virus DNA in several cell types from formalin-fixed and paraffin-embedded tissues using a new in situ hybridisation protocol [J]. Journal of virological methods，168 (1 - 2)：38 - 43.

BALLESTER M，RODRÍGUEZ C C，PÉREZ M，et al. 2011. Disruption of nuclear organization during the initial phase of African swine fever virus infection [J]. J Virol，85 (16)：8263 - 8269.

BANJARA S，CARIA S，DIXON L K，et al.，2017. Structural Insight into African Swine Fever Virus A179L-Mediated Inhibition of Apoptosis [J]. Journal of virology，91 (6) .

BARDERAS M G，RODRIGUEZ F，GOMEZ P P，et al.，2001. Antigenic and immunogenic properties of a chimera of two immunodominant African swine fever virus proteins [J]. Archives of virology，146 (9)：1681 - 1691.

BASTOS A D, PENRITH M L, CRUCIERE C, et al. , 2003. Genotyping field strains of African swine fever virus by partial p72 gene characterisation [J]. Archives of virology, 148 (4): 693 – 706.

BASTOS A D, PENRITH M L, MACOME F, et al. , 2004. Co – circulation of two genetically distinct viruses in an outbreak of African swine fever in Mozambique: no evidence for individual co-infection [J]. Veterinary microbiology, 103 (3 – 4): 169 – 182.

BAYLIS S A, BANHAM A H, VYDELINGUM S, et al. , 1993. African swine fever virus encodes a serine protein kinase which is packaged into virions [J]. J Virol, 67 (8): 4549 – 4556.

BEARD W A, WILSON S H, 2001. DNA polymerases lose their grip [J]. Nat Struct Biol, 8 (11): 915 – 917.

BECH N S, FERNANDEZ J, MARTINEZ P F, et al. , 1995. A case study of an outbreak of African swine fever in Spain [J]. The British veterinary journal, 151 (2): 203 – 214.

BELLINI S, RUTILI D, GUBERTI V, 2016. Preventive measures aimed at minimizing the risk of African swine fever virus spread in pig farming systems [J]. Acta veterinaria Scandinavica, 58 (1): 82.

BLOME S, GABRIEL C, BEER M, 2014. Modern adjuvants do not enhance the efficacy of an inactivated African swine fever virus vaccine preparation [J]. Vaccine, 32: 3879 – 3882.

BOINAS F S, HUTCHINGS G H, DIXON L K, et al. , 2004. Characterization of pathogenic and non-pathogenic African swine fever virus isolates from Ornithodoros erraticus inhabiting pig premises in Portugal [J]. J Gen Virol, 85, 2177 – 2187.

BOINAS F S, WILSON A J, HUTCHINGS G H, et al. , 2011. The persistence of African swine fever virus in field-infected Ornithodoros erraticus during the ASF endemic period in Portugal [J]. PloS one, 6 (5): e20383.

BORCA M V, IRUSTA P, CARRILLO C, et al., 1994. African swine fever virus structural protein p72 contains a conformational neutralizing epitope [J]. Virology, 201 (2): 413 – 418.

BORCA M V, RAI A, RAMIREZ M E, et al., 2021. A Cell Culture-Adapted Vaccine Virus against the Current African Swine Fever Virus Pandemic Strain [J]. J Virol, 95: e0012321.

BORCA M V, RAMIREZ M E, SILVA E, et al., 2021. ASFV-G-ΔI177L as an Effective Oral Nasal Vaccine against the Eurasia Strain of Africa Swine Fever [J]. Viruses, 13: 765.

BOSHOFF C I, BASTOS A D, GERBER L J, et al., 2007. Genetic characterisation of African swine fever viruses from outbreaks in southern Africa (1973—1999) [J]. Veterinary microbiology, 121 (1 – 2): 45 – 55.

BOURSNELL M, SHAW K, YEZ R J, et al., 1991. The sequences of the ribonucleotide reductase genes from African swine fever virus show considerable homology with those of the orthopoxvirus, vaccinia virus [J]. Virology, 184 (1): 411 – 416.

BROOKES S M, HYATT A D, WISE T, et al., 1998. Intracellular virus DNA distribution and the acquisition of the nucleoprotein core during African swine fever virus particle assembly: ultrastructural in situ hybridisation and D Nase gold labelling [J]. Virology, 249 (1): 175 – 188.

BURMAKINA G, MALOGOLOVKIN A, TULMAN E R, et al., 2016. African swine fever virus serotype specific proteins are significant protective antigens for African swine fever [J]. The Journal of general virology, 97 (7): 1670 – 1675.

BURRAGE T G, LU Z, NEILAN J G, et al., 2004. African swine fever virus multigene family 360 genes affect virus replication and generalization of infection in Ornithodoros porcinus ticks [J]. Journal of virology, 78 (5): 2445 – 2453.

CADENAS F E, SNCHEZ V J M, VAN DEN BORN E, et al., 2021,

High Doses of Inactivated African Swine Fever Virus Are Safe, but Do Not Confer Protection against a Virulent Challenge [J]. Vaccines, 9: 242.

CAIADO J M, BOINAS F S, LOUZA A C, 1988. Epidemiological research of African swine fever (ASF) in Portugal: the role of vectors and virus reservoirs [J]. Acta veterinaria Scandinavica Supplementum, 84: 136 -138.

CARRASCO L, CHACON M D L F, MARTIN DE LAS MULAS J, et al., 1997. Ultrastructural changes related to the lymph node haemorrhages in acute African swine fever [J]. Research in veterinary science, 62 (3): 199 - 204.

CARRASCO L, DE LARA F C, GOMEZ VILLAMANDOS J C, et al., 1996a. The pathogenic role of pulmonary intravascular macrophages in acute African swine fever [J]. Research in veterinary science, 61 (3): 193 -198.

CARRASCO L, DE LARA F C, MARTIN DE LAS MULAS J, et al., 1996b. Virus association with lymphocytes in acute African swine fever [J]. Veterinary research, 27 (3): 305 - 312.

CARRASCO L, GOMEZ VILLAMANDOS J C, BAUTISTA M J, et al, 1996c. In vivo replication of African swine fever virus (Malawi '83) in neutrophils [J]. Veterinary research, 27 (1): 55 - 62.

CARRASCO L, NUNEZ A, SALGUERO F J, et al., 2002. African swine fever: Expression of interleukin-1 alpha and tumour necrosis factor-alpha by pulmonary intravascular macrophages [J]. Journal of comparative pathology, 126 (2 - 3): 194 - 201.

CARTWRIGHT J L, SAFRANY S T, DIXON L K, et al., 2002. The g5R (D250) gene of African swine fever virus encodes a Nudix hydrolase that preferentially degrades diphosphoinositol polyphosphates [J]. J Virol, 76 (3): 1415 - 1421.

CASAL I, VINUELA E, ENJUANES L, 1987. Synthesis of African swine fever（ASF）virus-specific antibodies in vitro in a porcine leucocyte system [J]. Immunology, 62（2）: 207 – 213.

CHAPMAN D A, TCHEREPANOV V, UPTON C, et al., 2008. Comparison of the genome sequences of non-pathogenic and pathogenic African swine fever virus isolates [J]. The Journal of general virology, 89（Pt 2）, 397 – 408.

CHEN W, ZHAO D, HE X, et al., 2020. A seven-gene-deleted African swine fever virus is safe and effective as a live attenuated vaccine in pigs, Science China [J]. Life sciences, 63, 623 – 634.

CHENAIS E, STAHL K, GUBERTI V, et al., 2018. Identification of Wild Boar-Habitat Epidemiologic Cycle in African Swine Fever Epizootic [J]. Emerging infectious diseases, 24（4）, 810 – 812.

COLGROVE G S, HAELTERMAN E O, COGGINS L, 1969. Pathogenesis of African swine fever in young pigs [J]. American journal of veterinary research, 30（8）: 1343 – 1359.

DE CARVALHO FERREIRA H C, BACKER J A, WEESENDORP E, et al., 2013a. Transmission rate of African swine fever virus under experimental conditions [J]. Veterinary microbiology, 165（3 – 4）: 296 – 304.

DE CARVALHO FERREIRA H C, TUDELA ZUQUETE S, WIJNVELD M, et al., 2014. No evidence of African swine fever virus replication in hard ticks [J]. Ticks and tick-borne diseases, 5（5）: 582 – 589.

DE CARVALHO FERREIRA H C, WEESENDORP E, ELBERS A R, et al., 2012. African swine fever virus excretion patterns in persistently infected animals: a quantitative approach [J]. Veterinary microbiology, 160（3 – 4）, 327 – 340.

DE CARVALHO FERREIRA H C, WEESENDORP E, QUAK S, et al., 2013b. Quantification of airborne African swine fever virus after experimental infection [J]. Veterinary microbiology, 165（3 – 4）: 243 – 251.

DE OLIVEIRA V L, ALMEIDA S C, SOARES H R, et al., 2011. A

novel TLR3 inhibitor encoded by African swine fever virus (ASFV) [J]. Archives of virology, 156 (4): 597-609.

DE VILLIERS E P, GALLARDO C, ARIAS M, et al. , 2010. Phylogenomic analysis of 11 complete African swine fever virus genome sequences [J]. Virology, 400 (1): 128-136.

DETRAY D E, 1957. Persistence of viremia and immunity in African swine fever [J]. Am J Vet Res, 18: 811-816.

DIXON L K, ABRAMS C C, BOWICK G, et al. , 2004. African swine fever virus proteins involved in evading host defence systems [J]. Veterinary immunology and immunopathology, 100 (3-4): 117-134.

DIXON L K, ABRAMS C C, CHAPMAN D D, et al. , 2013. Prospects for development of African swine fever virus vaccines [J]. Dev Biol (Basel), 135: 147-157.

DIXON L K, BRISTOW C, WILKINSON P J, et al. , 1990. Identification of a variable region of the African swine fever virus genome that has undergone separate DNA rearrangements leading to expansion of minisatellite-like sequences [J]. J Mol Biol, 216 (3): 677-688.

DIXON L K, CHAPMAN D A G, NETHERTON C L, et al. , 2013. African swine fever virus replication and genomics [J]. Virus Res, 173 (1): 3-14.

ENJUANES L, CARRASCOSA A L, MORENO M A, et al. , 1976. Titration of African swine fever (ASF) virus [J]. J Gen Virol, 32 (3): 471-477.

ESCRIBANO J M, GALINDO I, ALONSO C, 2013. Antibody-mediated neutralization of African swine fever virus: myths and facts [J]. Virus research, 173 (1): 101-109.

FASINA F O, AGBAJE M, AJANI F L, et al. , 2012. Risk factors for farm-level African swine fever infection in major pig-producing areas in Nigeria, 1997—2011 [J]. Preventive veterinary medicine, 107 (1-2):

65 - 75.

FASINA F O, SHAMAKI D, MAKINDE A A, et al. , 2010. Surveillance for African swine fever in Nigeria, 2006—2009 [J]. Transboundary and emerging diseases, 57 (4): 244 - 253.

FISHBOURNE E, ABRAMS C C, TAKAMATSU H H, et al. , 2013. Modulation of chemokine and chemokine receptor expression following infection of porcine macrophages with African swine fever virus [J]. Veterinary microbiology, 162 (2 - 4): 937 - 943.

FORMAN A J, WARDLEY R C, WILKINSON P J, 1982. The immunological response of pigs and guinea pigs to antigens of African swine fever virus [J]. Arch Virol, 74: 91 - 100.

GALINDO I, CUESTA GEIJO M A, HLAVOVA K, et al. , 2015. African swine fever virus infects macrophages, the natural host cells, via clathrin- and cholesterol-dependent endocytosis [J]. Virus research, 200: 45 - 55.

GALLARDO C, FERNANDEZ PINERO J, PELAYO V, et al. , 2014. Genetic variation among African swine fever genotype II viruses, eastern and central Europe [J]. Emerging infectious diseases, 20 (9): 1544 - 1547.

GALLARDO C, NIETO R, SOLER A, et al. , 2015a. Assessment of African Swine Fever Diagnostic Techniques as a Response to the Epidemic Outbreaks in Eastern European Union Countries: How To Improve Surveillance and Control Programs [J]. Journal of clinical microbiology, 53 (8): 2555 - 2565.

GALLARDO C, REOYO A T, FERNANDEZ-PINERO J, et al. , 2015c. African swine fever: a global view of the current challenge [J]. Porcine health management, 1: 21.

GALLARDO C, SANCHEZ E G, PEREZ NUNEZ D, et al. , 2018. African swine fever virus (ASFV) protection mediated by NH/P68 and NH/P68 recombinant live-attenuated viruses [J]. Vaccine, 36: 2694 - 2704.

GALLARDO C, SANCHEZ E G, PEREZ-NUNEZ D, et al. , 2018. African swine fever virus (ASFV) protection mediated by NH/P68 and NH/P68 recombinant live-attenuated viruses [J]. Vaccine, 36 (19): 2694 - 2704.

GALLARDO C, SOLER A, NIETO R, et al. , 2015b. Experimental Transmission of African Swine Fever (ASF) Low Virulent Isolate NH/P68 by Surviving Pigs [J]. Transboundary and emerging diseases, 62 (6): 612 - 622.

GARCÍA BEATO R, FREIJE J M, LÓPEZ OTÍN C, et al. , 1992. A gene homologous to topoisomerase II in African swine fever virus [J]. Virology, 188 (2): 938 - 947.

GARCÍA BEATO R, SALAS M L, VI UELA E, et al. , 1992. Role of the host cell nucleus in the replication of African swine fever virus DNA [J]. Virology, 188 (2): 637 - 649.

GARCÍA ESCUDERO R, GARCÍA DÍAZ M, SALAS M L, et al. , 2003. DNA polymerase X of African swine fever virus: insertion fidelity on gapped DNA substrates and AP lyase activity support a role in base excision repair of viral DNA [J]. J Mol Biol, 326 (5): 1403 - 1412.

GARCÍA ESCUDERO R, VI UELA E. 2000. Structure of African swine fever virus late promoters: requirement of a TATA sequence at the initiation region [J]. J Virol, 74 (17): 8176 - 8182.

GOGIN A, GERASIMOV V, MALOGOLOVKIN A, et al. , 2013. African swine fever in the North Caucasus region and the Russian Federation in years 2007—2012 [J]. Virus research, 173 (1): 198 - 203.

GOMEZ PUERTAS P, OVIEDO J M, RODRIGUEZ F, et al. , 1997. Neutralization susceptibility of African swine fever virus is dependent on the phospholipid composition of viral particles [J]. Virology, 228 (2): 180 - 189.

GOMEZ PUERTAS P, RODRIGUEZ F, OVIEDO J M, et al. , 1996. Neutralizing antibodies to different proteins of African swine fever virus inhibit both virus attachment and internalization [J]. Journal of virology, 70 (8): 5689 - 5694.

GOMEZ PUERTAS P, RODRIGUEZ F, OVIEDO J M, et al. , 1998. The African swine fever virus proteins p54 and p30 are involved in two distinct steps of virus attachment and both contribute to the antibody-mediated protective immune response [J]. Virology, 243 (2): 461-471.

GOMEZ VILLAMANDOS J C, BAUTISTA M J, CARRASCO L, et al. , 1998. Thrombocytopenia associated with apoptotic megakaryocytes in a viral haemorrhagic syndrome induced by a moderately virulent strain of African swine fever virus [J]. Journal of comparative pathology, 118 (1): 1-13.

GOMEZ VILLAMANDOS J C, BAUTISTA M J, HERVAS J, et al. , 1996. Subcellular changes in platelets in acute and subacute African swine fever [J]. Journal of comparative pathology, 115 (4): 327-341.

GOMEZ VILLAMANDOS J C, BAUTISTA M J, SANCHEZ CORDON P J, et al. , 2013. Pathology of African swine fever: the role of monocyte-macrophage [J]. Virus research, 173 (1): 140-149.

GOMEZ VILLAMANDOS J C, HERVAS J, MENDEZ A, et al. , 1995a. Experimental African swine fever: apoptosis of lymphocytes and virus replication in other cells [J]. The Journal of general virology, 76 (Pt 9): 2399-2405.

GOMEZ VILLAMANDOS J C, HERVAS J, MENDEZ A, et al. , 1995b. A pathological study of the perisinusoidal unit of the liver in acute African swine fever [J]. Research in veterinary science, 59 (2): 146-151.

GONZ LEZ A, TALAVERA A, ALMENDRAL J M, et al. , 1986. Hairpin loop structure of African swine fever virus DNA [J]. Nucleic Acids Res, 14 (17): 6835-6844.

GUINAT C, GOGIN A, BLOME S, et al. , 2016a. Transmission routes of African swine fever virus to domestic pigs: current knowledge and future research directions [J]. The Veterinary record, 178 (11): 262-267.

GUINAT C, GUBBINS S, VERGNE T, et al. , 2016b. Experimental pig-to-pig transmission dynamics for African swine fever virus, Georgia 2007/1 strain [J]. Epidemiology and infection, 144 (1): 25 - 34.

GUINAT C, REIS A L, NETHERTON C L, et al. , 2014. Dynamics of African swine fever virus shedding and excretion in domestic pigs infected by intramuscular inoculation and contact transmission [J]. Veterinary research, 45: 93.

GULENKIN V M, KORENNOY F I, KARAULOV A K, et al. , 2011. Cartographical analysis of African swine fever outbreaks in the territory of the Russian Federation and computer modeling of the basic reproduction ratio [J]. Preventive veterinary medicine, 102 (3): 167 - 174.

HAMDY F M, DARDIRI A H, 1984. Clinical and immunologic responses of pigs to African swine fever virus isolated from the Western Hemisphere [J]. American journal of veterinary research, 45 (4): 711 - 714.

HAMMOND J M, KERR S M, SMITH G L, et al , 1992. An African swine fever virus gene with homology to DNA ligases [J]. Nucleic Acids Res, 20 (11): 2667 - 2671.

HAWES P C, NETHERTON C L, WILEMAN T E, et al. , 2008. The envelope of intracellular African swine fever virus is composed of a single lipid bilayer [J]. Journal of virology, 82 (16): 7905 - 7912.

HERNAEZ B, ALONSO C, 2010. Dynamin and clathrin dependent endocytosis in African swine fever virus entry [J]. Journal of virology, 84 (4): 2100 - 2109.

HERNAEZ B, ESCRIBANO J M, ALONSO C, 2004. Switching on and off the cell death cascade: African swine fever virus apoptosis regulation. Progress in molecular and subcellular biology, 36: 57 - 69.

HESS W R, 1981. African swine fever: a reassessment [J]. Advances in veterinary science and comparative medicine, 25: 39 - 69.

HESS W R, ENDRIS R G, LOUSA A, et al. , 1989. Clearance of African swine fever virus from infected tick (Acari) colonies [J]. Journal of medical entomology, 26 (4): 314 - 317.

HEUSCHELE W P, 1967. Studies on the pathogenesis of African swine fever. I. Quantitative studies on the sequential development of virus in pig tissues [J]. Archiv fur die gesamte Virusforschung, 21 (3): 349 - 356.

HJERTNER B, MEEHAN B, MCKILLEN J, et al., 2005. Adaptation of an Invader assay for the detection of African swine fever virus DNA [J]. Journal of virological methods, 124 (1 - 2): 1 - 10.

HURTADO C, GRANJA A G, BUSTOS M J, et al., 2004. The C - type lectin homologue gene (EP153R) of African swine fever virus inhibits apoptosis both in virus infection and in heterologous expression [J]. Virology, 326 (1): 160 - 170.

IGLESIAS I, MUNOZ M J, MONTES F, et al., 2016. Reproductive Ratio for the Local Spread of African Swine Fever in Wild Boars in the Russian Federation [J]. Transboundary and emerging diseases, 63 (6): e237 - e245.

JAMES H E, EBERT K, MCGONIGLE R, et al., 2010. Detection of African swine fever virus by loop-mediated isothermal amplification [J]. Journal of virological methods, 164 (1 - 2): 68 - 74.

JEZEWSKA M J, MARCINOWICZ A, LUCIUS A L, et al., 2006. DNA polymerase X from African swine fever virus: quantitative analysis of the enzyme ssDNA interactions and the functional structure of the complex [J]. J Mol Biol, 356 (1): 121 - 141.

JORI F, BASTOS A D, 2009. Role of wild suids in the epidemiology of African swine fever [J]. EcoHealth, 6 (2): 296 - 310.

JURADO C, MARTINEZ AVILES M, DE LA TORRE A, et al., 2018. Relevant Measures to Prevent the Spread of African Swine Fever in the European Union Domestic Pig Sector [J]. Frontiers in veterinary science, 5: 77.

KARALYAN Z, ZAKARYAN H, SARGSYAN K, et al., 2012. Interferon status and white blood cells during infection with African swine fever virus in vivo [J]. Veterinary immunology and immunopathology, 145 (1 - 2):

551 - 555.

KARGER A, PÉREZ NÚ EZ D, URQUIZA J, et al. , 2019. An Update on African Swine Fever Virology [J]. Viruses, 11 (9): 864.

KING D P, REID S M, HUTCHINGS G H, et al. , 2003. Development of a TaqMan PCR assay with internal amplification control for the detection of African swine fever virus [J]. Journal of virological methods, 107 (1): 53 - 61.

KING K, CHAPMAN D, ARGILAGUET J M, et al. , 2011. Protection of European domestic pigs from virulent African isolates of African swine fever virus by experimental immunisation [J]. Vaccine, 29 (28): 4593 - 4600.

KUZNAR J, SALAS M L, VI UELA E, 1980. DNA dependent RNA polymerase in African swine fever virus [J]. Virology, 101 (1): 169 - 175.

LACASTA A, BALLESTER M, MONTEAGUDO P L, et al. , 2014. Expression Library Immunization Can Confer Protection against Lethal Challenge with African Swine Fever Virus [J]. Journal of Virology, 88: 13322 - 13332.

LACASTA A, MONTEAGUDO P L, JIMENEZ MARIN A, et al. , 2015. Live attenuated African swine fever viruses as ideal tools to dissect the mechanisms involved in viral pathogenesis and immune protection [J]. Veterinary research, 46: 135.

LADDOMADA A, PATTA C, OGGIANO A, et al. , 1994. Epidemiology of classical swine fever in Sardinia: a serological survey of wild boar and comparison with African swine fever [J]. The Veterinary record, 134 (8): 183 - 187.

LAMARCHE B J, SHOWALTER A K, TSAI M D, 2005. An error-prone viral DNA ligase [J]. Biochemistry, 44 (23): 8408 - 8417.

LAMARCHE B J, TSAI M D, 2006. Contributions of an endonuclease IV homologue to DNA repair in the African swine fever virus [J]. Biochemistry, 45 (9): 2790 - 2803.

LANGE M, SIEMEN H, BLOME S, et al. , 2014. Analysis of spatio temporal patterns of African swine fever cases in Russian wild boar does not reveal an endemic situation [J]. Preventive veterinary medicine, 117 (2): 317 – 325.

LEITAO A, CARTAXEIRO C, COELHO R, et al. , 2001. The non – haemadsorbing African swine fever virus isolate ASFV/NH/P68 provides a model for defining the protective anti – virus immune response [J]. The Journal of general virology, 82 (Pt 3): 513 – 523.

LEWIS T, ZSAK L, BURRAGE T G, et al. , 2000. An African swine fever virus ERV1-ALR homologue, 9GL, affects virion maturation and viral growth in macrophages and viral virulence in swine [J]. Journal of virology, 74 (3): 1275 – 1285.

LUBISI B A, BASTOS A D, DWARKA R M, et al. , 2007. Intra-genotypic resolution of African swine fever viruses from an East African domestic pig cycle: a combined p72-CVR approach [J]. Virus Genes, 35 (3): 729 – 735.

LUBISI B A, BASTOS A D, DWARKA R M, et al. , 2005. Molecular epidemiology of African swine fever in East Africa [J]. Archives of virology, 150 (12), 2439 – 2452.

LUBISI B A, DWARKA R M, MEENOWA D, et al. , 2009. An investigation into the first outbreak of African swine fever in the Republic of Mauritius [J]. Transboundary and emerging diseases, 56 (5): 178 – 188.

MALOGOLOVKIN A, BURMAKINA G, TITOV I, et al. , 2015. Comparative analysis of African swine fever virus genotypes and serogroups [J]. Emerging infectious diseases, 21 (2): 312 – 315.

MANNELLI A, SOTGIA S, PATTA C, et al. , 1997. Effect of husbandry methods on seropositivity to African swine fever virus in Sardinian swine herds [J]. Preventive Veterinary Medicine, 32 (3 – 4): 235 – 241.

MARTINS C L, LAWMAN M J, SCHOLL T, et al. , 1993. African swine fever virus specific porcine cytotoxic T cell activity [J]. Archives of virology, 129 (1-4): 211-225.

MARTINS C L, LEITAO A C, 1994. Porcine immune responses to African swine fever virus (ASFV) infection [J]. Veterinary immunology and immunopathology, 43 (1-3): 99-106.

MCKILLEN J, MCMENAMY M, HJERTNER B, et al., 2010. Sensitive detection of African swine fever virus using real time PCR with a conjugated minor groove binder probe [J]. Journal of virological methods, 168 (1-2): 141-146.

MEBUS C A, 1988. African swine fever [J]. Advances in virus research, 35, 251-269.

MEBUS C A, DARDIRI A H, 1980. Western hemisphere isolates of African swine fever virus: asymptomatic carriers and resistance to challenge inoculation [J]. American journal of veterinary research, 41 (11), 1867-1869.

MOORE D M, ZSAK L, NEILAN J G, et al., 1998. The African swine fever virus thymidine kinase gene is required for efficient replication in swine macrophages and for virulence in swine [J]. J Virol, 72 (12): 10310-10315.

MUR L, BOADELLA M, MARTINEZ LOPEZ B, et al., 2012a. Monitoring of African swine fever in the wild boar population of the most recent endemic area of Spain [J]. Transboundary and emerging diseases, 59 (6): 526-531.

MUR L, MARTINEZ LOPEZ B, SANCHEZ VIZCAINO J M, 2012b. Risk of African swine fever introduction into the European Union through transport-associated routes: returning trucks and waste from international ships and planes [J]. BMC veterinary research, 8: 149.

NEILAN J G, ZSAK L, LU Z, et al., 2002. Novel swine virulence determinant in the left variable region of the African swine fever virus genome

[J]. Journal of virology, 76 (7): 3095 - 3104.

NEILAN J G, ZSAK L, LU Z, et al. , 2004. Neutralizing antibodies to African swine fever virus proteins p30, p54, and p72 are not sufficient for antibody-mediated protection [J]. Virology, 319 (2): 337 - 342.

NEILAN J G, ZSAK L, LU Z, et al. , 2004. Neutralizing antibodies to African swine fever virus proteins p30, p54, and p72 are not sufficient for antibody mediated protection [J]. Virology, 319: 337 - 342.

NETHERTON C L, MCCROSSAN M C, DENYER M, et al. , 2006. African swine fever virus causes microtubule dependent dispersal of the trans golgi network and slows delivery of membrane protein to the plasma membrane [J]. Journal of virology, 80 (22): 11385 - 11392.

NOGAL M L, GONZALEZ DE BUITRAGO G, RODRIGUEZ C, et al. , 2001. African swine fever virus IAP homologue inhibits caspase activation and promotes cell survival in mammalian cells [J]. Journal of virology, 75 (6): 2535 - 2543.

NORLEY S G, WARDLEY R C, 1983. Effector mechanisms in the pig. Antibody-dependent cellular cytolysis of African swine fever virus infected cells [J]. Research in veterinary science, 35 (1): 75 - 79.

NORLEY S G, WARDLEY R C, 1984. Cytotoxic lymphocytes induced by African swine fever infection [J]. Research in veterinary science, 37 (2): 255 - 257.

O'DONNELL V, HOLINKA L G, GLADUE D P, et al. , 2015a. African Swine Fever Virus Georgia Isolate Harboring Deletions of MGF360 and MGF505 Genes Is Attenuated in Swine and Confers Protection against Challenge with Virulent Parental Virus [J]. Journal of virology, 89 (11): 6048 - 6056.

O'DONNELL V, HOLINKA L G, KRUG P W, et al. , 2015b. African Swine Fever Virus Georgia 2007 with a Deletion of Virulence Associated Gene 9GL (B119L), when Administered at Low Doses, Leads to Virus

Attenuation in Swine and Induces an Effective Protection against Homologous Challenge [J]. Journal of virology, 89 (16): 8556 - 8566.

OLIVEROS M, GARCÍA ESCUDERO R, ALEJO A, et al , 1999. African swine fever virus dUTPase is a highly specific enzyme required for efficient replication in swine macrophages [J]. J Virol, 73 (11): 934 - 943.

OLUGASA B O, IJAGBONE I F, 2007. Pattern of spread of African swine fever in south western Nigeria, 1997—2005 [J]. Veterinaria italiana, 43 (3): 621 - 628.

ONISK D V, BORCA M V, KUTISH G, et al. , 1994. Passively transferred African swine fever virus antibodies protect swine against lethal infection [J]. Virology, 198 (1): 350 - 354.

ORTIN J, VIÑUELA E, 1977. Requirement of cell nucleus for African swine fever virus replication in Vero cells [J]. J Virol, 21 (3): 902 -905.

OURA C A, DENYER M S, TAKAMATSU H, et al. , 2005. In vivo depletion of CD8 + T lymphocytes abrogates protective immunity to African swine fever virus [J]. The Journal of general virology, 86 (Pt 9): 2445 - 2450.

OURA C A, EDWARDS L, BATTEN C A, 2013. Virological diagnosis of African swine fever—comparative study of available tests [J]. Virus research, 173 (1): 150 - 158.

OWOLODUN O A, YAKUBU B, ANTIABONG J F, et al. , 2010. Spatiotemporal dynamics of African swine fever outbreaks in Nigeria, 2002—2007 [J]. Transboundary and emerging diseases, 57 (5): 330 - 339.

P J W, 1989. African swine fever virus [M] //PENSAERT M B. Virus infections of porcines. New York: Elsevier Science.

PAN I C, DE BOER C J, HESS W R, 1972. African swine fever: application of immunoelectroosmophoresis for the detection of antibody. Canadian journal of comparative medicine [J]. Revue canadienne de medecine comparee，36（3）：309-316.

PASTOR M J，LAVIADA M D，SANCHEZ VIZCAINO J M，et al.，
1989. Detection of African swine fever virus antibodies by immunoblotting
assay [J]. Canadian journal of veterinary research＝Revue canadienne de
recherche veterinaire，53（1）：105-107.

PENRITH M L T G，BASTOS A D S，2004. African swine fever. [M] //
COETZER J A W，TUSTIN R C. Infectious diseases in livestock. 2nd ed.
Cape Town：Oxford University Press.

PENRITH M L，LOPES PEREIRA C，LOPES DA SILVA M M，et al.，
2007. African swine fever in Mozambique：review，risk factors and consid-
erations for control [J]. The Onderstepoort journal of veterinary research，
74（2）：149-160.

PENRITH M L，THOMSON G R，BASTOS A D，et al.，2004. An inves-
tigation into natural resistance to African swine fever in domestic pigs from
an endemic area in southern Africa [J]. Revue scientifique et technique，
23（3）：965-977.

PEREZ-SANCHEZ R，ASTIGARRAGA A，OLEAGA-PEREZ A，et
al.，1994. Relationship between the persistence of African swine fever and
the distribution of Ornithodoros erraticus in the province of Salamanca，
Spain [J]. The Veterinary record，135（9）：207-209.

PIETSCHMANN J，GUINAT C，BEER M，et al.，2015. Course and trans-
mission characteristics of oral low-dose infection of domestic pigs and Euro-
pean wild boar with a Caucasian African swine fever virus isolate [J]. Ar-
chives of virology，160（7）：1657-1667.

PINERO-FERNANDEZ J A，ALFAYATE-MIGUELEZ S，MENASAL-
VAS-RUIZ A，et al.，2012. Epidemiology，clinical features and medical
interventions in children hospitalized for bronchiolitis [J]. Anales de pedi-
atria，77（6）：391-396.

PLOWRIGHT W，PARKER J，PEIRCE M A，1969. African swine fever

virus in ticks (Ornithodoros moubata, murray) collected from animal bur-
rows in Tanzania [J]. Nature, 221 (5185): 1071-1073.

PORTUGAL R, COELHO J, HOPER D, et al. , 2015. Related strains of
African swine fever virus with different virulence: genome comparison and
analysis [J]. The Journal of general virology, 96 (Pt 2): 408-419.

PROBST C, GLOBIG A, KNOLL B, et al. , 2017. Behaviour of free ran-
ging wild boar towards their dead fellows: potential implications for the
transmission of African swine fever [J]. Royal Society open science, 4
(5): 170054.

RAVAOMANANA J, MICHAUD V, JORI F, et al. , 2010. First detec-
tion of African Swine Fever Virus in Ornithodoros porcinus in Madagascar
and new insights into tick distribution and taxonomy [J]. Parasites & vec-
tors, 3: 115.

REDREJO-RODRÍGUEZ M, GARCÍA-ESCUDERO R, YANEZ-MU-
NOZ R J, et al , 2006. African swine fever virus protein pE296R is a DNA
repair apurinic/apyrimidinic endonuclease required for virus growth in swine
macrophages [J]. J Virol, 80 (10): 4847-4857.

REDREJO-RODRÍGUEZ M, ISHCHENKO A A, SAPARBAEV M K, et
al. , 2009. African swine fever virus AP endonuclease is a redox-sensitive
enzyme that repairs alkylating and oxidative damage to DNA [J]. Virolo-
gy, 390 (1): 102-109.

REIS A L, ABRAMS C C, GOATLEY L C, et al. , 2016. Deletion of Afri-
can swine fever virus interferon inhibitors from the genome of a virulent iso-
late reduces virulence in domestic pigs and induces a protective response
[J]. Vaccine, 34 (39): 4698-4705.

REIS A L, NETHERTON C, DIXON L K, 2017. Unraveling the Armor of
a Killer: Evasion of Host Defenses by African Swine Fever Virus [J].
Journal of virology, 91 (6) .

RENNIE L, WILKINSON P J, MELLOR P S, 2001. Transovarial trans-

mission of African swine fever virus in the argasid tick Ornithodoros mouba-
ta [J]. Medical and veterinary entomology, 15 (2): 140 - 146.

REVILLA Y, CEBRIAN A, BAIXERAS E, et al. , 1997. Inhibition of ap-
optosis by the African swine fever virus Bcl-2 homologue: role of the BH1
domain [J]. Virology, 228 (2): 400 - 404.

REVILLA Y, PENA L, VINUELA E, 1992. Interferon-gamma production
by African swine fever virus-specific lymphocytes [J]. Scandinavian journal
of immunology, 35 (2): 225 - 230.

RODRIGUEZ F, FERNANDEZ A, MARTIN DE LAS MULAS J P, et al. ,
1996. African swine fever: morphopathology of a viral haemorrhagic dis-
ease [J]. The Veterinary record, 139 (11): 249 - 254.

RODRÍGUEZ J M, SALAS M L, VI - UELA E, et al. , 1996. Intermediate
class of mRNAs in African swine fever virus [J]. J Virol, 70 (12):
8584 - 8589.

ROJO G, GARCÍA - BEATO R, VI - UELA E, et al , 1999. Replication of
African swine fever virus DNA in infected cells [J]. Virology, 257 (2):
524 - 536.

RONISH B, HAKHVERDYAN M, STAHL K, et al. , 2011. Design and
verification of a highly reliable Linear After The Exponential PCR (LATE
PCR) assay for the detection of African swine fever virus [J]. Journal of
virological methods, 172 (1 - 2): 8 - 15.

ROWLANDS R J, MICHAUD V, HEATH L, et al. , 2008. African swine
fever virus isolate, Georgia, 2007 [J]. Emerging and Infectious Diseases,
14: 1870 - 1874.

RUIZ GONZALVO F, CABALLERO C, MARTINEZ J, et al. , 1986.
Neutralization of African swine fever virus by sera from African swine fever -
resistant pigs [J]. American journal of veterinary research, 47 (8):
1858 - 1862.

RUIZ - GONZALVO F, CARNERO M E, BRUYEL V, 1981. Immunological responses of pigs to partially attenuated African swine fever virus and their resistance to virulent homologous and heterologous viruses [M] // WILKINSON P J. African swine fever. Sardinia: Proceedings of a CEC/ FAO research seminar.

RUIZ - GONZALVO F, CARNERO M E, CABALLERO C, et al. , 1986. Inhibition of African swine fever infection in the presence of immune sera in vivo and in vitro [J]. Am J Vet Res, 47: 1249 - 1252.

SALAS M L, KUZNAR J, VI - UELA E, 1981. Polyadenylation, methylation, and capping of the RNA synthesized in vitro by African swine fever virus [J]. Virology, 113 (2): 484 - 491.

SALAS M L, KUZNAR J, VI - UELA E, 1983. Effect of rifamycin derivatives and coumermycin A1 on in vitro RNA synthesis by African swine fever virus. Brief report [J]. Arch Virol, 77 (1): 77 - 80.

SALAS M L, REY - CAMPOS J, ALMENDRAL J M, et al. , 1986. Transcription and translation maps of African swine fever virus [J]. Virology, 152 (1): 228 - 240.

SALGUERO F J, RUIZ - VILLAMOR E, BAUTISTA M J, et al. , 2002. Changes in macrophages in spleen and lymph nodes during acute African swine fever: expression of cytokines [J]. Veterinary immunology and immunopathology, 90 (1 - 2): 11 - 22.

SALGUERO F J, SANCHEZ - CORDON P J, NUNEZ A, et al. , 2005. Proinflammatory cytokines induce lymphocyte apoptosis in acute African swine fever infection [J]. Journal of comparative pathology, 132 (4): 289 -302.

SALGUERO F J, SANCHEZ - CORDON P J, SIERRA M A, et al. , 2004. Apoptosis of thymocytes in experimental African Swine Fever virus infection [J]. Histology and histopathology, 19 (1): 77 - 84.

SANCHEZ E G, QUINTAS A, PEREZ - NUNEZ D, et al. , 2012. African swine fever virus uses macropinocytosis to enter host cells [J]. PLoS pathogens, 8 (6): e1002754.

SANCHEZ - VIZCAINO J M, MUR L, GOMEZ - VILLAMANDOS J C, et al. , 2015. An update on the epidemiology and pathology of African swine fever [J]. Journal of comparative pathology, 152 (1): 9 - 21.

SANCHEZ - VIZCAINO J M, MUR L, MARTINEZ - LOPEZ B, 2012. African swine fever: an epidemiological update [J]. Transboundary and emerging diseases, 59 (1): 27 - 35.

SANCHEZ - VIZCAINO J M, SLAUSON D O, RUIZ - GONZALVO F, et al. , 1981. Lymphocyte function and cell-mediated immunity in pigs with experimentally induced African swine fever [J]. American journal of veterinary research, 42 (8): 1335 - 1341.

SCHLAFER D H, MEBUS C A, MCVICAR J W, 1984. African swine fever in neonatal pigs: passively acquired protection from colostrum or serum of recovered pigs [J]. American journal of veterinary research, 45 (7): 1367 - 1372.

SEREDA A D, BALYSHEV V M, KAZAKOVA A S, et al. , 2020. Protective properties of attenuated strains of African swine fever virus belonging to seroimmunotypes I - VIII [J]. Pathogens, 9: 274.

SHOWALTER A K, BYEON I J, SU M I, et al , 2001. Solution structure of a viral DNA polymerase X and evidence for a mutagenic function [J]. Nat Struct Biol, 8 (11): 942 - 946.

SIERRA M A, BERNABE A, MOZOS E, et al. , 1987. Ultrastructure of the liver in pigs with experimental African swine fever [J]. Veterinary pathology, 24 (5): 460 - 462.

SMIETANKA K, WOZNIAKOWSKI G, KOZAK E, et al. , 2016. African Swine Fever Epidemic, Poland, 2014—2015 [J]. Emerging infectious diseases, 22 (7): 1201 - 1207.

STEIGER Y, ACKERMANN M, METTRAUX C, et al. , 1992. Rapid and biologically safe diagnosis of African swine fever virus infection by using polymerase chain reaction [J]. Journal of clinical microbiology, 30 (1): 1 - 8.

STONE S S, HESS W R, 1967. Antibody response to inactivated preparations of African swine fever virus in pigs [J]. Am J Vet Res, 28: 475 -481.

STONE S S, HESS W R, 1967. Antibody response to inactivated preparations of African swine fever virus in pigs [J]. Am J Vet Res, 28: 475 -481.

TABARES E, SÁNCHEZ - BOTIJA C, 1979. Synthesis of DNA in cells infected with African swine fever virus [J]. Arch Virol, 61 (1 - 2): 49 -59.

TIGNON M, GALLARDO C, ISCARO C, et al., 2011. Development and inter - laboratory validation study of an improved new real - time PCR assay with internal control for detection and laboratory diagnosis of African swine fever virus [J]. Journal of virological methods, 178 (1 - 2): 161 - 170.

TULMAN E R, DELHON G A, KU B K, et al., 2009. African swine fever virus [J]. Current topics in microbiology and immunology, 328: 43 -87.

TULMAN E R, ROCK D L, 2001. Novel virulence and host range genes of African swine fever virus [J]. Current opinion in microbiology, 4 (4): 456 - 461.

VIDAL M I, STIENE M, HENKEL J, et al., 1997. A solid - phase enzyme linked immunosorbent assay using monoclonal antibodies, for the detection of African swine fever virus antigens and antibodies [J]. Journal of virological methods, 66 (2): 211 - 218.

VILLEDA C J, WILLIAMS S M, WILKINSON P J, et al., 1993a. Consumption coagulopathy associated with shock in acute African swine fever [J]. Archives of virology, 133 (3 - 4): 467 - 475.

VILLEDA C J, WILLIAMS S M, WILKINSON P J, et al., 1993b. Haemostatic abnormalities in African swine fever a comparison of two virus strains of different virulence [J]. Archives of virology, 130 (1 – 2): 71 – 83.

VINUELA E, 1985. African swine fever virus [J]. Current topics in micro-biology and immunology, 116: 151 – 170.

VLASOVA N N, VARENTSOVA A A, SHEVCHENKO I V, et al, 2015. Comparative analysis of clinical and biological characteristics of African swine fever virus isolates from 2013 year Russian Federation [J]. British Microbiology Research Journal, 5: 203 – 215.

VOEHLER M W, EOFF R L, MCDONALD W H, et al., 2009. Modulation of the structure, catalytic activity, and fidelity of African swine fever virus DNA polymerase X by a reversible disulfide switch [J]. J Biol Chem, 284 (27): 18434 – 18444.

WALKER J, 1933. East African swine fever [D]. London: The University of Zurich.

WANG N, ZHAO D, WANG J, et al., 2019. Architecture of African swine fever virus and implications for viral assembly [J]. Science, 366 (6465): 640 – 644.

WANG Y, KANG W, YANG W, et al, 2021. Structure of African Swine Fever Virus and Associated Molecular Mechanisms Underlying Infection and Immunosuppression: A Review [J]. Front Immunol. 12: 715582.

WARDLEY R C, ABU ELZEIN E M, CROWTHER J R, et al., 1979. A solid – phase enzyme linked immunosorbent assay for the detection of African swine fever virus antigen and antibody [J]. The Journal of hygiene, 83 (2): 363 – 369.

WARDLEY R C, DE M A C, BLACK D N, et al., 1983. African Swine Fever virus: Brief review [J]. Archives of virology, 76 (2): 73 – 90.

WIELAND B, DHOLLANDER S, SALMAN M, et al., 2011. Qualitative risk assessment in a data – scarce environment: a model to assess the impact of control measures on spread of African Swine Fever [J]. Preventive veterinary medicine, 99 (1): 4 - 14.

WILKINSON P J, WARDLEY R C, WILLIAMS S M, 1981. African swine fever virus (Malta/78) in pigs [J]. Journal of comparative pathology, 91 (2): 277 - 284.

YANEZ R J, RODRÍGUEZ J M, NOGAL M L, et al , 1995. Analysis of the complete nucleotide sequence of African swine fever virus [J]. Virology, 208 (1): 249 - 278.

ZHANG F, MOON A, CHILDS K, et al , 2010. The African swine fever virus DP71L protein recruits the protein phosphatase 1 catalytic subunit to dephosphorylate eIF2alpha and inhibits CHOP induction but is dispensable for these activities during virus infection [J]. Journal of virology, 84 (20): 10681 - 10689.

ZHOU X, LI N, LUO Y, et al. , 2018. Emergence of African Swine Fever in China, 2018 [J]. Transboundary and emerging diseases, 65 (6): 1482 - 1484.

ZSAK L, BORCA M V, RISATTI G R, et al. , 2005. Preclinical diagnosis of African swine fever in contact - exposed swine by a real - time PCR assay [J]. Journal of clinical microbiology, 43 (1): 112 - 119.

ZSAK L, LU Z, KUTISH G F, et al. , 1996. An African swine fever virus virulence-associated gene NL-S with similarity to the herpes simplex virus ICP34. 5 gene [J]. Journal of virology, 70 (12): 8865 - 8871.

ZSAK L, ONISK D V, AFONSO C L, et al. , 1993. Virulent African swine fever virus isolates are neutralized by swine immune serum and by monoclonal antibodies recognizing a 72 - kDa viral protein [J]. Virology, 196 (2): 596 - 602.

主要缩略词汇总表

缩词汇	中文名称
APC	抗原提呈细胞
APP	猪传染性胸膜肺炎放线杆菌
ASF	非洲猪瘟
ASFV	非洲猪瘟病毒
ATP	三磷酸腺苷
CIE	对流免疫电泳试验
CSF	猪瘟
CSFV	猪瘟病毒
CPE	细胞病变效应
Ct 值	循环阈值
DNA	脱氧核糖核酸
ELISA	酶联免疫吸附试验
FAO	联合国粮食及农业组织
FAT	免疫荧光检测抗原
DIF	直接免疫荧光
dpi	感染后天数
FMD	口蹄疫
FMDV	口蹄疫病毒
HAD	红细胞吸附

hpi	感染后小时数
IB	免疫印迹
IEOP	对流免疫电泳
IIF	间接免疫荧光试验
IPT	间接免疫过氧化物酶试验
LAMP	环介导等温扩增
mRNA	信使核糖核酸
NK 细胞	自然杀伤（NK）细胞
PCR	聚合酶链式反应
Nano PCR	纳米粒子辅助 PCR
qPCR	实时荧光定量 PCR
ddPCR	数字 PCR
PED	猪流行性腹泻
PPE	个人防护设备
PR	猪伪狂犬病
PRV	猪伪狂犬病病毒
PRRS	猪繁殖与呼吸综合征
PRRSV	猪繁殖与呼吸综合征病毒
RAA	重组酶介导扩增
RNA	核糖核酸
RPA	重组酶聚合酶扩增
VI	病毒分离

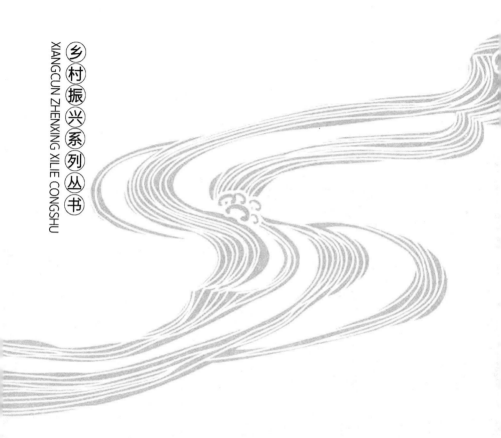

附录 | 我国关于非洲猪瘟的防控文件

环节	编号	防控文件
养殖环节	1	感染非洲猪瘟养殖场恢复生产技术指南
	2	农业农村部办公厅关于印发《无非洲猪瘟区标准》和《无规定动物疫病小区管理技术规范》的通知
饲料	3	中华人民共和国农业农村部公告第91号
检测	4	农业农村部办公厅关于加强非洲猪瘟病毒相关实验活动生物安全监管工作的通知
	5	农业农村部办公厅关于非洲猪瘟病毒诊断制品生产经营使用有关事宜的通知
	6	养猪场非洲猪瘟变异株监测技术指南
打击非法疫苗	7	农业农村部办公厅关于进一步严厉打击非洲猪瘟假疫苗有关违法行为的通知
运输	8	农业农村部关于加强动物疫病风险评估做好跨省调运种猪产地检疫有关工作的通知
猪肉加工流通	9	国家市场监督管理总局 农业农村部 工业和信息化部 关于在加工流通环节开展非洲猪瘟病毒检测的公告
全环节	10	国务院办公厅关于加强非洲猪瘟防控工作的意见
	11	中华人民共和国农业农村部公告第285号
	12	农业农村部办公厅关于印发《非洲猪瘟常态化防控技术指南（试行版）》的通知
	13	农业农村部关于印发《非洲猪瘟疫情应急实施方案（第五版）》的通知
	14	农业农村部关于印发《非洲猪瘟等重大动物疫病分区防控工作方案（试行）》的通知

附录1　感染非洲猪瘟养殖场恢复生产技术指南

1. 前言

目前，全世界尚无有效疫苗和药物用于预防和治疗非洲猪瘟，清除已存在的非洲猪瘟病毒，并有效阻止非洲猪瘟病毒再次进入养殖场，是决定养殖场恢复生产成功的关键。恢复生产是一项基于生物安全的系统工程，涉及许多设施条件、防控技术和管理细节。不同养殖场规模及其生物安全情况不同，生产恢复方法无法完全统一。对于中小规模养殖场，可结合本场实际，参照本指南恢复生产；对于种猪场、大型特别是超大型养殖场，可根据本指南推荐的原则采取更严格的生物安全措施。

1.1　概念

恢复生产是指养殖场发生非洲猪瘟疫情后，经全部清群、清洗消毒、设施改造、管理措施改进，并经适当时间空栏和综合评估后，再次引进生猪进行养殖的过程。

空栏期是指从发生非洲猪瘟疫情养殖场全部清群、第一次清洗消毒（本指南3.1）后，至再次引入生猪养殖的时间间隔。基于非洲猪瘟病毒的生物特性，空栏期以4～6个月为宜，具体时长可根据风险评估情况确定。

1.2　病毒存活时间

非洲猪瘟病毒对环境耐受力强，病毒在肉品、血液、组织、粪便，以及养殖场、市场、屠宰场、车辆等环境中可长时间存活。病毒存活时间与所处介质、温度和湿度等因素密切相关，详见下表。

非洲猪瘟病毒在各种环境下的存活时间

介质	条件	存活时间
血液	4℃	18 个月
	常温	15 周
	56℃	70 分钟
	60℃	30 分钟
带血的木板	—	70 天
肉类	−18℃	＞1 000 天
	4℃	150 天
骨髓	−4℃	188 天
粪便/尿液	4℃	160 天
	常温	11 天

1.3　流行病学特征

1.3.1　传染源。非洲猪瘟感染猪、发病猪、耐过猪及猪肉产品和相关病毒污染物品等都是该病的传染源，感染病毒的钝缘软蜱也是传染源之一。非洲猪瘟的潜伏期一般为 5～19 天，最长可达 21 天。高致病性毒株感染后，生猪的发病率多在 90% 以上，感染猪多在 2 周内死亡，病死率最高可高达 100%。

1.3.2　传播途径。非洲猪瘟以接触传播为主，群内传播速度较快，但群间传播速度较为缓慢。目前，我国出现的病毒株为高致病性毒株。流行病学调查表明，我国非洲猪瘟的主要传播途径是：污染的车辆与人员机械性带毒进入养殖场户、使用餐厨废弃物喂猪、感染的生猪及其产品调运。

1.3.2.1　车辆。运送生猪、饲料、兽药、生活物资等的外来车辆，或去往生猪集散地/交易市场、屠宰场、农贸市场、饲料/兽药店、其他养殖场等高风险场所的本场车辆（生产、生活和办公），未经彻底清洗消毒进入本养殖场，是当前病毒传入的主要途径。

1.3.2.2　售猪。出售生猪特别是淘汰母猪时，出猪台和内部转运车受到外部病毒污染，或贩运/承运人员携带病毒，是非洲猪瘟病毒传入的重要途径。

1.3.2.3　人员。外来人员（生猪贩运/承运人员、保险理赔人员、兽医、技术顾问、兽药/饲料销售人员等）进入本场，本场人员到兽药/饲料店、其他养殖场、屠宰场、农贸市场返回后未更换衣服/鞋并严格消毒，是病毒传入的重要途径。

1.3.2.4　餐厨废弃物（泔水）。使用餐厨废弃物（泔水）喂猪，或养殖人员接触外部生肉后未经消毒接触生猪，是小型养殖场户病毒传入的主要途径。

1.3.2.5　引进生猪。引进生猪、精液或配种时，病毒可通过多种方式传入。

1.3.2.6　水源污染。病毒污染的河流、水源可传播病毒。

1.3.2.7　生物学因素。在病毒高污染地区、养殖密集区，养殖场内的犬、猫、禽和环境中的鼠、蜱、蚊蝇等，以及养殖场周边有野猪活动，可能机械携带病毒并导致病毒传入。

1.3.2.8　饲料污染。使用自配料的养殖场饲料原料被污染；使用成品料的养殖场其饲料中含有猪源成分（肉骨粉、血粉、肠黏膜蛋白粉等），可能导致病毒传入。

成功实现恢复生产，必须切断以上所有可能的病毒传入途径。

2. 生产恢复计划的制定

2.1　疫情传入途径的分析

生产恢复前，首先要分析本场疫情传入的具体途径，并重点防范。本场首个病例发病前3～21天，1.3.2.1～1.3.2.8项都可能是本场疫情传入的途径。对同一养殖场，病毒传入途径可能是其中一种或几种，制定生产恢复计划时应当充分考虑。

2.2　病毒再次传入的风险评估

2.2.1　养殖场规模和选址。养殖规模越大，病毒传入的途径和机会越多，疫情发生的概率越高。养殖场所处地势较低，与公路、城镇居民区等人口密集区距离近时，病毒传入风险较高。

2.2.2　周边疫情情况。养殖场周边疫情越重，病毒传入风险越高。

2.2.3　周边经济社会环境。养殖场周边养殖场户多、距离近、隔离条件差，屠宰场、无害化处理场、生猪交易市场分布不合理、防疫条件差，贩运人员多、防疫意识差，车辆清洗消毒不彻底，都会增加病毒传入风险。

2.3　生产恢复计划的制定

按2.1～2.2款评估后，若本场适合恢复生产，则应根据非洲猪瘟传入途径和当前疫情传入风险，查找本场生物安全漏洞，从车辆、人员、物流管理等方面改造生物安全设施，健全管理制度，做好恢复生产前的准备。具体可根据本场实际，参照本指南第3～6部分，有计划、有选择地做好清洗消毒、设施升级改造、完善生产管理制度等工作。若评估认为传入风险高，则应采取更为严格的生物安全措施。

3. 清洗消毒

生产区（生猪饲养栋舍、死猪暂存间、饲料生产及存放间、出猪间/台、场区道路等）、生活区（办公室、食堂、宿舍、更衣室、淋浴间等）、场区外道路等，应全面彻底清洗消毒。总体上，应按照从里到外，即由猪舍内到猪舍外、生活区再到场区外的顺序，渐次消毒，防止交叉、反复污染。

3.1 生产区的清扫

3.1.1 表面消毒。用2%NaOH全面喷洒生猪饲养栋舍、死猪暂存间、饲料生产及存放间、出猪间/台、场区道路等生产场所，至表面湿润，至少作用30分钟。

3.1.2 污物处理。清除生产区内粪便、垫料、饲料及残渣等杂物，清空粪沟，粪尿池和沼气罐经发酵后清空。将清扫出来的垃圾、粪便等污物，以及可能被污染的饲料和垫料，选择适当位置（尽可能移出场区）进行隔离堆积发酵、深埋或焚烧处理。

尽量拆开栋舍内能拆卸的设备，如隔离栏、产床、地板、吊顶的棚顶、风机、空气循环系统、灯罩等，将拆卸的设备移出栋舍外消毒。拆除并销毁所有木质结构，销毁可能污染的工作衣物、工具、纸张、药品等物资。

3.1.3 冲洗。用清水高压冲洗生猪饲养栋舍、死猪暂存间、饲料生产及存放间、出猪间/台、场区道路等生产区域，确保冲洗无死角。拐角、缝隙等边角部分可用刷子刷洗。严重污染的栋舍可用去污剂浸泡后，高压清水冲洗。

冲洗后，生产区内设施设备、工具上应当无可见污物残留，挡板上无粪渣和其他污染物，产床上无粪便、料块，漏粪地板缝隙无散料和粪渣，料槽死角无剩料残渣，粪沟内无粪便，料管及百叶无灰尘。冲洗后的污水应当集中收集，并加入适量NaOH等消毒剂进行处理，经平衡酸碱后排放。

3.1.4 晾干。通风透气，晾至表面无明显水滴。

【注意事项】初次消毒是非常关键的环节，要清理并无害化处理栋舍内的粪尿、污渍、污水和杂物，以及可能受污染的物品（包括挡猪板、扫把、木制品、泡沫箱、饲料袋等），确保冲洗彻底，从而清除绝大多数病原。

3.2　消灭生物学因素

经初步消毒后，应集中杀灭老鼠、蚊蝇等。

3.3　生产区的消毒

3.3.1　使用附表推荐的适当消毒剂（按照说明书配制和使用），对生猪饲养栋舍、死猪暂存间、出猪间/台、场区道路、饲料生产及存放间等进行消毒。本指南推荐以下两种方案，供参考。

方案一：喷洒消毒剂。选用2‰NaOH充分喷洒生猪饲养栋舍、死猪暂存间、饲料生产及存放间、出猪间/台、场区道路等，保持充分湿润6～12小时后，用清水高压冲洗至表面干净，彻底干燥。必要时，可冲洗干净NaOH后晾至表面无明显水滴，再喷洒附表推荐的其他消毒剂（如戊二醛），保持充分湿润30分钟，冲洗并彻底干燥。

有条件的，可在彻底干燥后对地面、墙面、金属栏杆等耐高温场所，进行火焰消毒。若养殖场墙面、棚顶等凹凸不平，可选用泡沫消毒剂。

【注意事项】应避免酸性和碱性消毒药同时使用，若先用酸性药物，应待酸性消毒药挥发或冲洗后再用碱性药，反之亦然。出猪台、赶猪道是病毒传入高风险区，产床、棚顶、栋舍设施接口和缝隙，以及漏粪地板的反面及粪污地沟、粪尿池、水帘水槽以及循环系统为消毒死角，应重点加强消毒。火焰消毒应缓慢进行，光滑物体表面以3～5秒为宜，粗糙物体表面适当延长火焰消毒时间。最后一次消毒后应彻底干燥。

方案二：石灰乳涂刷消毒。20％石灰乳与2％NaOH溶液制成碱石灰混悬液，对生猪饲养栋舍、死猪暂存间、饲料生产及存放间、出猪间/台、场区道路、栏杆、墙面以及养殖场外100~500米内的道路、粪尿沟和粪尿池进行粉刷。粉刷应做到墙角、缝隙不留死角。每间隔2天进行1次粉刷，至少粉刷3次。

【注意事项】20%石灰乳和2%NaOH混悬液的配制方法：1千克NaOH，10千克生石灰，加入50千克水，充分拌匀后粗纱网过滤。石灰乳必须即配即用，过久放置会变质导致失去杀菌消毒作用。

3.3.2 熏蒸。按3.3.1项消毒干燥后，对于相对密闭栋舍，可使用消毒剂密闭熏蒸，熏蒸后通风，熏蒸时注意做好人员防护。例如，空间较小时，可使用高锰酸钾与福尔马林混合，或使用其他烟熏消毒剂熏蒸栋舍，密闭24~48小时；空间较大时，可使用臭氧等熏蒸栋舍，密闭12小时。

3.3.3 空栏空舍。栋舍门口和生产区大门贴封条，严禁外来人员、车辆进入。同时，应防止生物学因素进入。建议空栏期为4~6个月。

3.4 饮水设备的消毒

3.4.1 卸下所有饮水嘴、饮水器、接头等，洗刷干净后煮沸15分钟，之后放入含氯类消毒剂浸泡。

3.4.2 水线管内部用洗洁精浸泡清洗，水池、水箱中添加含氯类消毒剂浸泡2小时。

3.4.3 重新装好饮水嘴，用含氯类消毒剂浸泡管道2小时后，每个水嘴按压放干全部消毒水，再注入清水冲洗。

3.5 生活区的消毒

3.5.1 清扫和处理。对生活区（办公室、食堂、宿舍、更衣室、淋浴间等）进行清扫，将剩余所有衣服、鞋、杂物进行消毒或无害化处理。

3.5.2 熏蒸消毒。同 3.3.2 项。

3.5.3 喷洒消毒。使用附表推荐的消毒液喷洒消毒，干燥。

3.5.4 第二轮消毒。待整个养殖场彻底消毒后，按照 3.4.1～3.4.3 对生活区进行第二轮清洗消毒。

3.6 车辆的消毒

车辆洗消中心应注意污道、净道分开。运输车辆由污道驶入，经清洗消毒后，应从净道离开。现推荐两种方案如下。

方案一：洗消中心消毒。进出养殖场的所有车辆均应对车辆底部、轮胎、车身等进行彻底清洗、消毒和高温烘干。非本场车辆可先在其他地方进行预处理，喷洒戊二醛或复合酚作用 30 分钟后，用清水或清洗剂（去污剂）初步冲洗清除粪便等杂物，然后进入洗消中心消毒。流程如下：

——清扫和拆卸。车辆由污道驶入后，清扫残留污物、碎屑，移除所有可拆卸设备（隔板、挡板等）；取出驾驶室内地垫等所有物品；清扫残留污物、碎屑。

——浸润。将车辆底部、轮胎、车身、拆卸物品等进行全方位、无死角立体冲洗；使用泡沫清洗剂（去污剂）喷洒全车和相关物品，浸润 15～20 分钟。

——高压冲洗。使用冷水（夏季）或 60～70℃热水（冬季），按照从顶部到底部、从内部到外部的顺序，冲洗至无可见的污物和污渍。包括隔板、过道、挡猪板、扫帚、铁铲及箱子，最后冲洗取出的驾驶室地垫等物品。

——车体消毒。沥干车内存水，使用新配置的消毒液喷洒车辆内外表面，底盘，保持 30 分钟；驾驶室地垫、其他工具浸泡在消毒液中，保持 30 分钟。必要时，可重复一次。

——驾驶室消毒。使用消毒液浸泡的抹布擦拭方向盘、仪表盘、油门和刹车踏板、把手、车窗、玻璃和门内侧等，地板使用消毒剂喷洒。

——烘干。洗消后车辆驶上 30°斜坡，沥干水分（无滴水），进入烘干房，待车体温度达到 60℃ 保持 30 分钟，或 70℃ 保持 20 分钟。烘干过程中，循环气流。有条件的，可在烘干后对拉猪车等高风险车辆熏蒸消毒。

——由净区离开洗消中心后，车辆驶入指定洁净区域停放。

——必要时，到达养殖场大门前，门卫人员再次消毒，同时司机出示消毒证明方可进入生活区。

——洗消中心消毒。车辆离开后，立即高压冲洗地面和墙面，无滴水、积水后喷洒消毒液；清洗工具、干燥；抹布浸入戊二醛至少 30 分钟后清洗烘干；所有洗消工具放入指定位置。

方案二：固定地点集中消毒。没有洗消中心时，建议进行三次清洗消毒，重点消毒轮胎、底盘、车厢、驾驶室脚踏板等部位，有条件的可使用高压热水冲洗。每次消毒沥干水分（无滴水）后方可进行下一次消毒。具体流程如下：

——卸货后先喷洒戊二醛或复合酚，作用 30 分钟；

——在远离养殖场的位置进行第一次高压清水清洗，至无可见污物。

——在养殖场外 1 公里外进行第二次清洗消毒，按照泡沫清洁剂（去污剂）、冲洗、沥水、消毒剂消毒、冲洗流程处理后晾干。具体可参照 3.6 方案一。

——使用前进行第三次清洗消毒，喷洒消毒剂、冲洗后彻底晾干。

【注意事项】车辆消毒的同时，司乘人员应淋浴、更换衣服和鞋，并进行消毒。泡沫清洗剂（去污剂）包括肥皂、洗衣粉等，属于阴离子清洗剂（去污剂），应避免与季铵盐类等阳离子消毒剂同时使用。注意收集车辆洗消污水，无害化处理后排放。烘干过程中注意循环气流，防止对车体造成损伤。

3.7　杂草垃圾的消毒及处理

3.7.1　清除场外2.5～5米范围内和场内的杂草及垃圾，并无害化处理。

3.7.2　对场外50米范围内和场内树木、草丛等，根据蚊蝇情况一般每3～7天喷洒一次除虫剂。

3.8　引进生猪前消毒

引进生猪（哨兵猪）前7天，对生产区再次消毒，参照3.3款。

3.9　消毒效果评价

3.9.1　养殖场消毒效果评价。可分别在养殖场彻底消毒干燥后、进猪前消毒干燥后，采集生产区、生活区、隔离区等各场所样品，重点采集栋舍内外地面、墙面、饮水管道、食槽、水嘴、栏杆、风机、员工生活区、场内杂物房等高风险场所样品，确保覆盖漏粪地板反面、粪坑、栋舍墙角、食槽底部等卫生死角，检测非洲猪瘟病毒。

3.9.2　车辆消毒效果评价。车辆每次消毒烘干后对车厢内部、驾驶室全面采样，车辆外表面主要对轮胎、底盘、挡泥板、排尿口、后尾板、赶猪板等进行采样，检测非洲猪瘟病毒。此外，还应对洗车房、车辆出口定期检测非洲猪瘟病毒。

养殖场和车辆消毒效果评价，若检测阴性视为合格，检测阳性应重新清洗消毒。

4. 设施设备的升级改造

对存在生物安全漏洞的养殖场，应进行升级改造，加强场区物理隔离、车辆、饲料、饮水等生物安全防护水平。

4.1 优化养殖场整体布局

4.1.1 总体上,生产区与生活区分开,净道与污道分开,养殖场周边设置隔离区。例如,生产区与生活区之间建立实心围墙。

4.1.2 空怀妊娠母猪舍、哺乳猪舍、保育猪舍、生长育肥猪舍、公猪舍各生产单元相对隔离,独立管理。

4.1.3 硬化养殖场和栋舍地面。

4.1.4 按照夏季主导风向,生活管理区应置于生产区和饲料加工区的上风口,兽医室、隔离舍和无害化处理场所处于下风口和场区最低处,各功能单位之间相对独立,避免人员、物品交叉。

4.2 栋舍内部

4.2.1 所有的栋舍应能够做到封闭化管理,设备洞口或者进气口覆盖防蚊网,安装纱窗。

4.2.2 修补栋舍内破损的地面、墙面、门、地沟、漏缝板等设施,修补所有建筑表面的孔洞、缝隙。

4.2.3 对栋舍实施小单元化改造。例如,不同圈舍间用实体隔开;通槽公用饮水饲喂改为每个圈舍、栏位独立饮水饲喂。

4.2.4 每栋配备单独的脚踏和洗手消毒盆(池)、专用水鞋。

4.2.5 更换水帘纸、破损的卷帘布、进气口、百叶等设备。风机宜选用耐腐蚀易消毒的玻璃钢风机。

4.2.6 更换破损的饮水设施。

4.2.7 有条件的,可提高养殖场自动化水平。

4.3 栋舍外部

4.3.1 防止外来动物进入。养殖场四周设围墙,围墙外深挖防疫沟，设置防猫狗、防鸟、防鼠、防野猪等装置，只留大门口、出猪台、粪尿池等与外界连通。例如，养殖场围墙外2.5～5米，以及栋舍外3～5米，可铺设尖锐的碎石子（2～3厘米宽）隔离带，防止老鼠等接近；或实体围墙底部安装1米高光滑铁皮用作挡鼠板，挡鼠板与围墙压紧无缝隙。

4.3.2 杜绝蚊蝇。场区内不栽种果蔬，不保留鱼塘等水体，粪尿池用蚊帐、黑膜等覆盖或密封。

4.3.3 完善排污管线。防止雨水倒流进场内，确保场内无积水、无卫生死角。例如，在养殖场围墙外挖排水沟（排水沟应用孔径2～5毫米铁丝网围栏）。

4.3.4 设置连廊。有条件的，可在各生产区间、生活区与生产区之间设置连廊防护，加强防蚊蝇、防鼠功能。简易连廊可用细密的铁丝网围成，上方覆盖铁板。

4.4 完善门口消毒设施

养殖场大门口设置值班室、更衣消毒室和全车洗消的设施设备；进出生产区只留唯一专用通道，包括更衣间、淋浴间和消毒间，更衣和淋浴间布局须做好物理隔断，区分净区、污区。

4.5 设置物品存放、消毒间

在养殖场门口设置物品消毒间。消毒间分净区、污区，可用多层镂空架子放置物品。

4.6 完善出猪设施

4.6.1 分别建立淘汰母猪、育肥猪的出猪系统，包括出猪间（台）、赶猪通道、赶猪人员和车辆等。淘汰母猪和育肥猪的出猪系统应相互独立、不交叉。

4.6.2 养殖场围墙边上分设淘汰母猪、育肥猪专用出猪间（台），出猪间（台）连接外部车辆的一侧，应向下具有一定坡度，防止粪尿向场内方向回流。

4.6.3　出猪间（台）及附近区域、赶猪通道应硬化，方便冲洗、消毒，做好防鼠、防雨水倒流工作。例如，安装挡鼠板，出猪间（台）坡底部设置排水沟等。

4.6.4　在远离养殖场的地方设置中转出猪间（台）时，人员和内外部车辆出现间接接触的风险较高，必须设计合理、完善清洗消毒设施，避免内外部车辆和人员直/间接接触而传播病毒。

4.7　完善病死猪无害化处理设施

4.7.1　配备专用病死猪暂存间、病死猪转运工具等相关设施。

4.7.2　有条件的，应配备焚烧炉、化尸池等病死猪无害化处理设施。病死猪无害化处理设施应建在养殖场下风口，地面全部做硬化防渗处理，增加防止老鼠、蚊蝇等动物进入此区域的设施。

4.8　配备专用车辆和车辆洗消设施

4.8.1　养殖场应配备本场专用运猪车（场外、场内分设）、饲料运送车（场外、场内分设）、病死猪/猪粪运输车等。

4.8.2　养殖场应设置固定的、独立密闭的车辆清洗消毒区域；有条件的，可配套本场专用的车辆洗消场所。

4.9　完善饲料存放设施

4.9.1　袋装料房应相对密闭，具备防鼠、消毒功能。例如，房屋围墙安装防鼠铁皮，窗户安装纱窗，门口配备水鞋、防护服、洗手和脚踏消毒盆等。

4.9.2　有条件的，可在围墙周边设立料塔，饲料车在场外将饲料打入料塔内。

4.9.3　检查所有的料线设备，更换或维修锈蚀漏水的料塔、磨损的链条以及料管、变形锈蚀的转角等部件。

4.10 安装监控设备

养殖场应安装监控设备，覆盖栋舍及养殖场周边等场所，实现无死角、全覆盖，监控视频至少储存1个月。

【注意事项】必要时，可在升级改造结束后，再进行一遍清洗消毒以及消毒效果检测评价。

5. 生产管理制度的完善

5.1 严格人员管理

5.1.1 养殖场实行封闭式管理，禁止外来人员（特别是生猪贩运人员或承运人员、保险理赔人员、兽医、技术顾问、兽药饲料销售人员等）进入养殖场。若必须进场，经同意后按程序严格消毒后进入。

5.1.2 养殖人员不到其他养殖场串门，从高风险场所回来后应隔离（建议2～3天），隔离期间淋浴、更换衣服和鞋、消毒，注意清洗头发、剪指甲，方可进入生产区。养殖人员从生活区进入生产区时，应对手部彻底消毒并更换工作服。

5.1.3 各生产单元的人员应相对独立，不能随意跨区活动，避免交叉。兽医等技术人员跨单元活动时，应按照5.1.4项执行。

5.1.4 人员进入养殖场和生产区应走专用通道，严格淋浴、更换衣服鞋、消毒；进入栋舍前应洗手消毒、换栋舍内专用水鞋、脚踏消毒，从栋舍出来时应冲净鞋上粪便，脚踏消毒池后，更换栋舍外专用水鞋。内外专用水鞋不交叉。

5.2 严格进场物品管理

5.2.1 场外物资、物品按照附表推荐的消毒剂经严格消毒后，方可转移至场内。物品尽量选择浸泡消毒，不可浸泡的物品可选用喷淋、熏蒸、擦拭等方式消毒。

5.2.2 严格禁止外来的猪肉及其制品进场。禁止养殖人员携带任何食品进入养殖区。

5.3 禁止使用餐厨废弃物（泔水）喂猪

全面禁止使用自家或外购餐厨废弃物（泔水）饲喂生猪。

5.4 严格车辆管理

5.4.1 育肥猪运猪车、淘汰母猪运猪车、饲料运送车、病死猪/猪粪运输车等车辆专车专用，原则上不得交叉使用，本场配备的场内、场外活动车辆不混用。交叉使用的，执行上一任务后，需进行全面清洗消毒方可执行下一任务。

5.4.2 根据使用情况，本场车辆可在每次或每天使用后，进行清洗消毒。

5.4.3 外来车辆、生活车辆禁止进入养殖场。

5.4.4 避免本场车辆与外来车辆接触。

5.4.5 加强车辆司机管理，尤其是运猪车、病死动物运输车，应配备专门司机。原则上，司机禁止下车操作。

5.5 严格养殖生产管理

5.5.1 猪群实行批次化生产管理，按计划全进全出，并确保栋舍有足够时间彻底清洗、空栏、消毒、干燥。

5.5.2 控制饲养密度。

5.5.3 生产区净道供猪群周转、场内运送饲料等洁净物品出入，污道供粪污、废弃物、病死猪等非洁净物品运送。

5.5.4 一旦发现临床疑似病例，禁止治疗和解剖病死猪，应立即采样进行非洲猪瘟检测。

5.5.5 养殖场内禁止饲养其他畜禽。

5.6 严格售猪管理

5.6.1 禁止生猪贩运人员、承运人员等外来人员，以及外来车辆进入养殖场。

5.6.2　售猪前 30 分钟以及售猪后，应立即对出猪间（台）、停车处、装猪通道和装猪区域进行全面清洗消毒。

5.6.3　避免内外人员交叉。本场赶猪人员严禁接触出猪间（台）靠近场外生猪车辆的一侧，外来人员禁止接触出猪间（台）靠近场内一侧。

5.6.4　严禁将已转运出场或已进入出猪间（台）的生猪运回养殖场。

5.6.5　外来人员以及本场赶猪人员在整个售猪过程中均应穿着消毒的干净工作服、工作靴。

5.6.6　本场赶猪人员返回养殖区域前应淋浴、更换衣服鞋、进行严格消毒。

5.6.7　减少售猪频次。

5.7　严格病死动物管理

5.7.1　原则上，病死动物应在本场病死动物无害化处理设施内处理。病死动物包裹后由专人专车、专用道路运送，其他人、车不得参与，沿途不撒漏。必要时，将病死动物运送至无害化处理设施后，应对无害化处理设施周围、人员、车辆、沿途道路等清洗消毒。运送人员应穿着防护服。

5.7.2　如需使用外来车辆将病死动物运送至无害化处理场，则应将病死动物包裹后由专人专车、专用道路运送至场外固定地点，但不能与外来无害化处理车辆和人员接触。该车辆返回前，车辆和沿途道路应予清洗消毒。外来车辆拉走病死动物后，应对该区域严格清洗消毒。消毒可喷洒 2％NaOH。

5.7.3　外来病死动物运输车辆应事先进行严格的清洗消毒。本场车辆不得与外来车辆接触，且行驶轨迹不得交叉。

5.8　严格饲料管理

5.8.1　向本场运送饲料的车辆，必须事先进行清洗消毒。

5.8.2 外部运送饲料的车辆禁止进场。

5.8.3 袋装饲料到场后，卸货人员工作前后均应淋浴、更换衣服鞋、严格消毒。

5.8.4 袋装饲料入库前应拆至最小包装，进行臭氧等熏蒸消毒。

5.9 严格人员培训

5.9.1 合理安排恢复生产人员，明确各岗位职责、具体操作规程，制定考核标准。

5.9.2 定期进行系统的生产培训和生物安全培训、考核，确保所有人员自觉遵守生物安全准则，主动执行生物安全措施，积极纠正操作中的偏差。

6. 哨兵猪放置

本指南第3～5部分各项措施落实到位，养殖场环境非洲猪瘟病毒检测阴性，空栏4～6个月，综合评估合格后，方可引进哨兵猪。

6.1 哨兵猪选择

哨兵猪应以后备母猪和架子猪为主，其中种猪场可引入后备母猪，育肥场引入架子猪。

6.2 哨兵猪数量

育肥场：每个栏位放置1～2头哨兵猪，饲养21天。

种猪场：可放置本场满负荷生产的10%～20%哨兵猪数量，饲养42天。如有限位栏，应打开栏门，定时驱赶，确保哨兵猪行走覆盖所有限位栏。

6.3 哨兵猪放置方案

隔离舍、配怀舍、产房、保育舍、育肥舍等各栋舍均应放置哨兵猪；在养殖场内栋舍外区域还应放置移动哨兵猪。

6.4 哨兵猪监测

6.4.1　哨兵猪进场前经临床观察无异常、采样监测阴性，方可引进。

6.4.2　育肥场哨兵猪饲养 21 天后，临床观察无异常、采样检测阴性的，可准备恢复生产。

6.4.3　种猪场哨兵猪饲养 42 天后，临床观察无异常、采样检测阴性的，可准备恢复生产。

6.4.4　若猪群无异常可以视情况混合多个样品（最多 10 个样品）检测。整个过程中如有异常随时检测，发病或异常死亡的单独检测。采样及检测方法按照农业农村部相关规定进行。

6.5　准备恢复生产

将哨兵猪集中饲养，对放置哨兵猪的场所清洗、消毒、干燥后，准备进猪恢复生产。

7. 恢复生产

7.1　引种猪群选择

引种应按照就近原则，尽量选择本市县引种、不跨省引种，禁止从正在发生非洲猪瘟疫情的地区（所在市县）引种。

7.1.1　确定来源猪场。至少提前 3 个月做好恢复生产引种计划。来源猪场应尽可能单一，信誉、资质和管理良好，系统开展重大动物疫病检测，近期未发生重大疫情。

7.1.2　引种前检测。来源猪场能够提供近 7 天内的非洲猪瘟检测证明，并能够按生猪调运相关规定申报检疫。

7.2　运输管理

7.2.1　车辆要求。采用备案的专业运输车，装猪前进行过清洗消毒（有消毒证明）。运输路线较长的，应配备供水供料设施，并配足饲料饮水。

7.2.2　路线要求。合理规划引种运输路线，严格执行有关调运监管要求，禁止途经非洲猪瘟疫区所在市县，尽可能避开靠近养殖场、屠宰场、无害化处理厂、生猪交易市场的公路。

7.2.3　过程管理。运输途中尽量不停车、不进服务区，避免接触其他动物。司机不能携带和食用猪源性产品。派专业兽医押运，对运输途中出现的应激死亡猪只，应就近无害化处理。

7.3　进猪后隔离监测

引进生猪进场后，应先在隔离舍或后备猪舍饲养 21 天。在此期间，该群生猪应由专人全封闭饲养、管理，不得与其他猪混群。确认无疫情后再转入生产栋舍。

7.4　后期管理

严格执行本指南第 5 部分关于生产管理等方面的要求，并不断完善生物安全管理设施和措施。

附表　生猪生产不同场所的消毒药选择建议

生产场所	适用的消毒药物
生产线道路、疫区及疫点道路、出猪台、赶猪道	氢氧化钠、生石灰、戊二醛类
车辆及运输工具	酚类、戊二醛类、季铵盐类、复方含碘类（碘、磷酸、硫酸复合物）
大门口及更衣室消毒池、脚踏池	氢氧化钠
畜舍建筑物、围栏、木质结构、水泥表面、地面	氢氧化钠、生石灰、酚类、戊二醛类、二氧化氯类
生产、加工设备及器具	季铵盐类、复方含碘类（碘、磷酸、硫酸复合物）、过硫酸氢钾类、二氯异氰尿酸钠
环境及空气	过硫酸氢钾类、二氧化氯类
饮水	漂白粉、次氯酸钠等含氯消毒剂、柠檬酸、二氧化氯类、过硫酸氢钾类

（续）

生产场所	适用的消毒药物
人员皮肤	含碘类、柠檬酸
衣、帽、鞋等可能被污染的物品	过硫酸氢钾类
办公室、饲养人员的宿舍、公共食堂等场所	过硫酸氢钾类、二氧化氯类、含氯类消毒剂
粪便、污水	氢氧化钠、盐酸、柠檬酸
电器设备	甲醛熏蒸

【注意事项】消毒药可参照说明书标明的工作浓度使用，含碘类、含氯类、过硫酸氢钾类消毒剂，可参照说明书标明的高工作浓度使用。日常消毒中，尽可能少用生石灰。

农业农村部畜牧兽医局

2019 年 9 月 10 日

附录 2　农业农村部办公厅关于印发《无非洲猪瘟区标准》和《无规定动物疫病小区管理技术规范》的通知

各省、自治区、直辖市农业农村（农牧、畜牧兽医）厅（局、委），新疆生产建设兵团农业农村局，部属有关事业单位：

　　为贯彻落实《国务院办公厅关于加强非洲猪瘟防控工作的意见》（国办发〔2019〕31号）和《国务院办公厅关于稳定生猪生产促进转型升级的意见》（国办发〔2019〕44号）精神，指导各地建设非洲猪瘟等动物疫病无疫区和无疫小区，我部结合当前动物疫病防控实际，组织制定了《无非洲猪瘟区标准》和《无规定动物疫病小区管理技术规范》，现印发给你们，请遵照执行。

　　《农业部关于印发〈肉禽无规定动物疫病生物安全隔离区建设通用规范（试行）〉和〈肉禽无禽流感生物安全隔离区标准（试行）〉的通知》（农医发〔2009〕13号）同时废止。

　　附件：1. 无非洲猪瘟区标准

　　　　　2. 无规定动物疫病小区管理技术规范（略）

农业农村部办公厅

2019 年 12 月 16 日

附件1

无非洲猪瘟区标准

1 范围

本标准规定了无非洲猪瘟区的条件。

本标准适用于无非洲猪瘟区的建设和评估。

2 规范性引用文件

下列文件的最新版本适用于本文件。

重大动物疫情应急条例

非洲猪瘟疫情应急实施方案

无规定动物疫病区管理技术规范

3 术语和定义

除《无规定动物疫病区管理技术规范 通则》规定的术语和定义外，下列术语和定义也适用于本标准。

3.1 猪：包括家猪和野猪。

3.2 家猪：指人工饲养的生猪以及人工合法捕获并饲养的野猪。

3.3 非洲猪瘟病毒感染：出现以下任一情形，视为非洲猪瘟病毒感染。

（1）从采集的猪样品中分离出非洲猪瘟病毒。

（2）从以下任一采集的样品中检测到非洲猪瘟特异性抗原、核酸或特异性抗体。

a. 有非洲猪瘟临床症状或有病理变化猪的样品。

b. 与非洲猪瘟确诊、疑似疫情有流行病学关联猪的样品。

c. 怀疑与非洲猪瘟病毒有接触或关联猪的样品。

4 潜伏期

非洲猪瘟的潜伏期为 15 天。

5 无非洲猪瘟区

5.1 猪无非洲猪瘟区

除遵守《无规定动物疫病区管理技术规范 通则》相关规定外，还应当符合下列条件。

5.1.1 与毗邻非洲猪瘟感染国家或地区间设有保护区，或具有人工屏障或地理屏障，以有效防止非洲猪瘟病毒传入。无疫区原则上以省级行政区域为单位划定。

5.1.2 具有完善有效的疫情报告体系和早期监测预警系统。

5.1.3 具有防控非洲猪瘟宣传计划，区域内兽医人员，饲养、屠宰加工和运输环节等相关从业人员了解非洲猪瘟的相关知识、防控要求和政策。

5.1.4 开展区域内野猪和钝缘软蜱调查，掌握区域内野猪和钝缘软蜱品种、分布和活动等情况，通过风险评估，排除野猪和钝缘软蜱在区域内传播非洲猪瘟的可能性。

5.1.5 没有饲喂餐厨废弃物。

5.1.6 进入区域的生猪运输车辆应符合生猪运输车辆备案要求和生物安全标准要求。

5.1.7 区域内各项防控非洲猪瘟的措施得到有效实施。

5.1.8 监测。具有有效的监测体系，按照《无规定动物疫病区管理技术规范 规定动物疫病监测准则》和国家相关要求制定监测方案，科学开展监测，经监测，在过去 3 年内区域内家猪和野猪均没有发现非洲猪瘟病毒感染；经流行病学调查区域内不存在钝缘软蜱，或经监测区域内钝缘软蜱没有发现非洲猪瘟病毒感染的，则时间可缩短为在过去 12 个月内区域内所有家猪和野猪均没有发现非洲猪瘟病毒感染。

5.2　家猪无非洲猪瘟区

5.2.1　符合 5.1.1、5.1.2、5.1.3、5.1.4、5.1.5、5.1.6、5.1.7 相关规定。

5.2.2　监测。具有有效的监测体系，按照《无规定动物疫病区管理技术规范　规定动物疫病监测准则》和国家相关要求制定监测方案，科学开展监测，经监测，在过去 3 年内区域内家猪没有发现非洲猪瘟病毒感染；经流行病学调查区域内不存在钝缘软蜱，或经监测区域内钝缘软蜱没有发现非洲猪瘟病毒感染，则时间缩短为在过去 12 个月内区域内家猪没有发现非洲猪瘟病毒感染。

6　无非洲猪瘟区发生非洲猪瘟有限疫情建立感染控制区的条件

6.1　无非洲猪瘟区发生非洲猪瘟疫情时，该无非洲猪瘟区的无疫状态暂时停止。

6.2　根据《重大动物疫情应急条例》和《非洲猪瘟疫情应急实施方案》划定疫点、疫区和受威胁区，并采取相应的管理技术措施。

6.3　开展非洲猪瘟流行病学调查，查明疫源，证明所有疫情之间存在流行病学关联，地理分布清楚，且为有限疫情。

6.4　根据流行病学调查结果，结合地理特点，在发生有限疫情的区域建立感染控制区，明确感染控制区的范围和边界。感染控制区应当包含所有流行病学关联的非洲猪瘟病例。感染控制区不得小于受威胁区的范围，原则上以该疫点所在县级行政区域划定感染控制区范围。

6.5　按照《重大动物疫情应急条例》和《非洲猪瘟疫情应急实施方案》要求，对疫点、疫区和受威胁区猪及产品进行处置，对其他有流行病学关联的猪及产品可通过自然屏障或采取人工措施，包括采取建立临时动物卫生监督检查站等限制流通等措施，禁止猪及产品运出感染控制区。

6.6 对整个无非洲猪瘟区进行排查，对感染控制区开展持续监测，对感染控制区以外的其他高风险区域进行强化监测，在最后一例病例扑杀后至少 30 天没有发生新的疫情或感染，可申请对感染控制区进行评估。

7 无非洲猪瘟区的恢复

7.1 建立感染控制区后的无疫状态恢复

7.1.1 符合 6 的要求，感染控制区建成后，感染控制区外的其他区域即可恢复为非洲猪瘟无疫状态。

7.1.2 在感染控制区内，按照《重大动物疫情应急条例》和《非洲猪瘟疫情应急实施方案》要求进行疫情处置，在最后一例病例扑杀后 3 个月内未再发生疫情，经监测，区域内没有发现非洲猪瘟病毒感染，可申请恢复为非洲猪瘟无疫状态；感染控制区的无疫状态恢复应当在疫情发生后的 12 个月内完成。

7.1.3 感染控制区内再次发现非洲猪瘟病毒感染，取消感染控制区，撤销无非洲猪瘟区资格。无非洲猪瘟区按照《重大动物疫情应急条例》和《非洲猪瘟疫情应急实施方案》要求进行疫情处置，在最后一例病例扑杀后 3 个月内未再发生疫情，经监测，区域内没有发现非洲猪瘟病毒感染，可申请恢复为非洲猪瘟无疫状态。

7.2 未能建立感染控制区的无疫状态恢复

不符合 6 的要求，按照《重大动物疫情应急条例》和《非洲猪瘟疫情应急实施方案》要求进行疫情处置，在最后一例病例扑杀后 3 个月内未再发生疫情，经监测，区域内没有发现非洲猪瘟病毒感染，可申请恢复为非洲猪瘟无疫状态。

附录3　中华人民共和国农业农村部公告第91号

根据《中华人民共和国动物防疫法》《重大动物疫情应急条例》等法律法规规定，为做好非洲猪瘟疫情防控工作，现就进一步强化以猪血为原料的饲用血液制品生产过程管控的有关要求公告如下。

一、生猪定点屠宰企业要完善猪血收集储存设施设备，实行封闭输送和储存。厂区内要配备猪血运输车辆消毒设施，对进出厂运输车辆进行消毒。

二、以猪血为原料生产饲用血液制品的生产企业要优化厂区布局，按要求设立车辆消毒设施设备，对进出厂区的原料运输车辆实施消毒。严格划分原料前处理和成品包装储存区域，严格限制人员和物料区域间流动。要执行原料进厂查验制度，猪血原料必须来自未发现非洲猪瘟疫情的屠宰场（点），猪血来源的同批次猪需经屠宰检疫合格，严格落实生产、留样观察和销售记录制度。产品生产应采用喷雾干燥工艺，喷雾干燥设备进风温度不低于220℃、出风温度不低于80℃，喷雾干燥后的物料要在60℃以上保持20分钟以上。成品要在成品库（室温维持20℃以上）存放20天以上，并实施产品检验合格和非洲猪瘟检测阴性后方可出厂销售。要按《以猪血为原料的饲用血液制品生产企业设施设备和环境消毒规范》（以下简称《规范》，见附件）要求开展消毒工作。

三、各地畜牧兽医主管部门要进一步强化饲用血液制品生产过程监督管理，对辖区内所有以猪血为原料生产饲用血液制品的获得生产许可证企业，全面开展现场检查并书面告知结果。符合本公告要求的企业可继续生产和销售，所生产的合格饲用血液制品可在饲料中正常使用。对于厂区布局和生产工艺条件不符合要求，消毒设施设备配备不到位，不认真履行原料进厂查验、生产记录、产品留样观察、合格检验和出厂销售记录等制度，不按《规范》要求开展设施设备和环境消毒的企业，责令立即停产，限期整改；整改完成后向省级畜牧兽医部门申请现场核查，确认整改到位后，方可恢复生产和销售。

四、本公告自发布之日起执行。取消此前有关公告中对以猪血为原料的血液制品及相关饲料产品的限制性规定。本公告执行之日前已生产以猪血为原料的血液制品及相关饲料产品，经检测确证非洲猪瘟核酸阳性的，要在当地畜牧兽医主管部门监督下进行无害化处理；检测结果为阴性的相关产品可继续销售和使用。

特此公告。

附件：以猪血为原料的饲用血液制品生产企业设施设备和
　　　环境消毒规范（略）

农业农村部

2018 年 12 月 28 日

附录 4　农业农村部办公厅关于加强非洲猪瘟病毒相关实验活动生物安全监管工作的通知

各省、自治区、直辖市及计划单列市农业农村（农牧）、畜牧兽医厅（局、委、办），新疆生产建设兵团农业局，中国动物疫病预防控制中心、中国兽医药品监察所、中国动物卫生与流行病学中心，中国农业科学院各有关研究所，各有关高校、科研单位：

为进一步做好非洲猪瘟防控工作，切实加强实验室生物安全管理，根据《病原微生物实验室生物安全管理条例》《高致病性动物病原微生物实验室生物安全管理审批办法》《农业部关于进一步规范高致病性动物病原微生物实验活动审批工作的通知》等规定，现将非洲猪瘟病毒相关实验活动生物安全管理有关要求通知如下。

一、**从事非洲猪瘟病毒相关实验活动的实验室应当具备相应生物安全防护水平。** 从事非洲猪瘟病毒分离和鉴定、活病毒培养等实验活动的，应当在生物安全三级、四级实验室进行。从事动物接种（感染）试验等实验活动的，应当在具备中型及以上实验动物条件的生物安全三级、四级实验室进行。

二、**开展非洲猪瘟病毒实验活动应当获得相应行政许可。** 生物安全三级、四级实验室从事非洲猪瘟病毒分离和鉴定、活病毒培养、动物接种（感染）试验等实验活动的，应具备下列条件。一是实验室具备五年以上从事高致病性动物病原微生物研究工作基础，且无生物安全事故记录，有与非洲猪瘟实验活动相适应的工作团队、技术储备和专项经费保障。二是实验室通过 ISO17025 认可、资质认定（CMA）和生物安全三级及以上实验室开展非洲猪瘟相关实验活动扩项认可。三是实验室地理分布符合我国非洲猪瘟防控工作管理要求，满足区域非洲猪瘟防控需要。四是实验室实验活动管理无不良记录。五是实验目的和拟从事的实验活动符合相关法律法规和农业农村部其他规定条件。

具备上述条件的实验活动应当经所在地省级畜牧兽医主管部门初审后，报农业农村部审核批准。实验室申报或者接受与非洲猪瘟病毒有关的科研项目，应当符合科研需要和生物安全要求，具有相应的生物安全防护水平，并经农业农村部审查同意。

三、非洲猪瘟病毒相关实验活动应当实行全程监管。一是加强非洲猪瘟病毒相关实验活动审批。对未经批准从事非洲猪瘟病毒相关实验活动的，要依法严肃查处，对由此产生的任何科研成果均不予认可。二是严格落实非洲猪瘟病毒相关实验活动承诺制度和报告制度。各实验室在开展相关实验活动期间，应当每季度将实验活动情况向农业农村部报告。实验活动结束后，应当及时将实验结果及工作总结报农业农村部。相关科研成果发表需要接受生物安全审查。三是加强实验活动监督检查。各级兽医主管管理部门要定期组织实验活动监督检查，督促各有关实验室加强内部管理，制定并严格落实生物安全管理、安全防护、感染控制和生物安全应急预案等规章制度。

四、各省级畜牧兽医主管部门要对辖区内从事非洲猪瘟检测的实验室全面开展生物安全检查。主要检查内容包括：一是开展检测活动的实验室是否经省级畜牧兽医主管部门批准，具备相应设施设备和专业技术人员，管理体系健全，近三年内未发生任何生物安全事故，具有生物安全二级或以上的实验室生物安全防护水平。二是实验室活动是否严格遵守实验室生物安全操作规范。是否按要求做好样品检测前的处理和灭活，检测结束后废弃物的消毒和无害化处理，相关物品和设备设施的清洗消毒，以及剩余样品的销毁等无害化处理。三是实验室检测结果是否按规定及时上报。对于发现的疑似阳性结果，是否立即报告所在地省级动物疫病预防控制机构，并反馈送样单位。

我部此前印发的关于非洲猪瘟病毒相关实验活动生物安全管理有关要求与本通知不一致的，以本通知为准。

农业农村部办公厅

2019 年 2 月 11 日

附录5　农业农村部办公厅关于非洲猪瘟病毒诊断制品生产经营使用有关事宜的通知

各省、自治区、直辖市农业农村（农牧、畜牧兽医）厅（局、委），新疆生产建设兵团农业农村局：

非洲猪瘟病毒检测是非洲猪瘟防控工作的重要举措，意义重大。为进一步提高非洲猪瘟病毒检测结果准确性，规范非洲猪瘟病毒诊断制品生产、经营和使用行为，现就非洲猪瘟病毒诊断制品生产、经营和使用有关事宜通知如下。

一、自2021年1月1日起，各有关部门和单位在动物检疫或疫病监测、诊断中，对生猪及其产品开展非洲猪瘟病毒检测，应当使用已取得我部核发的产品批准文号的非洲猪瘟病毒诊断制品，确保检测结果准确。产品批准文号信息可在中国兽药信息网"兽药基础数据库"中查询。

二、自2020年9月1日起，所有未参加或未通过中国动物疫病预防控制中心比对试验的非洲猪瘟病毒诊断制品，以及通过比对试验但目前未申请注册的非洲猪瘟病毒诊断制品（见附件1），一律停止生产经营。

三、通过比对试验、已申请注册但尚未获得批准的非洲猪瘟病毒诊断制品（见附件2），可继续生产经营至2020年12月31日。

四、各地畜牧兽医管理部门要切实加强对辖区内非洲猪瘟病毒诊断制品生产经营企业监管，确保产品质量符合要求。要组织开展监督检查，对违法违规生产、经营和使用非洲猪瘟病毒诊断制品行为依法进行查处。

　　　附件：1. 通过比对试验但未申请注册的非洲猪瘟病毒诊断制品名单

　　　　　　 2. 通过比对试验、已申请注册但未获得批准的非洲猪瘟病毒诊断制品名单

农业农村部办公厅

2020 年 8 月 27 日

附件 1

通过比对试验但未申请注册的非洲猪瘟病毒诊断制品名单

（截至 2020 年 8 月 12 日）

生产企业名称	诊断制品名称
北京纳百生物科技有限公司	非洲猪瘟病毒免提取快速荧光 PCR 检测试剂盒
广州悦洋生物技术有限公司	非洲猪瘟病毒荧光 PCR 快速检测试剂盒
哈尔滨维科生物技术有限公司	非洲猪瘟病毒荧光定量 PCR 检测试剂盒
哈尔滨元亨生物药业有限公司	非洲猪瘟病毒直接荧光 PCR 快速检测试剂盒
吉林和元生物工程股份有限公司	非洲猪瘟病毒荧光定量 PCR 快速检测试剂盒
青岛立见诊断技术发展中心	非洲猪瘟病毒荧光定量 PCR 快速检测试剂盒（冻干）
瑞普（保定）生物药业有限公司	非洲猪瘟病毒荧光 PCR 检测试剂盒
深圳真瑞生物科技有限公司	非洲猪瘟病毒微流控荧光 PCR 快速检测试剂盒
中牧实业股份有限公司成都药械厂	非洲猪瘟病毒荧光 PCR 检测试剂盒
中牧实业股份有限公司兰州生物药厂	非洲猪瘟病毒荧光 PCR 快速检测试剂盒
北京明日达科技发展有限责任公司	非洲猪瘟病毒微流控芯片快速检测试剂盒
广州悦洋生物技术有限公司	非洲猪瘟病毒 LAMP 荧光检测试剂盒

(续)

生产企业名称	诊断制品名称
广州悦洋生物技术有限公司	非洲猪瘟病毒分子检测试剂 RAA-荧光法
上海快灵生物科技有限公司	非洲猪瘟病毒探针 LAMP 检测试剂盒（产物降解备选）
中国农业科学院兰州兽医研究所	非洲猪瘟病毒实时荧光 RAA 检测试剂盒

附件 2

通过比对试验、已申请注册但未获得批准的非洲猪瘟病毒诊断制品名单

（截至 2020 年 8 月 12 日）

生产企业名称	诊断制品名称
北京亿森宝生物科技有限公司	非洲猪瘟病毒实时荧光 PCR 快速检测试剂盒
广东海大畜牧兽医研究院有限公司	非洲猪瘟病毒核酸检测试剂盒（便携式快速荧光 PCR 法）
哈尔滨国生生物科技股份有限公司	非洲猪瘟病毒荧光 PCR 检测试剂盒
湖南国测生物科技有限公司	非洲猪瘟病毒实时荧光 PCR 检测试剂盒
洛阳普泰生物技术有限公司	非洲猪瘟病毒荧光热对流 PCR（cPCR）快速检测试剂盒
上海快灵生物科技有限公司	非洲猪瘟病毒荧光 PCR 检测试剂盒（产物降解备选）
深圳市易瑞生物技术股份有限公司	非洲猪瘟病毒直扩荧光 PCR 检测试剂盒
深圳真瑞生物科技有限公司	非洲猪瘟病毒荧光 PCR 检测试剂盒
唐山怡安生物工程有限公司	非洲猪瘟病毒荧光 PCR 快速检测试剂盒
武汉科前生物股份有限公司	非洲猪瘟病毒实时荧光 PCR 检测试剂盒
肇庆大华农生物药品有限公司	非洲猪瘟病毒（ASFV）荧光 PCR 检测试剂盒
中国牧工商集团有限公司	VetMAXT 非洲猪瘟病毒（ASFV）qPCR 检测试剂盒
中国农业科学院兰州兽医研究所	非洲猪瘟病毒直接扩增 qPCR 检测试剂盒
北京森康生物技术开发有限公司	非洲猪瘟病毒抗原检测试纸条
哈尔滨国生生物科技股份有限公司	非洲猪瘟病毒抗原检测试纸条

附录6 养猪场非洲猪瘟变异株监测技术指南

国家非洲猪瘟参考实验室

为指导养猪场做好非洲猪瘟监测工作，及时发现非洲猪瘟病毒特别是变异株感染情况，提升非洲猪瘟防控能力，特制定本技术指南。

一、非洲猪瘟变异株的定义

非洲猪瘟变异株包括基因缺失株、自然变异株、自然弱毒株等，与2018年传入的非洲猪瘟毒株相比，该类毒株的基因组序列、致病力等发生明显变化。生猪感染该类毒株后，潜伏期延长，临床表现轻微，后期可出现关节肿胀、皮肤出血型坏死灶，感染母猪产仔性能下降、死淘率增高，出现流产死胎/木乃伊胎等。与传统的流行毒株相比，生猪感染该类毒株后排毒滴度低、间隙性排毒，难以早期发现。

二、监测方法

（一）加强临床巡视

时刻关注猪场各个环节猪只异常情况，想方设法提升饲养人员责任心，一旦发现猪只出现嗜睡、轻触不起、采食量减少，发热、皮肤发红、关节肿胀/坏死、咳喘、腹式呼吸，育肥猪死淘率增高，母猪流产或出现死胎/木乃伊胎等可疑临床表现时，应第一时间采样检测。

（二）改进主动监测

每周对猪群进行病原和抗体检测。在猪群进行疫苗接种、转群、去势，或母猪分娩后，应进行采样检测。猪场出现风险暴露或周边猪场出现感染时，按需进行采样检测。

（三）抽样策略

对可疑猪的同舍和关联舍猪群，采集深部咽拭子和抗凝血，进行病原检测，必要时采集血清进行抗体检测。对可疑猪及临近猪接触的地面、栏杆，以及舍内人员接触的物品等，采集环境样品进行病原检测。病原检测如果混检，建议混样数量不超过 5 个；抗体检测不得混样。

（四）样品选择

对可疑猪，按检出概率高低排序，依次采集深部咽拭子、淋巴结（微创采集）、前腔静脉抗凝血（EDTA）或尾根血、口鼻拭子。

对分娩母猪，应采集脐带血、胎衣；对死胎和流产胎儿，应采集淋巴结、脾脏等组织样品。

对病死猪，优选采集部位为淋巴结、脾脏、骨髓和肺脏。

血清样本，按常规方法制备。

三、检测方法

（一）病原检测方法

采用非洲猪瘟病毒（P72/CD2v/MGF）三重荧光 PCR 方法检测核酸，详见"农办牧〔2020〕39 号"附件《非洲猪瘟病毒流行株与基因缺失株鉴别检测规范》。必要时可测序鉴别。

（二）抗体检测方法

采用间接 ELISA、阻断 ELISA 等方法检测抗体水平，详见《非洲猪瘟诊断技术》（GB/T 18648）。

农业农村部畜牧兽医局

2021 年 3 月 22 日

附录 7 农业农村部办公厅关于进一步严厉打击非洲猪瘟假疫苗有关违法行为的通知

各省、自治区、直辖市农业农村（农牧、畜牧兽医）厅（局、委），新疆生产建设兵团农业农村局，中国动物疫病预防控制中心、中国兽医药品监察所、中国动物卫生与流行病学中心，中国农业科学院哈尔滨兽医研究所、兰州兽医研究所、华中农业大学、华南农业大学：

当前，非洲猪瘟仍然是影响我国生猪生产的重大风险因素，毫不松懈抓好非洲猪瘟常态化防控是保障生猪生产恢复、增加猪肉供应的重要举措。为坚决贯彻党中央、国务院决策部署，落实非洲猪瘟常态化防控措施，防范非洲猪瘟假疫苗造成的风险隐患，全力维护生猪生产恢复和产业稳定发展大局，现就进一步严厉打击非洲猪瘟假疫苗违法行为有关工作通知如下。

一、严格落实各方责任

截至目前，我国和世界其他国家均未批准非洲猪瘟疫苗上市使用。未经严格程序批准生产经营使用的疫苗都是假疫苗，安全风险隐患极大。各地畜牧兽医部门要切实提高政治站位，切实加强非洲猪瘟疫苗研制、生产、经营和使用的监督管理，坚决防范假疫苗风险，以最大的决心、最坚决的措施，严厉打击制售和使用非洲猪瘟假疫苗行为。要按照《国务院办公厅关于加强非洲猪瘟防控工作的意见》（国办发〔2019〕31号）要求，推动落实地方各级人民政府负总责、主要负责人是第一责任人的属地管理责任；进一步压实畜牧兽医各相关单位的监管责任，明确责任部门和职责分工；依法督促落实科研单位（含兽医实验室）、兽药生产经营企业、生猪养殖场户等各类从业者主体责任，依法依规开展非洲猪瘟疫苗研制活动，自觉抵制违法行为。我部将持续加强督促指导，对落实工作不到位的单位进行通报。

二、全面开展排查调查

各地要按照全国重大动物疫病分区防控暨 2021 年全国重大动物疫病防控工作视频会议要求，继续对非洲猪瘟假疫苗保持高压严打态势，立即组织开展拉网式专项排查，充分运用"四不两直"（不发通知、不打招呼、不听汇报、不用陪同接待，直奔基层、直插现场）督查方式开展暗访调查。发现违法线索，要积极协调公安等部门立案查处，一追到底、彻查源头，从严从重处罚。检查排查工作中，要严格执行《农业农村部办公厅关于进一步严厉打击违法研制生产经营使用非洲猪瘟疫苗行为的通知》（农办牧〔2020〕39 号）要求，细化实化对研制、生产、经营、使用等各环节的监督检查，落实最严格的监管。发现跨区域线索、重大问题线索以及需要我部协助解决的事项，要及时向我部报告。

有关省份要加大对合法开展非洲猪瘟疫苗研制、中间试制、临床试验等活动的监管力度，并建立监管台账，详细记录种毒和中试产品的数量流向用途等信息，监督临床试验全过程，确保生物安全。

三、切实加强鉴别检测

各地要认真分析梳理排查调查发现的问题线索，按照《非洲猪瘟病毒流行株与基因缺失株鉴别检测规范》，强化人工基因缺失毒株的鉴别检测。各地的检测单位对日常监测中发现的非洲猪瘟病毒阳性样品，要全部开展鉴别检测，发现人工基因缺失株，要第一时间报告省级畜牧兽医主管部门。各省级畜牧兽医主管部门要第一时间开展追踪溯源、第一时间固定证据、及时立案查处，提高监管效能。承担我部入场监测任务的中国动物疫病预防控制中心、中国动物卫生与流行病学中心等单位，除监测养殖、屠宰和无害化处理环节样品外，还可对市场销售的猪肉进行抽样检测，准确记录并报告样品来源，对监测发现的阳性样本全部开展鉴别检测。

四、持续实施流行病学调查

中国动物疫病预防控制中心、中国动物卫生与流行病学中心要加强非洲猪瘟病毒"新毒株"的流行病学调查，采取多种技术手段，及时准确掌握有关情况，组织会商研判，分析病毒变异和流行态势，并提出有针对性的防控建议。要加强对地方动物疫病预防控制机构的技术指导，提高检测能力，确保检测准确。中国兽医药品监察所要加大对猪用活疫苗非洲猪瘟病毒污染检测力度，确保疫苗质量安全；农业农村部兽药评审中心要对非洲猪瘟血清学诊断制品、鉴别流行株与基因缺失株的诊断制品，实施应急评价，满足检测需要。

五、严厉处理处罚

各地要进一步加大非洲猪瘟假疫苗有关违法行为的处理处罚力度，加强行政执法与刑事司法的有效衔接，凡是涉嫌构成犯罪、符合移送条件的案件，要及时移送司法机关依法追究刑事责任，形成强有力震慑。要充分用好用足行政处罚措施和后续监管措施。对违法科研机构立即责令停止相关活动，依法撤销或吊销相关批准证明文件，属于以欺骗等不正当手段取得行政许可的，3年内依法不再受理其相关行政许可申请，并将违法情况通报科技、财政等部门；对违法科研人员，督促所在单位对其依法给予撤职、开除等处分，不予批准相关项目申请，并将有关情况通报科技等部门。对违法兽药生产经营企业，一律按上限罚款、吊销其生产经营许可证，其主要负责人和直接负责的主管人员终身不得从事兽药生产、经营活动。对违法生猪养殖场户的非洲猪瘟病毒阳性猪群，要严格按照《动物防疫法》和《非洲猪瘟疫情应急实施方案》进行处置；非洲猪瘟病毒抗体阳性的视为感染猪群，不得开具检疫证明，不得出栏，不得屠宰上市；对养殖场户的违法违规行为，要严格依法查处。

六、健全完善投诉举报机制

按照《非洲猪瘟疫情有奖举报暂行办法》，我部将对查实的非洲猪瘟假疫苗案件，给予举报人员最高 3 万元（税前）的奖励；因假疫苗遭受经济损失的，我部和各级畜牧兽医主管部门要支持和协助举报人维护其合法权益。各地要结合实际，建立完善本辖区非洲猪瘟假疫苗举报奖励工作机制，提高举报奖励额度，鼓励引导广大从业人员、社会各界积极提供信息线索。各省级畜牧兽医主管部门要通过开通举报电话、设立电子邮箱等多种方式，广泛收集有关违法违规线索，安排专门人员对问题线索进行梳理、分析和调查核实，做到件件有着落、事事有回音。

七、不断加大宣传教育力度

为了让广大养殖场户和从业人员科学认识、准确把握非洲猪瘟假疫苗的严重危害，我部组织编制了《严厉打击非洲猪瘟假疫苗明白纸》（附件 1）。各地要迅速行动，通过宣传挂图、致养殖场户的一封信等方式，将明白纸发放、张贴到辖区所有生猪养殖场户、兽药生产经营企业以及相关科研教学单位等，推动筑牢责任意识、风险意识。各地要结合实际，创新开展有针对性的宣传教育活动，不断增强全体从业人员抵制、举报、打击假疫苗的自觉性和主动性。

请各省级畜牧兽医主管部门分别于 6 月 30 日、11 月 30 日前将打击非洲猪瘟假疫苗工作情况及工作情况统计表（附件 2）报我部畜牧兽医局，工作中的问题及建议随时报送。省级畜牧兽医主管部门和承担我部入场监测任务的检测单位，发现鉴别检测阳性且为人工基因缺失株的，要第一时间按照附件 3 要求将有关信息报我部畜牧兽医局。

联系人：农业农村部畜牧兽医局药政药械处　冯华兵

联系电话：010－59192819

电子邮箱：yzc2829@sina.com

附件：1. 严厉打击非洲猪瘟假疫苗明白纸（略）

　　　2. 严厉打击非洲猪瘟假疫苗工作情况统计表（略）

　　　3. 非洲猪瘟病毒毒株鉴别检测阳性信息表（略）

农业农村部办公厅

2021 年 3 月 5 日

附录8 农业农村部关于加强动物疫病风险评估做好跨省调运种猪产地检疫有关工作的通知

各省、自治区、直辖市农业农村（农牧、畜牧兽医）厅（局、委），新疆生产建设兵团农业农村局：

为贯彻落实《国务院办公厅关于加强非洲猪瘟防控工作的意见》（国办发〔2019〕31号）要求，建立产地检疫风险评估机制，促进种猪规范有序调运，稳定生猪生产发展，现就非洲猪瘟疫情应急响应期间，调整和加强跨省调运种猪产地检疫有关事项通知如下。

一、调整跨省调运种猪产地检疫实验室检测项目

根据当前生猪生产形势需要和动物防疫管理工作实际，对跨省调运种猪产地检疫实验室检测项目进行调整，继续严格开展非洲猪瘟实验室检测，检测数量（比例）100％；对口蹄疫、猪瘟、高致病性猪蓝耳病、猪圆环病毒病、布鲁氏菌病等5种动物疫病，在种猪场日常监测的基础上开展风险评估，不再进行实验室检测。在非洲猪瘟实验室检测方面，采集的血液样品可按照一定的生猪数量进行混样，具体混样数量可根据有关技术指标科学确定；样品送检前至种猪调出前对拟调运种猪采取隔离观察措施的，检测时限可以延长至调运前7天。

二、严格开展动物疫病风险评估

暂停口蹄疫等5种动物疫病实验室检测期间，各地要加强对种猪场的动物疫病风险评估，风险评估达到要求的，方可对

其跨省调运种猪出具动物检疫证明。请各省级畜牧兽医主管部门制定本省份的种猪场动物疫病风险评估方案，评估病种应当包括口蹄疫、猪瘟、高致病性猪蓝耳病、猪圆环病毒病、布鲁氏菌病等动物疫病，评估内容应当包括区域动物疫病流行病学调查情况、种猪场防疫条件、养殖档案记录、有关疫病日常检测情况等。由输出地县级动物卫生监督机构按照种猪场动物疫病风险评估方案，对种猪场开展风险评估。评估结果有效期不超过 3 个月。

三、规范落实输入地隔离观察要求

跨省调运种猪到达输入地后，当地动物卫生监督机构要监督种猪货主落实动物防疫主体责任，严格执行隔离观察有关措施，指导种猪货主签订承诺书、建立隔离观察台账记录，确保种猪安全和可追溯。

农业农村部

2019 年 7 月 16 日

附录9 国家市场监督管理总局 农业农村部 工业和信息化部关于在加工流通环节 开展非洲猪瘟病毒检测的公告

　　为进一步加强非洲猪瘟防控，严防染疫生猪产品进入食品加工流通环节，维护人民群众切身利益，保障生猪产业健康发展，按照国务院非洲猪瘟防控工作部署，现就非洲猪瘟疫情防控应急响应期间在加工流通环节开展非洲猪瘟病毒检测有关事项公告如下：

　　一、猪肉制品加工企业、生猪产品经营者（含餐饮服务提供者）必须严格落实进货查验和记录制度，加强对采购生猪产品的管控和溯源管理，确保购进的生猪产品来自定点屠宰厂（场）。严禁采购经营来自非定点屠宰厂（场）或者来源不明的生猪产品。

　　二、猪肉制品加工企业、生猪产品经营者采购生猪产品应当批批查验其动物检疫合格证明、肉品品质检验合格证明以及非洲猪瘟病毒检测结果（报告），确保购进的生猪产品不带非洲猪瘟病毒；采购的进口生猪产品应附有合法的入境货物检验检疫合格证明。不得采购没有非洲猪瘟病毒检测结果（报告）及未经检疫或者检疫不合格的生猪产品，确保猪肉制品和经营的生猪产品不含非洲猪瘟病毒。

　　三、猪肉制品加工企业应当参照《农业农村部办公厅关于非洲猪瘟病毒检测试剂盒有关事宜的通知》（农办牧〔2019〕3号）和农业农村部第119号公告的要求，使用农业农村部批准或者经中国动物疫病预防控制中心比对符合要求的检测方法及检测试剂，对生猪产品原料开展非洲猪瘟病毒核酸检测并做好记录。

生猪产品原料来自本企业（或集团）自有屠宰厂（场）且非洲猪瘟病毒核酸检测结果为阴性的，可以不再检测。

猪肉制品加工企业暂时不具备非洲猪瘟病毒核酸检测条件的，可以委托具有非洲猪瘟病毒检测资质的检测单位开展非洲猪瘟病毒检测工作。

四、猪肉制品加工企业在生猪产品原料中检出非洲猪瘟病毒核酸阳性的，应当立即封存阳性样品的同批次原料并报告所在地市场监管、畜牧兽医部门，并将阳性样品送至具有非洲猪瘟病毒检测资质的单位复检。复检为阳性的，企业要在当地市场监管、畜牧兽医部门监督下，按规定对同批次生猪产品原料进行无害化处理，对相关场所进行彻底清洗消毒。

五、省级市场监管部门组织对本辖区企业加工的猪肉制品抽样，委托具有非洲猪瘟病毒检测资质的检测单位或省级动物疫病预防控制机构进行检测。检测结果为非洲猪瘟病毒阳性的，由国家非洲猪瘟参考实验室复检。复检为阳性的，按照省级畜牧兽医部门、市场监管部门的规定做好阳性产品处置和溯源调查工作。检测结果和处置调查信息按规定报农业农村部、市场监管总局。

六、各级市场监管部门要加强对食用农产品集中交易市场、销售企业和餐饮企业的监督检查，对"两证"不全、来源不明、无法提供非洲猪瘟病毒检测合格报告的生猪产品进行重点排查，发现可疑的生猪产品及时实施抽检（实验室检测工作按照第五条执行），防止带病生猪产品流入市场。

七、各级市场监管部门、畜牧兽医部门要加强对非洲猪瘟病毒核酸阳性产品的溯源调查，对负有责任的养殖厂（场）、屠宰厂（场）、猪肉制品加工企业、生猪产品经营者从严惩处。

八、各级工业和信息化部门要指导猪肉制品加工企业严格内部管理，健全记录制度，强化诚信建设，主动履行食品质量安全主体责任，加大非洲猪瘟防控力度。

九、各地要落实属地管理责任，加强组织领导，加大投入支持力度，为加工流通环节非洲猪瘟防控和检测工作提供保障。市场监管总局、农业农村部、工业和信息化部将适时组织对本公告落实情况进行检查。

十、本公告所称生猪产品是指猪肉、猪内脏、猪板油、猪血、猪骨等来源于生猪的可食用产品。猪肉制品加工企业是指以生猪产品为原料加工食品的生产企业。

十一、本公告自发布之日起实施。其中猪肉制品加工企业开展非洲猪瘟病毒检测从 2019 年 5 月 1 日起执行。

特此公告

国家市场监督管理总局　农业农村部　工业和信息化部

2019 年 4 月 3 日

附录 10　国务院办公厅关于加强非洲猪瘟防控工作的意见

各省、自治区、直辖市人民政府，国务院各部委、各直属机构：

党中央、国务院高度重视非洲猪瘟防控工作。2018 年 8 月非洲猪瘟疫情发生后，各地区各有关部门持续强化防控措施，防止疫情扩散蔓延，取得了阶段性成效。但同时也要看到，生猪产业链监管中还存在不少薄弱环节，有的地区使用餐厨废弃物喂猪现象仍然比较普遍，生猪调运管理不够严格，屠宰加工流通环节非洲猪瘟检测能力不足，基层动物防疫体系不健全，防疫能力仍存在短板，防控形势依然复杂严峻。为加强非洲猪瘟防控工作，全面提升动物疫病防控能力，经国务院同意，现提出以下意见。

一、加强养猪场（户）防疫监管

（一）提升生物安全防护水平。严格动物防疫条件审查，着力抓好养猪场（户）特别是种猪场和规模猪场防疫监管。深入推进生猪标准化规模养殖，逐步降低散养比例，督促落实封闭饲养、全进全出等饲养管理制度，提高养猪场（户）生物安全防范水平。综合运用信贷保险等手段，引导养猪场（户）改善动物防疫条件，完善清洗消毒、出猪间（台）等防疫设施设备，不断提升防疫能力和水平。督促养猪场（户）建立完善养殖档案，严格按规定加施牲畜标识，提高生猪可追溯性。（农业农村部、国家发展改革委、银保监会等负责，地方人民政府

负责落实。以下均需地方人民政府落实，不再列出）

（二）落实关键防控措施。指导养猪场（户）有效落实清洗消毒、无害化处理等措施，严格出入场区的车辆和人员管理。鼓励养猪场（户）自行开展非洲猪瘟检测，及早发现和处置隐患。督促养猪场（户）严格规范地报告疫情，做好疫情处置，严防疫情扩散。开展专项整治行动，严厉打击收购、贩运、销售、随意丢弃病死猪的违法违规行为，依法实行顶格处罚。加强病死猪无害化处理监管，指导自行处理病死猪的规模养猪场（户）配备处理设施，确保清洁安全、不污染环境。（农业农村部、公安部、生态环境部等负责）

二、加强餐厨废弃物管理

（三）严防餐厨废弃物直接流入养殖环节。推动尽快修订相关法律法规，进一步明确禁止直接使用餐厨废弃物喂猪，完善罚则。各地要对餐厨废弃物实行统一收集、密闭运输、集中处理、闭环监管，严防未经无害化处理的餐厨废弃物流入养殖环节。督促有关单位做好餐厨废弃物产生、收集、运输、存储、处理等全链条的工作记录，强化监督检查和溯源追踪。按照政府主导、企业参与、市场运作原则，推动建立产生者付费、处理者受益的餐厨废弃物无害化处理和资源化利用长效机制。（农业农村部、住房城乡建设部、市场监管总局、国家发展改革委、司法部、交通运输部、商务部等负责）

（四）落实餐厨废弃物管理责任。各地要尽快逐级明确餐厨废弃物管理牵头部门，细化完善餐厨废弃物全链条管理责任，建立完善全链条监管机制。加大对禁止直接使用餐厨废弃物喂猪的宣传力度，对养猪场（户）因使用餐厨废弃物喂猪引发疫情或造成疫情扩散的，不给予强制扑杀补助，并追究各环

节监管责任。(农业农村部、住房城乡建设部、市场监管总局、国家发展改革委、财政部等负责)

三、规范生猪产地检疫管理

(五)严格实施生猪产地检疫。按照法律法规定和检疫规程,合理布局产地检疫报检点。动物卫生监督机构要严格履行检疫程序,确保生猪检疫全覆盖。研究建立产地检疫风险评估机制,强化资料审核查验、临床健康检查等关键检疫环节,发现疑似非洲猪瘟症状的生猪,要立即采取控制措施并及时按程序报告。加大产地检疫工作宣传力度,落实货主产地检疫申报主体责任。官方兽医要严格按照要求,规范填写产地检疫证明。(农业农村部等负责)

(六)严肃查处违规出证行为。各地要加强对检疫出证人员的教育培训和监督管理,提高其依法履职能力。进一步规范产地检疫证明使用和管理,明确出证人员的权限和责任,严格执行产地检疫证明领用管理制度。对开具虚假检疫证明、不检疫就出证、违规出证以及违规使用、倒卖产地检疫证明等动物卫生证章标志的,依法依规严肃追究有关人员责任。(农业农村部、公安部等负责)

四、加强生猪及生猪产品调运管理

(七)强化运输车辆管理。完善生猪运输车辆备案管理制度,鼓励使用专业化、标准化、集装化的运输工具运输生猪等活畜禽。严格落实有关动物防疫条件要求,完善运输工具清洗消毒设施设备,坚决消除运输工具传播疫情的风险。(农业农村部、交通运输部等负责)

(八)加强运输过程监管。建立生猪指定通道运输制度,生猪调运必须经指定通道运输。在重点养殖区域周边、省际间以及指定通道道口,结合公路检查站等设施,科学设立临时性动物卫生监督检查站，配齐相关检测仪器设施设备。严格生猪及生猪产品调运环节查验，重点查验产地检疫证明、运输车辆备案情况、生猪健康状况等，降低疫病扩散风险。（农业农村部、交通运输部、公安部等负责）

五、加强生猪屠宰监管

（九）落实屠宰厂（场）自检制度。严格执行生猪定点屠宰制度。督促指导生猪屠宰厂（场）落实各项防控措施，配齐非洲猪瘟检测仪器设备，按照批批检、全覆盖原则，全面开展非洲猪瘟检测，切实做好疫情排查和报告。建立生猪屠宰厂（场）暂存产品抽检制度，强化溯源追踪，严格处置风险隐患。（农业农村部等负责）

（十）落实驻场官方兽医制度。各地要在生猪屠宰厂（场）足额配备官方兽医，大型、中小型生猪屠宰厂（场）和小型生猪屠宰点分别配备不少于10人、5人和2人，工作经费由地方财政解决。生猪屠宰厂（场）要为官方兽医开展检疫提供人员协助和必要条件。探索建立签约兽医或协检员制度。官方兽医要依法履行检疫和监管职责，严格按照规程开展屠宰检疫并出具动物检疫合格证；严格监督屠宰厂（场）查验生猪产地检疫证明和健康状况、落实非洲猪瘟病毒批批检测制度，确保检测结果（报告）真实有效。（农业农村部、财政部、人力资源社会保障部等负责）

（十一）严格屠宰厂（场）监管。督促指导生猪屠宰厂（场）严格履行动物防疫和生猪产品质量安全主体责任，坚决防止病死猪和未经检疫、检疫不合格的生猪进入屠宰厂（场），对病死猪实施无害化处理。生猪屠宰厂（场）要规范做好生猪入场、肉品品质检验、生猪产品出厂及病死猪无害化处理等关键环节记录，强化各项防控措施落实。加大生猪屠宰厂（场）

资格审核清理力度，对环保不达标、不符合动物防疫等条件的，或因检测不到位、造假等原因导致非洲猪瘟疫情扩散的，依法吊销生猪定点屠宰证。加快修订生猪屠宰管理条例，加大对私屠滥宰的处罚力度。持续打击私屠滥宰、注水注药、屠宰贩卖病死猪等违法违规行为，依法予以严厉处罚，涉嫌犯罪的，依法从严追究刑事责任。（农业农村部、公安部、司法部、生态环境部等负责）

六、加强生猪产品加工经营环节监管

（十二）实施加工经营主体检查检测制度。督促猪肉制品加工企业、生猪产品经营者严格履行进货查验和记录责任，严格查验动物检疫合格证、肉品品质检验合格证和非洲猪瘟病毒检测结果（报告），确保生猪产品原料来自定点屠宰厂（场）；采购的进口生猪产品应附有合法的入境检验检疫证明。督促猪肉制品加工企业对未经非洲猪瘟病毒检测的生猪产品原料，自行或委托具有资质的单位开展非洲猪瘟病毒检测并做好记录。未经定点屠宰厂（场）屠宰并经检疫合格的猪肉以及未附有合法的入境检验检疫证明的进口猪肉，均不得进入市场流通和生产加工。（市场监管总局、海关总署等负责）

（十三）强化加工经营环节监督检查。市场监管部门要加强对猪肉制品加工企业、食用农产品集中交易市场、销售企业和餐饮企业的监督检查，并依法依规组织对生猪产品和猪肉制品开展抽检。市场监管部门和畜牧兽医部门要加强沟通联系，明确非洲猪瘟病毒检测方法和相关要求。对非洲猪瘟病毒复检为阳性的，所在地人民政府应组织畜牧兽医部门、市场监管部门及时进行处置并开展溯源调查。加大对流通环节违法违规行为的打击力度。（市场监管总局、农业农村部、公安部、财政部等负责）

七、加强区域化和进出境管理

（十四）加快实施分区防控。制定实施分区防控方案，建立协调监管机制和区域内省际联席会议制度，促进区域内生猪产销大体平衡，降低疫情跨区域传播风险。各地要推进区域联防联控，统筹抓好疫病防控、调运监管和市场供应等工作，科学规划生猪养殖屠宰加工等产业布局，尽快实现主产区出栏生猪就近屠宰。有条件的地方可通过奖补、贴息等政策，支持企业发展冷链物流配送，变"运猪"为"运肉"。加快推进分区防控试点工作，及时总结推广试点经验。（农业农村部、国家发展改革委、财政部、交通运输部、商务部等负责）

（十五）支持开展无疫区建设。加强区域内动物疫病监测、动物卫生监督、防疫屏障和应急处置体系建设，优化流通控制模式，严格易感动物调入监管。制定非洲猪瘟无疫区和无疫小区建设评估标准。鼓励具有较好天然屏障条件的地区和具有较高生物安全防护水平的生猪养殖屠宰一体化企业创建非洲猪瘟无疫区和无疫小区，提升区域防控能力。研究制定非洲猪瘟无疫区、无疫小区生猪及生猪产品调运政策。（农业农村部、国家发展改革委等负责）

（十六）强化进出境检验检疫和打击走私。密切关注国际非洲猪瘟疫情态势，加强外来动物疫病监视监测网络运行管理，强化风险评估预警，完善境外疫情防堵措施。严格进出境检验检疫，禁止疫区产品进口。进口动物及动物产品，应取得海关部门检验检疫合格证。加大对国际运输工具、国际邮寄物、旅客携带物查验检疫力度，规范处置风险物品，完善疫情监测和通报机制。严格边境查缉堵截，强化打击走私生猪产品国际合作，全面落实反走私综合治理各项措施，持续保持海上、关区、陆路边境等打击走私高压态势。全面落实供港澳生猪及生猪产品生产企业防疫主体责任，进一步强化监管措施，动态调整供港澳生猪通道。强化野猪监测巡查，实现重点区域全覆盖，严防野猪传播疫情。（海关总署、公安部、农业农村部、国家林草局、中国海警局等负责）

八、加强动物防疫体系建设

（十七）稳定基层机构队伍。县级以上地方人民政府要高度重视基层动物防疫和市场监管队伍建设，采取有效措施稳定基层机构队伍。依托现有机构编制资源，建立健全动物卫生监督机构和动物疫病预防控制机构，明确工作职责，巩固和加强工作队伍，保障监测、预防、控制、扑灭、检疫、监督等动物防疫工作经费和专项业务经费；加强食品检查队伍的专业化、职业化建设，保障其业务经费。切实落实动物疫病防控技术人员和官方兽医有关津贴。强化执法队伍动物防疫专业力量，加强对畜牧兽医行政执法工作的指导。（农业农村部、市场监管总局、中央编办、财政部、人力资源社会保障部等负责）

（十八）完善动物防疫体系。推进实施动植物保护能力提升工程建设规划，补齐动物防疫设施设备短板，加快病死畜禽无害化处理场所、动物卫生监督检查站、动物检疫申报点、活畜禽运输指定通道等基础设施建设。支持畜牧大县建设生猪运输车辆洗消中心。加强部门信息系统共享，对非洲猪瘟防控各环节实行"互联网＋"监管，用信息化、智能化、大数据等手段提高监管效率和水平。完善病死畜禽无害化处理补助政策，地方人民政府结合当地实际加大支持力度。进一步完善扑杀补助机制，对在国家重点动物疫病预防、控制、扑灭过程中强制扑杀的动物给予补助，加快补助发放进度。加快构建高水平科研创新平台，尽快在防控关键技术和产品上取得突破。（农业农村部、国家发展改革委、科技部、工业和信息部、财政

部、市场监管总局等负责）

九、加强动物防疫责任落实

（十九）明确各方责任。落实地方各级人民政府对本地区非洲猪瘟等动物疫病防控工作负总责、主要负责人是第一责任人的属地管理责任，对辖区内防控工作实施集中统一指挥，加强工作督导，将工作责任明确到人、措施落实到位。落实各有关部门动物防疫监管责任，逐项明确各环节监管责任单位和职责分工，进一步强化部门联防联控机制。依法督促落实畜禽养殖、贩运、交易、屠宰、加工等各环节从业者动物防疫主体责任，加强宣传教育和监督管理。设立非洲猪瘟疫情有奖举报热线，鼓励媒体、单位和个人对生猪生产、屠宰、加工流通等环节进行监督。完善非洲猪瘟疫情统一规范发布制度，健全部门联动和协商机制，涉及疫情相关信息的，由农业农村部会同有关部门统一发布，如实向社会公开疫情。（农业农村部、市场监管总局等负责）

（二十）严肃追责问责。层层压实地方责任，对责任不落实、落实不到位的严肃追责，并向全社会通报。加强对关键防控措施落实情况的监督检查，确保各项措施落实落细。严肃查处动物防疫工作不力等行为，对因隐瞒不报、不及时报告或处置措施不到位等问题导致疫情扩散蔓延的，从严追责问责。加强警示教育和提醒，坚决查处失职渎职等违法违规行为，涉及犯罪的，移交有关机关严肃处理。对在非洲猪瘟等动物疫病防控工作中作出突出贡献的单位和个人，按有关规定予以表彰。（农业农村部、市场监管总局、人力资源社会保障部等负责）

十、稳定生猪生产发展

（二十一）落实"菜篮子"市长负责制。地方各级人民政府要承担当地生猪市场保供稳价主体责任，切实提高生猪生产能力、市场流通能力、质量安全监管能力和调控保障能力。加强市场信息预警，引导养猪场（户）增养补栏。科学划定禁养区，对超范围划定禁养区、随意扩大禁养限养范围等问题，要限期整改。维持生猪市场正常流通秩序，不得层层加码禁运限运、设置行政壁垒，一经发现，在全国范围内通报并限期整改。（农业农村部、国家发展改革委、生态环境部、商务部、市场监管总局等负责）

（二十二）加大对生猪生产发展的政策支持力度。省级财政要通过生猪生产稳定专项补贴等措施，对受影响较大的生猪调出大县的规模化养猪场（户）实行临时性生产救助。金融机构要稳定预期、稳定信贷、稳定支持，不得对养猪场（户）、屠宰加工企业等盲目停贷限贷。省级农业信贷担保机构要在做好风险评估防控的基础上，简化流程、降低门槛，为规模养猪场（户）提供信贷担保支持。各地可根据实际，统筹利用中央财政农业生产发展资金、自有财力等渠道，对符合条件的规模养猪场（户）给予短期贷款贴息支持。落实能繁母猪和育肥猪保险政策，适当提高保险保额，增强风险防范能力。（财政部、农业农村部、银保监会等负责）

（二十三）加快生猪产业转型升级。构建标准化生产体系，继续创建一批高质量的标准化示范场。支持畜牧大县规模养猪场（户）开展粪污资源化利用，适时研究将非畜牧大县规模养猪场（户）纳入项目实施范围。完善设施农用地政策，合理规划、切实保障规模养猪场（户）发展及相关配套设施建设的土地供应。支持生猪养殖企业在省域或区域化管理范围内全产业链发展。调整优化生猪产业布局，生猪自给率低的销区要积极扩大生猪生产，逐步提高生猪自给率。因环境容量等客观条件限制，确实无法满足自给率要求的省份，要主动对

接周边省份，合作建立养殖基地，提升就近保供能力。（农业农村部、国家发展改革委、财政部、自然资源部、生态环境部等负责）

国务院办公厅

2019 年 6 月 22 日

附录 11　中华人民共和国农业农村部公告第 285 号

为进一步加强非洲猪瘟防控，健全完善生猪全产业链防控责任制，切实落实各项政策措施，规范开展疫情防控和处置工作，严厉打击违法违规行为，现将有关规定重申如下。

一、不得隐瞒疫情。生猪养殖、运输、屠宰等生产经营主体发现生猪染疫或疑似染疫的，应当立即报告当地畜牧兽医部门。畜牧兽医部门要及时规范报告疫情，严禁瞒报、谎报、迟报、漏报，以及阻碍他人报告疫情。

二、不得销售疑似染疫生猪。不得收购、贩运、销售、丢弃疑似染疫生猪。发现疑似染疫生猪的，要立即采取隔离、限制移动等措施。

三、不得直接使用餐厨废弃物喂猪。对违规使用餐厨废弃物饲喂生猪引发疫情或导致疫情扩散蔓延的，扑杀的生猪不予纳入中央财政强制扑杀补助范围。

四、不得非法使用非洲猪瘟疫苗。对使用非法疫苗免疫接种的生猪，经检测为阳性的，视为非洲猪瘟感染，要及时扑杀，并不得给予补助。

五、不得"隔山开证"。动物卫生监督机构要严格产地检疫申报受理，不得超管辖范围、超检疫范围受理申报，不得拒不受理应当受理的申报。动物检疫人员要严格检疫出证，禁止不检疫就出证、倒卖动物卫生证章标志、违规收费等行为。

六、不得使用未备案车辆运输生猪。畜牧兽医部门要严格生猪运输车辆备案管理，督促货主或承运人使用经备案的车辆运输生猪。发现生猪运输车辆未备案或备案过期的，要责令有关责任人及时整改。

七、不得擅自更改生猪运输目的地。货主和承运人要严格按照动物检疫合格证明载明的目的地运输生猪，装载前、卸载后要对车辆严格清洗、消毒。

八、不得屠宰问题生猪。生猪屠宰场要认真核查生猪来源，不得屠宰来源不明、未附有动物检疫合格证明、未佩戴耳标或耳标不全的生猪。落实非洲猪瘟自检制度，不得隐瞒、篡改检测结果。

九、不得随意丢弃病死猪。畜牧兽医部门要做好病死猪收集、运输、处理等环节监管。无害化处理厂要严格无害化处理，落实处理设施和病死猪运输工具清洗、消毒制度。

十、不得违规处置疫情。畜牧兽医主管部门要按要求科学划定疫点、疫区、受威胁区，及时组织做好疑似疫点的隔离、封锁。严格落实扑杀、无害化处理等疫情处置措施。

特此公告。

农业农村部

2020 年 3 月 25 日

附录 12 农业农村部办公厅关于印发《非洲猪瘟常态化防控技术指南（试行版）》的通知

各省、自治区、直辖市农业农村（农牧、畜牧兽医）厅（局、委），新疆生产建设兵团农业农村局，部属有关事业单位：

为进一步强化非洲猪瘟常态化防控，督促指导各地和各类防疫主体全面落实防控措施，我部组织制定了《非洲猪瘟常态化防控技术指南（试行版）》，现印发你们，请结合防控实际，认真做好技术培训和宣传解读，科学有序推进常态化防控工作。

农业农村部办公厅

2020 年 8 月 7 日

非洲猪瘟常态化防控技术指南（试行版）

2020 年 8 月

前　言

抓好非洲猪瘟防控，促进生猪产业健康发展，确保猪肉等重要副食品有效供给，事关做好"六稳"工作、落实"六保"任务大局。2018 年 8 月以来，在各方共同努力下，我国非洲猪瘟防控取得了阶段性成果。一是疫情发生强度明显下降，各地报告疫情数量、疫情举报数量、病死猪无害化处理数量均呈下降趋势。二是关键环节病毒污染情况得到改善，养殖、屠宰、运输、无害化处理等环节污染率明显下降。三是养殖场户生物安全意识明显提高，群防群控格局初步形成，生猪生产恢复势头良好。

我国生猪养殖体量大，中小养殖场户多，养殖环境复杂，非洲猪瘟防控工作能取得这样的成绩很不容易。但我们也要清醒看到，当前防控形势依然复杂严峻。一是境外疫情输入风险持续存在。2019年，全球家猪疫情同比增加近600％，2020年疫情继续大幅上升，特别是我国周边国家和地区持续发生疫情，传入风险不断增大。二是病毒分布依然很广。全国所有省份均已发生过疫情，多个省份先后检出阳性样品，没有明显的地区、季节差异；交易市场、屠宰场点、无害化处理场所等污染较重，传播途径难以完全阻断。三是防控工作存在薄弱环节。生猪贩运活动监管难，今年发生的家猪疫情，多数系违规调运生猪引发；一些地区缺乏运猪车辆清洗消毒设施，清洗消毒管理机制不健全，措施落实不到位；部分无害化处理场所建设运行不规范，通过车辆、人员传播病毒的风险较高。四是病毒已在部分野猪群中定殖。2018年以来，全国已报告发生6起野猪疫情，其中3起为野生野猪疫情，先后检出野猪阳性样本，说明病毒在我国部分野猪群体中已经定殖，根除难度进一步加大。

针对非洲猪瘟防控新形势，农业农村部及时调整优化防控策略，建立常态化防控机制，其中一项重要任务就是针对当前存在的问题，制定相应的技术标准和规范，指导生产经营主体查漏补缺，有效化解非洲猪瘟发生风险。按照"系统梳理、分类指导、精准防控"的原则，《非洲猪瘟常态化防控技术指南

（试行版）》共分 3 大部分，涉及 10 个方面，对生猪养殖、运输、屠宰和病死猪无害化处理等环节的风险因素和防控技术要点进行了系统梳理，以期引导各类生产经营者做好精准防控，不断提升生物安全水平，切断疫情传播途径，为生猪加快恢复保驾护航。

一、养殖生产环节

中小养猪场户非洲猪瘟防控技术要点

1. 目的

非洲猪瘟严重危害生猪养殖业，目前既没有安全有效的预防用疫苗，也无有效的治疗药物。疫情发生后，只能通过扑杀发病猪和风险猪群加以控制。养猪场户可以通过实施严格的生物安全措施有效预防非洲猪瘟。为指导中、小养殖场户有效预防非洲猪瘟，特制定本防控技术要点。

2. 关键风险点

2.1　餐厨废弃物（泔水）

使用餐厨废弃物（泔水）饲喂生猪，或饲养人员接触/食用外部新鲜猪肉、腌肉、火腿、含肉食品/调料等，未经淋浴、消毒并更换洁净衣物鞋帽就接触生猪，曾是小型养殖场户病毒传入的主要途径之一。

2.2　车辆

外来车辆或者去过高风险场所的本场车辆，如运猪车（健康猪、淘汰猪）、饲料车、物资车、拉粪车、无害化处理车、私人车辆等，未经彻底清洗消毒进入养殖场，是病毒传入的重要途径。

2.3 猪只

2.3.1 引进病猪、潜在感染猪，使用病猪、感染猪及其精液进行母猪配种时，可传入病毒。

2.3.2 已出场的生猪因各种原因返场继续饲养，可能接触外部被污染的车辆、人员、物品等，导致病毒传入。

2.3.3 出售育肥猪、仔猪、公猪、母猪或淘汰猪以及运出病死猪时，本场人员、车辆、设施等可能接触外部被污染的车辆、物品、人员等，导致病毒传入。

2.4 人员

外来人员或者去过高风险场所的本猪场人员，如生猪贩运/承运人员、车辆司机、保险理赔人员、兽医及技术顾问、兽药/饲料销售人员、猪场采购人员、外出员工和外来机械维修人员等，未经淋浴、消毒、更换洁净衣物鞋帽等进入养殖场时，可带入病毒导致疫情发生。

2.5 风险动物及生物媒介

在病毒高污染地区、养殖密集区，养殖场内的犬、猫、鼠、禽、蜱、蚊蝇和场外的野猪、鼠、鸟等，可携带病毒传入。

2.6 饲料

2.6.1 在饲料、兽药经营店购买饲料时，病毒可通过饲料包装袋和运输车辆传入猪场。

2.6.2 养殖场的自配料饲料原料被污染，或成品料含有被污染的猪源性原料（肉骨粉、血粉、肠黏膜蛋白粉等）时，可导致病毒传入。

2.7 生产生活物资

兽药、疫苗等防疫物资的外包装以及鲜肉、蔬菜等生活用品被病毒污染时，未经消毒就进入养殖场，也可导致病毒传入。

2.8　水源

污染的河流、水源可传播病毒。当周边有丢弃病死猪的情况时，水体被污染的可能性增高，病毒可通过水源传入。

当周边出现疫情时，人员、车辆、媒介生物等带毒传入的风险增加。

3. 布局和设施

养殖场户的生产区、生活区应相互分离。有条件的养殖场，应合理划分办公区/生活区、生产区/隔离区，即人员办公、生活场所应与猪群饲养（含隔离）场所分开。无条件的场户，生活区与生产区应相对隔离。

3.1　围墙

建设环绕猪场的实体围墙，与周围环境有效隔离，围墙不能有缺口，有条件的可在围墙外深挖防疫沟。不建实体围墙而使用铁丝网、围栏进行隔离的，宜使用双层并深挖防疫沟。

3.2　场区入口

应建设门岗，采用封闭式大门，加施"限制进入"等警示标识。门岗应设置人员车辆和物资进出消毒通道。猪场可按照满足车辆清洗消毒、人员淋浴、更换衣物鞋帽、物品物资去外包装彻底消毒等功能的需要，建设不同类型的设施。

3.2.1　有条件的猪场，在门卫处设置入场淋浴间，淋浴间分为污区、缓冲区和净区，从外向内单向流动，淋浴间污区、净区均须设衣物存储柜。

3.2.2　设置消毒传递窗，对手机、眼镜等小件物品进行紫外线照射、消毒液擦拭等消毒后，经传递窗传入猪场。

3.2.3　设置物品物资消毒间，消毒间设置净区、污区，可采用多层镂空架子隔开，物品物资由场外进入消毒间，消毒后转移至场内。

3.2.4 设置车辆洗消的设施设备，包括消毒池、消毒设备、清洗设备及喷淋装置等。

3.3 出猪间（台）

在养殖场围墙边上选择适当位置（距大门一定距离）建立出猪间（台），出猪间（台）连接外部车辆的一侧，应向下具有一定坡度，防止粪尿、雨水向场内方向回流。出猪间（台）及附近区域、赶猪通道应硬化，方便冲洗、消毒。出猪间（台）应安装挡鼠板，坡底部应设置排水沟等。

有条件的养殖场户，可在远离养殖场的区域设置中转出猪站（台）。中转出猪站（台）必须设计合理并配置完善的清洗消毒设施，避免内外部车辆和人员接触而传播病毒。

3.4 病死猪及猪场废弃物储存设施和输出通道

有条件的猪场，应在合适的区域建设病死猪冷藏暂存间，并设置专门的病死猪和粪污输出通道。

4. 猪群管理

4.1 禁止野外散养或放养

严禁传统的野外散养和放养模式，防止家猪与野猪和场外家猪接触，或在外采食丢弃的垃圾。

4.2 实施"自繁自养""全进全出"管理

"自繁自养""全进全出"模式是猪场饲养管理、减少疫病循环传播的核心。应根据饲养单元大小确定饲养量，实行同一批次猪同时进、出同一猪舍单元的管理模式。

4.3 引进猪只的管理

4.3.1 需要引种的，应严格执行引种检测、隔离制度。引种前需经过非洲猪瘟等重大动物疫病检测，确认阴性的可进行场外或场内特定区域隔离饲养2周，确认安全方可入场。

4.3.2　育肥猪出栏后，应全面清洗消毒并空栏 1 周以上，再购入仔猪。购入的仔猪，应来自非疫区有良好声誉的养猪场，经官方兽医检疫合格方可购进，并注意观察入场后健康情况。

4.4　日常巡检

养殖场户要学习和掌握非洲猪瘟防控知识，每天进行临床巡视和健康检查。一旦发现猪只精神不好、采食量下降、体温升高、皮肤发红等临床症状，甚至死亡增多的情况，要及时隔离病猪并向当地兽医部门报告，也可采集口鼻、粪便拭子样品等送检，以便及早采取有效的控制措施。

4.5　售猪管理

4.5.1　禁止生猪贩运人员、承运人员、司机等外来人员，以及外来拉猪车辆进入养殖场。

4.5.2　避免场内外人员交叉。猪场赶猪人员严禁接触出猪间（台）靠近场外生猪车辆的一侧，外来人员禁止接触出猪间（台）靠近场内一侧。

4.5.3　售猪过程中，必须保证向外单向流动，猪只一旦离开猪舍，禁止返回。

4.5.4　售猪前后，均应对出猪间（台）、停车处、赶猪通道和装猪区域进行全面清洗消毒。如有条件，也可对环境进行采样检测。

4.5.5　设置中转出猪站（台），对淘汰猪、育肥猪进行转运的，外部车辆只能到达中转出猪站（台）装猪，不可靠近猪场出猪间（台），由自有车辆将猪只从猪场出猪间（台）转运到中转站（台）交接。该自有车辆不得进入本猪场生产区。

售猪前后，均应对中转站（台）、两侧停车处、运输通道进行全面清洗消毒。如有条件，也可对环境进行采样检测。

5. 人员管理

5.1　人员入场前注意事项

任何人员，在进场前 7 天不得去过其他猪场、屠宰厂（场）、无害化处理厂及动物和动物产品交易场所等高风险场所。

5.2　人员进入猪场流程

5.2.1　进入办公/生活区域的人员，要洗手消毒并更换洁净衣物鞋帽，再经洗手消毒方可入场。有条件淋浴的，要注意头发及指甲的清洗。携带的物品，要经消毒后入场。

5.2.2　未经允许，禁止进入生产区。确需进入生产区的人员，要在生产区淋浴间淋浴、更换衣物鞋帽；所携带物品须经生产区物资消毒间消毒后，方可带入。

5.3　人员进入猪舍流程

5.3.1　人员按照规定路线进入各自工作区域，禁止进入未被授权的工作区域。

5.3.2　每栋猪舍入口处都应该放置消毒池（桶）、洗手消毒盆。进出猪舍前应注意洗手，并更换工作靴。

5.3.3　严禁饲养人员串猪舍。如确需进入，应更换工作服和靴帽。

5.3.4　人员离开生产区，应将工作服放置含有消毒剂桶中浸泡消毒。

6. 车辆管理

外来运猪车、饲料运输车、病死猪/猪粪收集车、私人车辆等外部车辆，以及场内运猪车、运料车、病死猪/猪粪运输车等内部车辆，都是需要重点管理的车辆。严禁外部车辆进入场区。

6.1　外来运猪车管理

外来运猪车，应选择在主管部门备案车辆，经清洗、消毒及干燥后，方可前往猪场出猪间（台）或中转站（台）。运猪车辆到达出猪间（台）或中转站（台）时，需专门人员对车辆进行检查和消毒。车辆离开后，应对所经道路进行消毒。

6.2 饲料运送车管理

饲料运送车应停放在场区外，对车体和车轮进行消毒；卸下饲料后，由场内人员对饲料外包装表面消毒。如条件许可，可建立饲料中转塔，饲料从场外直接输送到料塔。饲料运输车辆不必进入猪场内。

6.3 内部运猪车管理

选择场内空间相对独立的地点进行车辆洗消和停放。运猪车使用完毕后立即到指定地点清洗、消毒及干燥。流程包括：清洁剂充分浸泡、常温水高压冲洗，确保无表面污物；消毒剂喷洒消毒；充分干燥。

6.4 病死猪/粪污运输车管理

6.4.1 猪场内部的病死猪、粪污运输车应专场专用。交接病死猪/粪污时，应在场外进行，严禁内部车辆和人员与外部车辆和人员接触。

6.4.2 外部车辆驶离后，应对其停靠区域进行清洗消毒。

6.4.3 内部车辆使用后，应及时清洗、消毒及干燥，并消毒车辆所经道路。

7. 物资管理

兽药疫苗、饲料、设施设备等生产物资，以及食材等生活物资，是猪场应重点管理的风险物资。养殖场户要制定生产生活物资进场计划，尽可能减少入场频次，并保证每批次进场物资的消毒效果。

7.1 兽药疫苗管理

严格执行进场消毒。疫苗及有温度要求的药品，应拆掉外包装，使用消毒剂喷洒或擦拭泡沫保温箱后再转入储存或立即使用。其他常规药品，拆掉外包装，经消毒转入储存或立即使用。

严格按照说明书或规程储存、使用疫苗及兽药，注射时应一猪一针头，并对医疗废弃物进行无害化处理。

7.2　饲料管理

7.2.1　不宜从疫区购买玉米等饲料原料，确保饲料无病原污染。

7.2.2　不得购买非法生产的饲料。

7.2.3　建议对饲料包装袋消毒后再开袋使用。

7.2.4　禁止饲喂餐厨废弃物（泔水）。

7.3　食材管理

7.3.1　不建议购买外部猪肉、猪副产品及猪肉制品。

7.3.2　购买蔬菜瓜果、水产品和其他肉品时，要求生产流通背景清晰，不宜从销售生鲜猪肉的市场购买。相关食品宜经消毒剂分开浸泡、清水清洗后入场。如有条件，可在场区内种植蔬菜自给。

7.3.3　禁止生鲜食材进入生产区。进入生产区的饭菜，应由猪场厨房提供熟食，饭菜容器经消毒后进入。

8. 病死猪和猪场废弃物处理

8.1　病死猪处理

严禁出售和随意丢弃病死猪、死胎及胎衣，并及时清理放于指定位置。场内有条件的，应进行无害化处理；没有条件的，需交当地有关专业机构统一收集进行无害化处理。如无法当日处理，需低温暂存。

收集、转交、处理病死猪、死胎、胎衣及相关材料时，应及时做好清理消毒。

8.2 粪便污水处理

8.2.1 使用干清粪工艺的猪场，应及时清出干粪，运至粪场进行生物发酵处理，不可与尿液、污水混合排出；清粪工具、推车等用后应及时清洗消毒。

8.2.2 使用水泡粪工艺的猪场，应及时清扫猪粪至漏缝下的粪池。

8.2.3 猪场的贮粪场所，应位于下风向或侧风向，贮粪场所要有防雨、防渗、防溢流措施，避免污染地下水。在粪便收集、运输过程中，应采取防撒漏、防渗漏等措施。

8.2.4 应做到雨水、污水的分流排放，污水应采用暗沟或地下管道排入粪污处理区。

8.3 餐厨废弃物（泔水）处理

餐厨废弃物（泔水）存放于厨房附近指定区域密闭盛放，每日清理，严禁用于喂猪。

8.4 医疗废弃物处理

使用过的针管、针头、药瓶、包装袋等，严禁重复使用，须放入有固定材料制成的防刺破的安全收集容器内，不得与生活垃圾混合。可按照国家有关技术规范进行处置，或交专业机构统一收集处理。

8.5 生活垃圾处理

场内设置垃圾固定收集点，明确标识，分类放置；垃圾收集、贮存、运输及处置等过程须防扬散、流失及渗漏。

9. 风险动物控制

9.1 定期巡视猪场实体围墙或栅栏，发现漏洞及时修补，防范野猪、犬、猫等动物进入。禁止种植攀墙植物。

9.2 场内禁止饲养其他畜禽。需饲养犬猫的，宜拴养或笼养。

9.3　采取防鼠、防鸟措施。可在鼠出没处每6～8米设立投饵站，投放灭鼠药；或在猪舍外3～5米，可铺设尖锐的碎石子（2～3厘米宽）隔离带，防止鼠接近猪舍；或在实体围墙或隔离设施底部安装1米高光滑铁皮用作挡鼠板，挡鼠板与围墙压紧无缝隙。在圈舍通风口、排污口安装防鸟网，侧窗安装纱网，防止鸟类进入。

9.4　猪舍内有害生物控制。在猪舍内悬挂捕蝇灯和粘蝇贴，定期喷洒杀虫剂；猪舍内缝隙、孔洞是蜱虫的藏匿地，可向内喷洒杀蜱药物（如菊酯类、脒基类），并用水泥填充抹平。

10. 清洁与消毒

10.1　猪场清洁

10.1.1　做好猪舍卫生管理，每日清理栏舍内粪便和垃圾，随时清理蛛网，及时清扫猪舍散落的饲料。

10.1.2　发现病死猪时，应及时移出。病死猪放置和转运过程中应保持尸体完整，禁止剖检，及时对病死猪所经道路及存放处进行清洁、消毒。

10.2　栏舍清洗消毒

10.2.1　栏舍的清洗。产房、保育、育肥的栏舍要执行"全进全出"的原则，完全空舍后，再按下述程序统一清洗和消毒。

清扫和清理：将可移动的器具全部移出舍外进行冲洗。水泡粪系统的猪舍，应将池内粪水清空；干清粪系统的猪舍，应将干粪便清理推走。

喷雾浸润：使用低压或雾化喷枪，用水打湿地面、栏体、墙面和屋顶等，要达到完全浸润的状态。浸润后，使用泡沫枪喷洒清洁剂。

高压冲洗：使用高压喷枪，按照从上到下、从前到后的顺序冲洗猪舍（最好使用温水）。清洗后进行全面检查，发现残余不洁净处，用清洁剂浸润后进行彻底清理。

10.2.2　栏舍的消毒。可选用醛类、过氧化物类等消毒剂对栏舍进行全方位喷雾消毒。第一次消毒后 1 小时，晾干或干燥处理后，更换消毒剂再次喷雾消毒。

两次喷雾消毒后，对于相对密闭栋舍，还可使用消毒剂密闭熏蒸，熏蒸后通风。熏蒸时注意做好人员防护。如有条件，可在彻底干燥后对地面、墙面、金属栏杆等耐高温场所，进行火焰消毒。火焰消毒应缓慢进行，光滑物体表面停留 3～5 秒为宜，粗糙物体表面适当延长火焰消毒时间。

10.3　环境消毒

10.3.1　场内环境消毒。定期进行全场环境消毒，必要时提高消毒频次。

办公/生活区的屋顶、墙面、地面：可选用过硫酸氢钾类、二氧化氯类或其他含氯制剂等喷洒消毒。

场区或院落地面：可选用喷洒碱类等溶液消毒。如需白化时，可选择 20% 石灰乳与 2% 氢氧化钠溶液制成碱石灰混悬液，对死猪暂存间、饲料存放间、出猪间（台）、场区道路、栏杆、墙面、粪尿沟和粪尿池进行粉刷。粉刷应做到墙角、缝隙不留死角。石灰乳必须现配现用，过久放置会失去消毒作用。

猪只或拉猪车经过的道路须立即清洗、消毒。发现垃圾，应即刻清理，必要时进行清洗、消毒。

10.3.2　场外环境消毒。在严格做好猪场生物安全措施的基础上，应对场外道路进行清理。外部来访车辆离开后，应及时清洁、消毒猪场周边所经道路，使用 2% 氢氧化钠进行消毒。

10.4 工作服和工作靴洗消

10.4.1 工作服消毒。生活区和生产区使用不同颜色工作服。从生活区进出生产区都要更换工作服。需要每日对生产区工作服进行清洗消毒，每周对生活区工作服进行清洗消毒。首先用过硫酸氢钾等刺激性小的消毒剂浸泡消毒半小时，然后冲洗晾干。如有条件，猪场可以使用洗衣机清洗、烘干衣服。

10.4.2 工作靴洗消。从生活区进入生产区，及进出每栋舍时要更换工作靴。每天应对猪场所有使用过的工作靴冲洗晾干。

10.5 设备和工具消毒

10.5.1 饮水设备消毒。生猪出栏后，可卸下所有饮水嘴、饮水器、接头等，洗刷干净后放入含氯类消毒剂浸泡；用洗洁精浸泡清洗水线管内部，在水池、水箱中添加含氯类消毒剂浸泡2小时；重新装好饮水嘴，用含氯类消毒剂浸泡管道2小时后，每个水嘴按压放干全部消毒水，再注入清水冲洗。

10.5.2 料槽清理消毒。每天要定时清理料槽，避免有剩余饲料。清洗料槽时，注意内外清洗干净，不留死角。

10.5.3 工具消毒。栏舍内非一次性工具经清洗、消毒后可再使用。根据物品材质，可选择高压蒸汽灭菌、煮沸、消毒剂浸泡等方式消毒。

10.6 消毒效果评价

清洗消毒后，可用纱布或一次性棉签采集设施环境、物品、车辆等环境样品，送有相关资质的兽医实验室检测，评价消毒效果。环境样品包括：办公/生产区道路、猪舍地面等；猪舍内料槽、饮水器具、出粪口等；防护用品包括：工作服、工作靴等；物品包括：饲料、药品等外包装，以及使用的工具等；车辆包括：轮胎、车厢、驾驶室等。

消毒药的选择参见下表。

消毒产品推荐种类与应用范围

	应用范围	推荐种类
道路、车辆	生产线道路、疫区及疫点道路	氢氧化钠（火碱）、氢氧化钙（生石灰）
	车辆及运输工具	酚类、戊二醛类、季铵盐类、复方含碘类（碘、磷酸、硫酸复合物）、过氧乙酸类
	大门口及更衣室消毒池、脚踏垫	氢氧化钠
生产、加工区	畜舍建筑物、围栏、木质结构、水泥表面、地面	氢氧化钠、酚类、戊二醛类、二氧化氯类、过氧乙酸类
	生产、加工设备及器具	季铵盐类、复方含碘类（碘、磷酸、硫酸复合物）、过硫酸氢钾类
	环境及空气消毒	过硫酸氢钾类、二氧化氯类、过氧乙酸类
	饮水消毒	季铵盐类、过硫酸氢钾类、二氧化氯类、含氯类
	人员皮肤消毒	含碘类
	衣、帽、鞋等可能被污染的物品	过硫酸氢钾类
办公、生活区	疫区范围内办公、饲养人员宿舍、公共食堂等场所	二氧化氯类、过硫酸氢钾类、含氯类
人员、衣物	隔离服、胶鞋等	过硫酸氢钾类

备注：1. 氢氧化钠、氢氧化钙消毒剂，可采用2%工作浓度；2. 戊二醛类、季铵盐类、酚类、二氧化氯类消毒剂，可参考说明书标明的工作浓度使用，饮水消毒工作浓度除外；3. 含碘类、含氯类、过硫酸氢钾类消毒剂，可参考说明书标明的高工作浓度使用。

规模猪场非洲猪瘟防控技术指南

流行病学研究表明，生猪养殖场规模越大、单元越多、调运频次越高，通过人员、生猪、车辆、物资等传入疫情的风险也就越高（风险点参见《中小养猪场户非洲猪瘟防控技术要点》第 2 部分）。万头以上猪场的疫情传入风险，一度是"全进全出"小型养殖场户的数百倍。因内部人员、车辆、物资流向复杂，规模猪场一旦传入疫情，根除难度极大。为指导规模猪场严格落实各项生物安全措施，有效预防非洲猪瘟，特制定本技术指南。

1. 场址选择

猪场选址与其生物安全、环境控制和日常管理难度息息相关。场址一旦确定，很难变动。为此，选址前一定要充分评估相关政策和生物安全风险，根据风险水平科学匹配养殖规模、硬件设施和管理措施。

1.1 政策要求

根据国家政策规定，各地都划分了明确的禁养区和限养区，且有其他不同政策要求。因此，猪场选址时，应充分考虑是否涉及饮用水源保护地、自然保护区、风景名胜区、城镇居民区、Ⅰ类和Ⅱ类水源地、河流、主要交通干线等，要结合当地政策要求，科学选址。

1.2 生物安全评估

猪场选址时，要综合考虑表 1 中所列生物安全因素，并进行赋值评估，所列各因素可能无法同时达到理想条件。综合评分 90～100 分，可以选择建设母猪场；80～90 分，可以建设育肥猪场等生物安全要求稍低一些的猪场。选址确定后，要根据实际情况调整完善软硬件条件，提升猪场生物安全水平。

表 1　猪场选址生物安全风险评估内容

生物安全因素	参考值	分值
场区位于山区/丘陵/平原		1～5
半径 3 公里内其他猪场数量	无	1～5
半径 3 公里内猪只数量		1～5
半径 5 公里内其他猪场数量	5 以内	1～5
半径 5 公里内猪只数量		1～5
主要公共交通道路距离猪场的最近距离	＞1 公里	1～5
每天场周边公共交通道路车流量	＜5	1～5
靠近猪场的路上，是否每天都有其他猪场生猪运输车辆经过	无	1～5
农场周边 10 公里范围内是否有野猪	无	1～5
猪场周围的其他动物养殖场（绵羊，山羊，牛）数量	0	1～5
最近屠宰厂（场）的距离	＞10 公里	1～5
最近垃圾处理场的距离	＞5 公里	1～5
最近动物无害化处理场所的距离	＞10 公里	1～5
最近活畜交易市场的距离	＞10 公里	1～5
最近河流（溪流）的距离	＞1 公里	1～5
饮水来源	深井水	1～5
水源地周围 3 公里内的养殖场数量	低密度	1～5
风向上游区域的最近猪场距离	3 公里	1～5
场区周围是否有树木隔离带	有	1～5
场区周围最近村庄的距离	＞1 公里	1～5

注：根据各场选址条件做 1 到 5 分评估。

2. 场区布局与建设

猪场要实行严格的分区管控。依据生物安全风险等级，猪场通常可划分为红、橙、黄、绿四个等级，各区域间要有实墙隔开，保证各区域之间不相互交叉。将猪场以生产单元为中心向外扩展，划分为生产区（即生猪存栏区）、生活区、隔离区、环保处理区（包括粪污池、污水处理系统）、无害化处理区、门卫区、缓冲区，各个等级分区参见图1。

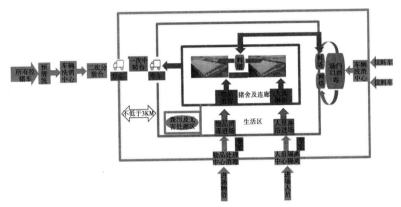

图1　规模猪场颜色体系分区示意图

2.1　场区布局

2.1.1　生物安全区界限划分

红区：猪场外部不可控区域（缓冲区）。主要设置在距离猪场不低于3公里区域，包括建立人员隔离中心、物品处理中心、中转场、车辆洗消中心等。

橙区：猪场围墙至外部可控区域，包括环保处理区（粪污池和污水处理系统）、无害化处理区。

黄区：猪场围墙内部至猪舍外部区域，包括生活区、隔离区、门卫区。生活区为人员进入、生活、休息、娱乐的所有立体空间及物资进入、存储区域，包括人员进场淋浴场所、物资进入熏蒸消毒通道、各类物资存储间、各类宿舍、办公室、会议室、厨房、餐厅、生活区、娱乐区域、洗衣房及周边空地等。

绿区：猪舍及猪舍连廊内部等生产区，为生猪日常饲养管理、转移及饲养人员休息就餐、药械物资及维修用品消毒存贮等所涉及到的全部区域。包括配种舍、后备隔离舍、培育舍、诱情舍、产房、待转舍、猪只转移连廊、操作间、清洗房等绿区内立体空间全部实物（墙体、地沟、设备、管线等）。

2.1.2　净区与污区

净区与污区是相对的概念，生物安全级别高的区域为相对的净区，生物安全级别低的区域为相对的污区。

在猪场的生物安全金字塔中，公猪舍、分娩舍、配怀舍、保育舍、育肥舍和出猪台的生物安全等级依次降低。猪只和人员只能从生物安全级别高的地方到生物安全级别低的地方单向流动。净区和污区不能有直接交叉，严禁逆向流动，必须有明确的分界线，并清晰标识。另外，经消毒处理的环境区域也为净区，包括经过消毒处理的人员、车辆、物资接触区域，以及正常生猪直接饲养区域。未经消毒处理的环境区域为污区，包括未经消毒处理的人员、车辆、物资接触区域，以及病死猪接触区域和粪污处理区等。

2.2　猪场建设

严格参照《规模猪场建设》（GB/T 17824.1）、《规模猪场环境参数及环境管理》（GB/T 17824.3）、《畜禽粪便贮存设施设计要求》（GB/T 27622）、《规模猪场清洁生产技术规范》（GB/T 32149）、《畜禽场场区设计技术规范》（NY/T 682）、《标准化规模养猪场建设规范》（NY/T 1568）、《种公猪站建设技术规范》（NY/T 2077）、《种猪场建设标准》（NY/T 2968），以及《病死及病害动物无害化处理技术规范》等技术要求，独立设计、建设不同功能区。

2.2.1　围墙

围墙可以隔断猪场和外界的直接连通，需要具备防人、防鼠、防野猪、防犬猫等功能，要求实心、结实、耐用。可以用砖墙，也可以用彩钢板等简易材料建设。

2.2.2 道路

净道和污道严格分开，避免交叉。

2.2.3 料塔

料塔设置在猪场内部靠近围墙边，满足散装料车在场外打料。或者建立场内饲料中转料塔，配置场内中转饲料车。确保内部饲料车不出场，外部饲料车不进场。

2.2.4 猪舍

猪舍全封闭设计，避免鸟、鼠、蚊、蝇进入猪舍。猪舍实行单元化生产，进风、排风独立运行。自动化、智能化设计，尽量减少人员和车辆使用；优选设备，减少人员维护。雨污严格分开。

2.2.5 隔离舍

隔离舍主要用于引进后备种猪群的隔离和驯化，一般建在猪场一角并处于下风向区，尽量远离其他猪舍，通过封闭式赶猪通道和场内其他猪舍连通。隔离舍配备独立进猪通道，以及独立的人员进场通道、物资通道、人员生活区。隔离期间，应与猪场内部其他人员和猪群没有交叉。

2.2.6 出猪台

出猪台是猪场和外界连通的直接通道，一般包括赶猪通道区、缓存区、装猪台区（升降台）三个区，每个区之间通过过猪门洞连通。出猪台宜建为封闭式建筑，做密封连廊防蚊蝇，顶上做挡雨铁板，有防鼠措施，出猪时应单向通过，人员在各区之间不交叉。出猪台宜设置淋浴间，配备淋浴设备、自动喷淋消毒系统和烘干消毒设备。出猪台应有独立的粪污流通管道，污水不得回流入场。

2.2.7　淋浴室

淋浴室设置应严格区分污区更衣间、淋浴间、净区更衣间，污水无交叉，各区无积水；更衣间配备无门衣柜、鞋架、脏衣桶、垃圾桶、防滑垫；淋浴室配备导水脚垫、洗漱用品架，配备热水器，水温适宜，水量充足。淋浴室需要安装取暖设施等。

2.2.8　隔离场所

有条件的猪场，宜建设场外人员隔离场所。隔离场所应远离其他猪场、市场、屠宰厂（场）、中心路等风险较高的区域；须具有人员淋浴通道、物品消毒间、独立的隔离间、厨房、洗衣间等设施。

2.2.9　车辆多级洗消和烘干中心

有条件的猪场，应建立洗消中心，对车辆进行检查、清洗、消毒、烘干。需建设配置有检查区、清洗区、消毒区、烘房与净区停车场，每个区域有明显的标识划分。一般应设置三级：一级洗消中心（服务中心）、二级洗消中心、三级洗消中心（猪场门口）。

车辆检查区、清洗区、消毒区地面硬化 10 厘米厚，每个区域建设空间需足够停放至少一辆 9.6 米长车辆，配置梯子用于爬高开展车辆检查、清洗、消毒。配有停车检查标识，以及车辆洗消烘干操作挂图或展板。

洗消区需盖有防雨、防晒顶棚，配置 2 台高压清洗机。

烘干区内，烘房通常为 15 米长、5 米宽、4.5 米高，烘烤保证 60～65℃达 60 分钟（不含预热时间）。

3. 饲养管理

优化生产管理，确保猪群健康，是综合防控非洲猪瘟的重要举措。

3.1 后备猪管理

建立科学合理的后备猪引种制度，包括引种评估、隔离舍的准备、引种路线规划、隔离观察及入场前评估等。

3.1.1 引种评估

资质评估：供种场具备《种畜禽生产经营许可证》，所引后备猪具备《种畜禽合格证》《动物检疫合格证明》及《种猪系谱证》；由国外引进后备猪，须具备国务院畜牧兽医行政部门的审批意见和出入境检验检疫部门的检测报告。

健康度评估：引种前评估供种场猪群健康状态，供种场猪群健康度高于引种场。评估内容包括：猪群临床表现，口蹄疫、猪瘟、非洲猪瘟、猪繁殖与呼吸综合征、猪伪狂犬病、猪流行性腹泻及猪传染性胃肠炎等病原学和血清学检测结果，死淘记录、生长速度、生产成绩及料肉比等生产记录。

3.1.2 隔离舍准备

后备猪在引种场隔离舍进行隔离。由国外引种的，在指定隔离场进行隔离。

隔离舍清洗、消毒：后备猪到场前完成隔离舍的清洗、消毒、干燥及空栏。

物资准备：后备猪到场前完成药物、器械、饲料、用具等物资的消毒及储备。

人员准备：后备猪到场前安排专人负责隔离期间的饲养管理工作，直至隔离期结束。

3.1.3 引种路线规划

后备猪转运前，对路线距离、道路类型、天气、沿途城市、猪场、屠宰厂（场）、村庄、加油站及收费站等调查分析，确定最佳行驶路线和备选路线。

3.1.4 隔离观察

隔离期内，密切观察猪只临床表现，进行病原学检测。

3.1.5　入场前评估

隔离结束后，对引进猪只进行健康评估，包括口蹄疫、猪瘟、非洲猪瘟、猪繁殖与呼吸综合征、猪流行性腹泻及传染性胃肠炎等抗原检测，以及猪伪狂犬病 gE 和 gB 抗体、口蹄疫感染抗体、口蹄疫 O 型和 A 型抗体、猪瘟病毒抗体等检测。

3.2　精液引入管理

精液经评估后引入，评估内容包括供精资质评估和病原学检测。

3.2.1　供精资质评估

外购精液具备《动物检疫合格证明》。由国外引入精液的，具备国务院畜牧兽医行政部门的审批意见和出入境检验检疫部门的检测报告。

3.2.2　病原学检测

猪瘟、非洲猪瘟、猪繁殖与呼吸综合征及猪伪狂犬病等病毒检测为阴性。

3.3　猪群管理

3.3.1　全进全出管理

隔离舍、后备猪培育舍、分娩舍、保育舍及育肥舍执行严格的批次间全进全出。转群时，避免不同猪舍的人员交叉；转群后，对猪群经过的道路进行清洗、消毒，对栋舍进行清洗、消毒、干燥及空栏。

3.3.2　猪群环境控制

合适的饲养密度、合理的通风换气、适宜的温度、湿度及光照是促进生猪健康生长的必要条件，需参考《规模猪场环境参数与环境管理》（GB/T 17824.3）、《标准化规模养猪场建设规范》（NY/T 1568）等控制相关指标。

3.3.3 栏舍要求

猪场大栏之间使用实体墙物理隔断，避免不同栏舍的交叉。

3.3.4 日常管理

做好猪只采食、免疫和用药记录，及时淘汰无饲养价值仔猪。开展测孕、测膘和配种操作时，更换批次宜淋浴、更衣；发现猪只异常时，应做好记录并及时上报。

3.4 生猪转群管理

猪只转群分 3 段进行：猪舍—连廊/车辆—猪舍，各段人员尽量分开进行，不能交叉。

待产母猪转群是指妊娠 110～112 天时转入到分娩舍，断奶母猪转群是指断奶母猪转入配怀舍。驱赶临产母猪上产床时，需要配怀舍和分娩舍合作，转猪前确认母猪信息，清理过道内障碍物，避免转群过程中各种应激。每次驱赶不多于 10 头母猪，防止母猪过多造成打斗应激，驱赶过程中人员需要使用挡猪板，赶猪走廊地面需要随时清扫母猪粪尿，必要时铺洒干燥粉，防止母猪滑倒，对于行走不便或驱赶应激的母猪，缓慢驱赶或原地休息半小时再驱赶，不可强行驱赶。

3.5 生猪调出管理

调出生猪时，通常需要分 5 段进行：产床—连廊—地磅内侧—地磅外侧连廊内—连廊外出猪台，各段人员必须分开进行，不能交叉。

最大化利用批次生产模式，尽量减少销售次数，降低售猪频次（对严重应激和不能行走的猪只实施安乐死）。

合格断奶仔猪、保育猪、后备猪、淘汰母猪必须由公司自有车辆运输或转运，运猪前需经洗消中心彻底清洗、消毒、高温烘干且物流单位验收合格后，方可驶近猪场，在猪场的高温烘干房再次经过高温烘干后方可接近猪场装猪台。

车辆到场后，门卫使用泡沫喷枪和泡沫消毒剂对车辆车轮、车轮框（保证车轮及车框干净无粪便残留）、保险杠等部位进行消毒，泡沫维持 30 分钟并填写消毒记录。

场内出猪台有严格的划分使用，每个区域出猪就近选择出猪台。出猪台在使用完毕后，将待售间使用高压冲洗机清洗、消毒、高温干燥处理，出猪台使用高压冲洗机清洗、消毒、高温烘干处理（密闭出猪台高温烘干，露天出猪台干燥处理）。

3.6　出猪台管理

各进猪通道及出猪通道只用于猪只的进出，任何场内外人员、设备、物资、饲料、动保产品等不得通过进猪通道进场、不得通过出猪通道出场。进猪通道不得出猪、出猪通道不得进猪。

净区和污区：待售间为相对净区，地磅和升降机/坡道间为污区。污区备有专用的装猪防护服和工作靴，人员进入污区时必须更换。

着装要求：准备专用不同颜色的工作服、工作靴，所有进入出猪台的人员必须穿戴出猪台专用工作服和工作靴。

猪只出售：严禁交叉接触，阻止交叉传播。猪只出售期间，禁止待售间或生产区人员与出猪台人员接触。禁止出猪台人员与场外车辆或场外拉猪人员接触。

猪只出售完毕后，对出猪台进行清洗、消毒，将工作靴清洗干净、消毒后，在淋浴室污区外悬挂放置，出猪台专用工作服在淋浴室污区进行清洗、消毒、高温烘干处理。待售间人员从待售间淋浴，更换生产区衣物经生产区淋浴室返回生活区。

地磅至出猪台的赶猪人员，每次完成赶猪和消毒后，走人员进场流程，由猪场隔离区淋浴进场；在地磅内侧赶猪人员，必须在生产区淋浴室换鞋、淋浴、更衣后下班。

出猪台场外工作人员：需返回场内的，必须经过淋浴、更衣后才能再次进入到猪场内。当天不得再进入到猪场生产区内。

司机及车辆：有条件的猪场，司机不下车，场外安排专人装猪；若需司机参与，需穿戴好干净的工作服，负责把猪装在车厢内，同时确保不接触装猪台。转猪车在洗消中心或者指定地点清洗消毒。

卫生与消毒：每次装猪前后，都要对车辆彻底消毒，设有内部中转车的，每次使用前后，由车上的接猪人员对车辆进行消毒和烘干。

3.7 风险动物控制

牛、羊、犬、猫、野猪、鸟、鼠、蜱及蚊蝇等动物可能携带危害猪群健康的病原，禁止在猪场内和周围出现。

3.7.1 外围管理

了解猪场所处环境中是否有野猪等野生动物，发现后及时驱赶。选用密闭式大门，与地面的缝隙不超过 1 厘米，日常保持关闭状态。建设环绕场区围墙，防止缺口。禁止种植攀墙植物。定期巡视，发现漏洞及时修补。

3.7.2 场内管理

猪舍大门保持常闭状态。猪舍外墙完整，除通风口、排污口外不得有其他漏洞，并在通风口、排污口安装高密度铁丝网，侧窗安装纱网，防止鸟类和鼠类进入。吊顶漏洞及时修补。赶猪过道和出猪台设置防鸟网，防止鸟类进入。

使用碎石子铺设 80～100 厘米的隔离带，用以防鼠。鼠出没处每 6～8 米设立投饵站，投放慢性杀鼠药。也可聘请专业团队定期灭鼠。

猪舍内悬挂捕蝇灯和粘蝇贴，定期喷洒杀虫剂。猪舍内缝隙、孔洞是蜱虫的藏匿地，发现后向内喷洒杀蜱药物（如菊酯类、脒基类），并水泥填充抹平。

猪舍周边清除杂草，场内禁止种植树木，减少鸟类和节肢动物生存空间。

3.7.3　环境卫生

及时清扫猪舍、仓库及料塔等散落的饲料，做好厨房清洁，及时处理餐厨垃圾，避免给其他动物提供食物来源。做好猪舍、仓库及药房等卫生管理，杜绝卫生死角。

4. 人员管理

根据不同区域生物安全等级进行人员管理，人员遵循单向流动原则方可进入生物安全更高级别区域。

所有人员入场，均需进行入场审查。外部人员到访需提前24小时向猪场相关负责人提出申请，经近期活动背景审核合格后方可前来访问。猪场休假人员返场需提前12小时向猪场相关负责人提出申请，经人员近期活动背景审查合格后方可返场。

4.1　场内工作人员

4.1.1　人员入场前管理

所有入场人员，在入场前72小时内严禁接触其他来源的猪只、生猪肉产品及其他偶蹄类动物（牛、羊）等。入场前，不得在猪场外围，如出猪台、污水处理场所、病死猪处理场所等地停留。

所有入场人员入场前均应在场外隔离场所进行隔离，管理人员使用纱布或一次性棉签在入场人员的手心、手背、头发、指甲缝隙等身体部位，随身携带手机、戒指、手表、电脑等密切接触物品，所穿鞋底等处取样，编号与入场登记表一一对应，之后与必备物品一起消毒。剪短指甲，指甲不超过 1 毫米，缝隙内无污垢，洗手消毒。淋浴用沐浴露和洗发水，淋浴时间不低于 10 分钟。换下的衣物浸泡消毒后再清洗烘干。

4.1.2　场外隔离人员操作程序

人员休假抵达场外隔离场所后，先在登记室进行登记、采样；将行李放置在行李存放间的架子上；隔离点管理员负责检查员工的指甲，并监督员工洗手、消毒；人员通过行李存放间的另一侧进入走廊，在走廊尽头的桌子上，将手机、电脑、数据线使用酒精等消毒剂擦拭消毒后，放进紫外消毒柜内照射 30 分钟；人员进入男女更衣室，将自身衣物放置在自己的收纳箱内，在淋浴室污区配有洗烘一体机，可清洗自己的衣物；人员淋浴后，在淋浴室净区使用清洗、高温烘干后的浴巾和地巾，使用后将浴巾和地巾放置在净区侧的洗烘一体机内，清洗结束后，由隔离人员将浴巾取出，清洗晾干后折叠放在淋浴室净区架子上供后续人员使用；人员出淋浴室后，可经过隔离房间走廊到紫外消毒柜内拿取自己的手机和电脑；人员隔离期间，除到餐厅窗口领取饭菜，其余时间只允许在自己的房间内，禁止聚众聊天；人员隔离结束后，经过隔离区换衣间更换返场专用衣服，乘坐返场专用车辆，由隔离场所管理人员送至母猪场；隔离场所管理人员只允许往返于母猪场和隔离场所，禁止到其他区域活动；平时禁止场外人员到此区域活动。

隔离点饭菜全部由相关部门提供，禁止到市场采购饭菜。隔离人员使用一次性餐盒吃饭，剩余饭菜和餐盒经由管理员集中回收进垃圾桶内。接送员工的车辆，每次使用后，必须在车辆洗消中心清洗、消毒。

隔离人员在场外隔离 24 小时，非洲猪瘟病原检测结果为阴性后，符合回场条件。

4.1.3　人员入场操作程序

所有入场人员在场区外下车前，建议穿戴准备好的一次性塑料鞋套（场外隔离场所提供一次性鞋套，鞋套在穿戴之前不允许与车内接触，下车之前脚悬空穿戴鞋套，穿戴之后直接踩在地面上），进入门卫室前再次穿戴一层新的鞋套。在门卫处填写人员入场记录表，洗手、消毒，手机、电脑使用酒精擦拭消毒，放入紫外消毒柜。

在消毒通道刷干净鞋面、鞋底，在洗手区域浸泡消毒手部，严格执行清洗、消毒制度，进入隔离区、生产区和返回生活区，均需要淋浴。

进入外生活区（隔离区）：按照洗手踩脚踏盆→换下进场衣服鞋子→淋浴→换上隔离区专用衣服鞋子→进入隔离区的程序，单向不可逆。进入猪场隔离区有桑拿的，淋浴后可进入，无桑拿的隔离1天1晚进入，在生活区隔离1天1晚才能进入生产区。进场人员在生活区严禁接触生活区人员。

进入生产区：按照洗手踩脚踏盆→换下生活区衣服鞋子→淋浴→换上生产区专用衣服鞋子→进入生产区的程序，单向不可逆。

返回生活区：按照换下生产区衣服鞋子→淋浴→换上生活区专用衣服鞋子→返回生活区的程序，单向不可逆。

4.1.4　人员出场

休假人员出场也必须经过生活区、外生活区、场外隔离场所的路线，从生活区到外生活区的人员必须经过淋浴室淋浴，更换外生活区衣物，从外生活区到场外隔离场所可以不再淋浴，直接更换场外隔离点衣物，由专人送至场外隔离场所更换自己的衣物后开始休假。

4.2　后勤人员

涉及到出入场的安保、厨师、保洁、水电、司机等后勤人员，除参考上述要求外，还需执行下述制度。

4.2.1 后勤区域管理

场区门卫室和淋浴室污区卫生保持由安保员负责。安保员每日下班后对门卫室进行清理和消毒。拖地使用的拖把必须为可拆卸的棉布拖把。

门卫淋浴室坐凳内外，需要使用不同颜色的拖把，每次擦完地面后，将拖把的拖布拆卸，浸泡消毒后清洗、烘干。

门卫淋浴室净区、生产区淋浴室净区和污区，由场内保洁人员分区管理，禁止人员交叉进出淋浴室打扫卫生；禁止打扫工具交叉使用。

安保员进出门卫室，每次更换门卫室外专用工作靴。

4.2.2 厨房管理

厨房：生熟、净污分区合理，生区、熟区工具不得有交叉，厨房使用餐具消毒柜，使用专用桶或者袋存放剩饭剩菜。

餐厅：设有传菜通道，人员及餐具不交叉。分接餐区、就餐区、餐食清洗消毒区，剩饭剩菜无害化处理。

厨房对场内只开放唯一的熟饭菜售饭窗口，窗口大小只用于售饭，除了供员工食用的熟食可通过窗口进入场内外，其他任何人、机、物、料等均不得通过售饭窗口进场，里外不得有任何交叉。

4.2.3 厨房进出人员管理

禁止场内人员进入厨房进行帮厨工作；如因隔离需要送餐，全部使用一次性餐盒，高温消毒进入场区；打饭时穿戴一次性乳胶手套，不接触餐盒，操作人员双层塑料袋分别打包，送至生产区传递窗门口；生产区人员只接触内层塑料袋，不得接触外层塑料袋，将餐食取出。

4.3　来访人员

4.3.1　进入场区外围

来访人员需要进入猪场外围（例如无害化处理区）查看时，要保证 72 小时未接触猪只，并经过场外隔离场所采样（不要求立即出结果）、淋浴、更换衣物（操作同员工返场），方可送至场外围进行查看。

4.3.2　进入场区

来访人员需要在相关部门指定办公室或者指定宾馆隔离，经检测合格，方符合入场条件；在场外隔离 24 小时后（期间采样检测阴性），进入猪场内勤区的外隔离点进行隔离，完成后经过淋浴室进入生活区，在生活区淋浴后可直接进入生产区。

5. 车辆管理

车辆管理包括猪场车辆（外部运猪车、内部运猪车、散装饲料运输车、袋装饲料运输车、病死猪运输车、猪粪运输车、通勤车等）和社会车辆。规模猪场应做到猪场车辆自有，且尽量专场专用。所有进猪场车辆必须经过洗消中心等消毒。

5.1　外部运猪车

外部运猪车尽量自有，经过当地畜牧兽医主管部门备案，专场专用。如使用非自有车辆，则严禁运猪车直接接触猪场出猪台，猪只经中转站转运至运猪车内。

清洗与消毒：运猪车清洗、消毒及干燥后，方可接触猪场出猪台或中转站。运猪车使用后及时清洗、消毒及干燥。

司乘人员：司乘人员 72 小时内未接触本场以外的猪只。接触运猪车前，穿着干净且消毒的工作服。如参与猪只装载时，则应穿着一次性隔离服和干净的工作靴，禁止进入中转站或出猪台的净区一侧。运猪车严禁由除本车司机以外的人员驾驶。

5.2 内部运猪车

清洗与消毒：选择场内空间相对独立的地点进行车辆洗消和停放。洗消后，在固定的地点停放。洗消地点应配置高压冲洗机、清洁剂、消毒剂及热风机等设施设备。运猪车使用后立即到指定地点清洗、消毒及干燥。流程包括：高压冲洗，确保无表面污物；清洁剂处理有机物；消毒剂喷洒消毒；充分干燥。

司乘人员：司乘人员由猪场统一管理。接触运猪车前，穿着一次性隔离服和干净的工作靴。运猪车上应配一名装卸员，负责开关笼门、卸载猪只等工作。装卸员穿着专用工作服和工作靴，严禁接触出猪台和中转站。

运输路线：按照规定路线行驶，严禁开至场区外，有条件的随车配置 GPS 实时监控。

5.3 散装饲料运输车

清洗与消毒：散装料车清洗、消毒及干燥后，方可进入或靠近饲料厂和猪场。重点对车轮、底盘和输料管进行清洗消毒。

司乘人员管理：严禁由司机以外的人驾驶或乘坐。如需进入场内，司机严禁下车。

行驶路线：散装料车在猪场和饲料厂之间按规定路线行驶。避免经过猪场、其他动物饲养场、病死猪无害化收集处理场所、屠宰厂（场）等高风险场所，随车配置 GPS 实时监控。散装料车每次送料尽可能满载，以减少运输频率。如需进场，需经严格清洗、消毒及干燥，卸料结束后立即出场。

卸料管理：如散装料车进入生产区内，卸料工作由生产区人员操作，司机严禁下车。如无需进入生产区内，卸料工作可由司机独立完成。

5.4　袋装饲料运输车

袋装料车经清洗、消毒及干燥后方可使用。如跨场使用，车辆清洗、消毒及干燥后，在指定地点隔离 24～48 小时后方可使用，柴油车可执行高温烘干的，烘干后无需隔离。

卸料管理：卸料工作由生产区人员操作，司机严禁下车。如无需进入生产区内，安排专人卸料。

5.5　病死猪运输车

交接病死猪时，避免与外部车辆接触。使用后，车辆及时清洗、消毒及干燥，有条件的每次使用完毕后可进行检测，并消毒车辆所经道路。

5.6　猪粪运输车

使用后，车辆及时清洗、消毒及干燥，并消毒车辆所经道路。

5.7　通勤车

通勤车司机不能在路途中下车，通勤车只能运送物资或送休假员工出场，禁止带无关任何东西和人员，出车后对车厢内部进行擦拭消毒；对不同类型车辆停车区域划线标识，只允许在特定区域停留、卸货，车辆离开后需要对该区域进行清洗消毒；精液、疫苗必须放置到指定接物台，其他配送物品放接物平台，禁止直接卸货在地面上，若放到地面需要垫一层彩条布。公猪精液运输车司机、配餐车司机和物资车司机下车时，需更换专用工作靴或穿鞋套。

5.8　社会车辆

私人车辆禁止靠近场区。

5.9　车辆的洗消管理

5.9.1　生猪运输车

进入洗消地点，严格执行整车洗消六步骤：初次清洗→泡沫浸润→二次清洗→沥水干燥→消毒→烘干。突出车轮和底盘，清洗沥干后再喷洒消毒液。在一级洗消点，需对车辆和司机进行采样检测，出现阳性的，再次经洗、消、烘后采样检测，确保阴性后方可开往二级洗消点。在一级和三级洗消点车辆洗消后，要烘干。具体步骤参考如下：

初次清洗：车厢按照从上到下、从前到后的顺序进行猪粪、锯末等污物清洁。低压打湿车厢及外表面，浸润10~15分钟。底盘按照从前到后进行清洗。按照先内后外、先上后下、从前到后的顺序高压冲洗车辆。注意刷洗车顶角、栏杆及温度感应器等死角。

泡沫浸润：对全车喷洒泡沫，全覆盖泡沫浸润15分钟。

二次清洗：再次按照从内到外、从上到下、从前到后的顺序高压冲洗。

沥水干燥：清洗完毕后，沥水干燥或风筒吹干，必要时采用暖风机保证干燥效果。确保无泥沙、无猪粪和无猪毛，否则重洗。

消毒：对全车进行消毒剂消毒，静置作用有效时间。

烘干：司机洗澡、换衣及换鞋后按规定路线进入洗车房提取车辆，驾车驶入烘干房进行烘干。烘干房密闭性良好，车辆60~65℃烘干60分钟或70℃烘干30分钟。烘干后车辆停放在净区停车场。

5.9.2　非运猪车辆

进入洗消点，严格执行清洗→静置→消毒三个环节，车辆清洗后，静置5分钟后消毒。一级洗消后直接开至二级洗消点，二级洗消后直接开至猪场门口三级洗消点。车辆清洗以无明显污垢为准，车辆消毒要至少保持湿润10分钟以上，车辆沥干以无明显积水为准。消毒剂现配现用，遇到雨天使用消毒剂浓度要加大。保证车辆作业时单向流动，避免逆行或交叉污染。

5.9.3　采样检测

有条件的企业，可在洗消之前或之后对车辆采样检测。

6. 物资管理

猪场物资主要包括食材、兽药疫苗、饲料、生活物资、设备以及其他物资等。有条件可建服务中心，所有物资需先发到服务中心消毒处理后再发到猪场。对外包装进行抽样检测相关病原，物品到场后要在大门口消毒间熏蒸消毒处理2小时，静置24小时后，方可拿到生产区物资消毒间（进场时将外包装除去），熏蒸消毒时物品不能叠加堆放。大件或不方便拿到消毒间的物品需使用擦拭消毒后，放在太阳底下暴晒48小时或用彩条布密封熏蒸。

6.1　食材管理

禁止任何个人直接从外部采购任何食品，有条件可在服务中心设置中央厨房，统一配送干货、熟食、新鲜蔬菜和水果。食材生产、流通背景要清晰、可控、可追溯，无病原污染。蔬菜和瓜果类食材无泥土、无烂叶，禽类和鱼类食材无血水。

干货在服务中心进行消毒后，使用消毒过的洁净袋进行包装后配送至猪场，熟食由中央厨房做好后，通过密封车辆配送至猪场，在猪场门口通过转接倾倒方式转入猪场食堂，蔬菜和水果使用现配现用漂白粉水（20克/1 000千克）消毒30分钟配送至猪场大门口，再次漂白粉水消毒30分钟后才可进入猪场食堂存放。

6.2　兽药疫苗

6.2.1 进场消毒

兽药疫苗按猪场要求定期发往猪场，减少频次，原则上每月一次。疫苗到场后，要对外包装进行喷雾或浸泡消毒，再去除内外包装（纸箱或泡沫箱，仅留疫苗瓶），浸泡消毒 30 秒后，在大门口消毒室更换专用箱中转到生产区的消毒间。其他常规药品，拆掉外层包装，浸泡消毒或熏蒸消毒，转入生产区药房储存。

6.2.2 使用和后续处理

严格按照说明书或规程使用疫苗及药品，做到一猪一针头，疫苗瓶等医疗废弃物及时无害化处理。

6.3 饲料

饲料无病原污染。袋装饲料中转至场内运输车辆，再运送至饲料仓库，经臭氧或熏蒸消毒后使用。所有饲料包装袋均与消毒剂充分接触。散装料车在场区外围卸料降低疫病传入风险。自配饲料基本要求如下：

6.3.1 自行配制自配料的，应当利用自有设施设备，供自有猪只使用。

6.3.2 自行配制的自配料不得对外提供；不得以代加工、租赁设施设备以及其他任何方式对外提供配制服务。

6.3.3 配制自配料应当遵守农业农村部公布的有关饲料原料和饲料添加剂的限制性使用规定，除当地有传统使用习惯的天然植物原料（不包括药用植物）及农副产品外，不得使用农业农村部公布的《饲料原料目录》《饲料添加剂品种目录》以外的物质自行配制饲料。

6.3.4 配制自配料应当遵守农业农村部公布的《饲料添加剂安全使用规范》有关规定，不得在自配料中超出适用动物范围和最高限量使用饲料添加剂。严禁在自配料中添加禁用药物、禁用物质及其他有毒有害物质。

6.3.5　自配料使用的单一饲料、饲料添加剂、混合型饲料添加剂、添加剂预混合饲料和浓缩饲料，应为有资质饲料生产企业的合格产品，并按其产品使用说明和注意事项使用。

6.3.6　生产自配料时，不得添加农业农村部允许在商品饲料中使用的抗球虫和中药类药物以外的兽药。因饲养动物发生疫病，需要通过混饲给药方式使用兽药进行治疗的，要严格按照兽药使用规定及法定兽药质量标准、标签和说明书购买使用，兽用处方药必须凭执业兽医处方购买使用。含有兽药的自配料要单独存放并加标识，要建立用药记录制度，严格执行休药期制度。

6.3.7　自配料原料、半成品、成品等，应当与农药、化肥、化工有毒产品以及有可能危害饲料产品安全和猪只健康的其他物质分开存放，并采取有效措施避免交叉污染。

6.4　生活物资

生活物资集中批量采购，经臭氧或熏蒸等消毒处理后入场，减少购买和入场频次。

6.5　设备

风机、钢筋等可以浸润或喷洒的设备，经消毒剂浸润表面、干燥后入场。水帘、空气过滤网等不宜水湿的设备，经臭氧或熏蒸消毒后入场。

6.6　其他物资

五金、防护用品及耗材等其他物资，拆掉外包装后，根据不同材质进行消毒剂浸润、臭氧或熏蒸消毒，转入库房。

7. 卫生与消毒

7.1　场区外环境控制

对猪场外围及主道路、猪场门口、出猪台进行生物安全管控。场区外建实体围墙或者铁皮围墙，做挡鼠设计，铺防鼠带。日常进行巡逻、消毒管理。

7.1.1 猪场外围及主道路

猪场外围用铁皮建挡鼠板，墙体至少 1.5 米高，直型挡鼠板要求 80 厘米宽，直角挡鼠板垂直墙体阻断鼠类攀爬的部分至少 30 厘米宽，石渣防鼠带 10 厘米厚、80 厘米宽，或者墙根至少硬化 50 厘米宽。进猪场主道路，从猪栏到外控道路，用 20% 生石灰水消毒，围墙外围撒 2 米石灰带（尽可能宽），防止鼠类在猪场周边活动。

7.1.2 猪场门口

门口外围墙：墙角铺设防鼠带，防止老鼠打洞进入围墙内，围墙、墙根无孔、缝、洞、杂草、杂物、树木，具备防鼠和其他爬行动物功能。

设置消毒池：水深 12～15 厘米，配置 2% 氢氧化钠溶液消毒水，设有挡雨棚和雨水排水沟，消毒液每周更换 1 次。

大门口区域、道路：每天清洗 1 次，每周进行 1 次消毒，关键区域配备摄像头，实时监控人员、车辆、物品的进出是否符合生物安全规范。

安保管理：安保活动范围建挡鼠板，防止鼠类进入，安保人员只在该区域活动，负责该区域车辆洗消和人员/物资进场的监督；安保人员单独住宿，不在隔离区/生活区住宿；安保室、消毒室每天拖地消毒 1 次或清洁地面后喷洒消毒。

大门消毒间管理：大门口的消毒间需分成 2～3 间（进场人员小物品消毒间、进场物资浸泡间/熏蒸消毒间、食堂物资浸泡间/熏蒸消毒间各 1 间），全进全出，消毒间的 2 个门不能同时打开。确保消毒间的密闭性，并配备镂空式货架。配备浸泡桶、水龙头、排水口，浸泡间净区与污区做物理隔断。消毒间每天晚上紫外灯消毒 2 小时，每 2 周熏蒸消毒 1 次，用过氧乙酸（1 克/立方米）、戊二醛（5 毫升/立方米）等进行熏蒸消毒处理 2 小时。

另外，做好到场人员、车辆和物品的消毒记录。

7.2　外生活区、生活区卫生与消毒

外生活区要设置有人员隔离区，配置隔离区淋浴间、隔离间、物品消毒间、物资仓库。厨房及餐厅净污分区管理。生活区配置生产区餐厅、生产区宿舍。非生产区人员与生产区人员分开住宿。定期进行灭鼠、灭虫、消毒管理。

7.2.1　隔离宿舍

人员进入猪场隔离区宿舍前必须淋浴。随身携带的物品经消毒后，才能带入隔离区。从隔离区进入生活区前，所使用的生活用品和住宿房间均需要进行清洁消毒。每次人员隔离完毕后，安排专人收拾隔离宿舍相关物品。

隔离区要安装防鼠板，做好防鼠措施，每月至少进行一次灭鼠，宿舍拖地消毒，公共活动区域每周至少消毒 1 次。

7.2.2　厨房

厨房必须配备消毒餐具的设施，接菜容器在每次接菜前必须经过蒸汽或高温消毒，禁止做任何形式的凉拌菜（含蘸酱菜、凉拌卤肉等），操作过程中必须洗手消毒。

每天消毒厨房，做好防鼠防蚊蝇措施，窗户装好防蚊蝇网，下水道安装好防鼠网，门和吊顶做好密封。

厨房工作人员进出厨房要换鞋，其他人员禁止进入厨房。

7.2.3　餐厅

送餐车、保温箱或塑料框每天消毒，设置专门的传菜通道。厨房厨师通过倾倒转接的方式，将厨房炒好熟菜倒入生活区餐厅盛菜盆中，倾倒转接过程中菜盆禁止直接接触。所有剩

饭剩菜禁止给其他人员，通过传递口传递给外围人员，进行无害化处理。餐厅必须配备消毒餐具的设施，接菜容器在每次接菜前必须经过蒸汽或高温消毒。注意每天对餐厅进行消毒。

7.2.4　生活区宿舍

非生产区人员与生产区人员分开住宿，宿舍区、公共活动区域每周至少消毒一次。

生活区人员禁止随意到大门口、隔离区域。生活区、生产区专用电工包及工具，严禁交叉使用。

每月至少进行一次灭鼠工作，做好灭鼠记录，每周进行一次灭蚊蝇、蟑螂工作，做好相关记录。

生活垃圾分类，统一存放处理，防止老鼠、苍蝇滋生。

7.3　生产区环境卫生与消毒

生产区环境卫生管理包括生产区洗澡室、物资消毒间、人员和猪群管理、无害化处理、饮水卫生及消毒、生产和场内管理。

进入生产区人员必须严格执行淋浴制度；进入生产区物资必须严格执行消毒制度；生产人员必须严格遵守猪场安全生产制度，服从管理，禁止走出连廊外。每栋栏舍门前配有脚踏消毒池（桶）、洗手消毒盆、消毒剂。连廊内通道地板必须硬化，经常检查，定期做防鼠灭蚊工作。

7.3.1　生产区一般要求

风机和水帘增加防鼠网，安排人员定期检查连廊，并做好记录。各类防护通道及墙壁完好（下水道、出风口、通风道、污水沟、粪沟等全部要加装粗细不同的铁网、钢丝网，墙壁门缝窗户天花板堵洞，防止鼠类进入）。生产区、内围墙至外围墙之间的所有树木、植物全部进行清除，清理植物后的地面铺黑膜、铺石渣。定期清理长出的树木、喷除草剂除草。定期灭鼠（每月至少 1 次），在老鼠出没的位置安装电猫，及时灭蚊蝇；每周 2 次对连廊内部道路进行消毒。

7.3.2　生产区淋浴室卫生与消毒

人员进出执行洗消制度（进入生产区和返回生活区，均需要淋浴消毒）。衣服必须每天更换，浸泡消毒，清洗干净后烘干。

防滑垫使用 3 色分开管理（如红黄绿）；每周消毒水冲洗防滑垫。

淋浴室淋浴区禁止放置毛巾，毛巾要放置在污区衣柜和净区衣柜（颜色区分管理），每天统一进行清洗消毒。

7.3.3　生产区物资间卫生与消毒

生产区配备 2～3 间物资消毒间。物品消毒需全进全出，在消毒间消毒后至少静置 24 小时才能启用，平时不用时一定要及时关闭门口，防止鼠类、苍蝇进入，消毒间必须保持密闭良好，消毒间内需要配备镂空式货架摆放物资。

7.3.4　生产区人员卫生管理

正常情况下，严禁在生产区用餐，严禁私自携带一切食品进生产区。隔离在生产区的人员，统一配送饭菜进生产区，但餐具必须经过消毒。

各栋舍要有明确的划分标识，不得随意串岗，各栋舍人员禁止随意乱窜，专人专岗，常用生产工具等禁止交叉使用。人员进出要洗手，脚踩消毒水，更换栋舍内的专用鞋（分颜色管理）。

巡栏、治疗注射工作由栋舍内人员完成，注意器械消毒，防止人为扩散病原。

7.3.5　圈舍卫生与清洗消毒

对栏舍内部屋顶、过道、墙体、隔栅、舍内设施等进行全面喷雾消毒。一是注意断电：关掉栏舍总闸，高压冲洗机所使用电源由外部直接拉线接入，并接有漏电开关。二是保护电器：用消毒水浸泡过的毛巾擦拭插排、灯座等电器，后用消毒好塑料袋或者薄膜包裹，防止水渗入电器，造成损失；待最后一轮洗消完毕后，方可拆开，进行熏蒸消毒。三是规范排放：堵住出粪口、污水排放口，待洗消完成后，用抽水机将污水抽出栏舍或在出粪口直接引流出来，切记不要直接排放到化粪池。

洗消人员要做好防护，穿工作靴，戴手套、口罩、护目镜和帽子，以不暴露皮肤为原则。

洗消前准备：准备高压冲洗机、清洁剂、消毒剂、抹布及钢丝球等设备和物品，猪只转出后立即进行栏舍的清洗、消毒。

物品消毒：对可移出栏舍的物品，移出后进行清洗、消毒。栏舍熏蒸消毒前，要将移出物品放置舍内并安装。

水线消毒：放空水线，在水箱内加入温和无腐蚀性消毒剂，充满整条水线并作用有效时间。

栏舍除杂：清除粪便、饲料等固体污物；热水打湿栏舍浸润1小时，高压水枪冲洗，确保无粪渣、料块和可见污物。

栏舍清洁：低压喷洒清洁剂，确保覆盖所有区域，浸润30分钟，高压冲洗。必要时使用钢丝球或刷子擦洗，确保去除表面生物膜。

栏舍消毒：清洁后，使用不同消毒剂间隔12小时以上分别进行两次消毒，确保覆盖所有区域并作用有效时间，风机干燥。

栏舍白化：必要时使用石灰浆白化消毒，避免遗漏角落、缝隙。

熏蒸和干燥：消毒干燥后，进行栏舍熏蒸。熏蒸时栏舍充分密封并作用有效时间，熏蒸后空栏通风36小时以上。

7.3.6　赶猪通道清洗与消毒

清洗与消毒：与栏舍清洗消毒步骤一致，避免使用高压清洗。

火焰消毒：进猪前，用火焰喷枪将赶猪通道，从里向外，从上到下消毒。

7.4　工作服和工作靴清洗消毒

猪场可采用"颜色管理"，不同区域使用不同颜色/标识的工作服，场区内移动遵循单向流动的原则。

人员离开生产区，将工作服放置指定收纳桶，先浸泡消毒作用有效时间，后清洗、烘干。

生产区工作服每日消毒、清洗。发病栏舍人员，使用该栏舍专用工作服和工作靴，本栏舍内消毒、清洗。

进出生产单元应更换工作靴。

7.5　设备和工具清洗消毒

栏舍内非一次性设备和工具需经消毒后使用。设备和工具专舍专用，如需跨舍共用，须经充分消毒后使用。根据物品材质选择高压蒸汽、煮沸、消毒剂浸润、熏蒸等方式消毒。

7.5.1　栏舍物品和工具消毒

不能再次使用的，集中焚烧处理。能再次使用的（如铁铲等），采用彩条布等自制临时浸泡消毒池，将所有清理出的工具和物品采用分类浸泡消毒，或者熏蒸消毒备用。

7.5.2　漏缝板等消毒

使用高压清洗机对漏缝板底部进行清洗消毒。

7.5.3　附属设备消毒

水帘消毒：在水帘池中加入消毒剂，开启2小时以上。

水塔消毒：在水塔中加入漂白粉（20 克/1 000 千克），至少浸泡 1 小时。

料塔消毒：清空后进行熏蒸消毒。

7.6 饮水

半个月送检一次，检查病原，取水点为出水点、饮水点。加药要求：在猪的饮水中均匀加入漂白粉（20 克/1 000 千克），应先将漂白粉加一定的水混匀后再抽入消毒水罐中，禁止直接加粉末，以防不能混匀。加药水罐在生产区外围的，由生产区外围指定人员对饮水添加消毒剂，加消毒水罐在生产区的，应安排不进生产舍人员添加消毒剂，若需要进出连廊时，人员需要淋浴、更衣、消毒。

消毒剂的选取，可参考《中小养猪场户非洲猪瘟防控技术要点》推荐的药品。

8. 病死猪与污物无害化处理

要对因病死亡的猪只，以及粪便、污水、医疗废弃物、餐厨垃圾以及其他生活垃圾等污物进行无害化处理。

8.1 病死猪内部转运与无害化处理

猪场内应实行净道和污道分离，净、污道做严格分区管理，场内转运病死猪应通过污道处理。猪场饲养人员淋浴更衣进舍后，查看病死猪情况，将病死猪转运至栋舍外净、污道分区处，若返回猪舍则重新洗澡更衣，病死猪由污道区处理人员按照采样规范先进行口鼻/肛拭子采样，必要时采集腹股沟淋巴结确诊。

猪场按照《病死及病害动物无害化处理技术规范》等相关法律法规及技术规范配备场内无害化处理设施设备，进行场内无害化处理。没有条件场内处理或不能进行场内处理的，需由当地有关单位统一收集进行无害化处理。如无法当日处理的，

场区外污染处理区应设立低温无害化暂存间，病死猪需低温暂
存。每次转运前及转运结束对转运道路、转运工具和设备、个
人防护用品等按规定消毒流程进行消毒。

如检测结果呈非洲猪瘟阳性，病死猪必须转移至场外指定
位置，避免污染场区。操作人员全程穿戴隔离服和手套，使用
专门密闭转运车将套袋后的病死猪转运至指定位置，并通知场
外无害化处理专员驾驶专门车辆将病死猪运至无害化处理场所
进行无害化处理。期间，场内转运人员、车辆和场外运输人
员、车辆严禁交叉接触，处理完毕后，各转运人员对行走道
路、转运工具等按消毒流程进行严格消毒，一次性防护用品直
接无害化处理。未经消毒的人员、车辆、工具，严禁再次返回
场区内。

8.2　粪便无害化处理

使用干清粪工艺的猪场，要达到雨污分离。自动机械干清
粪的猪场，应每天两次及时将粪清出，粪便运至粪场或直接运
至有机肥发酵罐等处发酵，不可与尿液、污水混合排出。人工
干清粪的猪场，清粪人员与转运人员要严格分工，不与饲养人
员直接接触，粪便转运至暂存场所，暂存场所每天清理消毒，
清粪工具、转运车等每次转运前后进行清洗、消毒一次。

使用水泡粪工艺的猪场，分娩舍、保育舍及育肥舍等全进
全出的单元每批次清洗一次，消毒烘干备用。

猪场设置的贮粪场所，应位于下风向或侧风向，尽量靠近
围墙或斜坡。应指定专人监控猪粪中转处理，达到与生产区实
体围墙隔离。贮粪场必需具备防雨、防渗、防溢流措施，避免
污染地下水。在收集粪便过程中，应采取防遗撒、防渗漏等措
施。场外猪粪车要可控，通过中转方式拉走猪粪的，每周指定
专人将暂存粪便转运到堆肥发酵场所或发酵罐进行无害化发酵

处理,确保场外猪粪车不进场,场内猪粪车与场外猪粪车无交叉。工作结束后,要彻底消毒所经道路,对贮粪场进行全面清理消毒。粪便无害化处理工作,按照《畜禽粪便无害化处理技术规范》(GB/T 36195)执行。

8.3 污水处理

猪场应具备雨污分流设施,确保管道通畅。猪场污水属高浓度有机污水,悬浮物和氨氮含量高,且含有大量的病原微生物,必须经过厌氧发酵、耗氧发酵、絮凝沉淀、氧化塘氧化存贮、滤膜过滤等综合处理后,进行农田消纳或者达标排放,严禁未经处理直接排放。

8.4 医疗废弃物处理

对过期的兽药疫苗、用过的针管、针头、药瓶、疫苗瓶以及防疫治疗过程中产生的其他废弃物等,须放入由固定材料制成的防刺破安全收集容器内,同时张贴生物安全危害标识,不得与生活垃圾混装,严禁重复使用和随意丢弃。应定点存放医疗废弃物,可根据国家法律法规和相关技术规范,按废弃物的性质进行分类处理(煮沸、焚烧、消毒后集中深埋等);或在粪污处理区设立废弃物暂存点,中转至场外,交由有医疗废弃物处理资质的专业机构统一收集处理。要减少处理频次,并予严密监控。

8.5 餐厨垃圾处理

餐厨垃圾要每日清理。生产区域外的垃圾,经收集运至猪场垃圾处理地点进行处理;生产区域内的垃圾,经收集由专用车辆运至场内无害化处理,或集中收集同上处理。严禁饲喂猪只和随意丢弃餐厨垃圾,场内外处理人员、工具等要严格分开。

8.6 其他生活垃圾处理

对生活垃圾源头减量，严格限制不可回收或对环境高风险的生活物品的进入，最大程度降低不可回收生活垃圾产生量。场内设置垃圾固定收集点，明确标识，分类放置。垃圾收集、贮存、运输及处置等过程须防扬散、流失及渗漏。要按照国家相关法律法规及技术规范，对生活垃圾进行焚烧、深埋，或交当地有关单位统一收集处理。场内外人员、工具、设备等严格分开。

9. 监测与处置

9.1　检测实验室要求

根据猪场布局、重点区域划分等具体条件，建立"区域"＋"聚落"＋"快检"的一、二、三级联动实验室，形成快速检测与监测体系，为猪群健康管理提供技术保障。猪场外部建立快检实验室，公司或集团办公区建立聚落实验室，区域实验室可自建或委托有资质的第三方检测机构、动物疫病预防控制机构和科研院所等承担。

实验室要充分考虑污物清理，避免实验室污染。主体为彩钢板、铝合金建筑材料。根据功能不同，各区需合理配置通风及压力控制系统，微生物室和细胞室增加洁净系统设备。实验室划分为污染区，半污染区和清洁区。具体配置和要求参见表2。

表2　实验室配置和相关要求

实验室类型	面积（米²）	功能区	检测能力	人员	电力线缆规格（毫米）
快检实验室	不低于120	消毒室、试剂室、血清室、微生物室，PCR室（包括缓冲走廊、配液室、PCR、血清学提取室、扩增室、电泳室）	（荧光定量）不少于2人		不低于50

（续）

实验室类型	面积（米²）	功能区	检测能力	人员	电力线缆规格（毫米）
聚落实验室	不低于200	更衣室、消毒室、进出缓冲间、接样室、存样室、试剂室、储物室、血清室、微生物室、PCR室（包括缓冲走廊、配液室、提取室、扩增室、电泳室）	（荧光定量）PCR、血清学、细菌分离鉴定以及霉菌毒素检测	不少于4人	不低于70
区域实验室	不低于250	同上，且可增加一个细胞间	（荧光定量）PCR、血清学、细菌分离鉴定以及霉菌毒素检测，细胞培养	不少于6人	不低于70

9.2 非洲猪瘟监测

9.2.1 早期发现

时刻关注本猪场各个环节猪只异常情况，一旦发现猪只精神沉郁、采食量稍微减少（排除饲料因素）、体温超过正常范围、皮肤发红、母猪流产等可疑症状，第一时间采样送检。

9.2.2 采样

材料准备：准备长的棉签（15 厘米以上）、医用纱布、自封袋、一次性注射器、防护服、一次性长臂手套、鞋套、大的塑料袋（或塑料布，用于包裹病死猪）、记号笔、记录纸、笔、甲醛溶液、Eppendorf 管、拉链式自封袋、垃圾袋、录像机（手机）、手电筒、拖布、消毒药、火焰喷枪等。

样品类型：一是疑似猪只口鼻拭子。将每头猪口、鼻拭子收集于同一采样管中。二是病死动物的腹股沟淋巴结。突然死亡的猪只，由于血液及脏器可携带大量的病毒，建议仅采集腹股沟淋巴结，然后将病死猪包裹后进行无害化处理。三是全血。用含有 EDTA 抗凝血剂的真空采血管，从颈静脉、前腔静脉或耳静脉抽取全血；如果猪只已经死亡，可以立即从心脏采血；偏远地区或者在无法冷链运输的时候，可由刺血针或无菌注射器针头从动物静脉等取血后，滴加到特制的吸水滤纸中完成干血斑样品的收集。四是血清。使用未加抗凝剂的真空采血管，从颈静脉、前腔静脉、耳缘静脉，或剖检过程收集血液样品。五是器官和组织样品。不推荐进行剖检采样，以免造成病原扩散。必须在保障生物安全的条件下进行剖检，所有的猪器官和组织均可，但优选脾脏、淋巴结、肝脏、扁桃体、心脏、肺脏、肾脏及骨髓等。六是软蜱等媒介样品。手动收集、二氧化碳诱捕和真空吸引捕捉后，应让蜱保持存活或直接储存在液氮中，避免 DNA 降解。七是环境样品。生产区内，包括各区间猪舍内所有单元墙体、地面、风机、地沟、设备、水线、料线等；生产区外，包括出猪台、场区大门、料塔、下水道、员工宿舍、储物间、浴室、办公室、餐厅厨房、车辆、水源等所有可能受到污染的区域。

包装和运输样品：采集好的样品应仔细进行包装，做好标记并送到实验室。运送的样品必须有足够数量的冷却材料（如冰袋、干冰），避免变质。样品应使用"三重包装系统"，保障运输过程中的生物安全，并避免样品受到污染。样品运输必须遵守农业农村部《高致病性动物病原微生物菌（毒）种运输包装规范》等规定。

废弃物处理：采样结束后，做好尸体、场地、物品、个人防护用品的消毒和无害化处理。对不同场点尽量安排不同的采样人员，避免交叉污染。

9.2.3　病原检测

可采用实时荧光定量 PCR（qPCR）、PCR 等方法检测非洲猪瘟病毒核酸。

9.3 处置及生产

9.3.1 全面检测

若检测发现猪只阳性，应立即报告当地畜牧兽医部门，停止与生产相关的活动，检测其舍内所有相关猪只以及涉及的地面，防止交叉污染。

9.3.2 清除

根据样品中病毒的含量，尽快剔除可疑猪和暴露猪群（猪只数量根据样品检测结果和现场布局确定），并立即消毒，清除可能的污染源。

9.3.3 持续检测

异常猪只处理完成后，应持续检测 1 个最大潜伏期，第 1 周，对异常猪的周边猪只，接触的地面，以及粪便等开展两次检测，确保无阳性。此后，按照每周 1 次的频率对全部或部分猪只，以及环境进行采样检测，若仍能检测到异常，则进行再次清除操作。

9.3.4 恢复生产

从发现阳性样品开始，持续监测 21 天，若检测核酸再无阳性猪只，以及期间检出的车辆、人员、设施设备和外部环境核酸阳性的，应严格做清洗、消毒处理，再次采样检测阴性后，则可以恢复生产。

10. 制度管理与人员培训

完善的生物安全体系在于有效的组织管理以及措施的落地执行。

10.1 生物安全制度管理

10.1.1 生物安全小组

猪场成立生物安全体系建设小组，负责生物安全制度建立，督导措施的执行和现场检查。

10.1.2　制定规程

针对生物安全管理的各个环节，制定标准操作规程，并要求人员严格执行。将各项规程在适用地点张贴，随时可见并方便获得。

10.1.3　登记制度

人员完成生物安全操作后，对时间、内容及效果等详细记录并归档。

10.1.4　检查制度

制定生物安全逐级审查制度，对各个环节进行不定期抽检。可对执行结果进行打分评估。

10.1.5　奖惩制度

制定奖惩制度，对长期坚持规程操作的人员予以奖励，违反人员予以处罚。

10.2　生产运维记录管理

10.2.1　建立记录制度

养殖场、洗消中心、饲料厂、无害化处理场所等生产单位，应严格按照生物安全防控流程进行操作，根据生物安全防控等级、关口、操作岗位等设置相应记录制度，记录方法包括表格、监控、执法记录仪等方式。所有记录及档案，都应按规定详细登记，并统一由生物安全工作领导小组负责监督管理，每周一查，加强对生物安全的管理。

10.2.2　记录可追溯

定期将各种记录归集并发送至各生产单位管理人员和生物安全小组，留待抽查、监督。

10.3　人员培训

猪场的每位员工，是生物安全规程执行和监督的首要责任人，必须通过系统的培训，建立高度的责任心和熟练的操作技能。猪场可通过岗前集中培训、网络学习、现场授课、实操演练等形式开展培训，并进行员工考核，检验培训效果。

10.3.1　制定培训计划

猪场制定系统的员工培训计划。新入职的工作人员，必须经过系统生物安全培训；有经验的工作人员，需持续学习提高，确保生物安全规程切实执行，落实到位。

10.3.2　理论培训

猪场应重视员工理论知识学习，由经验丰富的兽医对疫病知识、猪群管理、生物安全原则和操作规范等多个方面进行系统培训，提高生物安全意识。

10.3.3　实操培训

定期组织生物安全实操和应急演练，按照标准流程和规程进行操作，及时纠偏改错，确保各项程序规范执行并到位。

10.3.4　执行能力考核

对完成系统培训的员工，进行书面考试和现场实操的考核，每位员工均应通过相应的生物安全考核。

饲料生产经营场所非洲猪瘟防控技术要点

1. 目的

饲料原料及成品可携带和传播非洲猪瘟病毒。规范饲料生产、经营、使用环节的管理，对防控非洲猪瘟具有重要意义。为防范病毒污染饲料生产、经营、运输环节，经饲料途径传入生猪养殖场（户），特制定本技术要点。

2. 关键风险点

2.1　原料。饲料原料被非洲猪瘟病毒污染的潜在途径较多：一是污染的猪血蛋白粉、肠膜蛋白粉等猪源性原料，直接携带病毒；二是谷物等原料，在收割、初加工、储存等过程中被污染；三是原料在供应商处储存或加工过程中被污染；四是原料在运输过程中，因接触被污染的运输车辆或暴露于污染的环境而被污染。

2.2 经营场所。该场所联系着众多生猪养殖场户，是人员、车辆、物资的交汇点，病毒交叉污染风险高。

2.3 车辆。运输过病死猪、去过感染猪场或被污染的兽药饲料等生产经营场所的车辆，可传播非洲猪瘟病毒。

2.4 人员。接触过病死猪、污染猪肉或去过污染场所的员工或外来人员，可传播非洲猪瘟病毒。

2.5 物资及食材。来自疫区，或被运输工具、人员污染的物资及食材，可传播非洲猪瘟病毒。

3. 分区管理原则

可通过划分"红、橙、黄、绿"四个生物安全等级，进行饲料生产经营场所分区管理，各分区间采用实体隔断或明显标识，人员、物资等进入更高一级生物安全区域时，需采取相应风险管控措施。

3.1 红区。饲料生产经营场所以外不可控区域。

3.2 橙区。饲料生产经营场所原料车停车区、行驶通道、卸料区、办公区、生活区。

3.3 黄区。原料库、筒仓、投料、输送、粉碎、配料等饲料调质之前工序所在区域。

3.4 绿区。生产车间、成品库、成品散装仓、成品装料和成品运输车辆行驶区域。

4. 进厂原料、车辆、人员、物资及食材控制（红区）

4.1 原料控制

4.1.1 供应商选择。选择规模较大、非疫区的供应商，建立直采体系，尽量减少同品种供应商的数量，降低污染风险。

4.1.2 供应商审核。建立供应商审核体系，包括生物安全审核（对供应商的原料、加工工艺、成品及厂区环境、生物安全防护等进行全面考察评估，引导供应商做好生物安全管控，排除非洲猪瘟病毒污染风险）。

4.1.3 原料选择。优先使用非疫区的原料，疫区的原料需经非洲猪瘟病毒核酸检测阴性后方可采购。尽量避免使用动物源性及猪源性原料，如需使用，须经核酸检测阴性。

4.2 车辆控制

4.2.1 原料车辆。尽量选择密闭、防尘的车辆运输原料。车辆应没有运输过病死畜，装车前充分清洗和消毒。运输车厢可用塑料布或帆布覆盖封闭，防止原料在运输途中被污染。运输过程中，应尽量选择避开疫区、生猪运输密集路线。运输司机全程尽量少下车，避免在疫区或人员密集处停车、吃饭。经过厂外洗消点严格清洗消毒，在厂门口二次消毒后方可进厂。

4.2.2 成品车辆。尽量选择密闭、防尘的车辆运输成品。应加强司机管控，包括下车地点及饮食。应预先制定行车路线，尽量避开疫区、生猪运输密集路线。返回的车辆，经过厂外洗消点严格的清洗消毒，在厂门口二次消毒后方可进厂。

4.2.3 其他车辆。限制其他车辆入厂。如需进入的，须清洗消毒。禁止其他车辆进入黄区和绿区。

4.3 人员

4.3.1 内部人员。尽量驻厂、减少外出，尽量减少接触不明来源的动物源性制品，减少农贸市场接触机会和群体性聚餐等高风险活动。工作人员需经踩脚踏盆消毒、淋浴、更换衣物鞋帽后进入并登记。对于携带的物品，手机擦拭消毒，其他物品熏蒸间臭氧消毒，放入传递窗、开紫外灯消毒后进入。尽量减少人员跨区流动。

4.3.2 外来人员。需经踩脚踏盆消毒、洗手、穿戴鞋套、隔离服后进入并登记。对于携带的物品，需消毒后进入。

4.4 物资及食材

4.4.1 生产物资。饲料厂所用物资应定点采购，经消毒后方可入厂。

4.4.2 食材采购。减少外部猪肉采购，如采购需经检测阴性。所有食材特别是新鲜蔬菜应明确供应渠道，避免接触生鲜猪肉。

5. 原料处理（橙区）

5.1 散装原料

5.1.1 卸料。保持卸料口周边整洁、清洁，不用或车辆经过时，使用坑盖关闭卸料口。卸料时，避免原料接触轮胎，保护散装原料不受轮胎和车底盘等散落物污染。

5.1.2 除尘。玉米、小麦、高粱、大麦等谷物原粮，除杂后增加风选除尘，降低粉尘携带。

5.1.3 消毒。卸料结束后，应对卸料口周边及车辆行驶区域进行消毒。

5.1.4 检测。有条件的，原料进仓前可采样检测。

5.1.5 人员。司机全程不宜下车。禁止不必要人员进入原料区。

5.2 袋装原料

车辆不宜进原料库，可通过设立中转平台，将原料转运至原料库。

6. 原料储存（黄区）

6.1　除中转平台口半封闭外，原料库其余部分应全封闭。所有门窗用铁丝网封闭，防止禽鸟进入原料库。

6.2　大门安装挡鼠板，并定期进行灭鼠工作。

6.3　除中转叉车或转运小车外，外部车辆禁止进入原料库，并定期对库房内部道路或空载垛位进行消毒。

6.4　禁止外部装卸人员跨区进入原料库。

6.5　不生产时，原料投料口要用盖板覆盖。

6.6　提倡猪用饲料原料独立分区存放，避免接触其他动物源性饲料原料。

7. 饲料加工（绿区）

7.1　人员。人员由橙区进入绿区，需经踩脚踏盆消毒、淋浴、更换衣物鞋帽后进入。手机擦拭消毒后方可带入。人员尽量少接触灭菌后饲料，如需清理或维修调质后端设备，做好消毒。

7.2　物资。绿区所需维修等物资，需经消毒后进入。

7.3　生产线。猪饲料生产线最好为独立生产线，避免接触其他动物源性饲料原料。

7.4　调质。维持较高调质温度和时间（如 85℃、3 分钟），杀灭原料中可能携带的病毒。

7.5　冷却。冷却器进风处增加初效空气过滤，避免高温调制后颗粒冷却过程中被车间粉尘等造成二次污染。

8. 成品储存与运输（绿区）

8.1　储存

8.1.1　散装料。提倡使用散装料，散装料直接进入散装仓，可降低外部包装和环境污染风险。

8.1.2　袋装料或吨包。有条件的，宜对外包装检测，合格的进入成品库。除中转平台口半封闭外，成品库其余部分宜全封闭，所有门窗用铁丝网封闭，防鼠防鸟。

8.2 运输

8.2.1 使用清洁、专业车辆进行成品运输。

8.2.2 散装成品饲料运输全程加装铅封，同时密封下料口，避免运输途中饲料和下料口污染。

8.2.3 袋装或吨包饲料的运输，应全程加盖塑料布和帆布覆盖封闭，密闭运输。

8.2.4 饲料宜先从饲料生产车间运送到安全的、无污染的饲料中转站，不宜直接运送进猪场。有条件的，随车配置GPS实时监控。

8.3 返回车辆

8.3.1 由猪场返回车辆，按照进厂成品车辆进行管控。

8.3.2 对散装车辆，应检查铅封是否与离厂时一致，确保没有被打开过。

8.3.3 禁止包装袋重复使用。如重复使用，应彻底清洗和消毒。一般不重复使用包装袋。

9. 饲料中转站和经营场所

9.1 饲料中转站和经营场所按照饲料成品储存进行绿区管理。饲料储存区与生活区应设实体隔断，进行封闭管理。有条件的，争取做到人员和车辆单向流动。储存区工具等物品专用并定期消毒和检测。避免老鼠、猫和鸟等野生动物接触此区域。

9.2 对需进入储存区的人员、物资和接触饲料的装卸人员、工具进行重点监控，接触饲料前应进行采取防护措施，如淋浴、更换衣物、鞋帽或穿戴隔离服等。直接接触饲料的，宜采样检测非洲猪瘟病毒核酸阴性后，方可操作。

9.3 对储存区、生活区以及接触饲料的工具、物资、人员、车辆进行定期消毒、监测，推荐2天1次。

10. 监测与记录

10.1 原料供应商采样监测

10.1.1 采样频率。1次/周（视外部大环境情况调整频率）。

10.1.2 采样方法。地面样品使用4层纱布，用大面积采样器（夹布拖把，规格15厘米×30厘米）在地面上推动擦拭，尽量增加采样面积；其他区域使用10厘米×10厘米的纱布擦拭。

10.1.3 采样位点。大门口、地磅、原料卸货区、原料库（地面、包装袋）、生产区、成品库（地面、包装袋）、成品装料区。

10.2 进厂车辆采样监测

10.2.1 采样频率。1次/辆。

10.2.2 采样方法。清洗消毒静置后，使用浸有PBS缓冲液的10厘米×10厘米纱布擦拭。

10.2.3 采样位点。散装成品车辆：下料口、车顶、轮胎、驾驶室（司机手脚放置区）；袋装成品车辆：车厢内、轮胎、驾驶室（司机手脚放置区）；原料车辆：车厢、轮胎、驾驶室（司机手脚放置区）。

10.3 进厂物资及食材采样监测

10.3.1 采样频率。每次消毒后采样。

10.3.2 采样方法。进厂物资、食材经过熏蒸或臭氧消毒结束后，使用浸有PBS缓冲液的10厘米×10厘米纱布擦拭。

10.3.3 采样地点。物资、食材表面全覆盖。

10.4 进厂人员采样监测

10.4.1 采样频率。内部人员：1 次/周；外部人员：每次进入时（视外部大环境情况调整频率）。

10.4.2 采样方法。使用浸有 PBS 缓冲液的 10 厘米×10 厘米纱布擦拭。

10.4.3 采样位点。头发、面部、手、上衣、裤子、鞋面、鞋底。

开展以上监测时，每次可以采用 5～10 个样品混样检测。

10.5 厂内环境监测

10.5.1 采样频率。1 次/周（视外部大环境情况调整频率）。

10.5.2 采样方法。地面样品使用 4 层纱布，用大面积采样器（夹布拖把，规格 15 厘米×30 厘米）在地面上推动擦拭，尽量增加采样面积；其他区域使用 10 厘米×10 厘米的纱布擦拭。

10.5.3 采样位点。橙区：地磅、卸料区、办公区、生活区；黄区：原料库地面、原料外包装、投料口；绿区：制粒机平台、打包区、成品库地面、成品外包装。

10.6 散装原料

10.6.1 采样频率。1 次/车。

10.6.2 采样方法。进原料仓前流管处安装连续性采样器采样或出杂口使用布条采样。

10.6.3 采样位点。进原料仓前流管处或出杂口。

10.7 袋装原料

10.7.1 采样频率。1 次/批次。

10.7.2 采样方法。投料口安装连续性采样器采样。

10.7.3 采样位点。投料口。

10.8 成品

10.8.1　采样频率。1 次/批次（每个料号 1 次）。

10.8.2　采样方法。使用浸有 PBS 缓冲液的 10 厘米×10 厘米纱布擦拭。

10.8.3　采样位点。成品打包口内壁、散装成品仓下料口内壁。

11. 异常处置

在饲料生产经营环节检出非洲猪瘟核酸阳性的，应立即报告当地兽医主管部门，并采取以下措施。

11.1　溯源调查。针对原料、车辆、人员、物资及食材进行采样监测。查看各项记录表，分析异常样品出现前与外界接触的原料、车辆、人员、物资及食材、环境等环节，及时采取应对措施。

11.2　原料供应商。立即停止供货，同时与供应商沟通对异常区域的处理措施，经过生物安全评估后，再确定是否继续合作。

11.3　储存区域。立即对问题区域进行清理消毒，直至检测正常。

11.4　人员。调查其近期活动轨迹，并对其在厂内活动区域进行清理消毒。

11.5　物资及食材等。对设施设备，须进行严格的清洗消毒；对食材等物品，应进行销毁处理，并对储存区域消毒。

11.6　进厂车辆。调查近期活动轨迹，对其厂内活动区域进行彻底消毒，对车辆进行彻底清洗消毒，直至核酸检测阴性后重新合作。

11.7　进厂原料。停止使用并物理隔离异常批次原料，同时进行风险评估。经评估有疫情传播风险的，应予销毁处理；传播风险可控的，应对该批次原料采取静置、热处理等措施

（原料加热到 60℃保持 30 分钟，或高温 80～90℃保持 3 分钟以上，或在常温、干燥隔离库房中将原料隔离放置 45 天以上，饲料成品同样适用），同时跟踪使用该批原料生产的成品及发货情况等，停止发货和使用；对已经采食猪群进行跟踪监测。

11.8　饲料成品。停止使用并物理隔离异常批次饲料，同时进行风险评估。经评估有疫情传播风险的，应予销毁处理；传播风险可控的，应对该批次饲料采取静置、热处理等措施。对已发货成品，应立即停止使用、就地销毁，同时跟踪已经采食猪群健康状况。

生猪产业相关人员动物防疫行为规范

从事生猪保险理赔、繁殖育种、免疫接种、兽医诊疗等工作的人员，可机械携带非洲猪瘟病毒，是传播疫情的重要途径。为提升生猪产业相关人员生物安全意识，降低疫情传播风险，根据我国非洲猪瘟防控实际，制定本规范。

1. 保险理赔人员动物防疫行为规范

1.1　自觉学习非洲猪瘟等动物疫病传播途径，牢固树立生物安全防护意识，自觉遵守动物防疫法律法规和生物安全规定。

1.2　出险时，应对所乘车辆进行清洗、消毒，且不得驶入生猪养殖场生产区。

1.3　尽可能在指定地点或采取视频等方式进行现场勘验，尽可能避免进入生猪饲养区，避免直接接触病死猪及其血液、分泌物、排泄物等污物。

1.4　病死猪现场勘验前，应穿戴防护服、手套、口罩等防护用品，换工作靴。

1.5 勘验结束后，应将防护服、手套、口罩等防护用品放置指定地点，进行无害化处理。确保每到一个场点更换一次防护用品。

1.6 离开勘验现场前，应用消毒液洗手，清洗鞋底并消毒。驶离该理赔点时，应对所乘车辆轮胎进行清洗、消毒。

1.7 驶离怀疑发生非洲猪瘟的场点时，应对车辆进行清洗、消毒，人员应淋浴、更换洁净衣物和鞋帽，并对原穿戴的衣物、鞋帽进行清洗、消毒处理，对相机、手机等随身携带物品进行消毒处理。当天不宜再进入下一个出险现场。

2. 配种员动物防疫行为规范

2.1 自觉学习非洲猪瘟等动物疫病传播途径，牢固树立生物安全防护意识，自觉遵守动物防疫法律法规和生物安全规定。

2.2 提供精液的生产公猪应经过非洲猪瘟病毒核酸检测，阴性的方可使用。

2.3 如驾车前往养殖场户，应先对所乘车辆进行清洗、消毒，且不得驶入生猪养殖场生产区。

2.4 入场前，应淋浴（有条件时），更换洁净工作服和鞋帽，穿戴防护服、口罩、手套等防护用品，更换工作靴。每到不同场户工作，都应确保更换防护用品。

2.5 对精液瓶外部、输精器等外包装进行消毒，避免精液污染风险。

2.6 使用一次性猪用输精器，避免交叉感染。

2.7 每次操作完成，应洗手消毒或更换手套。

2.8 结束作业后，应脱下防护服等防护用品，进行清洗、消毒或无害化处理；进行淋浴（有条件时），或对手臂、鞋底等进行清洗消毒后，方可离开。驶离养殖场户时，尽可能对轮胎进行清洗、消毒。

2.9　发现母猪或猪群异常的，应暂停作业，立即按规定上报。怀疑发生非洲猪瘟感染的，应对所乘车辆进行清洗、消毒；人员应淋浴、更换洁净衣物和鞋帽，并对原穿戴的衣物、鞋帽进行清洗、消毒处理。确诊发生非洲猪瘟疫情的，14日内不得进入其他生猪养殖场所。

3. 基层防疫员良好行为规范

3.1　在遵守动物防疫等法律法规、贯彻执行非洲猪瘟等重大动物疫病防控政策等方面，起到模范带头作用。

3.2　进场入户开展防疫工作前，应备好生物安全防护等工作所需用品，确保个人携带物品洁净无污染且得到良好包装；驾驶车辆应进行彻底清洗消毒，后备箱等放置物品的区域，应铺设塑料布，防止相关物品污染车厢。车辆不得驶入生产区。

3.3　下车前，应穿戴好手套、口罩、防护服等防护用品，并更换工作靴，尽量减少无关物品携带，移动电话等电子设备应放置在密封的塑料袋中，便于清洁、消毒。每到不同场户开展工作，都应确保更换防护用品。

3.4　工作期间，应注意各环节消毒和防范交叉污染，避免一切不必要的活动。

3.5　工作结束，应做好带回物品和生物安全防护等用品的整理、清洗、消毒、回收工作。对带回物品和可重复使用的物品，应用防渗漏的容器或塑料包装袋装好，经表面消毒处理；对一次性用品，应集中无害化处理。

3.6　离场（户）返回车内前，应将带回的物品，放置在事先铺设的塑料布上带回；对手部、鞋底等进行清洗消毒，应对轮胎进行清洗、消毒，方可驶离该场所开展其他工作。

3.7 怀疑该场所发生非洲猪瘟的，应当及时报告当地兽医部门，配合相关部门做好疫情处置工作；应对所乘车辆进行清洗、消毒；人员应淋浴、更换洁净衣物和鞋帽，并对原穿戴的衣物、鞋帽进行清洗、消毒处理。确诊发生非洲猪瘟疫情的，14 日内不得进入其他生猪养殖场所。

4. 兽药、饲料销售人员良好行为规范

4.1 自觉学习非洲猪瘟等动物疫病传播途径，牢固树立生物安全防护意识，自觉遵守动物防疫法律法规和生物安全规定。

4.2 开展兽药、饲料经营活动的，应严格遵守《兽药经营质量管理规范》等规定，确保场所和设施符合要求，并配备必要的清洗、消毒设施，定期对经营场所进行消毒。

4.3 向养殖场户提供咨询服务时，尽量通过实时视频聊天工具，减少一切非必须的进场入户服务。所在地区发生疫情期间，禁止开展进场入户服务，减少一切非必须的拜访活动。

4.4 对接送货和来访车辆，应停靠在指定区域，抵达和驶离时应对轮胎进行消毒处理。对来访人员特别是前来咨询的养殖人员，应告知其污染风险，到达、离开时都应做好手部和鞋底消毒工作。

4.5 向养殖场户送货时，应对送货车辆进行清洗消毒，不得驶入养殖生产区域；到达目的地交货时，应穿戴鞋套，尽可能减少或避免与饲养人员的直接接触；离开交货地点返回车辆时，应脱下鞋套进行妥善处理，对车辆轮胎和鞋底进行消毒后，方可离开。

4.6 怀疑服务对象发生非洲猪瘟疫情的，应当及时报告当地兽医部门。接触病死猪的，应对相关场所进行清洗、消毒，对相关物品进行清洗消毒甚至无害化处理，个人要淋浴并更换衣物，14 日内不得进入生猪饲养场所。

5. 动物诊疗人员良好行为规范

5.1 在遵守动物防疫等法律法规，贯彻执行非洲猪瘟等重大动物疫病防控政策等方面，起到模范带头作用。

5.2 开展动物诊疗活动的，应取得国家规定的相应资格证书；严格遵守《动物诊疗机构管理办法》规定，确保诊疗场所和设施符合要求，具有完善的诊疗服务、疫情报告、卫生消毒、兽药处方、药物和无害化处理等管理制度。

5.3 如需进场入户开展诊疗，应备好生物安全防护等工作所需用品，确保携带的物品洁净无污染且得到良好包装；驾驶车辆应进行彻底清洗消毒，后备箱等放置物品的区域，应铺设塑料布，防止相关物品污染车厢。车辆不得驶入生产区。

5.4 从事诊疗服务活动时，应穿戴好手套、口罩、防护服、鞋套等防护用品，尽量减少无关物品携带，移动电话等电子设备应放置在密封的塑料袋中，便于清洁、消毒。每到不同场户开展工作，都应更换防护用品。

5.5 工作结束，应按规定做好相关物品、生物安全防护用品和医疗废弃物的整理、清洗、消毒工作。对可重复使用的物品，须彻底消毒，现场不具备条件的，应用防渗漏的容器或塑料包装袋装好，经表面消毒处理；对一次性用品和医疗废弃物，应集中无害化处理。对诊疗过程中可能污染的环境进行彻底消毒。

5.6 怀疑诊疗活动所在场所发生非洲猪瘟的，应当及时报告当地兽医部门，不得擅自进行治疗和解剖，同时，采取隔离等控制措施。还应对所乘车辆进行清洗、消毒；人员应淋浴、更换洁净衣物和鞋帽，并对原穿戴的衣物、鞋帽进行清洗、消毒处理。确诊发生非洲猪瘟疫情的，14 日内不得进入生猪养殖场所。

二、调运和屠宰环节

生猪收购贩运及承运行为规范

生猪收购贩运人员和生猪运输车辆，可机械携带非洲猪瘟病毒，是传播疫情的重要途径。为规范生猪收购、贩运、承运行为，维护生猪流通及市场秩序，降低疫情传播风险，促进生猪养殖业健康发展，根据我国非洲猪瘟防控实际，制定本行为规范。

1. 从事生猪收购贩运以及承运的单位和个人，应当认真学习动物防疫相关法律法规和知识，切实履行动物防疫主体责任。

2. 从事生猪收购贩运的单位和个人，应当通过微信小程序"牧运通"登记单位名称或个人姓名、营业执照或身份证、单位地址或家庭住址、联系方式等基础信息。

3. 生猪运输车辆所有人或承运人要及时向所在地的县级畜牧兽医主管部门，按照农业农村部有关规定提供现场审核材料原件及复印件。跨省、自治区、直辖市运输生猪的车辆，以及发生疫情省份及其相邻省份内跨县调运生猪的车辆，按要求应当配备车辆定位跟踪装置。相关信息记录保存半年以上。

4. 承运人通过公路运输生猪的，应当使用已经备案的生猪运输车辆，并严格按照动物检疫证明载明的目的地、数量等内容承运生猪；未提供动物检疫证明的，承运人不得承运。

5. 从事生猪收购贩运的单位和个人应建立健全贩运、收购台账，核对收购的生猪是否佩戴合法耳标、是否使用经备案的生猪运输车辆，将每次贩运生猪的数量、耳标号码、运输车辆信息、购销地点、养殖场户名称、销售去向及检疫证明号等逐项登记。相关信息记录保存一年以上。

6. 承运人应当合理规划运输路径，尽可能避开养殖密集区、无害化处理场所等高风险地区；在装载前和卸载后，要及时对运输车辆进行清洗、消毒；详细记录检疫证明号码、生猪数量、运载时间、启运地点、到达地点、运载路径、车辆清洗、消毒以及运输过程中染疫、病死、死因不明生猪处置等情况。

7. 从事生猪收购贩运的单位或个人代为养殖场（户）申报检疫的，应获得养殖场（户）的检疫申报委托书，以及符合要求的检疫申报材料。

8. 从事生猪收购贩运的单位、个人和承运人，在贩运和运输过程中如发现生猪精神异常、发病或死亡等异常情况时，要立即向当地畜牧兽医主管部门报告，严格按有关规定进行处置，不得销售或随意抛弃。

9. 承运人运输生猪时，应当为生猪提供必要的饲喂饮水条件，通过隔离使生猪密度符合要求，每栏生猪的数量不能超过 15 头，装载密度不能超过 265 千克/平方米。当运输途经地温度高于 25℃或者低于 5℃时，应当采取必要措施避免生猪发生应激反应。运输过程中，不得在生猪养殖、交易、屠宰、无害化处理等高风险区域停车。停车期间，应当观察生猪健康状况，必要时对通风和隔离进行适当调整。

生猪运输车辆清洗消毒技术要点

1. 目的

当前，人员与车辆带毒是我国非洲猪瘟疫情最主要的传播路径。严格清洗消毒生猪运输车辆，是有效阻断疫情传播的关键措施。为指导生猪养殖、贩运等人员做好车辆清洗消毒，降低非洲猪瘟通过生猪运输车辆进行传播、扩散的风险，特制定本防控技术要点。

2. 关键风险点

2.1 车辆

生猪运输车辆可通过多种途径接触非洲猪瘟病毒。装载生猪前和卸载生猪后，未经彻底清洗消毒继续行驶的车辆，是病毒传播的重要载体。

2.2 司乘人员及随车物品

生猪收购、贩运及承运人员及其所携带物品，可通过多种途径接触、传播非洲猪瘟病毒。

3. 车辆清洗消毒

3.1 基本要求

生猪运输车辆在装载前和卸载后，应自行或委托选择就近的清洗消毒场所按照本技术要点的要求对车辆进行清洗、消毒。

3.2 清扫与整理

3.2.1 收集车内垫料、生活垃圾及污物，统一进行无害化处理。

3.2.2 卸下车内可移动隔板或隔离栅栏。

3.2.3 取出车辆上所有物品准备清洗、消毒和烘干。

3.3 初次清洗

3.3.1 遵循从内到外、从上到下、从前到后的清洗原则，用低压水枪对车体外表面、车厢内表面及隔板上下表面及中间夹缝、轮胎、车厢底部等进行全面冲洗。不适用于冲洗的设备需擦洗干净。

3.3.2 初次清洗后，车体外表面、车厢内表面及隔板上下表面及中间夹缝、轮胎、车厢底部等表面，应当无可见污物。

3.4 二次清洗

3.4.1 选择使用中性或碱性、无腐蚀性的,可与大部分消毒剂配合使用的清洁剂。

3.4.2 用高压水枪或在自动化洗消车间,充分清洗车体外表面、车厢内表面、底盘、车轮等部分。

3.4.3 用泡沫清洗车或发泡枪喷洒泡沫清洁剂,覆盖车体外表面、车厢内表面、底盘、车轮等部位,刷洗车厢内粪便污染区域和角落,确保去除污垢,清洁剂与车体充分接触,保持泡沫湿润10~20分钟。

3.4.4 用高压喷水枪或在自动化洗消车间对车体各部位进行全面冲洗,直至无肉眼可见泡沫。冲洗水温为60~80℃。注意冲洗角落、车厢门、门缝、隔板等。

3.4.5 用上述同样的方法清洗拆卸出的可移动隔板或隔离栅栏表面。

3.5 检查及干燥

3.5.1 在充足光线下,对车辆内外及可拆卸隔板进行检查,确保清洗干净。

3.5.2 检查完成后,静置车辆沥干水分。可利用有坡度的地面,对车辆进行自然风干或暖风机吹干。

3.5.3 对拆卸出的可移动隔板或隔离栅栏清洗后放置晾干,也可使用设备吹干或烘干。

3.6 消毒及干燥

3.6.1 选择符合国家规定且在有效期内的消毒剂,定期轮换使用不同类别消毒剂。

3.6.2 将清洗好的可移动隔板、隔离栅栏等组件重新组装回汽车。

3.6.3 按照说明书配置消毒液，使用低压或喷雾水枪对车体外表面、车厢内表面、底盘等部位喷洒消毒液。

3.6.4 按照说明书规定的作用时间静置车辆后，用高压水枪对车体各部位进行全面冲洗。

3.6.5 利用有坡度的地面，对车辆进行自然风干或暖风机吹干。有条件时，可用自动化烘干车间对车辆进行烘干。

3.7 驾驶室的清洗、消毒

3.7.1 清扫驾驶室，吸除灰尘。

3.7.2 擦拭驾驶室内壁、方向盘、座位等，尤其是人员经常触碰的区域。

3.7.3 使用消毒液喷洒地面，擦拭驾驶室内壁、方向盘、座位等。

3.7.4 对驾驶室及随车配备和携带的物品进行熏蒸消毒或用过氧乙酸气溶胶喷雾消毒。

3.7.5 清洗消毒完毕后，对驾驶室进行通风干燥或者烘干。

4. 其他注意事项

4.1 随车用品

对随车携带的饲喂用具、蓬布、捆绑绳索等物品，在冲洗干净后用煮沸、消毒剂浸泡或高温高压等方式消毒。

4.2 司乘人员

4.2.1 需洗手，时间持续 20 秒以上，清理鞋底并消毒。

4.2.2 有人员消毒通道的，需经人员消毒通道消毒。

4.3 记录

对车辆清洗消毒的时间、地点、方式、消毒剂种类等进行记录并适当保存。

生猪屠宰环节非洲猪瘟防控技术要点

1. 目的

生猪屠宰场所人员组成复杂、生猪来源渠道多，可通过人员、车辆、生猪、产品等多种途径传入、传出非洲猪瘟病毒，是疫情交叉传播的重要（枢纽）环节。为全面提升屠宰企业生物安全水平，降低非洲猪瘟传播风险，特制定本防控技术要点。

2. 关键风险点

2.1　猪只

疑似发病、处于潜伏期或机械携带非洲猪瘟病毒的供屠宰生猪，可将病毒带入屠宰场，导致系统性污染，并可通过车辆、人员、猪肉产品等多种途径向外传播病毒。

2.2　车辆

运输过病死猪或去过高风险场所的内外部车辆（生猪运输车辆、生猪产品运输车辆、物资车、无害化处理车、私人车辆、收购血液罐车等），未经彻底清洗消毒进入屠宰加工场所时，可将病毒带入厂区，并可通过机械带毒方式将病毒扩散到养殖、市场、饲料生产经营等场所，导致系统性污染风险和次生疫情。

2.3　人员

屠宰企业从业人员、代宰户、生猪承运人、生猪产品购买或收购人员、外来机械维修人员以及驻场官方兽医等，既可携带病毒进入厂区，也可将病毒携带到相关生产经营环节。

2.4　水源

屠宰企业周边被污染的河流、水源可传播病毒。

2.5 生产及生活物资

生产加工助剂、包装材料及生活用品被病毒污染时，未经消毒就进入厂区，也可导致病毒传入。

3. 建筑布局与设施

生猪屠宰企业的建筑布局和设施应符合动物防疫、质量安全、环境保护和安全生产等相关要求。

3.1 总体布局

3.1.1 应当划分生产区和非生产区，并有隔离设施。

3.1.2 厂区内净道、污道严格分开，不得交叉。

3.1.3 主要道路和作业场所地面应当硬化、平整、易清洗消毒。

3.2 大门

3.2.1 生猪入场口、废弃物运送和生猪产品出口应分别设置。

3.2.2 厂区车辆出入口应设置与门同宽，池底长4米、深0.3米以上的消毒池。

3.2.3 出入口处应配置消毒喷雾器，或设置消毒通道对运输车辆喷雾消毒。

3.3 卸猪台

3.3.1 卸猪台的布局与设施应当满足生产工艺流程和卫生要求。

3.3.2 卸猪台附近应设有运输车辆清洗消毒区，面积与屠宰规模相适应，应分为预清洗区、清洗区、消毒区；有方便车辆清洗消毒的水泥台面或者防腐蚀的金属架，应设有清洗消毒设备、自来水和热水管道、污水排放管道和集污设施。

3.4 病害生猪及其产品、废弃物暂存设施

3.4.1 废弃物暂存

3.4.1.1　应当配备废弃物、垃圾收集或暂存设施，并按国家相关要求及时处理废弃物、垃圾等。

3.4.1.2　屠宰企业废弃物临时存放设施或场所应设置于远离屠宰加工车间、厂区的下风口，设立明显标识，及时清理。

3.4.1.3　屠宰加工车间内盛放废弃物的专用密封容器应放置于指定区域，设有明显标识，不应与盛装肉品的容器混用，并及时清理。

3.4.2　病害生猪及其产品暂存

3.4.2.1　屠宰企业病害生猪及其产品若不能及时进行无害化处理的，应设立冷冻或冷藏暂存设施。该类设施应位于远离屠宰加工车间的厂区下风口处，设立明显标识，并及时清理。

3.4.2.2　屠宰加工车间内盛放病害生猪及其产品的专用密封容器应放置于指定区域，设有明显标识，不应与盛装肉品的容器混用，并及时清理。

3.5　病害猪及产品无害化处理间

该无害化处理间的布局与设施应当满足生产工艺流程和卫生要求。没设立无害化处理间的屠宰企业，应委托具有资质的专业无害化处理场实施无害化处理。

3.6　生产区布局

屠宰车间、分割车间的建筑面积与建筑设施，应与生产规模相适应。车间内各加工区应按生产工艺流程划分明确，人流、物流互不干扰，并符合工艺、卫生及检疫检验要求。

4. 生猪入厂检查

4.1　采购要求

4.1.1　屠宰企业应了解猪源所在养殖场户生猪生产、防疫、生物安全措施、兽药（饲料）使用情况，规模及以上屠宰企业应与养殖场户签订供猪协议。

4.1.2 承运人（贩运户、代宰户）应当使用已经备案的生猪运输车辆，并严格按照动物检疫证明载明的目的地、数量等内容承运生猪。

4.1.3 屠宰企业应屠宰签约场户或备案承运人（贩运户、代宰户）运输的生猪。

4.2 生猪入厂检查要求

4.2.1 查验运输生猪车辆品牌、颜色、型号、牌照、车辆所有者、运载量等信息是否与备案信息一致。

4.2.2 按要求查验生猪的《动物检疫合格证明》、非洲猪瘟检测报告和佩戴的畜禽标识。

4.2.3 了解生猪来源，是否来自疫区；检查《动物检疫合格证明》标注的启运地、目的地是否和实际一致。

4.2.4 核对生猪数量和《动物检疫合格证明》是否一致，了解运输途中生猪情况。

4.2.5 按照《生猪产地检疫规程》的要求检查生猪的临床健康情况，包括精神状况、皮肤颜色、呼吸状态及排泄物状态等，并测量生猪体温，观察是否有体温升高至 40～42℃。

4.2.6 检查结果处理

4.2.6.1 经检查，《动物检疫合格证明》、非洲猪瘟检测报告有效、证物相符、畜禽标识符合要求、临床检查健康，方可入厂。

4.2.6.2 发现具有非洲猪瘟临床症状的病猪时，应立即采集血液样品进行实验室检测，检测阴性且不是其他重大动物疫病、人畜共患病的，方可准许入场；非洲猪瘟核酸检测阳性的，应立即报告驻场官方兽医，按照《非洲猪瘟疫情应急预案》要求进行处理；属其他重大动物疫病、人畜共患病的，按照相关要求进行处理。

4.2.6.3　对于运输途中的死亡猪，应先经驻场官方兽医排除非洲猪瘟或其他重大动物疫病，再进行无害化处理。必要时，采样送检。

5. 人员管理

5.1　企业人员

5.1.1　基本要求

5.1.1.1　企业应配备与屠宰规模相适应的肉品品质检验人员。

5.1.1.2　企业的肉品品质检验人员和屠宰技术人员，以及所有可能与所生产生猪产品接触的人员应体检合格，取得所在区域县级以上医疗机构出具的健康证后方可上岗，每年应进行一次健康检查，必要时做临时健康检查。对影响食品安全的患者，应调离生产岗位。

5.1.1.3　从事屠宰、加工和肉品品质检验的人员，上岗工作期间及离岗后 7 天内，不得从事生猪养殖、贩运等活动。如有需要须经彻底清洗消毒。

5.1.2　技能要求

5.1.2.1　从事屠宰、加工、肉品品质检验、质量控制和非洲猪瘟检测人员，应经过专业培训并经考核合格后方可上岗。

5.1.2.2　从事屠宰、加工、肉品品质检验、质量控制、生猪收购和非洲猪瘟检测的人员，应掌握非洲猪瘟典型临床症状和病理变化，以及应急处置和个人防护知识。

5.1.3　卫生要求

5.1.3.1　企业所有人员不得在工作岗位或工作区域从事

与生产无关的活动。

5.1.3.2　进车间前应先更衣、洗手、消毒。更换的工作服、帽、靴、鞋等应经有效消毒，工作服应盖住外衣，头发不应露于帽外。

5.1.3.3　生产车间内不应带入与工作无关物品。离开生产加工场所时，应脱下工作服、帽、靴、鞋等，并经适当消毒，防止携带病毒离开。

5.1.3.4　不同区域不同卫生要求的区域或岗位的操作人员，应穿戴不同颜色或标志的工作服、帽，以便区别。

5.1.3.5　不同区域不同卫生要求的区域或岗位的操作人员，原则上不得串岗，如因工作需进入其他区域的，应按照相关要求，经过更衣、消毒后进入。

5.1.3.6　不同区域不同卫生要求的生产人员，进入各自生产区时尽量不交叉，非生产区域人员不得随意进入生产区域。

5.1.3.7　代宰户的管理要求

同本企业人员。

5.2　外来人员管理要求

5.2.1　驻场官方兽医

5.2.1.1　进入屠宰企业的驻场官方兽医，近 7 天内不应去过非洲猪瘟高风险场所。

5.2.1.2　应掌握非洲猪瘟典型临床症状、病理变化，能够及时发现异常情况。

5.2.1.3　应掌握企业基本情况，对企业实施非洲猪瘟自检监督到位。

5.2.1.4　应掌握动物疫情应急处置和个人防护知识，发现可疑疫情应立即报告，并停止企业生产活动。

5.2.1.5 进入场区后应及时更衣、洗手、消毒，进入生产车间应再次经手部消毒、鞋底消毒；监督完成企业病害猪无害化处理后，应及时进行个人清洗消毒。

5.2.1.6 离开屠宰企业时，未经淋浴、更衣和有效消毒，7天内不应去往生猪养殖、交易等场所。

5.2.2 其他外来人员

5.2.2.1 生猪承运人、生猪产品购买或收购人员、外来机械维修人员等外来人员不得随意进入待宰圈、生产车间和冷库。确需进入的，需按要求进行清洗消毒。

5.2.2.2 生猪承运人在卸载生猪后，应及时到企业洗消中心将车辆进行清洗消毒，并进行个人消毒后，方可出场。

5.2.2.3 生猪产品购买或收购人员、机械维修人员等外来人员车辆不得进入生产区，所需物品应经表面消毒后，由企业内部车辆转运至出口处。

6. 清洗消毒

6.1 基本要求

6.1.1 应建立清洗消毒制度和相应责任制，并落实到人。

6.1.2 应配备与屠宰规模相适应的清洗消毒设施设备，且运转正常。

6.1.3 应由专人操作清洗消毒，并做好个人防护。

6.1.4 应设有专门存放清洗剂和消毒药品的场所，保证清洗消毒药品充足。

6.2 消毒管理要求

6.2.1 应选择高效、低毒、无腐蚀、无污染的消毒剂，具体见附件。

6.2.2 消毒过程中，工作人员应做好个人防护，不得吸烟、饮食。

6.2.3 已消毒和未消毒的物品应严格实施分区管理，防止已消毒的物品被再次污染。

6.2.4 应确保清洗消毒产生的污水和污物处理后，排放时达到环保要求。

6.2.5 在屠宰与分割车间，应根据生产工艺流程的需要，在用水位置分别设置冷、热水管。清洗用热水温度不宜低于40℃，消毒用热水温度不应低于82℃，消毒用热水管出口处宜配备温度指示计。

6.3 场区环境消毒

每日生产结束后，应对场区环境进行清扫，去除生活垃圾，喷洒消毒液。

6.4 卸猪区域清洗消毒

每辆运猪车卸猪后，应及时清理卸猪台及该车辆停靠位置的粪便、污物，经清洗消毒干净后方可允许下一车辆停靠，严防运猪车辆沾染污物驶出。

6.5 待宰圈清洗消毒

6.5.1 待宰圈每次使用后，应及时清除圈内的垃圾、粪污，清洗墙面、地面、顶棚、通风口、门口、电源开关及水管等设备设施。

6.5.2 对圈内所有表面进行喷洒消毒并确保其充分湿润，必要时进行多次的连续喷洒以增加浸泡强度。喷洒范围包括墙面、地面或床面、饮水器、猪栏、通风口及各种用具及粪沟等，不留消毒死角。

6.5.3 喷洒顺序为从上到下，先顶棚，再沿墙壁到地面；从里到外，先圈舍内表面，再到外表面。

6.6 生产车间清洗消毒

6.6.1 生产车间应合理设置紫外消毒灯并定期检查更换

灯管。有条件的企业，宜选用臭氧发生器。

6.6.2　车间入口处设置与门同宽的鞋底消毒池或鞋底消毒垫，并设有洗手、消毒和干手设施。

6.6.3　生产车间每日生产结束后，应全面清洗、消毒一次。地面、墙壁、排水沟等，应用清水冲刷；设备、工器具、操作台、屠宰线，以及经常接触产品的物品表面，应先用清洁剂擦拭，再用热水冲洗，确保有效清洗效果。

6.6.4　人员离开后，使用紫外消毒灯或者臭氧发生器进行消毒。

6.7　冷库清洗消毒

6.7.1　日常消毒

可以使用臭氧发生器或者紫外消毒灯对冷库进行消毒。

6.7.2　彻底消毒

6.7.2.1　消毒前先将库内的物品全部清空，升高温度，清除地面、墙壁、顶板上的污物和排管上的冰霜。有霉菌生长的地方，应用刮刀或刷子仔细清除。

6.7.2.2　将污物、杂物等彻底清扫后，先用清水冲刷，再喷洒清洁剂，确保有效清洗效果，然后用不低于40℃的清水，彻底清洗干净油污、血水及其他污垢。

6.7.2.3　使用消毒剂熏蒸或喷雾器喷雾消毒。

6.7.2.4　消毒完毕后，打开库门，通风换气，驱散消毒气味，然后用热水冲洗。

6.8　运输车辆清洗消毒

6.8.1　进出场消毒

6.8.1.1　厂区车辆出入口消毒池内放置消毒液并及时更换，确保消毒效果。

6.8.1.2　车辆消毒时，应确保车身喷洒到位，车轮充分浸泡。

6.8.2 卸载后的清洗消毒

6.8.2.1 运猪车卸载后,应将运猪车停放在指定区域,收集、清理驾驶室内生活垃圾等物品以及车厢内生猪粪便、垫料和毛发等运输途中产生的污物。

6.8.2.2 用水枪对车体内、外表面进行冲洗,冲洗车辆外表面、车厢内表面、底盘、车轮等部位,重点去除附着在车体外表面、车厢内表面、底盘、车轮等部位的堆积污物。

6.8.2.3 按照由内向外、由上到下的顺序清洗车辆内外表面。清洁剂应选择使用中性或碱性、无腐蚀性的泡沫清洁剂,可与大部分消毒剂配合使用。

6.8.2.4 用高压水枪冲洗掉清洁剂后将车辆停放到晾干区域,尽量排出清洗后残留的水,避免车内积水,有条件的可设计坡度区域供车辆控水。在车辆彻底晾干(车辆内外表面无水渍、滴水)后,对车辆进行消毒。

6.8.2.5 使用低压或喷雾水枪对车辆外表面、车厢内表面、底盘、车轮等部位喷洒消毒液,以肉眼可见液滴流下为标准,保持消毒剂在喷洒部位静置一段时间,静置时间不少于15分钟,然后用高压水枪进行全面冲洗。

6.8.2.6 清除驾驶室杂物,用清洁剂和刷子洗刷脚垫、地板。用清水、清洁剂对方向盘、仪表盘、踏板、档杆、车窗摇柄、手扣部位等进行擦拭后,对驾驶室进行熏蒸消毒或用消毒剂喷雾消毒。

6.9 人员消毒

6.9.1 进入生产车间前,应踩消毒池以能淹没过脚踝高度为佳,擦拭或浸泡消毒手部,更换工作衣帽。有条件的企业,可以先淋浴、更衣、消毒,而后进入生产车间。

6.9.2　生产过程中，处理被污染物品后或离开生产车间再次返回的，必须重新洗手、消毒后方可返回。

6.9.3　生产结束后，应将工器具放入指定地点，更换工作衣帽，双手及鞋靴清洗消毒后，方可离开。

6.10　工作服清洗消毒

6.10.1　屠宰企业职工工作服要每日更换、集中收集、统一清洗。

6.10.2　清洗后用消毒剂浸泡，然后漂洗、脱水。

6.10.3　工作服清洗消毒完成后，对洗衣设备进行消毒。

6.11　储血罐清洗消毒

6.11.1　收集、储存设备的材质应为不锈钢，耐腐蚀，易于清洗和消毒。

6.11.2　储血罐清空后，应及时对生产用泵、储血罐以及管道进行清洗、消毒。

6.11.3　清洗消毒程序为：先用清水冲洗，接着用消毒液浸泡消毒 30 分钟后，再用清水冲洗。

6.12　清洗消毒效果评估

清洗消毒后，可以采集环境、设施设备、工器具、防护用品、运输车辆等棉拭子样品，进行检测，评价消毒效果。核酸检测结果为阴性，表明消毒效果合格；核酸检测结果为阳性，需要继续进行清洗消毒。

7. 无害化处理

7.1　基本要求

7.1.1　对生产过程中的污水、污物、病害生猪及其产品、废弃物等，应及时分类收集，按照《病死及病害动物无害化处理技术规范》的要求进行无害化处理，或委托有资质的专业无害化处理场进行处理。委托专业无害化处理场进行病害生猪及其产品无害化处理的，应有委托协议。

7.1.2 应制定相应的防护措施，防止无害化处理过程中造成人员危害、产品交叉污染和环境污染。

7.1.3 无害化处理工作，应在驻场官方兽医或肉品品质检验人员的监督下进行。

7.2 处理要求

7.2.1 病害生猪及产品、废弃物的处理

对屠宰加工过程中产生的废弃物、屠宰前确认的病害生猪、屠宰过程中经检疫或肉品品质检验确认为不可食用的生猪产品、召回生猪产品，以及其他应当进行无害化处理的生猪及其产品，应按照《病死及病害动物无害化处理技术规范》的要求，及时进行无害化处理。

7.2.2 污水、污物的处理

7.2.2.1 应配备与屠宰规模相适应的废气收集排放系统、污水、污物处理系统和设施设备，并保持良好的工作状态。

7.2.2.2 屠宰环节产生的污水，均应通过管道运至污水处理设施进行处理，达到环保要求后排放。

7.2.3 医疗废弃物的处理

检测实验室等产生的注射器、针头等医疗垃圾，应放入由固定材料制成的防刺破的安全收集容器内，按照国家有关技术规范进行处置，或交专业机构统一收集处理。

7.2.4 生活垃圾的处理

应设置垃圾固定收集点，明确标识，分类放置。垃圾收集、贮存、运输及处置等过程中，须防扬散、流失及渗漏。

7.3 操作人员要求

7.3.1 应经过专门设施设备操作培训，具备相关专业技术资格。

7.3.2　应了解非洲猪瘟等动物疫病的防控知识，按规范进行无害化处理。

7.3.3　操作期间，应按照规定操作，注意个人安全、卫生防护。

7.4　运输要求

对污物、废弃物、病害生猪及其产品，应使用专用的车辆、容器运送。使用的车辆和容器，应防水、防腐蚀、防渗漏，便于清洗、消毒，并有明显标识。

7.5　消毒要求

污水、污物、废弃物、病害生猪及其产品等经无害化处理结束后，应采用有效浓度的消毒液对处理设备、工器具、场地、人员等进行消毒。

8. 非洲猪瘟检测

8.1　检测实验室

参考《非洲猪瘟自检实验室建设运行规范》的要求，建设非洲猪瘟检测实验室，配备相关设施设备和检测，防护等用品。

8.2　检测程序

8.2.1　采样

8.2.1.1　基本要求

样品的采集、保存、运输应符合 NY/T 541 和《高致病性动物病原微生物菌（毒）种或者样本运输包装规范》的有关要求。

8.2.1.2　采样要求

生猪屠宰厂（场）应当在驻场官方兽医监督下，按照生猪不同来源实施分批屠宰，每批生猪屠宰后，对暂储血液进行抽样检测；或在屠宰前分批抽血检测非洲猪瘟病毒核酸，确保批批检，全覆盖。

全血：使用含有EDTA（抗凝剂）的采血管采集3～5毫升血液后，上下轻轻颠倒数次，使血液和抗凝剂充分混匀，防止血液凝固和发生溶血。

组织样品：采集脾脏、淋巴结等组织。

8.2.2　样品处理

8.2.2.1　全血样品：取1毫升混样置于灭菌的离心管中，备用。

8.2.2.2　组织样品：将0.1～0.2克组织块放入2毫升离心管剪碎。

8.2.2.3　样品灭活：样品需先灭活后再进行研磨处理。将装有1毫升全血或0.1～0.2克组织块的离心管放入60℃水浴中，放置30分钟灭活。

8.2.2.4　样品研磨：灭活完，用组织研磨器进行研磨，制成1～2毫升PBS组织悬液。

8.2.3　留样

检测样品必须留备份，备份样品－20℃保存6个月以上。

8.2.4　核酸提取

8.2.4.1　按照检测试剂盒说明书采用DNA提取试剂盒或者核酸提取仪进行病毒核酸提取。

8.2.4.2　如果2小时以内检测，可将提取的核酸置于冰上保存，否则应置于－20℃冰箱保存。

8.2.4.3　每次提取核酸都应该包括阳性和阴性对照。

8.2.5　检测

应当使用农业农村部批准或经中国动物疫病预防控制中心比对符合要求的检测试剂盒。按照检测试剂盒说明书进行核酸扩增。

8.2.6　结果判定

按照检测试剂盒说明书进行结果判定，样品检测结果如果为可疑，需要进行复检。

8.3　检测报告

8.3.1　检测结束后，检测人员应如实填写检测报告及相关记录（应包括样品检疫合格证明编号、检测方法、检测日期、检测结果）。

8.3.2　检测报告必须经由企业检测员签字确认，加盖屠宰企业公章方为有效。

8.3.3　一旦发现疑似阳性结果，应按照《非洲猪瘟疫情应急实施方案（2020年第二版）》的要求处置。

8.4　注意事项

8.4.1　进入各工作区域应当严格按照单一方向进行，即试剂储存和准备区→样品制备区→扩增区。

8.4.2　各工作区域必须有明确的标记，不同工作区域内的设备、物品不得混用。

8.4.3　检测室的清洁应当按试剂贮存和准备区→样品制备区→扩增区的方向进行。不同的实验区域应当有其各自的清洁用具以防止交叉污染。

8.4.4　贮存试剂和用于样品制备的耗材应当直接运送至试剂贮存和准备区，不能经过扩增检测区，试剂盒中的阳性对照品及质控品不应当保存在该区，应当保存在样品处理区。

8.4.5　避免样本间的交叉污染

8.4.6　检测结束后，剪刀、镊子等均应放入消毒缸进行浸泡消毒，然后放入铁饭盒内，并装入密封袋内表面消毒后带出实验室。装有组织样品保存液和组织块的离心管应密封管口，放入密封袋内表面消毒后带出实验室。石英砂、吸头等试验废弃物应用 0.8％NaOH 浸泡 30 分钟消毒后放入密封袋表面消毒后带出实验室。实验室外将上述物品进行高压灭菌处理。

8.4.7 实验前后，必须对工作区进行清洁，使用消毒剂对工作区的实验台表面进行清洁。

9. 记录和档案管理

9.1 应建立生猪屠宰检疫申报、生猪入厂查验登记、贩运人员备案管理、待宰静养、肉品品质检验、"瘦肉精"等风险物质检测、动物疫情报告、生猪产品追溯、清洗消毒、无害化处理、食品加工助剂和化学品使用管理、应急管理等生猪屠宰质量管理制度，并做好相应记录。

9.2 应建立安全生产、设施设备日常使用保养、人员培训、产品追溯等生猪屠宰生产管理制度，并做好相应记录。

9.3 应定期检查各项管理制度落实情况，做到有迹可循，各项制度对应台账记录清晰、完整，建立完善的可追溯制度，确保发生非洲猪瘟或者其他食品安全风险时，能进行追溯。

9.4 所有生猪屠宰质量管理制度及相关记录、生猪屠宰生产管理制度及相关记录保存期限不少于 2 年。

消毒剂使用建议表

消毒剂	消毒对象	使用浓度	消毒方式
过氧乙酸	车辆	0.2％～0.3％	喷雾消毒
过氧乙酸	车间	0.2％～0.5％	拖擦或喷洒
过氧乙酸	可密闭空间	0.2％	喷雾消毒
过氧乙酸	可密闭空间	3％～5％	熏蒸
漂白粉	车辆	2％～4％	喷雾消毒
紫外线	随车物品		照射

（续）

消毒剂	消毒对象	使用浓度	消毒方式
戊二醛	车辆		喷雾消毒
次氯酸钠	工器具	2%～3%	擦拭或浸泡
次氯酸钠	车间	0.025%～0.05%	拖擦或喷洒
次氯酸钠	手	0.015%～0.02%	擦拭或浸泡
次氯酸钠	衣物、洗衣设备	300毫克/千克	浸泡
氢氧化钠	墙面、墙壁、设备、工器具	0.8%	拖擦或喷洒
氢氧化钠	消毒池、待宰圈	2%～3%	喷洒或浸泡
季铵盐溶液	消毒池（车辆）	0.5%	浸泡
季铵盐溶液	消毒池（鞋底）	0.1%	浸泡
季铵盐溶液	车间	0.1%	拖擦或喷洒
臭氧	包装材料		密闭消毒
酒精	手、设备和用具	75%	擦拭或浸泡
枸橼酸碘	手	3%	喷洒或擦拭

屠宰环节非洲猪瘟常态化防控评估表

评估企业：　　　　地址：　　　　负责人：　　　　电话：

检查内容	检查要求	检查结果（合格/不合格）	备注
厂区管理	1. 厂区是否划分生产区和非生产区，并有隔离设施。 2. 生猪入场口、废弃物运送和生猪产品出场口是否分别设置。 3. 卸猪台附近是否设有运输车辆清洗消毒区，配有清洗消毒设备、自来水和热水管道、污水排放管道和集污设施。 4. 是否有废弃物、病害生猪及其产品的暂存设施设备（不能及时无害化处理的）。 5. 屠宰加工车间内盛放废弃物、病害生猪及其产品的专用密封容器应放置于指定区域，设有明显标识，不应与盛装肉品的容器混用，应及时清理。 6. 对于没有设立无害化处理间的屠宰企业，是否委托具有资质的专业无害化处理场实施无害化处理。		

（续）

检查内容	检查要求	检查结果（合格/不合格）	备注
人员管理	7. 企业生产人员上岗前是否取得健康合格证。 8. 非洲猪瘟检测人员是否经过专业培训并经考核合格后上岗。 9. 从事屠宰、加工、肉品品质检验、质量控制、生猪收购和非洲猪瘟检测的人员是否熟悉非洲猪瘟等疫病的典型临床症状和病理变化，以及应急处置和个人防护知识。 10. 进车间前是否更衣、洗手、消毒。 11. 不同卫生要求的区域或岗位的人员是否穿戴不同颜色或标志的工作服、帽，以便区别。 12. 生猪承运人、生猪产品购买或收购人员、外来机械维修人员等外来人员在进入屠宰企业前7天是否去过其他高风险场所。 13. 猪承运人、生猪产品购买或收购人员、外来机械维修人员等外来人员不得随意进入待宰圈、生产车间和冷库；确需进入的，是否按要求进行清洗消毒。		
清洗消毒	6.* 是否建立清洗消毒制度。 7. 是否配备了清洗消毒设施设备，且运转正常。 8. 消毒剂是否定期轮换。 9. 生产结束后是否对厂区环境进行清扫消毒。 10. 待宰圈、生产车间、冷库是否定期进行清洗消毒。 11. 生产车间是否配有紫外消毒灯、臭氧发生器等消毒设备。 12. 厂区车辆出入口消毒池内是否放置消毒液。 13. 运输车辆、人员、工作服、储血罐是否按规定进行清洗消毒。 14. 血液收集、储存设备的材质是否为不锈钢，耐腐蚀，易于清洗和消毒。		

---

* 原文件序号疑有误，此处应从14开始。——编者注

（续）

检查内容	检查要求	检查结果（合格/不合格）	备注
无害化处理	15. 清洗消毒后是否进行清洗消毒效果评估。		
	16. 屠宰企业是否对生产过程中的污水、污物、病害生猪及其产品、废弃物等及时进行分类收集，进行无害化处理或委托有资质的专业无害化处理厂进行处理，如委托处理是否有委托协议。		
	17. 无害化处理是否在驻场官方兽医或兽医卫生检验人员的监督下进行。		
	18. 废弃物、病害生猪及其产品无害化处理是否符合《病死及病害动物无害化处理技术规范》，采用焚烧、化制、高温、硫酸分解等方法进行处理。		
	19. 屠宰企业是否配备与屠宰规模相适应的废气收集排放系统、污水、污物处理系统和设施设备，并保持良好的工作状态。		
	20. 污物、废弃物、病害生猪及其产品是否使用专用的车辆、容器运送，所使用车辆和容器是否防水、防腐蚀、防渗漏，便于清洗、消毒，并有明显标识。		
	21. 医疗废弃物是否按照国家有关技术规范进行处置，或交专业机构统一收集处理。		
非洲猪瘟检测	22. 非洲猪瘟检测室布局是否分成试剂储存和准备区、样品制备区、扩增区，且彼此相对独立。		
	23. 是否配备的必要的设施设备、试剂、耗材，试剂是否按照要求保存。		
	24. 是否使用经农业农村部批准或经中国动物疫病预防控制中心比对符合要求的检测方法及检测试剂盒，且在有效期内。		
	25. 是否按照规定对到厂生猪按不同来源实施分批抽样检测非洲猪瘟病毒，做到批批检，全覆盖。		
	26. 检测样品是否留备份，备份样品−20℃保存。		
	27. 非洲猪瘟检测核酸提取时，每次是否加入阴阳性对照。		

（续）

检查内容	检查要求	检查结果（合格/不合格）	备注
非洲猪瘟检测	28. 工作结束后，是否对工作区进行清洁。		
	29. 检测结束后，是否按照要求填写检测报告，并经驻场官方兽医签字确认。		
	30. 发现疑似阳性结果，是否按照《非洲猪瘟疫情应急实施方案》的要求处置。		
应急处置	31. 猪进厂时发现异常、发现生猪有疑似非洲猪瘟的，是否向驻场官方兽医报告，禁止生猪进厂，并采集病料进行非洲猪瘟病毒检测。		
	32. 待宰圈和屠宰线发现有疑似非洲猪瘟症状的，是否向驻场官方兽医报告，并立即暂停屠宰活动，采集病料进行非洲猪瘟病毒检测。		
	33. 如检测出非洲猪瘟病毒核酸阳性的，生猪屠宰企业是否将检测结果报告驻场官方兽医，并及时将阳性样品及同批次病料送所在地省级动物疫病预防控制中心或省级人民政府畜牧兽医主管部门授权的地市级动物疫病预防控制机构实验室进行复检。		
	34. 确诊结果出来之前，是否禁止厂内所有生猪及生猪产品、废弃物等有关物品移动，人员和车辆禁止进入或离开屠宰厂，并对其内外环境进行严格消毒，必要时采取封锁、扑杀等措施。		
	35. 屠宰企业为疫点，是否按照规定进行扑杀、无害化处理、消毒等措施，并暂停生猪屠宰等生产经营活动，对流行病学关联车辆进行清洗消毒。		
	36. 封锁令解除后，生猪屠宰加工企业对疫情发生前生产的生猪产品，是否经抽样检测合格后，方可销售或加工使用。		
监测阳性处置	37. 生猪屠宰企业非洲猪瘟自检，如果检测出非洲猪瘟病毒核酸阳性的，是否第一时间将检测结果报告驻场官方兽医，暂停生猪屠宰活动，全面清洗消毒，对阳性产品进行无害化处理。		

(续)

检查内容	检查要求	检查结果（合格/不合格）	备注
监测阳性处置	38. 是否存在畜牧兽医主管部门抽检发现阳性或在监管活动中发现屠宰场所不报告自检阳性的现象。		
	39. 畜牧兽医主管部门抽检发现阳性或在监管活动中发现屠宰场所不报告自检阳性的，是否立即暂停该屠宰场所屠宰加工活动，扑杀所有待宰生猪并进行无害化处理。		
生物媒介控制	40. 生产车间及仓库是否采取有效措施（如纱帘、纱网、防鼠板、防蝇灯、风幕等），防止鼠类、昆虫等侵入。		
	41. 是否定期进行除虫灭害工作。		
	42. 杀虫剂、灭鼠药的使用是否符合国家的有关规定。		
记录和档案管理	43. 是否建立了生猪屠宰检疫申报、生猪入厂查验登记、经纪人（贩运人）备案管理、待宰静养、肉品品质检验、"瘦肉精"等风险物质检测、动物疫情报告、生猪产品追溯、清洗消毒、无害化处理、食品加工助剂和化学品使用管理、应急管理等生猪屠宰质量管理制度，并做好相应记录。		
	44. 是否建立了安全生产、设施设备日常使用保养、人员管理、产品追溯等生猪屠宰生产管理制度，并做好相应记录。		
	45. 企业是否定期检查各项管理制度落实情况。		
	46. 记录是否保存两年以上。		
处理意见			

评估人员（签字）：　　　　　　　　　　　　　　　日期：

厂方负责人（签字）：　　　　　　　　　　　　　　日期：

三、其他环节

无害化处理场所非洲猪瘟防控技术要点

1. 目的

当前，非洲猪瘟病毒在病死动物无害化处理场所、暂存点、收运车辆等多个环节中污染较重，通过收运车辆、工作人员甚至是无害化处理产物传播到养猪场户的风险长期存在。为加强病死动物无害化处理场所管理，进一步做好病死动物收集、转运、暂存、处理、无害化处理产物存储等环节生物安全管理，降低非洲猪瘟病毒传播风险，制定本技术要点。

2. 关键风险点

2.1　建设布局

无害化处理场、暂存点的选址、建设布局不合理时，存在散播非洲猪瘟病毒的风险。

2.2　车辆

从事病死动物及病死动物产品收集、转运的运输车辆，是散播病毒的主要载体。车辆密封不良或使用后未经彻底清洗消毒时，容易将非洲猪瘟病毒散播到外部环境甚至生猪养殖、屠宰等生产经营场所。

2.3　暂存点

生猪养殖、屠宰等生产经营场所，对临时存放病死动物及病死动物产品的暂存点管理不善，如存在动物出入、消毒不彻底时，可能散播非洲猪瘟病毒。

2.4　人员

从事病死动物及病死动物产品收集、运输、处理的从业人员，其头发、衣物、鞋帽以及所用物品等，可能携带并传播非洲猪瘟病毒。

2.5　设施设备

用于病死动物及病死动物产品收集、运输、暂存、处理所需的设施设备，未经彻底清洁消毒时，容易把表面污染的病毒带到其他区域，存在传播疫情的风险。

2.6　无害化处理产物

病死动物及相关产品，无害化处理不够彻底，或无害化处理产物受到二次污染时，存在传播疫情的风险。

3. 无害化处理场

3.1　建设要求

3.1.1　选址布局应符合动物防疫条件要求。

3.1.2　处理工艺技术应符合《病死及病害动物无害化处理技术规范》（农医发〔2017〕25 号）要求。废水、废气收集处理应符合环保要求。

3.1.3　办公生活区、缓冲区及生产区布局合理，污道、净道相互分离并防止交叉污染，并设置相应的车辆、人员消毒通道。

3.1.4　生产区应区分污区（病死动物暂存库、上料间等）、净区（无害化处理产品库等），并进行物理隔离，加施分区标识。无害化处理场所应根据自身处理工艺特点，将处理车间划入污区或净区。

生产区地面、墙面、顶棚应防水、防渗、耐冲洗、耐腐蚀。

污区和净区必须封闭隔离，并分别配备紫外线灯、臭氧发生器、消毒喷雾机、高压清洗机等相应的清洗消毒设备。净区还应设有人员进出消毒通道。

污区和净区应设立防鼠、防蝇设施。

3.1.5 应设置车辆清洗消毒通道，并单独设置车辆清洗消毒和烘干车间。收运车辆清洗消毒通道应具备自动感应、温控、全方位清洗等功能。

3.1.6 应设置符合相关要求的专门的消毒药品仓库和器械仓库。

3.1.7 应配备视频监控设备，并保存相关影像视频资料。可能时，应接入当地畜牧兽医部门的监控系统。

3.2 管理

3.2.1 无害化处理场所应建立病死动物入场登记、处理，收运车辆管理、设施设备运行管理、人员管理、无害化处理产物生产销售登记等制度。

3.2.2 污区和净区物品严格分开，不得混用。未经清洗消毒的物品和器具，不得离开污区。

3.2.3 无害化处理期间，工作人员一般不得在污区和净区跨区作业，离开污区时，须淋浴并更换洁净衣物，或在消毒间更换衣物，并对工作服进行消毒处理。

3.2.4 无害化处理产物须存放在专门场地或库房，严禁接触可能污染的原料、器具和人员，严防机械性交叉污染。

3.2.5 无害化处理场所应采取灭鼠、灭蝇等媒介生物控制措施。污区和净区均应健全防鼠、防蝇措施。

3.3 消毒

3.3.1 每次无害化处理结束后，应对污区（不含冷库）地面、墙面及相关工具、设施设备及循环使用的防护用品进行全面清洗消毒，对一次性防护用品统一回收后做无害化处理，并擦拭电源开关、门把手等易污染部位。必要时，还应对空气循环设施设备进行消毒处理。工作人员淋浴并更换洁净衣物后方可离开。

3.3.2 每次无害化处理结束后，应对净区进行清洁和清洗消毒。

3.3.3 对于暂存病死动物的冷库，每批病死动物清空后，须进行全面清洗消毒。每月必须清空并清洗消毒一次。

3.3.4 无害化处理场区道路和车间外环境，每工作日须清理消毒一次。

3.3.5 车辆清洗消毒车间须保持清洁，清理后的污物须及时进行无害化处理，污水须进行消毒处理。

3.4 监测评估

无害化处理场所应定期开展污染风险监测，在不同生产环节采集样品，送当地动物疫病预防控制机构或有资质的实验室检测，并根据检测结果，及时开展生物安全风险评估，优化内部管理质量体系，完善风险防控措施。

4. 收集转运

4.1 收集

4.1.1 腐烂、破败、渗水的病死动物在送交处理前应进行包装。

4.1.2 包装材料应符合密闭、防水、防渗、防破损等要求。

4.1.3 包装材料的容积、尺寸和数量应与需处理病死动物的体积、数量相匹配。

4.1.4 包装后应进行密封，并对包装材料表面消毒。

4.1.5 使用后，一次性包装材料应作销毁处理；可循环使用的包装材料应严格清洗消毒。

4.2 转运车辆

4.2.1 选择符合《医疗废物转运车技术要求》（GB 19217）条件的车辆或专用封闭厢式运载车辆。

4.2.2 车辆具有自动装卸功能，车厢内表面应光滑，使用防水、耐腐蚀材料，底部设有良好气密性的排水孔。

4.2.3 随车配备冲洗、消毒设施设备、消毒剂及人员卫生防护用品等。

4.2.4 收运车辆应加装并使用车载定位、视频监控系统。收运车辆箱体应加施明显标识。

4.2.5 跨县（区）转运的车辆应具有冷藏运输功能。

4.2.6 收运车辆应专车专用，不得用于病死畜禽收运以外的用途。

4.2.7 收运车辆应按指定线路实行专线运行，不得进入生猪养殖场户的饲养区域，尽量避免进入人口密集区、生猪养殖密集区。车辆运输途中，非必要不得开厢。

4.2.8 车载定位视频监控系统应完整记录每次转运时间和路径。

4.3 车辆消毒

4.3.1 收运车辆在暂存点完成收集后，应及时对收运车辆、停靠区域进行消毒。

4.3.2 收集车辆到达专业无害化处理场所入口，应通过消毒池，并经过车辆表面消毒后方可进入。

4.3.3 收运车辆卸载后，驶入清洗消毒场地。清理车厢内残留污染物，经包装密封后作无害化处理。清理驾驶室随车配备的消毒设备等物品，进行清洗、消毒和干燥。

4.3.4 收运车辆清理后，按照由内向外、由上到下、从前到后的顺序冲洗车体和箱体内外表面，待晾干后喷洒消毒液，静置不少于 15 分钟，最后用清水对车体进行全面冲洗后干燥。驾驶室内用消毒液进行擦拭消毒。

4.3.5 按照《非洲猪瘟疫情应急实施方案》要求，选用符合规定的消毒药。

4.3.6　有条件的可设立车辆高温消毒间，对清洗消毒后的收运车辆打开车厢、驾驶室，进行高温烘干消毒（60℃以上，不少于30分钟）。

5. 暂存点

5.1　布局和设施要求

5.1.1　通电、通水。

5.1.2　配备高压冲洗机、喷雾消毒机等消毒设备，以及消毒池或消毒垫等设施。有条件的，应在出入口设置人员及车辆消毒通道。

5.1.3　配备与暂存规模相适应的冷库及相关冷藏设施设备。冷库房屋应防水、防渗、防鼠、防盗，地面、墙壁应光滑，便于清洗和消毒。

5.1.4　场区应设置实体围墙，防止野猪、流浪犬猫等动物进入；场内须硬化，便于消毒。

5.1.5　养殖场设立的暂存点，病死猪的出口应与入口分离，并直接通往场区外。

5.2　管理

5.2.1　暂存点应配备专人管理。

5.2.2　暂存设施应设置明显的警示标识。

5.2.3　暂存点应建立病死动物受理登记、转运、清洗消毒、人员防护管理等制度。

5.2.4　暂存点不得饲养犬猫等动物，并采取灭鼠、灭蝇等媒介生物控制措施。

5.2.5　应配备视频监控设备，并保存相关影像视频资料。

5.2.6　养殖场设立的暂存点，禁止外部收运车辆进入生猪饲养区内，宜在病死猪出口处装载。

5.2.7　到过暂存点的人员，21 天内不得进入生猪饲养区和饲料生产销售区。内部人员确需返回生猪饲养区的，需要淋浴并更换衣物。

5.3　消毒

5.3.1　暂存点在运行期间，一般每日应对外环境进行 1 次全面消毒。

5.3.2　暂存点的冷藏设施设备应定期彻底消毒。

5.3.3　收运车辆到达和离开暂存点时，均应做好轮胎和车辆外表面的清洗消毒工作。

6. 人员管理

6.1　从事病死动物收集、暂存、转运和无害化处理操作的工作人员应持健康证明上岗，经过专门培训，掌握相应的动物防疫和生物安全防护知识。

6.2　无害化处理从业人员应定期进行体检。

6.3　工作人员上岗前，必须在专用更衣室更换消毒后的防护服等防护用品，经人员消毒通道消毒后方可进入工作区域。

6.4　工作人员在操作过程中应穿戴防护服、口罩、胶靴、手套等防护用具。

6.5　工作完毕后，工作人员应通过人员消毒通道消毒后方可离开。脱下的防护服等防护用品放入指定专用箱进行消毒，一次性防护用品应进行回收销毁处理。

6.6　工作人员作业后 21 天内不得进入养殖场户的饲养区域。

6.7　来访人员应参照本技术要点管理。

7. 记录和档案管理

7.1　无害化处理场所应建立健全病死动物及相关产品收

集、转运、暂存、处理等各环节记录档案，建立全流程工作记录台账，各环节做好详细记录，落实交接登记，规范运行管理。及时整理保存收集、转运、暂存、处理等环节单据凭证、现场照片或视频记录，并至少保存 2 年。

7.2　无害化处理场所应建立无害化处理产物的储存和销售台账，并至少保存 2 年。

7.3　无害化处理场所应建立完善的收集、运输、处理等环节消毒台账，认真记录消毒内容、消毒时间、消毒时长、消毒剂名称、消毒浓度、消毒人员等内容。

生猪运输车辆洗消中心建设与运行规范

1. 总则

1.1　目的

为贯彻落实《中华人民共和国动物防疫法》等法律法规，规范运输环节生猪运输车辆清洗消毒场所建设，加强运输工具清洗消毒，降低非洲猪瘟等疫病通过车辆、随车人员和物料等传播风险，保障生猪养殖产业健康发展，制定本规范。

1.2　定义

生猪运输车辆洗消中心是指专门用于为生猪运输车辆、随车人员和相关设施设备提供清洗、消毒等服务的场所。

1.3　建设原则

生猪运输车辆洗消中心的建设，应坚持科学、合理、实用、规范的原则，在满足基本功能的同时，体现标准化、智能化、人性化的特点。

1.4　适用范围

本规范适用于生猪运输车辆洗消中心的建设运行。生猪养殖、屠宰和病死猪无害化处理企业自建的洗消中心，可参考本规范的要求建设运行。

2. 选址与布局

2.1 选址

应优先选择建设在指定道口附近，邻近高速公路路口，远离动物饲养场区、交易场所、居民生活区、工业区等场所。具体选址工作，应根据动物防疫风险评估结果，综合考虑和评估场所周边的天然屏障、人工屏障、行政区划、饲养环境、动物分布等情况，以及动物疫病的发生、流行状况等因素，确认选址是否符合动物防疫要求。

2.2 布局

2.2.1 按照地块规划设计，可划分为"一"字型、"L"型和"U"型，分别适用于带状用地、方形用地和长方形用地；按照清洗消毒工作量可分为单通道式和双（多）通道式，日清洗消毒车辆数量超过15辆的宜选择双（多）通道式布局。

2.2.2 应遵循从进到出，生物安全级别由低到高的原则，划分为污区和净区，污区和净区之间设有缓冲区。平面布置应按功能分区，各区域之间相对独立，其中：污区包括入口、停车场、车辆预清洗车间、无害化处理区等，缓冲区包括车辆清洗消毒车间、人员清洗消毒室、物品清洗消毒室等；净区包括车辆烘干车间、人员休息室、物品暂存室、出口等。

2.3 水、电

场所内应有稳定的水源和电力供应，水质和供配电系统的设置应符合现行国家有关标准。

2.4 出、入口

场所内应分别设置独立的入口和出口，出入口处设置与门同宽，长 4 米、深 0.3 米以上的消毒池，满足防渗、防雨、防溢流等要求。场所周围采用围合式建筑加以遮挡。

2.5　标识

场所内应设置明显的交通标志和标识牌，标明人、车、物等流动方向，实行单向流动管理。从生物安全级别低的区域进入到生物安全级别高的区域，应严格清洗消毒。

3. 设施设备建设

3.1　洗消设施设备

3.1.1　场区应根据所在地气候、服务区域范围、清洗消毒对象和动物疫病防控需求等因素，配备配套的高压冲洗、清洁、消毒、烘干等清洗消毒设施设备，确保正常运行。

3.1.2　车辆清洗消毒车间房屋结构材质应防水、防雾、耐腐蚀，易清洗、易消毒。地面光滑，有一定坡度（1% ～3%，前高后低、两侧高中间低），在中间设置 0.4 米宽的排水沟，采用地格栅透水结构，防止污水蓄积和外溢。车间外端应设置挡水门，清洗消毒作业时，须关闭挡水门，防止污水外溅。车间两侧靠墙位置建设冲洗平台（高度不低于 2.5 米）或在车间顶部设立喷淋管道，便于冲洗车辆顶部。

3.1.3　车辆烘干车间房屋结构材质应使用耐高温、阻燃性能好的保温材料。烘干作业应综合考虑所在区域资源优势、环境保护等因素，优先设计使用节能循环型加热烘干系统和余热回收利用装置，提高烘干效能。

3.1.4　车辆清洗消毒车间和车辆烘干车间应结合清洗消毒车辆尺寸设计建设（长度按照最长的进场车辆长度＋前部2～3 米＋后部 2～3 米，宽度按照车辆自身宽度＋每边 2 米）。清洗车间与烘干车间间距一般在 20 米以上或设置物理屏障，中间设置车辆沥水区，减少交叉污染。

3.2 污物污水处理设施设备

3.2.1 场所内应建设和配备与清洗消毒能力相适应的污物收集设施设备，及时收集清洗消毒过程中产生的动物粪便、垫料等污物，存放于污物暂存区或直接无害化处理，不得随意丢弃、倾倒。不具备无害化处理条件的，应委托有资质的无害化处理场所进行无害化处理。

3.2.2 作业产生的废水处理系统应与生活区排水系统分开设置，用专用管道收集，排放时符合环保要求。

3.3 信息监控平台

车辆洗消中心应建立监控信息管理平台，对清洗消毒和烘干等作业过程实时监控，视频材料保存2年以上。

4. 制度与机制

4.1 清洗消毒制度

应建立车辆、随车人员及相关设施设备的清洗消毒制度，建立健全清洁、清洗、消毒和烘（晾）干等工作标准、程序。

4.2 洗消用品使用管理制度

应建立洗涤剂、消毒剂等清洗消毒用品使用管理制度。综合考虑消毒对象、环境保护、动物疫病特性和耐药性等因素，优先选择并交替使用高效、低毒、低残留的消毒剂。

4.3 洗消登记制度

应建立车辆入场登记、清洗消毒作业等记录，详细记录车牌号、生猪运输车辆备案号、承运人姓名、消毒剂名称、消毒时间等信息，相关记录应存档并保存两年以上。

4.4 生物安全管理制度

应建立生物安全管理制度，定期对各功能区、车间、设施设备和工作人员衣物等进行清洗消毒。

4.5 洗消环境监测制度

应严格把控清洗水质、洗涤剂和消毒剂浓度、环境温度、消毒时间等关键点，定期采集场所内环境、设施设备、运输车辆等棉拭子样品，评价清洗消毒效果。如场所环境核酸检测结果为阳性，需要对场所进行彻底消毒。

5. 清洗消毒程序

5.1　清洗消毒前的准备

5.1.1　承运人应按照生猪运输车辆洗消中心的要求，将车辆停放在指定区域，做好清洗消毒前的准备。

5.1.2　收集运输途中产生的污染物、生活垃圾等废弃物，包装好后放置于指定的区域。整理驾驶室、车厢内随车配备和携带的物品，拆除厢壁及随车携带的隔离板或隔离栅栏、移除垫层，进行清洗、消毒和干燥。

5.2　清理

5.2.1　将车辆停放在清理区域，按照由内向外、由上到下的顺序清理车辆内外表面。

5.2.2　用低压水枪对车体内、外表面进行初步冲洗，打湿车体外表面、车厢内表面、底盘、车轮等部位，经有效浸泡后清理，重点去除附着在车体外表面、车厢内表面、底盘、车轮等部位的堆积污物。

5.2.3　清理合格的标准为车体外表面、车厢内表面、底盘、车轮等部位无肉眼可见的大块污染物。

5.2.4　清理完毕后，应立即对所有清理工具进行清洗、浸泡消毒。

5.3　清洗

5.3.1　将车辆停放在清洗区域，按照由内向外、由上到下的顺序清洗车辆内外表面。优先选择使用中性或碱性、无腐蚀性的，可与大部分消毒剂配合使用的清洁剂。

5.3.2　用高压水枪充分清洗车体外表面、车厢内表面、底盘、车轮等部位，重点冲洗污区和角落。

5.3.3　用泡沫清洗车或发泡枪喷洒泡沫清洁剂，覆盖车体外表面、车厢内表面、底盘、车轮等部位，刷洗污区和角落，确保清洁剂与全车各表面完全、充分接触，保持泡沫湿润、不干燥。

5.3.4　用高压水枪对车体外表面、车厢内表面、底盘、车轮等部位进行全面冲洗，直至无肉眼可见的泡沫。清洗合格的标准为在光线充足的条件下（可使用手电筒照射），全车无肉眼可见的污染物。

5.3.5　将车辆停放到晾干区域，静止车辆，尽量排出清洗后残留的水，避免车内积水，有条件的可设计坡度区域供车辆控水。

5.4　消毒

5.4.1　有条件的可以设立独立的消毒区域，在车辆彻底控水（车辆内外表面无水渍、滴水）后，对车辆进行消毒。应选择高效低毒、无腐蚀性、无污染的消毒剂。

5.4.2　拆除厢壁及随车携带的隔离或隔离栅栏等物品冲洗干净后，用过氧乙酸或漂白粉溶液喷雾消毒，或在密闭房间内熏蒸消毒；随车配备和携带的物品可使用紫外线照射，充分消毒；车内可密封的空间用熏蒸消毒或用过氧乙酸气溶胶喷雾消毒；车身和底盘可用过氧乙酸或次氯酸钠喷雾消毒。

5.4.3　使用低压或喷雾水枪对车体外表面、车厢内表面、底盘、车轮等部位喷洒稀释过的消毒液，以肉眼可见液滴流下为标准。喷洒后，应按照消毒剂使用说明，保持消毒剂在喷洒部位静置一段时间，一般不少于15分钟。

5.4.4　用高压水枪对车体外表面、车厢内表面、底盘、车轮等部位进行全面冲洗，车辆表面无消毒剂残留视为合格。

　　5.4.5　驾驶室的清洗消毒和干燥应与车辆同步进行。移除脚垫等可拆卸物品，用清水、洗涤液对方向盘、仪表盘、踏板、档杆、车窗摇柄、手扣部位等进行擦拭。对驾驶室进行熏蒸消毒或用过氧乙酸气溶胶喷雾消毒。

　　5.4.6　随车人员清洗完毕后，更换清洁的工作服和靴子，在净区等待车辆消毒完成后驾驶车辆离开。换下的衣物放到指定区域进行清洗消毒，衣物清洗消毒可使用洗衣液配合84消毒液处理或采取熏蒸消毒或高压消毒，清洁消毒后可重新投入使用。

　　5.5　烘干

　　有条件的，可以设立车辆烘干车间，对车辆进行烘干至无肉眼可见的水渍。也可利用有坡度的地面对车辆进行自然干燥，至无肉眼可见水渍。车辆进行干燥时，应打开所有车门进行车辆通风。

6. 其他

　　6.1　车辆清洗消毒合格的，出具《生猪运输车辆清洗消毒证明》。

　　6.2　经清洗消毒的车辆，应从净道驶离，防止出现交叉污染。

生猪运输车辆清洗消毒证明

车主姓名		联系方式	
车牌号码		备案编号	
洗消中心地址（具体到街道或村）			
洗消程序（在下划线处如实填写，符合 R，不符合×）			
清洗	驾驶室洗涤剂擦拭 □，洗涤剂名称＿＿＿＿＿＿		
	车体外表面、车厢内表面、车轮、底盘清洁剂清洗 □ 清洁剂名称＿＿＿＿＿＿		

（续）

消毒	车体外表面、车厢内表面、底盘、车轮、随车物品	消毒剂浸润 □，消毒剂名称＿＿＿＿＿＿ 作用时间＿＿＿＿＿＿
	驾驶室	消毒液气溶胶喷雾消毒 □，消毒剂名称＿＿＿＿＿＿ 熏蒸消毒 □，消毒剂名称＿＿＿＿＿＿
	随车人员衣物	84消毒液消毒□，作用时间＿＿＿＿＿＿ 熏蒸消毒□，作用时间＿＿＿＿＿＿ 高压消毒□，作用时间＿＿＿＿＿＿
消毒后清洗	车体外表面、车厢内表面、底盘、车轮、随车物品等用高压水枪冲洗至无消毒剂残留□	
烘干	烘干车间烘干□ 通风自然干燥□	
洗消结果	合格/不合格（需手写）	
工作人员签名		洗消日期	

非洲猪瘟自检实验室建设规范

当前，我国部分养殖和屠宰企业自建的检测实验室存在选址布局不合理、检测操作不规范、交叉污染重、检出结果不准确等问题。为规范养殖和屠宰企业检测实验室建设运行，提升非洲猪瘟检测能力，及时有效管控非洲猪瘟发生传播风险，特制定本规范。

1. 选址布局

1.1 养殖场的检测实验室应建在场区之外，屠宰企业的应建在生产区之外。

1.2 宜为独立建筑物。与其他区域共用建筑物的，应自成一区，设在建筑物一端或一侧。

1.3　与建筑物其他部分相通时，应设可自动关闭的门。

1.4　排污排水便利，便于集中收集和处理。

1.5　根据所使用的检测方法，确定实验室布局。如需提取核酸，至少将其隔成 3 间，包括样品处理室（含核酸提取）、试剂准备室（含体系配制）和扩增室。如不需提取核酸，至少将其隔成 2 间，包括试剂准备室（含体系配制）和扩增室。

1.6　实验室入口处应有明显的生物安全标识。

2. 室内建设

2.1　室内高度

净高一般不应低于 2.6 米。

2.2　设施与环境要求

2.2.1　实验室门口处设挂衣装置，个人服装与实验室工作服应分开放置。

2.2.2　样品处理室、扩增室应设洗手池，在靠近出口处，宜安装感应水龙头和干手器。

2.2.3　地面应采用无缝的防滑、耐腐蚀材料铺设，易于清洁消毒。

2.2.4　踢脚板应与墙面齐平，并与地面为一整体。

2.2.5　墙面、顶棚的材料应光滑防水，易于清洗消毒、耐消毒剂的侵蚀、耐擦洗、不起尘、不开裂。

2.2.6　排出的下水应收集处理。

2.2.7　围护结构表面的所有缝隙应密封。

2.2.8　如果有可开启的窗户，应设置可防蚊虫的纱窗。

2.2.9　实验台应牢固，高低大小适合工作需要且便于操作和清洁。表面应防水、耐腐蚀、耐热。

2.2.10　实验室应安装空调设备，能够控制温湿度。

2.2.11　实验室内应保证适当亮度的工作照明，避免反光和强光。

3. 仪器设备

3.1　病原学检测

微量移液器、冰箱、离心机（适合 2 毫升离心管，转速可达 12 000 转/分）、微型离心机（用于 PCR 管离心）、水浴锅、组织匀浆机、荧光 PCR 仪、生物安全柜、核酸提取仪（选配）、高压灭菌器、旋涡振荡器等。

3.2　血清学检测

单道微量移液器、多道微量移液器、冰箱、温箱、离心机（可使用 2 毫升离心管，转速可达 3 000 转/分）、酶标仪、洗板机、高压灭菌器、微量振荡器等。

4. 人员管理

4.1　应设专职人员负责生物安全、消毒等日常监督管理工作。

4.2　应有专职的检测技术人员。检测人员具有兽医、生物或者相关专业的学习背景。

4.3　检测人员应接受过检测工作培训和生物安全培训，且考核合格后上岗。

4.4　实验室人员应具备良好的职业操守、责任意识和生物安全防范意识，能够严格遵守实验室各项规章制度。

4.5　企业应定期组织检测人员参加外部机构组织的相关技术培训。

5. 制度建设

实验室应建立实验室人员管理、生物安全管理、仪器设备管理、试剂管理、档案管理、样品采集及保存、检测操作规程、检测记录、卫生清洁、防核酸污染、废弃物及污染物处理等制度。

6. 安全防护

6.1　实验室应设有危险品存放，以及防火、防盗、防雷击和废物废水处理等设施。

6.2　实验室应配备口罩、手套、工作服、帽子、鞋套等人员防护用品。

6.3　实验室应定期消毒。

附录 13 农业农村部关于印发《非洲猪瘟疫情应急实施方案(第五版)》的通知

各省、自治区、直辖市及计划单列市农业农村（农牧）、畜牧兽医厅（局、委），新疆生产建设兵团农业农村局，部属有关事业单位：

为适应非洲猪瘟防控新形势新要求，强化常态化防控，指导各地科学规范处置疫情，我部在总结前期防控实践经验的基础上，结合当前防控实际，组织制定了《非洲猪瘟疫情应急实施方案（第五版）》，现印发你们，请遵照执行。《非洲猪瘟疫情应急实施方案（2020 年第二版）》及之前版本同时废止。

农业农村部

2021 年 3 月 17 日

非洲猪瘟疫情应急实施方案（第五版）

非洲猪瘟疫情属重大动物疫情，一旦发生，死亡率高，是我国生猪产业生产安全最大威胁。当前，我国非洲猪瘟防控取得了积极成效，但是病毒已在我国定殖并形成较大污染面，疫情发生风险依然较高。为扎实打好非洲猪瘟防控持久战，切实维护养猪业稳定健康发展，有效保障猪肉产品供给，依据《中华人民共和国动物防疫法》《中华人民共和国进出境动植物检疫法》《重大动物疫情应急条例》《国家突发重大动物疫情应急预案》等有关法律法规和规定，制定本方案。

一、疫情报告与确认

任何单位和个人，发现生猪、野猪出现疑似非洲猪瘟症状或异常死亡等情况，应立即向所在地农业农村（畜牧兽医）主管部门或动物疫病预防控制机构报告，有关单位接到报告后应立即按规定采取必要措施并上报信息，按照"可疑疫情—疑似疫情—确诊疫情"的程序认定和报告疫情。

（一）可疑疫情

县级以上动物疫病预防控制机构接到信息后，应立即指派两名中级以上技术职称人员到场，开展现场诊断和流行病学调查，符合《非洲猪瘟诊断规范》（附件1）可疑病例标准的，应判定为可疑病例，并及时采样送检。

县级以上地方人民政府农业农村（畜牧兽医）主管部门应根据现场诊断结果和流行病学调查信息，认定可疑疫情。

（二）疑似疫情

可疑病例样品经县级以上动物疫病预防控制机构实验室，或经省级人民政府农业农村（畜牧兽医）主管部门认可的第三方实验室检出非洲猪瘟病毒核酸的，应判定为疑似病例。

县级以上地方人民政府农业农村（畜牧兽医）主管部门根据实验室检测结果和流行病学调查信息，认定疑似疫情。

（三）确诊疫情

疑似病例样品经省级动物疫病预防控制机构复检，或经省级人民政府农业农村（畜牧兽医）主管部门授权的地市级动物疫病预防控制机构实验室复检，检出非洲猪瘟病毒核酸的，应判定为确诊病例。有条件的省级动物疫病预防控制机构应有针对性地开展病原鉴别检测。

省级人民政府农业农村（畜牧兽医）主管部门根据确诊结果和流行病学调查信息，认定确诊疫情；疫区、受威胁区涉及两个以上省份的疫情，由农业农村部认定。

疫情发布前，确诊疫情所在地的省级动物疫病预防控制机构应按疫情快报要求将有关信息上报至中国动物疫病预防控制中心，并将样品和流行病学调查信息送中国动物卫生与流行病学中心。中国动物疫病预防控制中心按照程序向农业农村部报送疫情信息。农业农村部按规定报告和通报疫情后，由疫情所在地省级人民政府农业农村（畜牧兽医）主管部门发布疫情信息。其他任何单位和个人不得发布疫情和排除疫情信息。

相关单位在开展疫情报告、调查以及样品采集、送检、检测等工作时，应及时做好记录备查。

在生猪运输过程中发现的非洲猪瘟疫情，由疫情发现地负责报告、处置，计入生猪输出地。

确诊疫情所在地的省级动物疫病预防控制机构应按疫情快报要求，做好后续报告和最终报告；疫情所在地省级人民政府农业农村（畜牧兽医）主管部门应向农业农村部及时报告疫情处置重要情况和总结。

二、疫情响应

根据非洲猪瘟流行特点、危害程度和影响范围，将疫情应急响应分为四级。

（一）特别重大（Ⅰ级）疫情响应

21天内多数省份发生疫情，且新发疫情持续增加、快速扩散，对生猪产业发展和经济社会运行构成严重威胁时，农业农村部根据疫情形势和风险评估结果，报请国务院启动Ⅰ级疫情响应，启动国家应急指挥机构；或经国务院授权，由农业农村部启动Ⅰ级疫情响应，并牵头启动多部门组成的应急指挥机构，各有关部门按照职责分工共同做好疫情防控工作。

启动Ⅰ级疫情响应后，农业农村部负责向社会发布疫情预警。县级以上地方人民政府应立即启动应急指挥机构，组织各部门依据职责分工共同做好疫情应对；实施防控工作每日报告制度，组织开展紧急流行病学调查和应急监测等工作；对发现的疫情及时采取应急处置措施。

（二）重大（Ⅱ级）疫情响应

21天内9个以上省份发生疫情，且疫情有进一步扩散趋势时，应启动Ⅱ级疫情响应。

疫情所在地县级以上地方人民政府应立即启动应急指挥机构工作，组织各有关部门依据职责分工共同做好疫情应对；实施防控工作每日报告制度，组织开展紧急流行病学调查和应急监测工作；对发现的疫情及时采取应急处置措施。

农业农村部加强对全国疫情形势的研判，对发生疫情省份开展应急处置督导，根据需要派专家组指导处置疫情；向社会发布预警，并指导做好疫情应对。

（三）较大（Ⅲ级）疫情响应

21天内4个以上、9个以下省份发生疫情，或3个相邻省份发生疫情时，应启动Ⅲ级疫情响应。

疫情所在地的市、县人民政府应立即启动应急指挥机构，组织各有关部门依据职责分工共同做好疫情应对；实施防控工作每日报告制度，组织开展紧急流行病学调查和应急监测；对发现的疫情及时采取应急处置措施。疫情所在地的省级人民政府农业农村（畜牧兽医）主管部门对疫情发生地开展应急处置督导，及时组织专家提供技术支持；向本省有关地区、相关部门通报疫情信息，指导做好疫情应对。

农业农村部向相关省份发布预警。

（四）一般（Ⅳ级）疫情响应

21天内4个以下省份发生疫情的，应启动Ⅳ级疫情响应。

疫情所在地的县级人民政府应立即启动应急指挥机构，组织各有关部门依据职责分工共同做好疫情应对；实施防控工作每日报告制度，组织开展紧急流行病学调查和应急监测工作；对发现的疫情及时采取应急处置措施。

疫情所在地的市级人民政府农业农村（畜牧兽医）主管部门对疫情发生地开展应急处置督导，及时组织专家提供技术支持；向本市有关县区、相关部门通报疫情信息，指导做好疫情应对。

省级人民政府农业农村（畜牧兽医）主管部门应根据需要对疫情处置提供技术支持，并向相关地区发布预警信息。

（五）各地应急响应分级标准及响应措施的细化和调整

省级人民政府或应急指挥机构要结合辖区内工作实际，科学制定和细化应急响应分级标准和响应措施，并指导市、县两级逐级明确和落实。原则上，地方制定的应急响应分级标准和响应措施，应不低于国家制定的标准和措施。省级在调低响应级别前，省级农业农村（畜牧兽医）主管部门应将有关情况报农业农村部备案。

（六）国家层面应急响应级别调整

农业农村部根据疫情形势和防控实际，组织开展评估分析，及时提出调整响应级别或终止应急响应的建议或意见。由原启动响应机制的人民政府或应急指挥机构调整响应级别或终止应急响应。

三、应急处置

对发生可疑和疑似疫情的相关场点，所在地县级人民政府农业农村（畜牧兽医）主管部门和乡镇人民政府应立即组织采取隔离观察、采样检测、流行病学调查、限制易感动物及相关物品进出、环境消毒等措施。必要时可采取封锁、扑杀等措施。

疫情确诊后，县级以上地方人民政府农业农村（畜牧兽医）主管部门应立即划定疫点、疫区和受威胁区，向本级人民政府提出启动相应级别应急响应的建议，由本级人民政府依法作出决定。影响范围涉及两个以上行政区域的，由有关行政区域共同的上一级人民政府农业农村（畜牧兽医）主管部门划定，或者由各有关行政区域的上一级人民政府农业农村（畜牧兽医）主管部门共同划定。

（一）疫点划定与处置

1. 疫点划定。对具备良好生物安全防护水平的规模养殖场，发病猪舍与其他猪舍有效隔离的，可将发病猪舍划为疫点；发病猪舍与其他猪舍未能有效隔离的，以该猪场为疫点，或以发病猪舍及流行病学关联猪舍为疫点。

对其他养殖场（户），以病猪所在的养殖场（户）为疫点；如已出现或具有交叉污染风险，以病猪所在养殖场（户）和流行病学关联场（户）为疫点。

对放养猪，以病猪活动场地为疫点。

在运输过程中发现疫情的，以运载病猪的车辆、船只、飞机等运载工具为疫点。

在牲畜交易和隔离场所发生疫情的，以该场所为疫点。

在屠宰过程中发生疫情的，以该屠宰加工场所（不含未受病毒污染的肉制品生产加工车间、冷库）为疫点。

2. 应采取的措施。县级人民政府应依法及时组织扑杀疫点内的所有生猪，并参照《病死及病害动物无害化处理技术规范》等相关规定，对所有病死猪、被扑杀猪及其产品，以及排泄物、餐厨废弃物、被污染或可能被污染的饲料和垫料、污水等进行无害化处理；按照《非洲猪瘟消毒规范》（附件2）等相关要求，对被污染或可能被污染的人员、交通工具、用具、圈舍、场地等进行严格消毒，并强化灭蝇、灭鼠等媒介生物控制措施；禁止易感动物出入和相关产品调出。疫点为生猪屠宰场所的，还应暂停生猪屠宰等生产经营活动，并对流行病学关联车辆进行清洗消毒。运输途中发现疫情的，应对运载工具进行彻底清洗消毒，不得劝返。

（二）疫区划定与处置

1. 疫区划定。对生猪生产经营场所发生的疫情，应根据当地天然屏障（如河流、山脉等）、人工屏障（道路、围栏等）、行政区划、生猪存栏密度和饲养条件、野猪分布等情况，综合评估后划定。具备良好生物安全防护水平的场所发生疫情时，可将该场所划为疫区；其他场所发生疫情时，可视情将病猪所在自然村或疫点外延3公里范围内划为疫区。运输途中发生疫情，经流行病学调查和评估无扩散风险的，可以不划定疫区。

2. 应采取的措施。县级以上地方人民政府农业农村（畜牧兽医）主管部门报请本级人民政府对疫区实行封锁。当地人民政府依法发布封锁令，组织设立警示标志，设置临时检查消毒站，对出入的相关人员和车辆进行消毒；关闭生猪交易场所并进行彻底消毒，对场所内的生猪及其产品予以封存；禁止生猪调入、生猪及其产品调出疫区，经检测合格的出栏肥猪可经指定路线就近屠宰；监督指导养殖场户隔离观察存栏生猪，增加清洗消毒频次，并采取灭蝇、灭鼠等媒介生物控制措施。

疫区内的生猪屠宰加工场所，应暂停生猪屠宰活动，进行彻底清洗消毒，经当地县级人民政府农业农村（畜牧兽医）主管部门组织对其环境样品和生猪产品检测合格的，由疫情所在县的上一级人民政府农业农村（畜牧兽医）主管部门组织开展风险评估通过后可恢复生产；恢复生产后，经检测、检验、检疫合格的生猪产品，可在所在地县级行政区内销售。

封锁期内，疫区内发现疫情或检出核酸阳性的，应参照疫点处置措施处置。经流行病学调查和风险评估，认为无疫情扩散风险的，可不再扩大疫区范围。

（三）受威胁区划定与处置

1. 受威胁区划定。受威胁区应根据当地天然屏障（如河流、山脉等）、人工屏障（道路、围栏等）、行政区划、生猪存栏密度和饲养条件、野猪分布等情况，综合评估后划定。没有野猪活动的地区，一般从疫区边缘向外延伸 10 公里；有野猪活动的地区，一般从疫区边缘向外延伸 50 公里。

2. 应采取的措施。所在地县级以上地方人民政府应及时关闭生猪交易场所；农业农村（畜牧兽医）主管部门应及时组织对生猪养殖场（户）全面排查，必要时采样检测，掌握疫情动态，强化防控措施。禁止调出未按规定检测、检疫的生猪；经检测、检疫合格的出栏肥猪，可经指定路线就近屠宰；对取得《动物防疫条件合格证》、按规定检测合格的养殖场（户），其出栏肥猪可与本省符合条件的屠宰企业实行"点对点"调运，出售的种猪、商品仔猪（重量在 30 公斤及以下且用于育肥的生猪）可在本省范围内调运。

受威胁区内的生猪屠宰加工场所，应彻底清洗消毒，在官方兽医监督下采样检测，检测合格且由疫情所在县的上一级人民政府农业农村（畜牧兽医）主管部门组织开展风险评估通过后，可继续生产。

封锁期内，受威胁区内发现疫情或检出核酸阳性的，应参照疫点处置措施处置。经流行病学调查和风险评估，认为无疫情扩散风险的，可不再扩大受威胁区范围。

(四) 紧急流行病学调查

1. 初步调查。在疫点、疫区和受威胁区内搜索可疑病例，寻找首发病例，查明发病顺序；调查了解当地地理环境、易感动物养殖和野猪分布情况，分析疫情潜在扩散范围。

2. 追踪调查。对首发病例出现前至少 21 天内以及疫情发生后采取隔离措施前，从疫点输出的易感动物、风险物品、运载工具及密切接触人员进行追踪调查，对有流行病学关联的养殖、屠宰加工场所进行采样检测，评估疫情扩散风险。

3. 溯源调查。对首发病例出现前至少 21 天内，引入疫点的所有易感动物、风险物品、运输工具和人员进出情况等进行溯源调查，对有流行病学关联的相关场所、运载工具、兽药等进行采样检测，分析疫情来源。

流行病学调查过程中发现异常情况的，应根据风险分析情况及时采取隔离观察、抽样检测等处置措施。

(五) 应急监测

疫情所在县、市要立即组织对所有养殖场所开展应急排查，对重点区域、关键环节和异常死亡的生猪加大监测力度，及时发现疫情隐患。加大对生猪交易场所、屠宰加工场所、无害化处理场所的巡查力度，有针对性地开展监测。加大入境口岸、交通枢纽周边地区以及货物卸载区周边的监测力度。高度关注生猪、野猪的异常死亡情况，指导生猪养殖场（户）强化生物安全防护，避免饲养的生猪与野猪接触。应急监测中发现异常情况的，必须按规定立即采取隔离观察、抽样检测等处置措施。

(六) 解除封锁和恢复生产

在各项应急措施落实到位并达到下列规定条件时，当地县级人民政府农业农村（畜牧兽医）主管部门向上一级人民政府农业农村（畜牧兽医）主管部门申请组织验收，合格后，向原发布封锁令的人民政府申请解除封锁，由该人民政府发布解除封锁令，并组织恢复生产。

1. 疫点为养殖场（户）的。应进行无害化处理的所有猪按规定处理后 21 天内，疫区、受威胁区未出现新发疫情；所在县的上一级人民政府农业农村（畜牧兽医）主管部门组织对疫点和屠宰场所、市场等流行病学关联场点抽样检测合格；解除封锁后，符合下列条件之一的可恢复生产：（1）具备良好生物安全防护水平的规模养殖场，引入哨兵猪饲养至少 21 天，经检测无非洲猪瘟病毒感染，经再次彻底清洗消毒且环境抽样检测合格；（2）空栏 5 个月且环境抽样检测合格；（3）引入哨兵猪饲养至少 45 天，经检测无非洲猪瘟病毒感染。

2. 疫点为生猪屠宰加工场所的。对屠宰加工场所主动排查报告的疫情，所在县的上一级政府农业农村（畜牧兽医）主管部门组织对其环境样品和生猪产品检测合格后，48 小时内疫区、受威胁区无新发病例。对农业农村（畜牧兽医）部门排查发现的疫情，所在县的上一级政府农业农村（畜牧兽医）主管部门组织对其环境样品和生猪产品检测合格后，21 天内疫区、受威胁区无新发病例。

封锁令解除后，生猪屠宰加工企业可恢复生产。对疫情发生前生产的生猪产品，经抽样检测合格后，方可销售或加工使用。

四、监测阳性的处置

在疫情防控检查、监测排查、流行病学调查和企业自检等活动中，检出非洲猪瘟核酸阳性，但样品来源地存栏生猪无疑似临床症状或无存栏生猪的，为监测阳性。

（一）养殖场（户）监测阳性

应当按规定及时报告，经县级以上动物疫病预防控制机构复核确认为阳性且生猪无异常死亡的，应扑杀阳性猪及其同群猪。对其余猪群，应隔离观察 21 天。隔离观察期满无异常且检测阴性的，可就近屠宰或继续饲养；隔离观察期内有异常且检测阳性的，按疫情处置。

对不按要求报告自检阳性或弄虚作假的，还应列为重点监控场户，其生猪出栏时具备县级以上动物疫病预防控制机构实验室或第三方实验室出具的非洲猪瘟检测阴性报告，可正常出栏。

（二）屠宰加工场所监测阳性

屠宰场所自检发现阳性的，应当按规定及时报告，暂停生猪屠宰活动，全面清洗消毒，对阳性产品进行无害化处理后，在官方兽医监督下采集环境样品和生猪产品送检，经县级以上动物疫病预防控制机构检测合格的，可恢复生产。该屠宰场所在暂停生猪屠宰活动前，尚有待宰生猪的，应进行隔离观察，隔离观察期内无异常且检测阴性的，可在恢复生产后继续屠宰；有异常且检测阳性的，按疫情处置。

地方各级人民政府农业农村（畜牧兽医）主管部门组织抽检发现阳性的，应当按规定及时上报，暂停该屠宰场所屠宰加工活动，全面清洗消毒，对阳性产品进行无害化处理 48 小时后，经县级以上人民政府农业农村（畜牧兽医）主管部门组织采样检测合格，方可恢复生产。该屠宰场所在暂停生猪屠宰活动前，尚有同批待宰生猪的，一般应予扑杀；如不扑杀，须进行隔离观察，隔离观察期内无异常且检测阴性的，可在恢复生产后继续屠宰；有异常且检测阳性的，按疫情处置。

地方各级人民政府农业农村（畜牧兽医）主管部门发现屠宰场所不报告自检阳性的，应立即暂停该屠宰场所屠宰加工活动，扑杀所有待宰生猪并进行无害化处理。该屠宰场所全面落实清洗消毒、无害化处理等相关措施 15 天后，经县级以上人民政府农业农村（畜牧兽医）主管部门组织采样检测合格，方可恢复生产。

（三）其他环节的监测阳性

在生猪运输环节检出阳性的，扑杀同一运输工具上的所有生猪并就近无害化处理，对生猪运输工具进行彻底清洗消毒，追溯污染来源。

在饲料及其添加剂、生猪产品和制品中检出阳性的，应立即封存，经评估有疫情传播风险的，对封存的相关饲料及其添加剂、生猪产品和制品予以销毁。

在无害化处理场所检出阳性的，应彻底清洗消毒，查找发生原因，强化风险管控。

养殖、屠宰、运输和无害化处理环节发现阳性的，当地县级人民政府农业农村（畜牧兽医）主管部门应组织开展紧急流行病学调查，将监测阳性信息按快报要求逐级报送至中国动物疫病预防控制中心，将阳性样品和流行病学调查信息送中国动物卫生与流行病学中心，并及时向当地生产经营者通报有关信息。

五、善后处理

（一）落实生猪扑杀补助

对强制扑杀的生猪及人工饲养的野猪，符合补助规定的，按照有关规定给予补助，扑杀补助经费由中央财政和地方财政按比例承担。对运输环节发现的疫情，疫情处置由疫情发生地承担，扑杀补助费用由生猪输出地按规定承担。

（二）开展后期评估

应急响应结束后，疫情发生地县级以上人民政府农业农村

（畜牧兽医）主管部门组织有关单位对应急处置情况进行系统总结，可结合体系效能评估，找出差距和改进措施，报告同级人民政府和上级人民政府农业农村（畜牧兽医）主管部门，并逐级上报至农业农村部。

（三）表彰奖励

县级以上人民政府及其部门对参加疫情应急处置作出贡献的先进集体和个人，进行表彰和及时奖励；对在疫情应急处置工作中英勇献身的人员，按有关规定追认为烈士。

（四）责任追究

在疫情处置过程中，发现违反有关法律法规规章行为的，以及国家工作人员有玩忽职守、失职、渎职等违法违纪行为的，依法、依规、依纪严肃追究当事人的责任。

（五）抚恤和补助

地方各级人民政府要组织有关部门对因参与应急处置工作致病、致残、死亡的人员，按照有关规定给予相应的补助和抚恤。

六、保障措施

各级地方人民政府加强对本地疫情防控工作的领导，强化联防联控机制建设，压实相关部门职责，建立重大动物疫情应急处置预备队伍，落实应急资金和物资，对非洲猪瘟疫情迅速作出反应、依法果断处置。

各级地方人民政府农业农村（畜牧兽医）主管部门要加强机构队伍和能力作风建设，做好非洲猪瘟防控宣传，建立疫情分片包村包场排查工作机制，强化重点场点和关键环节监测，提升疫情早期发现识别能力；强化养殖、屠宰、经营、运输、病死动物无害化处理等环节风险管控，推动落实生产经营者主体责任。综合施策，切实化解疫情发生风险。

七、附则

（一）本方案有关数量的表述中，"以上"含本数，"以下"不含本数。

（二）野猪发生疫情的，根据流行病学调查和风险评估结果，参照本方案采取相关处置措施，防止野猪疫情向家猪扩散。

（三）动物隔离场所、动物园、野生动物园、保种场、实验动物场所发生疫情的，应按本方案进行相应处置。必要时，可根据流行病学调查、实验室检测、风险评估结果，报请省级人民政府有关部门并经省级人民政府农业农村（畜牧兽医）主管部门同意，合理确定扑杀范围。

（四）本方案由农业农村部负责解释。

附件：1. 非洲猪瘟诊断规范（略）

2. 非洲猪瘟消毒规范（略）

3. 非洲猪瘟疫情处置职责任务分工（略）

4. 非洲猪瘟疫情应急处置流程图（略）

5. 非洲猪瘟监测阳性处置流程图（略）

附录 14　农业农村部关于印发《非洲猪瘟等重大动物疫病分区防控工作方案（试行）》的通知

各省、自治区、直辖市人民政府，新疆生产建设兵团，应对非洲猪瘟疫情联防联控工作机制各成员单位：

为贯彻落实《中华人民共和国动物防疫法》和《国务院办公厅关于促进畜牧业高质量发展的意见》（国办发〔2020〕31号）有关要求，统筹做好非洲猪瘟等重大动物疫病防控和生猪等重要畜产品稳产保供，经国务院同意，自 2021 年 5 月 1 日起在全国范围开展非洲猪瘟等重大动物疫病分区防控工作。现将《非洲猪瘟等重大动物疫病分区防控工作方案（试行）》印发你们，请认真抓好落实，建立健全分区防控联席会议制度，完善分区防控政策措施，确保各项工作有序推进。

农业农村部
2021 年 4 月 16 日

非洲猪瘟等重大动物疫病
分区防控工作方案（试行）

为贯彻落实《中华人民共和国动物防疫法》和《国务院办公厅关于促进畜牧业高质量发展的意见》（国办发〔2020〕31号）有关要求，进一步健全完善动物疫病防控体系，我部在系统总结 2019 年以来中南区开展非洲猪瘟等重大动物疫病分区防控试点工作经验的基础上，决定自 2021 年 5 月 1 日起在全国范围开展非洲猪瘟等重大动物疫病分区防控工作。

一、总体思路

综合考虑行政区划、养殖屠宰产业布局、风险评估情况等因素，对非洲猪瘟等重大动物疫病实施分区防控。以加强调运和屠宰环节监管为主要抓手，强化区域联防联控，提升动物疫病防控能力。统筹做好动物疫病防控、生猪调运和产销衔接等工作，引导各地优化产业布局，推动养殖、运输和屠宰行业提档升级，促进上下游、产供销有效衔接，保障生猪等重要畜产品安全有效供给。

二、工作原则

防疫优先，分区推动。以防控非洲猪瘟为重点，兼顾其他重大动物疫病，构建分区防控长效机制。根据各大区动物疫病防控实际和产业布局等情况，有针对性地制定并落实分区防控实施细化方案，有效防控非洲猪瘟等重大动物疫病。

联防联控，降低风险。加强区域联动，强化部门协作，形成工作合力。坚持现行有效防控措施，不断创新方式方法，提升生猪等重要畜产品全产业链风险管控能力，降低动物疫病跨区域传播风险。

科学防控，保障供给。坚持依法科学防控，根据重大动物疫病防控形势变化，动态调整防控策略和重点措施；加快推动构建现代养殖、屠宰和流通体系，不断提升生猪等重要畜产品安全供给保障能力。

三、区域划分

将全国划分为 5 个大区开展分区防控工作。具体如下：

（一）北部区。包括北京、天津、河北、山西、内蒙古、辽宁、吉林、黑龙江等8省（自治区、直辖市）。

（二）东部区。包括上海、江苏、浙江、安徽、山东、河南等6省（直辖市）。

（三）中南区。包括福建、江西、湖南、广东、广西、海南等6省（自治区）。

（四）西南区。包括湖北、重庆、四川、贵州、云南、西藏等6省（自治区、直辖市）。

（五）西北区。包括陕西、甘肃、青海、宁夏、新疆等5省（自治区）和新疆生产建设兵团。

各大区牵头省份由大区内各省份轮流承担，轮值顺序和年限由各大区重大动物疫病分区防控联席会议（以下简称分区防控联席会议）研究决定，轮值年限原则上不少于1年。北部、东部、西南和西北4个大区第一轮牵头省份由各大区生猪主产省承担，分别是辽宁、山东、四川和陕西省。

四、工作机制

农业农村部设立重大动物疫病分区防控办公室（以下统称分区办），负责统筹协调督导各大区落实非洲猪瘟等重大动物疫病分区防控任务，建立健全大区间分区防控工作机制。分区办下设5个分区防控指导组，分别由全国畜牧总站、中国动物疫病预防控制中心、中国兽医药品监察所、中国动物卫生与流行病学中心等单位负责同志、业务骨干、相关专家组成，在分区办统一协调部署下，负责指导协调督促相关大区落实分区防控政策措施。

各大区建立分区防控联席会议制度，负责统筹推进大区内非洲猪瘟等重大动物疫病分区防控工作。主要职责包括：贯彻落实国家关于重大动物疫病分区防控各项决策部署；推动大区内各省份落实重大动物疫病防控和保障生猪供应各项政策措施；协调大区内生猪产销对接，促进生猪产品供需基本平衡；研究建立大区非洲猪瘟等重大动物疫病防控专家库、诊断实验室网络以及省际间联合执法和应急协同处置等机制；建立大区内防控工作机制，定期组织开展技术交流、相关风险评估等工作。分区防控联席会议由大区内各省级人民政府分管负责同志担任成员，牵头省份政府分管负责同志担任召集人。分区防控联席会议定期召开，遇重大问题可由召集人或成员提议随时召开。

分区防控联席会议下设办公室，办公室设在轮值省份农业农村（畜牧兽医）部门，该部门主要负责同志为主任，成员由大区内各省级农业农村（畜牧兽医）部门分管负责同志等组成。办公室负责分区防控联席会议组织安排、协调联络、议定事项的督导落实，以及动物疫情信息通报等日常工作。

非洲猪瘟等重大动物疫病分区防控不改变现有动物疫病防控工作的管理体制和职责分工。动物疫病防控工作坚持属地化管理原则，地方各级人民政府对本地区动物疫病防控工作负总责，主要负责人是第一责任人。

五、主要任务

（一）优先做好动物疫病防控。

1. 开展联防联控。建立大区定期会商制度，组织研判大区内动物疫病防控形势，互通共享动物疫病防控和生猪等重要畜产品生产、调运、屠宰、无害化处理等信息，研究协商采取协调一致措施。建立大区重大动物疫病防控与应急处置协同机制，探索建立疫情联合溯源追查制度，必要时进行跨省应急支援。

2. 强化技术支撑。及时通报和共享动物疫病检测数据和资源信息，推动检测结果互认。完善专家咨询机制，组建大区重大动物疫病防控专家智库，定期组织开展重大动物疫病风险分析评估，研究提出分区防控政策措施建议。

3. 推动区域化管理。推动大区内非洲猪瘟等重大动物疫病无疫区、无疫小区和净化示范场创建，鼓励连片建设无疫区，全面提升区域动物疫病防控能力和水平。

（二）加强生猪调运监管。

1. 完善区域调运监管政策。规范生猪调运，除种猪、仔猪以及非洲猪瘟等重大动物疫病无疫区、无疫小区生猪外，原则上其他生猪不向大区外调运，推进"运猪"向"运肉"转变。分步完善实施生猪跨区、跨省"点对点"调运政策，必要时可允许检疫合格的生猪在大区间"点对点"调运。

2. 推进指定通道建设。协调推进大区内指定通道建设，明确工作任务和方式，开展区域动物指定通道检查站规范化创建。探索推进相邻大区、省份联合建站，资源共享。

3. 强化全链条信息化管理。推动落实大区内生猪等重要畜产品养殖、运输、屠宰和无害化处理全链条数据资源与国家平台有效对接，实现信息数据的实时共享，提高监管效能和水平。

4. 加强大区内联合执法。密切大区内省际间动物卫生监督协作，加强线索通报和信息会商，探索建立联合执法工作机制，严厉打击违法违规运输动物及动物产品等行为。严格落实跨区跨省调运种猪的隔离观察制度和生猪落地报告制度。

（三）推动优化布局和产业转型升级。

1. 优化生猪产业布局。科学规划生猪养殖布局，加强大区内省际间生猪产销规划衔接。探索建立销区补偿产区的长效机制，进一步调动主产省份发展生猪生产的积极性。推进生猪养殖标准化示范创建，科学配备畜牧兽医人员，提高养殖场生物安全水平。探索建立养殖场分级管理标准和制度，采取差异化管理措施。

2.加快屠宰行业转型升级。加强大区内屠宰产能布局优化调整，提升生猪主产区屠宰加工能力和产能利用率，促进生猪就地就近屠宰，推动养殖屠宰匹配、产销衔接。开展屠宰标准化创建。持续做好屠宰环节非洲猪瘟自检和驻场官方兽医"两项制度"落实。

3.加强生猪运输和冷链物流基础设施建设。鼓励引导使用专业化、标准化、集装化的生猪运输工具，强化生猪运输车辆及其生物安全管理。逐步构建产销高效对接的冷链物流基础设施网络，加快建立冷鲜肉品流通和配送体系，为推进"运猪"向"运肉"转变提供保障。

六、保障措施

（一）加强组织领导。各地要高度重视非洲猪瘟等重大动物疫病分区防控工作，将其作为动物防疫和生猪等重要畜产品稳产保供工作的重要组成部分，认真落实分区防控联席会议制度，充分发挥各省级重大动物疫病联防联控机制作用，统筹研究、同步推进，确保形成合力。

（二）强化支持保障。各地要加强基层动物防疫体系建设，加大对分区防控的支持力度，组织精干力量，切实保障正常履职尽责。各大区牵头省份要成立工作专班，保障分区防控工作顺利开展。

（三）抓好方案落实。各大区要加强统筹协调，按照本方案要求，尽快建立健全分区防控联席会议等各项制度，并结合本地区实际抓紧制定分区防控实施细化方案，做好组织实施，确保按要求完成各项工作任务。农业农村部各分区防控指导组和相应分区防控联席会议办公室要建立健全高效顺畅的联络工作机制。

（四）做好宣传引导。各地要面向生猪等重要畜产品养殖、运输、屠宰等生产经营主体和广大消费者，加强非洲猪瘟等重大动物疫病分区防控政策解读和宣传，为推进分区防控工作营造良好的社会氛围。

各大区牵头省份应于 2021 年 5 月 1 日前将本大区分区防控实施细化方案报我部备案，每年 7 月 1 日和 12 月 1 日前分别将阶段性工作进展情况送我部分区办。

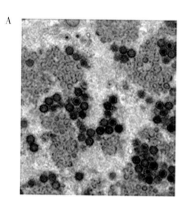

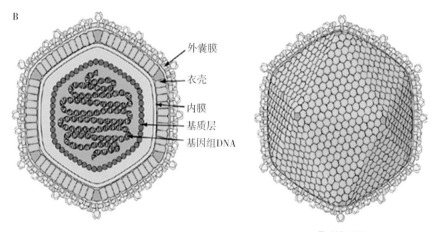

外囊膜

衣壳

内膜

基质层

基因组DNA

T=189~217

彩图 1   ASFV 的电镜图和粒子图

A. Vero 细胞感染 ASFV 的透射电子显微镜图（来源：英国 Pirbright 研究所）

B. ASFV 的病毒粒子图（来源：瑞士生物信息学研究所）

（T 为病毒二十面体衣壳每个面的等边三角形可分成的小三角形总和，用来计算衣壳的壳粒数，总壳粒数为 10T+2）

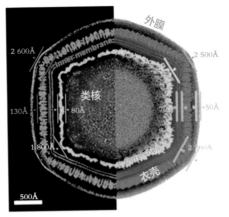

彩图 2　ASFV 病毒粒子结构图

来源：Nan Wang et al.，Science 366,640–644,2019

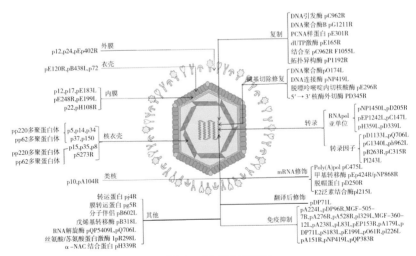

彩图 3　ASFV 结构图

来源：Yue Wang et al., Frontiers in Immunology, 2021

彩图 4　非洲猪瘟宿主

A. 家养猪 / *Sus scrofa domesticus*（© FAO / DanielBeltrán–Alcrudo）

B. 欧洲野猪 / *Sus scrofa ferus*［© 瑞典农业科学大学（SVA）/ TorstenMörner］

C. 非洲灌丛野猪 / *Potamochoerus porcus*［© 瑞典农业科学大学（SLU）和 SVA / Karl Stahl］

D. 疣猪 / *Potamochoerus porcus*（© SLU 和 SVA/ Karl Stahl）

E. 巨型森林猪 / *Hylochoerus meinertzhageni*（© John Carthy）

　F. 钝缘软蜱（雄性和雌性）［© 萨拉曼卡自然资源与农业生物学研究所（IRNASA）、科学调查委员会（CSIC/Ricardo Pérez–Sánchez）］

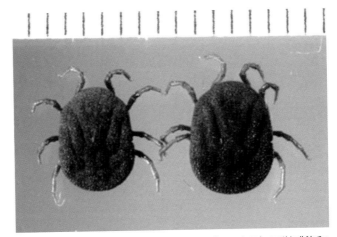

彩图 5　非洲钝缘软蜱（*Ornithodoros moubata*）一种已知可以感染和
传播 ASFV 的软蜱

来源：James Occi.

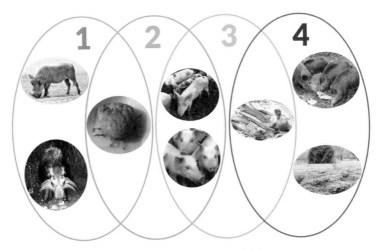

彩图 6　ASF 传播的 4 个循环

来源：Erika Chenais

彩图 7　野猪尸体在 ASFV 传播循环中的作用

感染传播的方式为：野猪尸体→易感野猪→死亡野猪（尸体）→易感野猪

来源：Grzegorz Wozniakowski

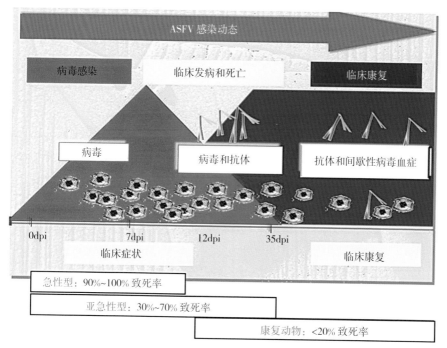

彩图 8　ASFV 感染后的动态变化

图中展示了 ASFV 感染后的病毒血症和抗体变化、急性、亚急性和康复动物的死亡率变化，以及感染动物终身抗体阳性

注：dpi 为感染后天数

来源：Adras 和 Sánchez-Vizcaina，2015

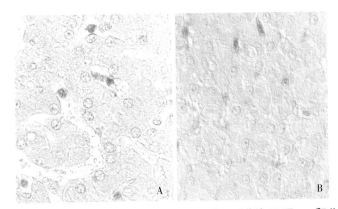

彩图 9 免疫组化（IHC）检测肝脏巨噬细胞激活后分泌 TNF-α 和 IL-1β

A. 肝脏免疫组化观察到 TNF-α　　B. 肝脏免疫组化观察到 IL-1β

来源：Gomez-Villamandos et al., 2013

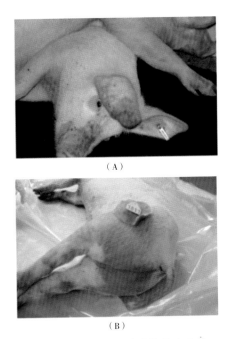

（A）

（B）

彩图 10　典型非洲猪瘟的临床症状

（A）最初耳部尖端发红　（B）随后全身皮肤发红、出血

来源：Oura et al., 2013

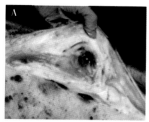

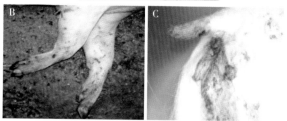

彩图 11　急性和亚急性非洲猪瘟临床症状

A.急性非洲猪瘟，皮下出血、坏死斑　B.亚急性非洲猪瘟，腿部皮肤出血点　C.亚急性非洲猪瘟，肛门周围附着出血性粪便

来源：Gallardo et al., 2015

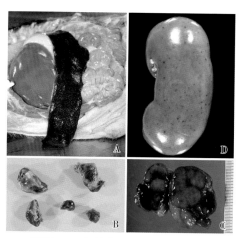

彩图 12　急性非洲猪瘟解剖病变

A.脾脏肿大，紫黑色　B.淋巴结严重出血　C.淋巴结切面，出血、湿润　D.肾脏肿大、表面有大量出血点

来源：Sanchez-Vizcaino et al., 2015

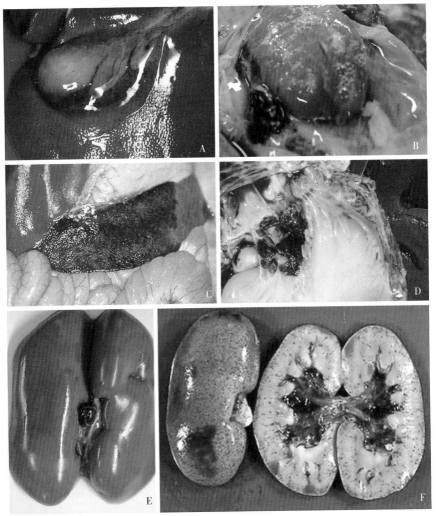

彩图 13　亚急性非洲猪瘟解剖病变

A. 胆囊壁严重水肿　B. 肾脏周围水肿　C. 脾脏部分充血、肿大　D. 肝、胃淋巴结出血
E. 肾门淋巴结出血　F. 肾脏皮质、髓质、肾盂严重出血

来源：Sanchez-Vizcaino et al., 2015

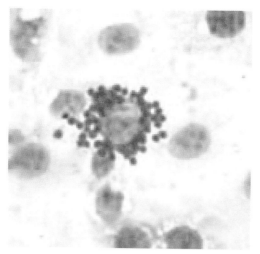

彩图 14　感染 ASFV 的巨噬细胞周围吸附大量红细胞

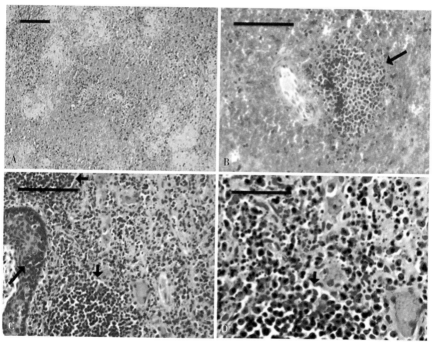

彩图 15　ASFV 感染猪的脾脏（A、B）和扁桃体（C、D）

A. 脾脏红髓和白髓大面积出血、坏死，淋巴细胞减少　B. 残存的淋巴组织（箭头所指）
C、D. 淋巴细胞坏死、核碎裂（长箭头指部分隐窝，短箭头指部分滤泡）

来源：Ganowiak, 2012

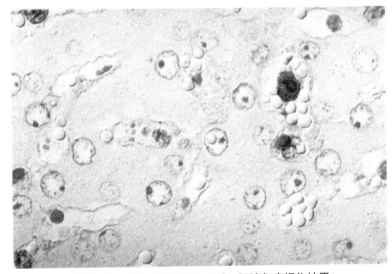

彩图 16 感染 ASFV 12 天后，肝脏免疫组化结果

可见枯否氏细胞（棕色）周围吸附多个红细胞（红细胞吸附现象，HAD）

来源：Rodriguez et al., 1996

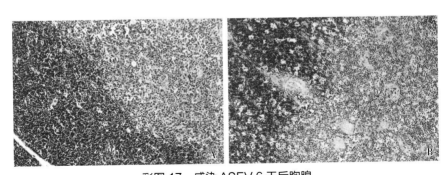

彩图 17 感染 ASFV 6 天后胸腺

A. 正常胸腺对照 B. 淋巴细胞严重耗竭，呈现星空样

来源：Salguero et al., 2004

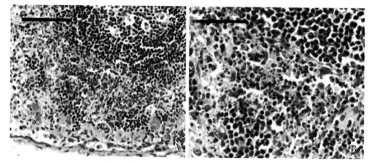

彩图 18　急性 ASF 肠系膜淋巴结

A、B. 淋巴细胞坏死、核碎裂

来源：Ganowiak，2012

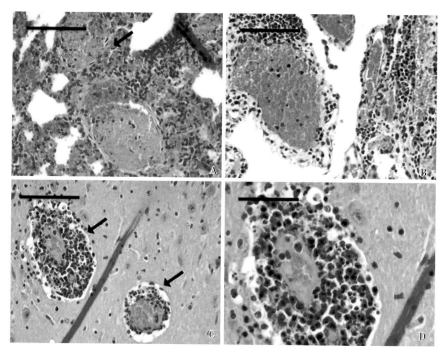

彩图 19　感染 ASFV 后肺与脑组织病理变化

　　A.肺脏严重充血，血管因血栓堵塞而显著扩大（箭头所指）　B.脑脉络丛血管严重充血，部分血管周围出现单核细胞浸润　C 和 D.脑实质血管周围出现大量单核细胞浸润，呈"血管套"现象，浸润的单核细胞出现核碎裂

来源：Ganowiak，2012

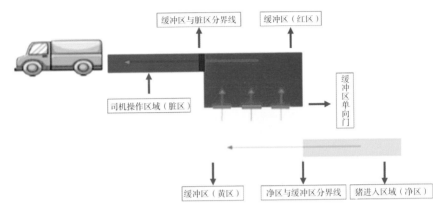

彩图 20　出猪台的净区、缓冲区和脏区设置

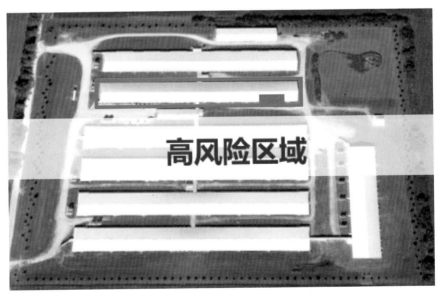

彩图 21　高风险区域（红色方框内）

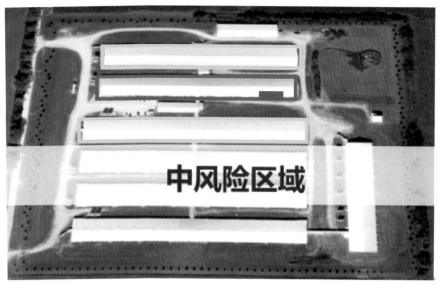

彩图 22　中风险区域（黄色方框内）

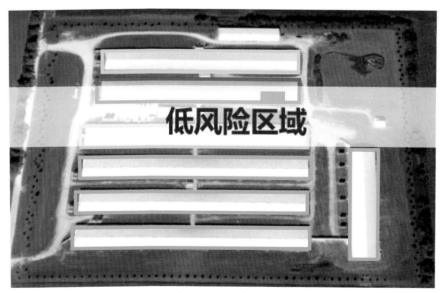

彩图 23　低风险区域（绿色方框内）

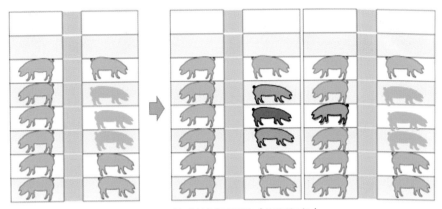

彩图 24　核酸检测阳性猪（标记红色）

彩图 25　确诊阳性猪剔除顺序和路线示意

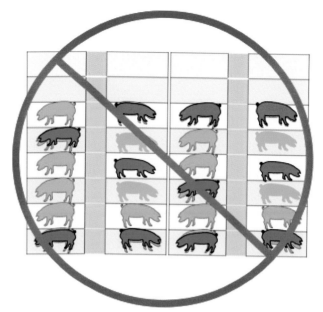

彩图 26　剔除单元内所有猪

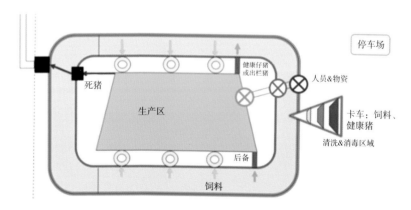

彩图 27　农场区域划分以及车辆和人员通路

来源：Tomasz Trela